Rheinland-Pfalz 10

Herausgegeben von
Prof. Dr. Heinz Griesel, Prof. Helmut Postel, Friedrich Suhr, Werner Ladenthin, Matthias Lösche

Bearbeitet von
Julia Berlin-Bonn, Lutz Breidert, Gabriele Dybowski, Dr. Beate Goetz, Bodo Paul Hoffmann, Reinhard Kind, Werner Ladenthin, Matthias Lösche, Kerstin Schäfer, Thomas Sperlich, Friedrich Suhr, Prof. Dr. Hans-Georg Weigand, Ulrike Willms

Für Rheinland-Pfalz bearbeitet von
Hermann-Josef Keul, Michael Meyer

Der Schülerband ist auch als digitales Schulbuch erhältlich: Best.-Nr. 88531
Für dieses Unterrichtswerk sind umfangreiche Unterrichtsmaterialien entwickelt worden:
Lösungen: Best.-Nr. 88532
Arbeitsheft: Best.-Nr. 88533
BiBox: Best.-Nr. 88535

© 2016 Bildungshaus Schulbuchverlage Westermann Schroedel Diesterweg Schöningh Winklers GmbH,
Georg-Westermann-Allee 66, 38104 Braunschweig
service@westermann.de, www.westermann.de

Das Werk und seine Teile sind urheberrechtlich geschützt. Jede Nutzung in anderen als den gesetzlich zugelassenen bzw. vertraglich zugestandenen Fällen bedarf der vorherigen schriftlichen Einwilligung des Verlages. Wir behalten uns die Nutzung unserer Inhalte für Text und Data Mining im Sinne des UrhG ausdrücklich vor. Nähere Informationen zur vertraglich gestatteten Anzahl von Kopien finden Sie auf www.schulbuchkopie.de.

Für Verweise (Links) auf Internet-Adressen gilt folgender Haftungshinweis: Trotz sorgfältiger inhaltlicher Kontrolle wird die Haftung für die Inhalte der externen Seiten ausgeschlossen. Für den Inhalt dieser externen Seiten sind ausschließlich deren Betreiber verantwortlich. Sollten Sie daher auf kostenpflichtige, illegale oder anstößige Inhalte treffen, so bedauern wir dies ausdrücklich und bitten Sie, uns umgehend per E-Mail davon in Kenntnis zu setzen, damit beim Nachdruck der Verweis gelöscht wird.

Druck A^8 / Jahr 2025
Alle Drucke der Serie A sind im Unterricht parallel verwendbar.

Redaktion: Lena Schenk, Claus Peter Witt
Umschlagentwurf: LIO Design GmbH, Braunschweig
Innenlayout: JANSSEN KAHLERT Design & Kommunikation GmbH, Hannover
Illustrationen: Dietmar Griese, Laatzen
Zeichnungen: Langner & Partner, Hemmingen; Birgit und Olaf Schlierf, Lachendorf; topset GmbH – Rudi Warttmann, Nürtingen
Taschenrechner: Texas Instruments Education Technology GmbH, Freising
Druck und Bindung: Westermann Druck GmbH, Georg-Westermann-Allee 66, 38104 Braunschweig

ISBN 978-3-507-**88530**-1

Inhaltsverzeichnis

Über dieses Buch 6

Bleib fit im Umgang mit quadratischen Funktionen 9
Bleib fit im Umgang mit Umkehrfunktionen – Quadratwurzelfunktion 11

1. Potenzen und Potenzfunktionen 13

Lernfeld Mit „...hoch..." hoch hinaus 14
1.1 Potenzen mit ganzzahligen Exponenten 15
    1.1.1 Definition und Anwendung der Potenzen mit natürlichen Exponenten 15
    1.1.2 Erweiterung des Potenzbegriffs auf negative ganzzahlige Exponenten 20
1.2 Potenzen mit rationalen Exponenten 25
    1.2.1 Potenzen mit Stammbrüchen als Exponenten – n-te Wurzeln 25
    1.2.2 Potenzen mit rationalen Exponenten 29
    🔵 Kleine Anteile – große Wirkung 33
1.3 Potenzgesetze und ihre Anwendung 35
    1.3.1 Multiplizieren und Potenzieren von Potenzen 35
    1.3.2 **Zum Selbstlernen** Dividieren von Potenzen 43
    1.3.3 Vermischte Übungen zu den Potenzgesetzen – Wurzelgesetze 45
    🔵 Stimmung einer Tonleiter 47
1.4 Potenzfunktionen 48
    1.4.1 Potenzfunktionen mit natürlichen Exponenten 48
    1.4.2 Potenzfunktionen mit negativen ganzzahligen Exponenten 52
1.5 **Wurzelfunktionen** 56
    🔵 Straßenabnutzung – Vierte-Potenz-Regel 57
1.6 **Zum Selbstlernen** Verschieben und Strecken der Graphen der Potenzfunktionen 58
1.7 Lösungsmenge von Potenzgleichungen 63
    🎯 Lösen von Gleichungen 66
1.8 Aufgaben zur Vertiefung 68
Das Wichtigste auf einen Blick/Bist du fit? 69

Bleib fit im Umgang mit Flächeninhalt und Volumen 72

2. Pyramide, Kegel, Kugel 75

Lernfeld Wie groß ist...? 76
2.1 Oberflächeninhalt von Pyramide und Kegel 77
    2.1.1 Pyramide – Netz und Oberflächeninhalt 77
    2.1.2 Kegel – Netz und Oberflächeninhalt 81
2.2 Volumen von Pyramide und Kegel 84
    2.2.1 Satz des Cavalieri 84
    2.2.2 Volumen der Pyramide 86
    2.2.3 Volumen des Kegels 92

🎯 Auf den Punkt gebracht   🔵 Im Blickpunkt

	2.3	Kugel	96
		2.3.1 Volumen der Kugel	96
		2.3.2 Oberflächeninhalt der Kugel	99
		◉ Arbeiten mit der Formelsammlung	102
	2.4	Vermischte Übungen	104
		⊙ Dreitafelprojektion	106
	2.5	Aufgaben zur Vertiefung	108
	Das Wichtigste auf einen Blick/Bist du fit?		109

3. Wachstumsprozesse – Exponentialfunktionen ... 111

	Lernfeld Schnell hinunter, hoch hinaus		112
	3.1	Beschreibung exponentieller Prozesse	114
		3.1.1 Lineares und exponentielles Wachstum	114
		3.1.2 Prozentuale Wachstumsrate	118
		3.1.3 Exponentielle Abnahme – Zerfall	120
		⊙ Mittelwerte bei Zunahme- und Abnahmeprozesse	123
	3.2	Exponentialfunktionen und ihre Eigenschaften	125
		3.2.1 Die Exponentialfunktionen mit $y = b^x$ mit $b > 0$; $b \neq 1$	125
		3.2.2 Potenzen mit irrationalen Exponenten	130
	3.3	**Zum Selbstlernen** Verschieben und Strecken der Graphen der Exponentialfunktionen	132
	3.4	Bestimmen von Exponentialfunktionen in Anwendungen	137
	3.5	Wachstum modellieren – Regression	140
	3.6	Logarithmen – Exponentialgleichungen	143
		3.6.1 Logarithmen	143
		3.6.2 Lösen von Exponentialgleichungen	146
		3.6.3 Logarithmengesetze	149
	3.7	Logarithmusfunktionen	151
	3.8	Aufgaben zur Vertiefung	154
	Das Wichtigste auf einen Blick/Bist du fit?		155

Bleib fit im Umgang mit Wahrscheinlichkeiten ... 157

4. Mehrstufige Zufallsexperimente ... 159

	Lernfeld Ein Zufall nach dem anderen		160
	4.1	Mehrstufige Zufallsexperimente - Baumdiagramme	161
	4.2	Pfadregeln	165
		⊙ Klassische Probleme der Wahrscheinlichkeitsrechnung	173
	4.3	Bestimmen von Wahrscheinlichkeiten durch Simulation	175
	4.4	**Zum Selbstlernen** Simulation bei mehrstufigen Zufallsexperimenten	178
	4.5	Darstellen von Daten in Vierfeldertafeln	180
	4.6	Vierfeldertafeln und Zufallsexperimente	183
	4.7	Umkehren von Baumdiagrammen	187
	4.8	Aufgaben zur Vertiefung	192
	Das Wichtigste auf einen Blick/ Bist du fit?		193

◉ Auf den Punkt gebracht   ⊙ Im Blickpunkt

5. Trigonometrie ... 195
Lernfeld Alles über Dreiecke ... 196
- 5.1 Sinus, Kosinus und Tangens ... 197
- 5.2 Bestimmen von Werten für Sinus, Kosinus und Tangens – Zusammenhänge ... 201
- 5.3 Berechnungen in rechtwinkligen Dreiecken ... 204
- 5.4 **Zum Selbstlernen** Berechnungen in gleichschenkligen Dreiecken ... 209
- 5.5 Berechnungen in beliebigen Dreiecken ... 211
  - 5.5.1 Sinussatz ... 211
  - 5.5.2 Kosinussatz ... 216
- 5.6 Vermischte Übungen ... 221
  - 🟢 Wie hoch ist eigentlich... euer Schulgebäude? ... 222
- 5.7 Aufgaben zur Vertiefung ... 224

Das Wichtigste auf einen Blick/Bist du fit? ... 225

6. Modellieren periodischer Vorgänge ... 227
Lernfeld Hin und her - rauf und runter ... 228
- 6.1 Periodische Vorgänge ... 229
- 6.2 Sinus und Kosinus am Einheitskreis ... 233
- 6.3 Sinus- und Kosinusfunktion mit ℝ als Definitionsmenge ... 237
  - 6.3.1 Bogenmaß eines Winkels ... 237
  - 6.3.2 Definiton der Sinus- und Kosinusfunktion ... 239
  - 6.3.3 Eigenschaften der Sinus- und Kosinusfunktion ... 241
- 6.4 Strecken des Graphen der Sinusfunktion ... 244
- 6.5 **Zum Selbstlernen** Verschieben der Graphen der Sinusfunktion ... 250
- 6.6 Allgemeine Sinusfunktion ... 253
- 6.7 Modellieren mit allgemeinen Sinusfunktionen ... 258
  -  Parametervariation – Abbilden von Funktionsgraphen ... 262
- 6.8 Aufgaben zur Vertiefung ... 264
  - 🟢 Spiralen ... 265

Das Wichtigste auf einen Blick/Bist du fit? ... 267

Anhang
- Lösungen zu Bist du fit? ... 269
- Verzeichnis mathematischer Symbole ... 278
- Stichwortverzeichnis ... 279
- Bildquellenverzeichnis ... 280

◎ Auf den Punkt gebracht   🟢 Im Blickpunkt

Über dieses Buch

Elemente der Mathematik ist auf die Bedürfnisse und Anforderungen eines gymnasialen Mathematikunterrichts zugeschnitten. Die zentralen Kompetenzen, die die Schülerinnen und Schüler erwerben sollen, werden deutlich herausgestellt, aber auch vielfältige Erweiterungsmöglichkeiten für thematische Profilbildungen angegeben.

Bei der Darstellung der Lerninhalte werden im Rahmen der **inhaltsbezogenen Kompetenzen** alle Aspekte von Mathematik (als Anwendung, als Struktur sowie als kreatives und intellektuelles Handlungsfeld) ausgewogen berücksichtigt. Zum Erwerb der **allgemeinen mathematischen Kompetenzen K1–K6** ermöglicht **Elemente der Mathematik** eine breite Palette unterschiedlichster schülerorientierter Unterrichtsformen: Beim gemeinsamen Entdecken, Erforschen, Beschreiben und Erklären erfahren die Schüler, dass nicht nur die Lösung eines Problems, sondern auch der Lösungsweg wichtig ist und dass dabei insbesondere die Analyse von Fehlern hilfreich ist. Argumentieren, Kommunizieren, Problemlösen und Modellieren gelangen so in den Vordergrund des unterrichtlichen Geschehens. Stets werden den Unterrichtenden konkrete Hilfen an die Hand gegeben, um solche problem- und handlungsorientierte Lernsituationen zu schaffen, in denen die Schüler und Schülerinnen altersangemessen ihr mathematisches Wissen möglichst eigenständig entwickeln und strukturieren können.

Zu den Lerninhalten

Aus den im Kernlehrplan angegebenen inhaltsbezogenen und prozessbezogenen Kompetenzen wurde folgende Themenabfolge für den Unterricht in Klasse 10 entwickelt:

Kapitel 1: Potenzen und Potenzfunktionen –
Leitideen L1: „Zahl und Zahlbereiche" sowie L4: „Funktionaler Zusammenhang"
Ausgehend von natürlichen Exponenten wird der Potenzbegriff anhand eines Wachstumsprozesses schrittweise auf rationale Exponenten erweitert. Anschließend werden die Potenzgesetze behandelt und Potenzfunktionen mit ganzzahligen Exponenten systematisiert.

Kapitel 2: Pyramide, Kegel, Kugel –
Leitideen L2: „Raum und Form" sowie L3 „Größen und Messen"
Netze und Schrägbilder der Spitzkörper werden gezeichnet, Volumen und Oberflächeninhalt werden für sie sowie für Kugeln berechnet. Die Volumenformeln werden mit Näherungsverfahren und z. T. mit dem Satz des Cavalieri gewonnen.

Kapitel 3: Wachstumsprozesse – Exponentialfunktionen –
Leitidee L4: „Funktionaler Zusammenhang"
Exponentielle Zunahme- und Abnahmeprozesse werden behandelt und gegen lineares Wachstum abgegrenzt. Die allgemeine Behandlung von Exponentialfunktionen, Logarithmen und Logarithmus-Funktionen schließt sich an. Im gesamten Kapitel spielt das Modellieren eine zentrale Rolle.

Kapitel 4: Mehrstufige Zufallsexperimente –
Leitidee L5 „Daten und Zufall"
Wahrscheinlichkeiten bei mehrstufigen Zufallsexperimenten werden mithilfe der Pfadregeln berechnet. Bei zweistufigen Zufallsexperimenten wird zusätzlich zum Baumdiagramm die Vierfeldertafel eingesetzt, um Rückschlüsse auf Wahrscheinlichkeiten, z. B. bei medizinischen Tests, zu ermöglichen.

Kapitel 5: Trigonometrie – *Leitidee L2: „Messen und Größen"*
Das Problem der Berechnung rechtwinkliger Dreiecke führt zur Definition von Sinus, Kosinus und Tangens. Vielfältige Anwendungssituationen in rechtwinkligen, gleichschenkligen und beliebigen Dreiecken führen hin bis zum Sinus- und Kosinussatz.

Kapitel 6: Modellieren periodischer Vorgänge – *Leitidee L4: „Funktionaler Zusammenhang"*
Ausgehend von periodischen Vorgängen im Alltag werden allgemeine Sinusfunktionen behandelt. Die dazu nötige Erweiterung der Definition von Sinus und Kosinus erfolgt am Einheitskreis.

Zum methodischen Aufbau

1. Jedes Kapitel beginnt mit einer **Einstiegsseite**, die an die Erfahrungen der Schülerinnen und Schüler anknüpft und erste Aktivitäten zur Thematik ermöglicht. Diese Seite eignet sich für einen offenen Einstieg und gibt einen Ausblick auf das Thema des Kapitels.
An die Einstiegsseite schließt sich ein **fakultatives Lernfeld** mit verschiedenen offenen und reichhaltigen Lerngelegenheiten an: In unterschiedlichen Problemsituationen können die Schülerinnen und Schüler zentrale Inhalte und Verfahren auf eigenen Lernwegen durch Anknüpfen an Alltags und Vorerfahrungen selbstständig und häufig handlungsorientiert entdecken. Der Aufbau eigener Vorstellungen und die Bearbeitung einer Vielfalt von Lösungsansätzen werden gefördert durch die Anregung, diese Lernfelder in der Regel in Partner- und Gruppenarbeit zu bearbeiten. Der Austausch über das Problem mit dem Partner bzw. in der Gruppe sowie der Bericht über die Erfahrungen in der ganzen Klasse fördern insbesondere überfachliche und fachliche Kompetenzen wie Problemlösen sowie Argumentieren und Kommunizieren.

2. Die folgenden **Lerneinheiten** bieten eine Möglichkeit zur systematischen Behandlung der Kapitelinhalte – je nach Vorgehen in der Lerngruppe können Teile davon auch in die Bearbeitung der Lernfelder integriert werden. Jede Lerneinheit beginnt mit einem offenen Einstieg (ohne Lösung im Buch), der die Schülerinnen und Schüler zu einer eigenständigen Problembearbeitung und -lösung anregt. Es kann sich eine Aufgabe mit Lösung oder eine Einführung anschließen, die alternativ oder ergänzend die Thematik bearbeiten. Durch ihre sorgfältige, schülergerechte Darstellung eignen sie sich sowohl zum eigenständigen Erarbeiten als auch zum Herausstellen von Problemlösestrategien. Der übersichtlichen Darstellung wegen folgen hier schon weiterführende Aufgaben, die im Unterricht in aller Regel erst nach einer erfolgten Festigung der zuerst behandelten Inhalte an einigen Übungsaufgaben thematisiert werden sollten. Sie dienen der Abrundung und Weiterführung der Theorie. Ihr Thema wird den Unterrichtenden in einer Überschrift genannt. In aller Regel sollten weiterführende Aufgaben im Unterricht bearbeitet werden und nicht als Hausaufgaben gestellt werden.
Die im Lernprozess erarbeiteten Ergebnisse werden häufig in einer Information zusammengefasst. In ihr werden auch Begriffe eingeführt und Ausblicke gegeben. Wesentliche Inhalte werden dabei optisch deutlich in einem Kasten mit einem roten Rahmen hervorgehoben. Hier wird großer Wert gelegt auf prägnante, altersgemäße Formulierungen, die auch beispielgebunden sein können.
Die folgenden Übungsaufgaben sind unter besonderer Berücksichtigung des Erwerbs sowohl überfachlicher als auch fachlicher Kompetenzen konzipiert worden. Sie dienen zur Festigung des Gelernten, der operativen Durcharbeitung und der Vernetzung der Lerninhalte mit denen früherer Themen; dabei sind überall offene Aufgaben integriert. Zur soliden Durcharbeitung wird konsequent das Analysieren typischer Schülerfehler und entsprechendes Argumentieren

gefordert. Auch die Übungsaufgaben ermöglichen Unterricht in vielfältigen schülerbezogenen Aktivitäten, bis hin zu Partnerarbeit und Teamarbeit sowie Spielen.

Einige Aufgaben enthalten in einem blauen Fond Musterbeispiele für Schreibweisen und Lösungswege. Manche Aufgaben enthalten Selbstkontroll-Möglichkeiten für die Schüler(innen). Aufgaben, die die Selbstständigkeit und Problemlösefähigkeit in besonderer Weise herausfordern, sind durch eine rote Aufgabennummer gekennzeichnet.

3. Abschnitte mit der Überschrift **Vermischte Übungen** finden sich an den Stellen eines Kapitels, an denen eine besonders starke Vermischung der bisher erworbenen Kompetenzen angebracht ist.

4. Eingestreut in die Übungsaufgaben finden sich in regelmäßigen Abständen Fragestellungen unter der Überschrift **Das kann ich noch!** zum Reaktivieren des bisher erworbenen Grundwissens.

5. Am Kapitelende folgt dann der fakultative Abschnitt **Aufgaben zur Vertiefung**, der neben einer Vernetzung auch eine Ergänzung des Lehrstoffes auf einem erhöhten Niveau zum Ziel hat.

6. Den Kapitelabschluss bilden die Abschnitte **Das Wichtigste auf einen Blick** und **Bist du fit?**, in denen in besonderer Weise die erworbenen Grundqualifikationen zusammengestellt und getestet werden. Die Lösungen dieser Aufgaben sind im Anhang des Buches angegeben, sodass sie von den Schülerinnen und Schülern gut zum eigenständigen Üben für eine Klassenarbeit verwendet werden können.

7. Unter der Überschrift **Im Blickpunkt** (●) werden innermathematische, aber insbesondere auch fachübergreifende, komplexere Themen, die von besonderem Interesse sind und in engem Zusammenhang mit dem Lerninhalt des Kapitels stehen, als Ganzes behandelt. Zur Förderung der fachlichen Kompetenz des Problemlösens sind einige dieser Abschnitte als Forschungsaufträge formuliert. Die Blickpunkte gehen über die obligatorischen Inhalte des Kerncurriculums hinaus; sie eignen sich auch zur Differenzierung und Förderung von eigenständigen Schüleraktivitäten.

8. Um Schüler und Schülerinnen im eigenständigen Erarbeiten mathematischer Themen zu schulen, enthält jedes Kapitel eine Lerneinheit **Zum Selbstlernen**, in der das Thema so aufbereitet ist, dass es von den Lernenden ganz selbstständig bearbeitet werden kann.

9. An geeigneten Stellen werden unter der Überschrift **Auf den Punkt gebracht** (◎) die für diese Klassenstufe vorgesehenen allgemeinen Kompetenzen akzentuiert zusammengefasst.

Symbole

1. Dieser Arbeitsauftrag ist für die Bearbeitung in Partnerarbeit konzipiert.
2. Dieser Arbeitsauftrag ist für die Bearbeitung durch eine Gruppe aus mehreren Schüler(innen) konzipiert.
3. Rote Aufgabennummern kennzeichnen Aufgaben, die die Selbstständigkeit und Problemlösefähigkeit der Schülerinnen und Schüler in besonderer Weise herausfordern.
4. Blaue Aufgabennummern (und Überschriften) kennzeichnen Zusatzstoffe.

 In den Einheiten zum Selbstlernen kennzeichnet dieses Symbol einen Auftrag.

Bleib fit im ...
Umgang mit quadratischen Funktionen

Zum Aufwärmen

1. a) Zeichne die Normalparabel, also den Graphen der Quadratfunktion zu $y = x^2$.
   b) Verschiebe die Normalparabel parallel zur y-Achse und parallel zur x-Achse. Wie verändert sich jeweils der Funktionsterm?
   c) Verändere dann den Funktionsterm durch Multiplizieren mit einer Zahl. Beschreibe, wie sich diese Veränderung auf den Graphen auswirkt.
   d) Wenn du den Funktionsterm der Normalparabel durch Addieren und Multiplizieren sowie durch Setzen von Klammern verändert und den jeweiligen Graphen untersucht hast, dann fasse deine Ergebnisse aus den Teilaufgaben a) bis c) in einer Tabelle übersichtlich zusammen.

Du kannst auch einen grafikfähigen Taschenrechner benutzen.

2. Gib die Funktionsgleichungen zu den folgenden Graphen quadratischer Funktionen an.

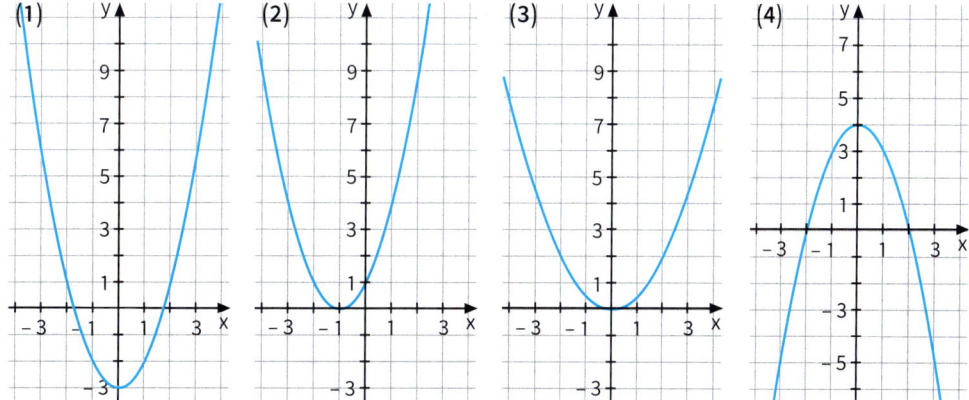

Zum Erinnern

(1) Graphen quadratischer Funktionen

Scheitelpunktform

Man erhält den Graphen einer quadratischen Funktion f mit $f(x) = a(x + d)^2 + e$, indem man die Normalparabel nacheinander
- um $|d|$ Einheiten parallel zur x-Achse verschiebt, nach rechts für $d < 0$, nach links für $d > 0$.
- parallel zur y-Achse mit dem Faktor a streckt;
- um $|e|$ Einheiten parallel zur y-Achse verschiebt, nach oben für $e < 0$, nach unten für $e < 0$.

Der Scheitelpunkt des Graphen ist $S(-d|e)$.

Beispiel: $f(x) = \frac{1}{2}(x - 1)^2 - 4$

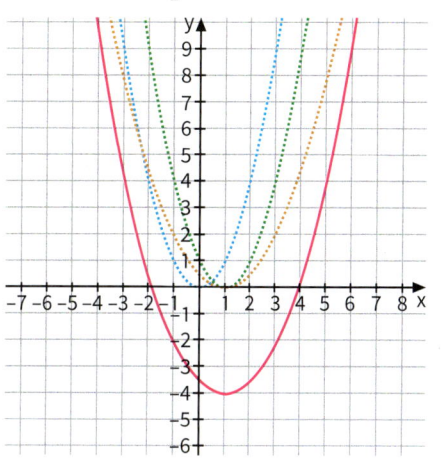

(2) Umformen eines quadratischen Funktionstermes in Scheitelpunktform

Jeder quadratische Funktionsterm $f(x) = ax^2 + bx + c$ lässt sich in die Scheitelpunktform umformen.

Beispiel: $y = 3x^2 + 6x - 6$ | Koeffizienten von x^2 ausklammern
$= 3[x^2 + 2x - 2]$ | Quadratisch ergänzen zur binomischen Formel
$= 3[(x+1)^2 - 1 - 2]$ | Klammer auflösen
$= 3(x+1)^2 - 9$

Zum Trainieren

3. Skizziere die Graphen der folgenden quadratischen Funktionen.
   a) $y = (x-1)^2 + 4$
   b) $y = -(x+2)^2$
   c) $y = -12(x+3)^2 + 1$
   d) $y = -2x^2 + 4$
   e) $y = (x-2)^2 - 3$
   f) $y = -12(x+2)^2 + 5$

4. Bestimme zu folgenden Graphen die Funktionsgleichung.

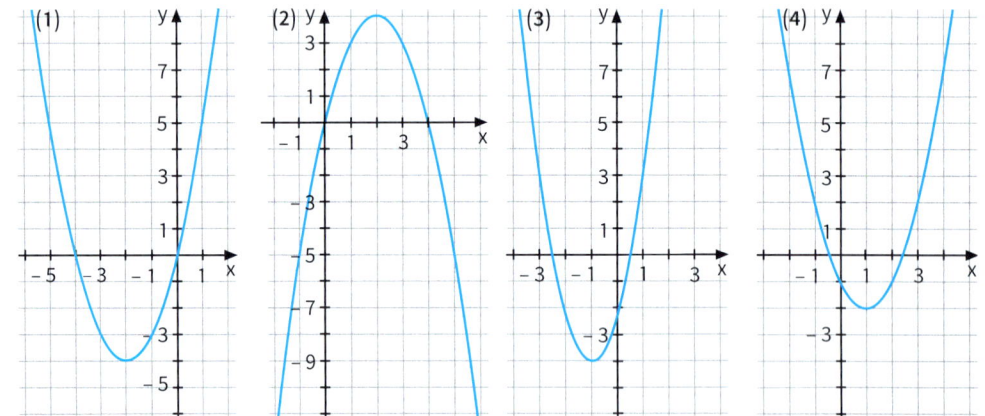

5. Forme den Funktionsterm in die Scheitelpunktform um. Beschreibe dann den Graphen.
   a) $y = 2x^2 + 8x + 4$
   b) $y = 0{,}5x^2 + 3x + 1$
   c) $y = -3x^2 - 6x + 9$
   d) $y = -4x^2 + 12x - 4$
   e) $y = -x^2 + x + 1$
   f) $y = x^2 + x$

6. Bestimme die Schnittpunkte des Graphen mit den Koordinatenachsen.
   a) $y = x^2 + 3x + 2$
   b) $y = x^2 + x - 12$
   c) $y = x^2 + 4x + 5$
   d) $y = 2x^2 + 10x + 12$
   e) $y = -x^2 - 2x + 8$
   f) $y = -2x^2 - 4x - 6$

7. Gib die Gleichung einer quadratischen Funktion an, deren Graph bei $P(3|2)$ den Tiefpunkt hat und die y-Achse im Punkt $Q(0|6)$ schneidet.

8. Der Brückenbogen soll parabelförmig sein.
   Führe ein geeignetes Koordinatensystem ein und bestimme eine Funktionsgleichung für den Brückenbogen.

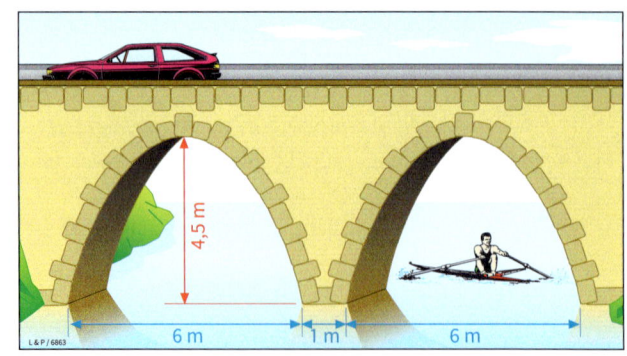

Bleib fit im … Umgang mit Umkehrfunktionen – Quadratwurzelfunktion

Zum Aufwärmen

1. Lässt man einen Körper fallen, so gilt für den zurückgelegten Fallweg s (in Meter) in Abhängigkeit von der Fallzeit t (in Sekunden) die Formel $s = 4{,}9\,t^2$. Mithilfe dieser Weg-Zeit-Formel kannst du z. B. die Höhe eines Turmes bzw. eines Berges berechnen.
   a) Leon möchte wissen, wie tief der Kanal von Korinth in den Berg gegraben wurde. Er wirft einen Stein hinunter und misst die Zeit, bis der Stein ins Wasser eintaucht: 4,1 Sekunden.
   b) Stelle eine Funktion auf, die jeder Abwurfhöhe die Fallzeit zuordnet und skizziere den Graphen.

Zum Erinnern

(1) Umkehrfunktion einer Form

In Aufgabe 1 haben wir zu der Funktion *Zeit → Weg* die Umkehrzuordnung *Weg → Zeit* betrachtet. Auch diese Zuordnung ist eine Funktion.

> **Definition**
> Kehrt man bei einer Funktion f die Zuordnungsrichtung um, so erhält man die umgekehrte Zuordnung. Ist diese Umkehrzuordnung wieder eine Funktion, so heißt die ursprüngliche Funktion *umkehrbar*. Die durch die Umkehrung erhaltene Funktion heißt **Umkehrfunktion** von f; wir bezeichnen sie mit f*.

Die Wertemenge der Funktion f wird zur Definitionsmenge der Umkehrfunktion f*. Entsprechend wird die Definitionsmenge der Funktion f zur Wertemenge der Umkehrfunktion f*.

(2) Vom Graphen von f zum Graphen von f*

> Die Graphen der Funktionen f und f* sind symmetrisch (spiegelbildlich) zur ersten Winkelhalbierenden des Koordinatensystems.
>
>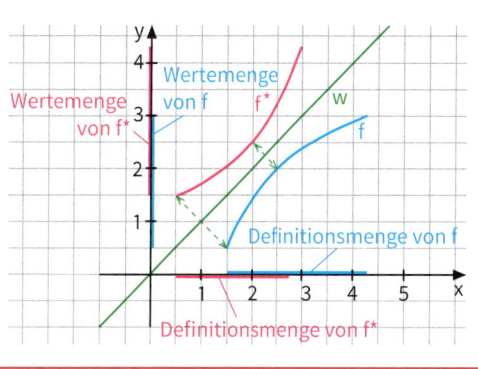

(3) Quadratwurzelfunktion – Aufstellen der Zuordnungsvorschrift für die Umkehrfunktion

Die Normalparabel ist der Graph der Quadratfunktion f mit $f(x) = x^2$ mit $\mathbb{R}$ als Definitionsmenge. Damit die Funktion f umkehrbar wird, muss die Definitionsmenge beispielsweise auf $\mathbb{R}_+$ eingeschränkt werden. Den Graphen der Umkehrfunktion f^* kann man durch Spiegeln des rechten Zweigs der Normalparabel an der ersten Winkelhalbierenden erhalten.

$\mathbb{R}_+$ = Menge der nichtnegativen reellen Zahlen.

Den Funktionsterm der Umkehrfunktion f^* kann man folgendermaßen rechnerisch bestimmen.
- Löse die Funktionsgleichung $y = x^2$ (mit $x \geq 0$) nach x auf: $\quad x = \sqrt{y}$
- Vertausche x und y: $\quad y = \sqrt{x}$

Die Funktion mit dem Funktionsterm
$f(x) = \sqrt{x}$ für $x \geq 0$ heißt
Quadratwurzelfunktion.

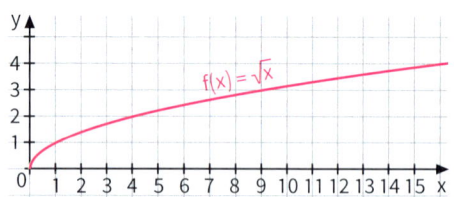

Zum Trainieren

2. Betrachte für einen Würfel mit der Seitenlänge x die beiden Funktionen
   (1) *Seitenlänge → Oberflächeninhalt* und (2) *Oberflächeninhalt → Seitenlänge*
   Erstelle Wertetabellen und zeichne die Graphen. Vergleiche beide Funktionen miteinander.

3. *Begründe:* Die Funktion f mit $y = -2x^2 + 4$ und der Definitionsmenge $\mathbb{R}$ ist nicht umkehrbar.

4. Gib an, ob die Funktion, die zu dem Graphen gehört, umkehrbar ist.

   (1) 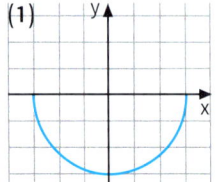 (2) 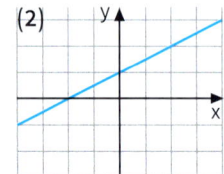 (3) 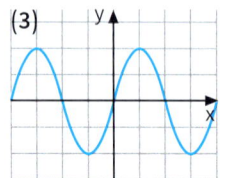 (4)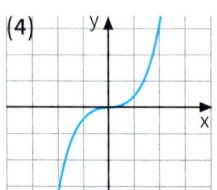

5. Zeichne den Graphen der Funktion f. Wähle dann eine geeignete Definitionsmenge, in der f umkehrbar ist, und ermittle den Funktionsterm der Umkehrfunktion.
   a) $f(x) = -12x^2$ c) $f(x) = (x-6)^2$ e) $f(x) = x^2 - 10x + 25$
   b) $f(x) = 3x^2 + 1$ d) $f(x) = 2 \cdot (x+4)^2 - 3$ f) $f(x) = x^2 + 4x + 7$

6. Zeichne den Graphen und vergleiche mit dem der Quadratwurzelfunktion.
   a) $f(x) = 3\sqrt{x}$ b) $f(x) = -13\sqrt{x}$ c) $f(x) = -2\sqrt{x}$

7. Ein Motorrad fährt aus dem Stand mit der konstanten Beschleunigung $a = 8 \frac{m}{sec^2}$ los.
   a) Zeichne den Graphen der Funktion *Fahrzeit (in sec) → zurückgelegter Weg (in m)*.
   b) Zeichne den Graphen der Funktion *zurückgelegter Weg (in m) → Fahrzeit (in sec)*.
   c) Berechne, in welcher Zeit das Motorrad
      (1) 50 m; (2) 100 m; (3) 0,5 km zurücklegt.
      Überprüfe dein Ergebnis am Graphen.

Wird ein Körper ohne Anfangsgeschwindigkeit mit konstanter Beschleunigung geradlinig bewegt, so gilt für den zurückgelegten Weg s (in m) in Abhängigkeit der Beschleunigung a (in $\frac{m}{sec^2}$) und der Zeit t (in sec) die Formel: $s = \frac{1}{2}at^2$

1. Potenzen und Potenzfunktionen

Zur Angabe „astronomisch großer" Zahlen,
aber auch „mikroskopisch kleiner" Zahlen verwendet
man mehrere Schreibweisen.

→ Der Umfang der Erde beträgt
40 000 km = $4 \cdot 10^4$ km.
Gib den Umfang der Erde
auch in der Einheit m an.

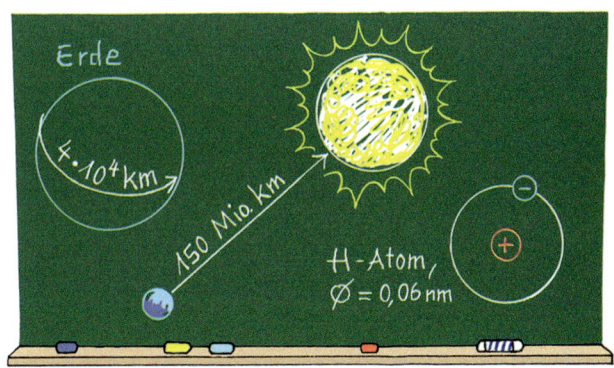

→ Die mittlere Entfernung der Erde von der Sonne beträgt 150 Millionen km.
Gib andere Schreibweisen an.

Nanometer
1 nm = 0,000000001 m

→ Die Sonne besteht im Wesentlichen aus Wasserstoff. Wasserstoffatome haben einen Durchmesser von 0,06 nm = 6 hundertmilliardstel m.
Gib andere Schreibweisen für diese Länge an.

*In diesem Kapitel ...
erfährst du mehr über Schreibweisen sehr großer und sehr kleiner
positiver Zahlen mithilfe von Potenzen und erweiterst deine Kenntnisse
über Potenzen.*

Lernfeld: Mit „... hoch ..." hoch hinaus

Rasantes Wachstum

Wasserhyazinthen überwuchern den Viktoriasee

Die ursprünglich in Südamerika beheimatete Wasserhyazinthe gelangte 1880 nach Afrika. Da sie hier keine natürlichen Feinde hatte, vermehrte sie sich explosionsartig und gelangte über Bäche und Flüsse in den Viktoriasee. 1988 wurde die Pflanze dort zum ersten Mal gesichtet, zehn Jahre später bedeckte sie Hunderte Quadratkilometer des zweitgrößten Süßwassersees der Welt. Die Wasserhyazinthe treibt pausenlos Ausläufer und vervierfacht so jeden Monat ihre Ausmaße.

Betrachtet eine zu Beginn 1 km² große Wasserhyazinthen-Fläche.

→ Wie groß wird diese nach 1; 2; 3; 4; ... Monaten sein?

→ Wie groß war diese Fläche vor 1; 2; 3; 4; ... Monaten?

→ Mit welchem Faktor vervielfacht sich ihre Größe in einem Jahr; in einem halbem Monat; viertel Monat; an einem Tag?

Würfelspiel „Sechs ist aus"

→ Werft 40 Würfel gleichzeitig. Einige davon zeigen dann eine Sechs, sortiert diese aus. Werft die übrigen Würfel wieder gleichzeitig und sortiert wieder diejenigen aus, die eine Sechs zeigen, usw.
Wie verändert sich die Anzahl der Würfel, die noch im Spiel sind, im Lauf der Spiele?

→ Führt dazu solche Spielserien mehrfach durch. Vergleicht eure Ergebnisse mithilfe grafischer Darstellungen. Ihr könnt auch Simulationen mit dem Rechner durchführen.

→ Gebt eine Prognose: Wie viele Würfel sind im 1., 2., ..., n-ten Spiel noch vorhanden?

Zweimal hoch, was ergibt das?

→ Mehmed hat zwei Potenzen multipliziert und ein einfaches Ergebnis erhalten. Begründet seine Überlegungen. Könnt ihr diese auch auf andere Exponenten verallgemeinern?

$$a^2 \cdot a^3 = \underbrace{a \cdot a} \cdot \underbrace{a \cdot a \cdot a}$$
$$= a^5$$

→ Betrachtet nun auch andere Rechenoperationen als das Multiplizieren und versucht, Gesetze für das Rechnen mit Potenzen herauszufinden. Formuliert sie und versucht sie zu begründen.

CAS → Falls ihr ein Computer-Algebra-System (CAS) zur Verfügung habt, untersucht, welche Ergebnisse dieses beim Rechnen mit Potenzen liefert.
Versucht auch hier Begründungen für die Umformungen, die das CAS liefert, zu finden.

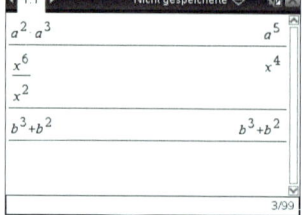

1.1 Potenzen mit ganzzahligen Exponenten

1.1.1 Definition und Anwendung der Potenzen mit natürlichen Exponenten

Einstieg

Bakterien als Krankheitserreger

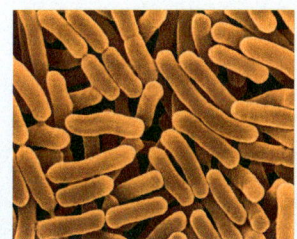

Vormittags hatte Ilona in der Stadt ein Hackfleischbrötchen gegessen. Abends fühlte sie sich sehr schlapp. Am nächsten Morgen hatte sie Durchfall, Erbrechen und Fieber. Der herbeigerufene Arzt stellte eine Lebensmittelvergiftung fest. Das Hackfleisch war mit Bakterien verunreinigt gewesen. Es handelte sich um Salmonellen.
Salmonellen werden erst durch längeres Kochen oder Braten abgetötet. Daher besteht beim Verzehr von rohen oder nur kurz erhitzten Eiern und Fleischwaren die Gefahr einer Infektion. Besonders riskant wird es, wenn salmonellenhaltige Nahrungsmittel im warmen Raum stehen bleiben. Da sich die Anzahl der Bakterien jede Stunde verdoppelt, können aus zehn Bakterien in einigen Stunden zehn Millionen Bakterien werden, eine Menge, die tödlich wirken kann.

a) Notiert das Wachstum der Salmonellen übersichtlich in einer Tabelle. Am Anfang soll eine Salmonelle vorhanden sein. Verwendet dabei auch Potenzen.
b) Gebt an, wie man die Anzahl der Salmonellen zu jeder vollen Stunde berechnen kann.
c) Kontrolliert mithilfe des Rechners die Behauptung des letzten Satzes des obigen Textes.

Aufgabe 1   Potenzen mit natürlichen Exponenten

HEFE

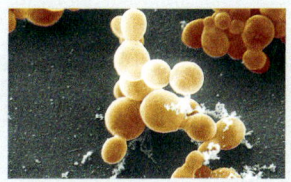

Hefen sind einzellige Lebewesen, die eine große Rolle bei der Herstellung von Lebensmitteln und alkoholischen Getränken spielen.
Unter bestimmten Bedingungen vermehren sich die Hefezellen so schnell, dass jede Stunde eine Verdoppelung stattfindet.

Wir betrachten eine zu Beginn $1\,cm^3$ große Hefekultur, deren Größe sich jede Stunde verdoppelt.
a) Notiere die Größe der Hefekultur zu Beginn, nach 1 Stunde, nach 2 Stunden, nach 3 Stunden, … übersichtlich in einer Tabelle. Verwende dabei Potenzen.
b) Erstelle eine Formel, mit der man für jeden Zeitpunkt t das Volumen $V(t)$ berechnen kann.
c) Wie groß ist die Kultur nach 20 Stunden?

Lösung   a) Für jeden Zeitpunkt t (in h) bezeichnen wir das in cm^3 angegebene Volumen der Hefekulturen mit $V(t)$.

Zeitpunkt t der Beobachtung (in h)	0	1	2	3	4	5	6	…
Volumen V(t) der Kultur (in cm^3)	1	$2 = 2^1$	$4 = 2^2$	$8 = 2^3$	$16 = 2^4$	$32 = 2^5$	$64 = 2^6$	…

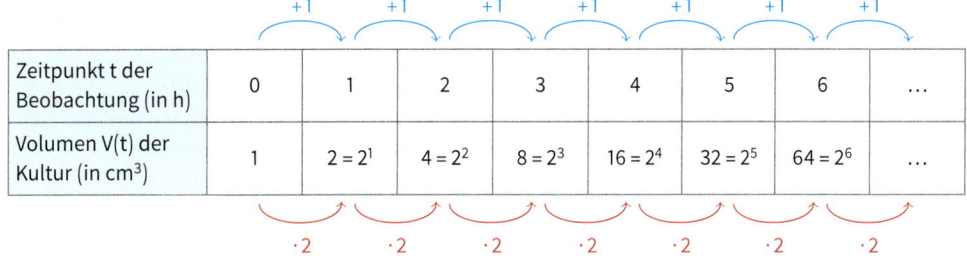

$\mathbb{N} = \{0, 1, 2, 3 ...\}$
$\mathbb{N}^* = \{1, 2, 3, ...\}$
$t \in \mathbb{N}^*$,
gelesen t ist Element von $\mathbb{N}^*$; t gehört zu $\mathbb{N}^*$

b) Für $t \in \mathbb{N}^*$ gilt für das Volumen V(t) der Hefekultur zum Zeitpunkt t: Die Zahl, die den Zeitpunkt angibt, und der Exponent der zugehörigen Potenz stimmen jeweils überein. Die Abhängigkeit wird demnach beschrieben durch $V(t) = 2^t$ mit $t \in \mathbb{N}^*$.
Auch für den Zeitpunkt $t = 0$ können wir diese Formel verwenden, da wir in Klasse 5 definiert haben: $2^0 = 1$.

c) Wir gehen davon aus, dass sich die Größe der Hefekultur weiterhin jede Stunde verdoppelt. Die Größe der Kultur nach 20 Stunden beträgt 2^{20} cm³. Es gilt:
$2^{20} = \underbrace{2 \cdot 2 \cdot 2 \cdot \ldots \cdot 2}_{\text{20 Faktoren 2}} = 1\,048\,576$

Ergebnis: Das Volumen der Kultur nach 20 Stunden beträgt $1\,048\,576$ cm³, das sind $1{,}048576$ m³, also rund 1 m³. Das trifft aber nur zu, falls sich zwischenzeitlich die Wachstumsbedingungen nicht verändern.

Information

(1) Definition der Potenz für natürliche Exponenten
In der Lösung der Aufgabe 1 haben wir die Größe der Hefekultur übersichtlich mithilfe von Potenzen angeben können. Zu jedem Zeitpunkt $t \in \mathbb{N}$ gilt für die Größe der Hefekultur $V(t) = 2^t$.

Potenz (lat. „Macht")
Math.: Produkt aus gleichen Faktoren

Basis (griech. „Grundlage") Math.: Grundzahl

Exponent (lat. „der Hervorgehobene")
Math.: Hochzahl

Definition: *Potenzen mit natürlichen Exponenten*

Für reelle Zahlen a und natürliche Zahlen n gilt:
$a^0 = 1$ also:
$a^1 = a$ $a^2 = a \cdot a$
$a^n = \underbrace{a \cdot a \cdot \ldots \cdot a}_{\text{n Faktoren a}}$ (für $n > 1$) $a^3 = a \cdot a \cdot a$
               $a^4 = a \cdot a \cdot a \cdot a$

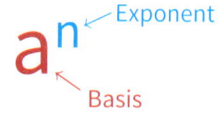

Beispiele:
$3^7 = \underbrace{3 \cdot 3 \cdot 3 \cdot 3 \cdot 3 \cdot 3 \cdot 3}_{\text{7 Faktoren 3}} = 2187$

$(-5)^3 = \underbrace{(-5) \cdot (-5) \cdot (-5)}_{\text{3 Faktoren }(-5)} = -125$

$(\sqrt{3})^5 = \underbrace{\sqrt{3} \cdot \sqrt{3} \cdot \sqrt{3} \cdot \sqrt{3} \cdot \sqrt{3}}_{\text{5 Faktoren }\sqrt{3}} = 9 \cdot \sqrt{3}$

$\left(\frac{2}{3}\right)^4 = \underbrace{\frac{2}{3} \cdot \frac{2}{3} \cdot \frac{2}{3} \cdot \frac{2}{3}}_{\text{4 Faktoren }\frac{2}{3}} = \frac{16}{81}$

$5^0 = 1;\quad \left(-\frac{1}{2}\right)^0 = 1$ $(\sqrt{2})^0 = 1;\quad 0^0 = 1$

(2) Zehnerpotenzen – Vorsilben
Die Zahlen 10, 100, 1000 usw. schreibt man häufig übersichtlich als Potenz der Zahl 10.

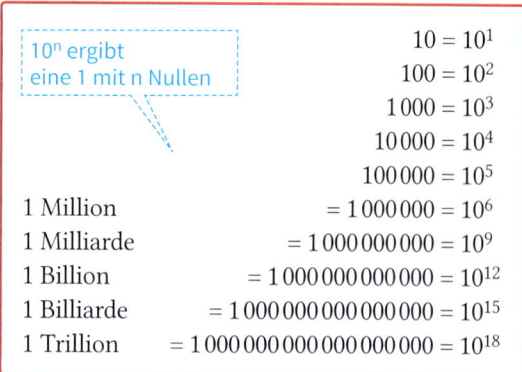

1.1 Potenzen mit ganzzahligen Exponenten

Kilo (griech.) tausend
Mega (griech.) groß
Giga (griech.) riesig
Tera (griech.) ungeheuer groß
Peta (griech.) alles umfassend
Exa (griech.) über alles

Gewisse Vorsilben bei Maßeinheiten bedeuten Zehnerpotenzen:

Potenz	Vorsilbe	Abkürzung	Beispiel		
10^2	Hekto	h	Hektoliter:	1 hl	$= 10^2 \ell$
10^3	Kilo	k	Kilometer:	1 km	$= 10^3$ m
10^6	Mega	M	Megatonne:	1 Mt	$= 10^6$ t
10^9	Giga	G	Gigahertz:	1 GHz	$= 10^9$ Hz
10^{12}	Tera	T	Terawattstunde:	1 TWh	$= 10^{12}$ Wh
10^{15}	Peta	P	Petahertz:	1 PHz	$= 10^{15}$ Hz
10^{18}	Exa	E	Exasekunde:	1 Es	$= 10^{18}$ s

Du kennst die Vorsilben Kilo, Mega, Giga, Tera, Peta und Exa auch bei der Einheit Byte zur Beschreibung der Speicherkapazität in Zusammenhang mit Computern. Dort bedeuten sie aber etwas geringfügig anderes:

1 kB	$= 2^{10}$ Byte $=$	1 024 Byte	$\approx 10^3$ Byte
1 MB	$= 2^{20}$ Byte $=$	1 048 576 Byte	$\approx 10^6$ Byte
1 GB	$= 2^{30}$ Byte $=$	1 073 741 824 Byte	$\approx 10^9$ Byte
1 TB	$= 2^{40}$ Byte $=$	1 099 511 627 776 Byte	$\approx 10^{12}$ Byte
1 PB	$= 2^{50}$ Byte $=$	1 125 899 906 842 624 Byte	$\approx 10^{15}$ Byte
1 EB	$= 2^{60}$ Byte $=$	1 152 921 504 606 846 976 Byte	$\approx 10^{18}$ Byte

Weiterführende Aufgabe

Schreibweise großer Zahlen mit abgetrennten Zehnerpotenzen

2. Große Zahlen schreibt man häufig als Produkt einer Zehnerpotenz und einer Zahl zwischen 1 und 10; im Gegensatz zur 1 wird die 10 nicht verwendet. Damit kann man die große Zahl besser überblicken. Zwei Beispiele dazu sind:

   $\cdot 10^8$ bewirkt Kommaverschiebung um 8 Stellen nach rechts

   Abstand der Erde von der Sonne: 149 000 000 km = $1{,}49 \cdot 10^8$ km
   Anzahl der Atome in 12 g Kohlenstoff ^{12}C (so genannte Avogadro'sche Zahl): $6{,}02 \cdot 10^{23}$
   Diese Zahldarstellung heißt *Schreibweise mit abgetrennter Zehnerpotenz*. Sie wird auch *scientific notation* (wissenschaftliche Schreibweise) genannt, weil sie oft in den Naturwissenschaften verwendet wird.

   a) Schreibe mit abgetrennter Zehnerpotenz.
      (1) 78 543   (2) 28 433   (3) 9 245 682   (4) 10 000

   $34785 = 3{,}4785 \cdot 10^4$

   b) Berechne mit dem Taschenrechner die Potenzen 9999^2, 9999^3, 9999^4, … wie im Beispiel rechts. Was fällt auf? Gib eine Erklärung dafür.

   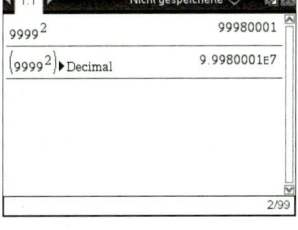

   c) Suche in der Bedienungsanleitung deines Taschenrechners, wie du Zahlen mit abgetrennten Zehnerpotenzen verkürzt in den Rechner eingeben kannst. Gib mit abgetrennter Zehnerpotenz ein:
      (1) $3{,}45678 \cdot 10^{13}$ (2) $-1{,}46001 \cdot 10^7$ (3) 10^8

Übungsaufgaben

3. Berechne ohne Taschenrechner möglichst geschickt.
   a) 10^0; 10^1; 10^2; …; 10^{10}
   b) 2^0; 2^1; 2^2; …; 2^{10}
   c) 3^0; 3^1; 3^2; …; 3^6
   d) 5^0; 5^1; 5^2; …; 5^5
   e) $(-2)^0$; $(-2)^1$; $(-2)^2$; …; $(-2)^{10}$
   f) $0{,}1^0$; $0{,}1^1$; $0{,}1^2$; …; $0{,}1^5$
   g) $\left(\frac{1}{2}\right)^0$; $\left(\frac{1}{2}\right)^1$; $\left(\frac{1}{2}\right)^2$; …; $\left(\frac{1}{2}\right)^{10}$
   h) $(\sqrt{2})^0$; $(\sqrt{2})^1$; $(\sqrt{2})^2$; …; $(\sqrt{2})^6$

4. Führe mit deinem Partner Kopfrechenübungen durch, für die es vorteilhaft ist, Potenzen auswendig zu wissen.

5. Setze das passende Zeichen <, > oder = im Heft ein.
   a) 2^4 ☐ 2^5 b) 2^4 ☐ 3^4 c) $\left(\frac{1}{2}\right)^3$ ☐ $\left(\frac{1}{2}\right)^4$ d) 2^4 ☐ 4^2 e) 3^0 ☐ 7^0

6. Sowohl Produkt als auch Potenz sind Kurzschreibweisen. Schreibe ausführlicher und vergleiche.
   a) $2 \cdot 5$ und 2^5 b) $5 \cdot 2$ und 5^2 c) $\frac{1}{2} \cdot 4$ und $\left(\frac{1}{2}\right)^4$ d) $(-3) \cdot 4$ und $(-3)^4$

Bestimmte Potenzen von 2; 3 und 5 sollte man auswendig wissen!

7. Berechne und vergleiche. Beschreibe, was dir auffällt.
   a) 2^3 und 3^2 c) $(-5)^4$ und -5^4 e) $(-2)^3$ und -2^3
   b) $(-5)^3$ und 5^3 d) $(-2)^2$ und -2^2 f) $(2^2)^3$ und $2^{(2^3)}$

8. Untersuche, wann eine Potenz a^n mit $n \in \mathbb{N}$ positiv und wann sie negativ ist.

9. Julia behauptet: „Nicht immer ist eine Potenz ein Produkt aus gleichen Faktoren."
   Was meinst du dazu? Erkläre.

10. Marc hat Schwierigkeiten mit der Definition von 0^0. Zeichne den Graphen der Funktion mit der Gleichung $y = x^0$. Erläutere damit, dass die Definition sinnvoll ist.

11. Berechne ohne Taschenrechner und vergleiche. Beachte Klammern.
    a) $(-2)^4$ b) $(-4)^3$ c) $(-\sqrt{3})^0$ d) $(-\sqrt{100})^4$ e) $(-2^3)^2$ f) $(-4)^3$
        -2^4 -4^3 $-\sqrt{3}^0$ $-\sqrt{100}^4$ $-2^{(3^2)}$ $(-3)^4$

12. Patrick wollte die Zahl -47 mit 4 potenzieren.
    Die Ausgabe seines Taschenrechners überrascht ihn.

13. Du kannst auch Potenzen mit dem Taschenrechner berechnen.
    Manche Aufgaben sind auch für das Kopfrechnen geeignet.
    a) $1{,}1^3$ c) $3{,}7^0$ e) $(\sqrt{7})^8$ g) $\left(-\frac{5}{8}\right)^0$ i) $0{,}98^{10}$
    b) $\left(\frac{3}{5}\right)^4$ d) $\left(-\frac{2}{3}\right)^3$ f) $(-0{,}1)^8$ h) $\left(\frac{1}{\sqrt{2}}\right)^4$ j) $1{,}01^{20}$

14. Findet möglichst viele verschiedene Darstellungen der Zahlen als Potenzen.
    a) 64   c) 625   e) 400   g) $\frac{1}{256}$ i) $\frac{32}{243}$ k) 1
    b) -125 d) 256   f) 10 000   h) $\frac{1}{81}$ j) 0,125   l) 6,25

15. Unten seht ihr 6 Figuren aus Punkten. Denkt euch diese Folge von Figuren fortgesetzt.
    Wie viele Punkte sind in der 12. Figur?

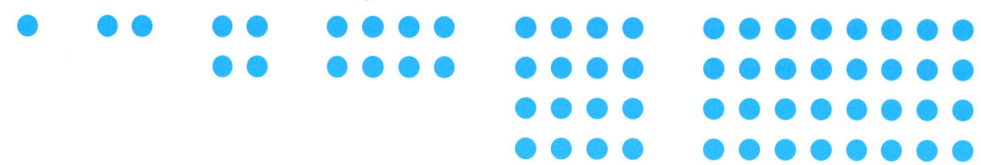

1.1 Potenzen mit ganzzahligen Exponenten

16. Welches ist die größte Zahl, die man (1) mit 2 Ziffern; (2) mit 3 Ziffern schreiben kann?

17. Wir betrachten eine 1 cm² große Schimmelpilzkultur, die ihre Größe jede Stunde
(1) verdreifacht;
(2) ver-2,5-facht.
   a) Beschreibe den Wachstumsvorgang durch eine Tabelle. Lege diese mit einem Rechner an.
   b) Stelle Fragen und beantworte sie mithilfe der Wertetabelle.

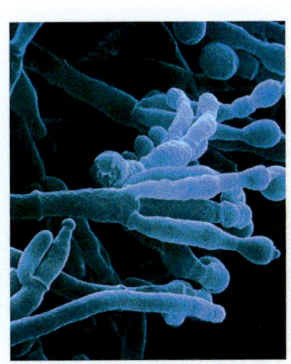

Penicillin
Der britische Bakteriologe Alexander Fleming entdeckte 1928, dass ein Schimmelpilz, Pinselschimmel Penicillum notatum, besonders wirksam gegen Bakterien ist. Noch heute wird das Antibiotikum Penicillin daraus gewonnen.

18. Bei der Nuklearkatastrophe von Fukushima in Japan im März 2011 wurden große Mengen radioaktiver Stoffe freigesetzt und über weite Regionen Japans verteilt. Radioaktive Stoffe wandeln sich unter Aussendung von Strahlung von selbst in andere Stoffe um. Man sagt auch: sie zerfallen. Iod 131 entsteht bei der Kernspaltung in einem Kernreaktor wie in Fukushima. Es ist radioaktiv und zerfällt so, dass sich seine Menge in jeder Woche halbiert. In Japan sind auf einer bestimmten Fläche 512 mg Iod 131 niedergegangen.
Wie viel mg befinden sich dort am Ende der 1., 2., 3., … 10. Woche?
Lege eine Tabelle an. Gib eine Formel an, die die noch vorhandene Menge in Abhängigkeit von der Zeit beschreibt.

19. a) Schreibe mit abgetrennten Zehnerpotenzen: 3 507; 48,5; 12,304; 754 804,8
   b) Schreibe ohne Zehnerpotenz: $4,3 \cdot 10^2$; $8,357 \cdot 10^3$; $7,2 \cdot 10^5$; $3,75421 \cdot 10^4$

20. Schreibe ausführlich und lies.
   a) Volumen der Erde: 10^{12} km³
   b) Größe Afrikas: $3,03 \cdot 10^7$ km²
   c) Entfernung Erde – Sonne: $1,5 \cdot 10^8$ km
   d) Umfang der Erdbahn: $9,4 \cdot 10^8$ km

21. Schreibe mit abgetrennten Zehnerpotenzen.
   a) Lichtgeschwindigkeit: 300 000 $\frac{km}{s}$
   b) Durchmesser der Sonne: 1 390 000 km
   c) Entfernung Erde – Mond: 384 000 km
   d) Größe Asiens: 41 600 000 km²
   e) Entfernung Sonne – Neptun: 4 500 Mio. km
   f) Ältester Stein der Erde: 3,962 Mrd. Jahre

22. So wie der Schall braucht auch das Licht zum Durchlaufen einer Strecke eine gewisse Zeit. In einer Sekunde legt das Licht ziemlich genau $3 \cdot 10^5$ km zurück. Eine Strecke ist ein Lichtjahr lang, wenn das Licht zum Durchlaufen der Strecke 1 Jahr benötigt.
   a) Gib ein Lichtjahr in km an.
   b) Die Entfernung Sonne – Erde beträgt $1,5 \cdot 10^8$ km. Wie lange braucht das Licht, um von der Sonne zur Erde zu gelangen?
   c) Manche Astronomen schätzen, dass der Durchmesser der Milchstraße 100 000 Lichtjahre beträgt. Wie viel km sind das?
   d) Der Fixstern Sirius ist 7 Lichtjahre von der Erde entfernt. Nimm an, ein Raumschiff würde mit Schallgeschwindigkeit $\left(333 \frac{m}{s}\right)$ von der Erde zum Sirius fliegen. Wie viele Jahre wäre es unterwegs?

23. a) Beim Computer kann man sich die Speicherkapazität sowie den belegten bzw. freien Speicher anzeigen lassen. Prüfe die im Bild angegebenen Umrechnungen von Byte in Gigabyte.
Wie wurde gerundet?
b) Ein am PC bearbeiteter und gedruckter Brief im DIN-A4-Format benötigt ca. 25 kB Speicherplatz.
Wie viele solcher Briefe kann man auf einem 16-GB-USB-Stick speichern?
c) Wie viele Bilder der Größe 4,6 MB können auf einer
(1) Speicherkarte der Größe 8 GB
(2) Festplatte der Größe 1 TB
gespeichert werden?

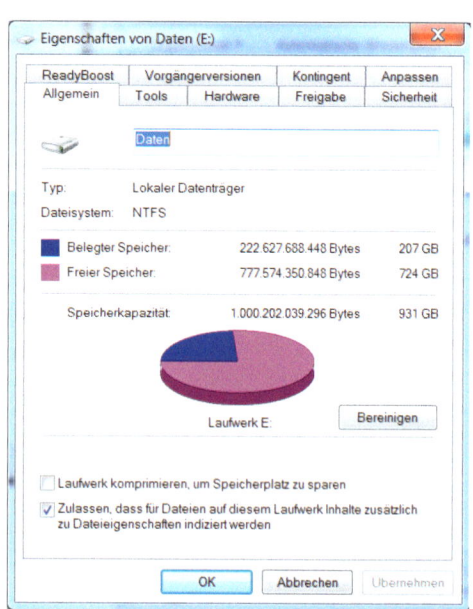

1.1.2 Erweiterung des Potenzbegriffs auf negative ganzzahlige Exponenten

Einstieg

In dem Einstieg auf Seite 15 haben wir die Vermehrung von Salmonellen betrachtet.
Zu Beginn sollen 1 Million Salmonellen vorhanden gewesen sein. Jede Stunde verdoppelte sich ihre Anzahl.
a) Wie viele Salmonellen waren 1 Stunde, 2 Stunden, … vor Beginn der Beobachtung vorhanden? Erstellt eine Tabelle.
b) Versucht Formeln anzugeben, mit denen man die Anzahl der Salmonellen in Abhängigkeit von der Zeit berechnen kann.

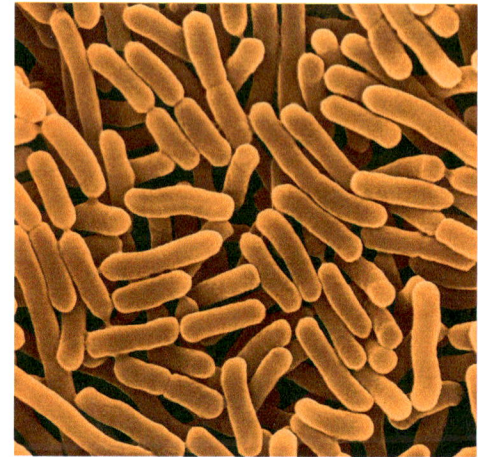

Aufgabe 1

Potenzen mit negativen ganzen Zahlen als Exponenten
In der Aufgabe 1 auf Seite 15 haben wir eine Hefekultur betrachtet, deren Größe sich jede Stunde verdoppelt. Zu Beginn der Beobachtung war sie 1 cm³ groß.
a) Wie groß war die Hefekultur vor dem Beginn der Beobachtung, also zu den Zeitpunkten $-1\,h, -2\,h, -3\,h, \ldots$?
Setze die Tabelle von Seite 15 rückwärts fort.
b) Versuche, die Tabelle mit Formeln zu beschreiben.

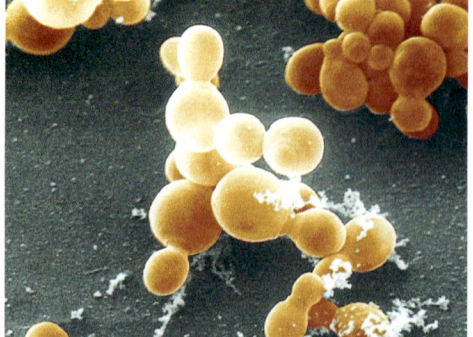

1.1 Potenzen mit ganzzahligen Exponenten

Lösung

a) Zum Zeitpunkt 0 h war die Kultur 1 cm³ groß.
Zum Zeitpunkt – 1 h war sie halb so groß, also $\frac{1}{2}$ cm³.
Zum Zeitpunkt – 2 h war sie wieder halb so groß wie zum Zeitpunkt – 1 h, also $\frac{1}{4}$ cm³.

Zeitpunkt t der Beobachtung (in h)	...	–4	–3	–2	–1	0	1	2	3	4	...
Volumen V(t) der Kultur (in cm³)	...	$\frac{1}{2^4}$	$\frac{1}{2^3}$	$\frac{1}{2^2}$	$\frac{1}{2^1}$	1	2^1	2^2	2^3	2^4	...

$\mathbb{Z} = \{0; 1; –1; 2; –2; ...\}$

b) Für $t \in \mathbb{N}$ können wir das Volumen der Kultur mit $V(t) = 2^t$ in Abhängigkeit von t berechnen.
Für $t \in \mathbb{Z}$ mit $t < 0$ können wir das Volumen der Kultur mit $V(t) = \frac{1}{2^{|t|}}$ beschreiben.

Information

(1) Definition einer Potenz für negative ganzzahlige Exponenten

Will man das Wachstum der Hefekultur in Aufgabe 1 einheitlich mit $V(t) = 2^t$ beschreiben, so muss man festlegen: $2^{-1} = \frac{1}{2^1}$; $2^{-2} = \frac{1}{2^2}$; $2^{-3} = \frac{1}{2^3}$; $2^{-4} = \frac{1}{2^4}$; ...

Dann lautet die von 0 nach links fortgesetzte Tabelle:

t	...	–4	–3	–2	–1	0	1	2	3	4	...
2^t	...	2^{-4}	2^{-3}	2^{-2}	2^{-1}	2^0	2^1	2^2	2^3	2^4	...

Wir verallgemeinern die Definition der Potenz:

$\mathbb{N}^* = \{1; 2; 3; ...\}$

> **Definition:** *Potenzen mit negativen ganzen Zahlen als Exponenten*
> Für reelle Zahlen $a \neq 0$ und natürliche Zahlen $n \in \mathbb{N}^*$ gilt: $a^{-n} = \frac{1}{a^n}$

Beachte: 5^{-2} ist nicht negativ! 0^{-1} ist nicht definiert.

Beachte: Für die Basis 0 sind Potenzen mit negativen Exponenten nicht definiert, da nicht durch null dividiert werden kann. Z.B. ist 0^{-1} nicht definiert, da $\frac{1}{0^1}$ nicht definiert ist.

Beispiele:

$5^{-2} = \frac{1}{5^2} = \frac{1}{25}$

$\left(\frac{2}{5}\right)^{-3} = \frac{1}{\left(\frac{2}{5}\right)^3} = \frac{1}{\frac{8}{125}} = \frac{125}{8}$

$(\sqrt{2})^{-2} = \frac{1}{(\sqrt{2})^2} = \frac{1}{2}$

$(-4)^{-3} = \frac{1}{(-4)^3} = -\frac{1}{64}$

(2) Zehnerpotenzen mit negativen Exponenten

(a) Die Stellenwerte eines Dezimalbruchs rechts vom Komma, nämlich Zehntel, Hundertstel, Tausendstel, ... lassen sich als Zehnerpotenz mit negativem Exponenten schreiben.

$0{,}1 = \frac{1}{10} = 10^{-1}$

$0{,}01 = \frac{1}{100} = \frac{1}{10^2} = 10^{-2}$

$0{,}001 = \frac{1}{1000} = \frac{1}{10^3} = 10^{-3}$

$0{,}0001 = \frac{1}{10000} = \frac{1}{10^4} = 10^{-4}$

Bei 10^{-4} steht die Ziffer 1 an der vierten Stelle rechts vom Komma

Kondensator zum Speichern elektrischer Ladung

(b) Gewisse Vorsilben bei Maßeinheiten bedeuten eine Zehnerpotenz mit negativem Exponenten:

Potenz	Vorsilbe	Abkürzung	Beispiel		
10^{-1}	Dezi	d	Dezimeter:	1 dm	$= 10^{-1}$ m
10^{-2}	Zenti	c	Zentiliter:	1 cℓ	$= 10^{-2}$ ℓ
10^{-3}	Milli	m	Milliampere:	1 mA	$= 10^{-3}$ A
10^{-6}	Mikro	µ	Mikrogramm:	1 µg	$= 10^{-6}$ g
10^{-9}	Nano	n	Nanosekunde:	1 ns	$= 10^{-9}$ s
10^{-12}	Piko	p	Pikofarad:	1 pF	$= 10^{-12}$ F
10^{-15}	Femto	f	Femtosekunde:	1 fs	$= 10^{-15}$ s
10^{-18}	Atto	a	Attogramm:	1 ag	$= 10^{-18}$ g

Weiterführende Aufgabe

Darstellung kleiner positiver Zahlen mit abgetrennten Zehnerpotenzen

2. Kleine positive Zahlen kann man als Produkt einer Zahl zwischen 1 und 10 und einer Zehnerpotenz mit negativen Exponenten schreiben; im Gegensatz zur 1 wird die 10 nicht als Vorfaktor verwendet. Dann kann man sie besser überblicken.

Beispiele:
(1) Durchmesser einer Grünalge: $7 \cdot 10^{-3}$ mm = 0,007 mm
(2) Masse der Grünalge: 10^{-7} mg = 0,0000001 mg

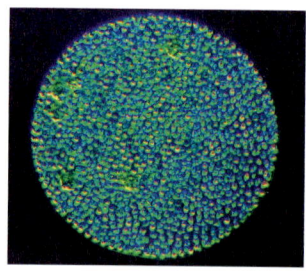

a) Schreibe mit abgetrennten Zehnerpotenzen.
(1) 0,00079 (2) 0,0000253 (3) 0,000000429 (4) 0,012 (5) 0,0001

b) Berechne mit deinem Taschenrechner
9999^{-1}, 9999^{-2}, 9999^{-3}, ... wie im Beispiel rechts.
Was fällt dir auf? Gib eine Erklärung dafür.

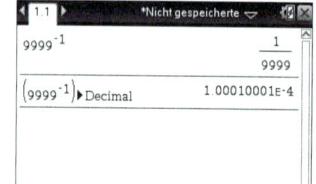

c) Gib in deinen Taschenrechner folgende Zahlen mit abgetrennten Zehnerpotenzen ein:
(1) $4{,}567 \cdot 10^{-3}$ (2) $-3{,}56789 \cdot 10^{-21}$ (3) -10^{-3}

Übungsaufgaben

3. Berechne ohne Taschenrechner möglichst geschickt.
a) 10^3; 10^2; 10^1; 10^0; 10^{-1}; 10^{-2}; 10^{-3}
b) 3^3; 3^2; 3^1; 3^0; 3^{-1}; 3^{-2}; 3^{-3}
c) 5^3; 5^2; 5^1; 5^0; 5^{-1}; 5^{-2}; 5^{-3}
d) $(-4)^3$; $(-4)^2$; $(-4)^1$; $(-4)^0$; $(-4)^{-1}$; $(-4)^{-2}$; $(-4)^{-3}$
e) $\left(\frac{1}{2}\right)^3$; $\left(\frac{1}{2}\right)^2$; $\left(\frac{1}{2}\right)^1$; $\left(\frac{1}{2}\right)^0$; $\left(\frac{1}{2}\right)^{-1}$; $\left(\frac{1}{2}\right)^{-2}$; $\left(\frac{1}{2}\right)^{-3}$

4. Führe mit deinem Partner Kopfrechenübungen durch, für die es vorteilhaft ist, Potenzen auswendig zu wissen.

5. Wann ist eine Potenz a^n mit $a \neq 0$ und $n \in \mathbb{Z}$ positiv, wann ist sie negativ?

6. Berechne im Kopf. Beachte die Klammern.
a) 2^{-3}; -2^3; $(-2)^3$; $(-2)^{-3}$; -2^{-3}
b) 5^{-2}; -5^2; $(-5)^2$; $(-5)^{-2}$; -5^{-2}

7. Berechne mit dem Taschenrechner.
a) 4^{-10} b) $0{,}7^{-8}$ c) $(-3{,}4)^{-7}$ d) $\left(\frac{2}{3}\right)^{-5}$ e) $\left(\sqrt{3}\right)^{-9}$ f) $\left(4 \cdot \sqrt{5}\right)^{-5}$

1.1 Potenzen mit ganzzahligen Exponenten

8. Kontrolliere Pauls Hausaufgaben. Erläutere deine Anmerkungen.

a) $-5^{-2} = -25$ d) $\left(\frac{1}{2}\right)^{-3} < \left(\frac{1}{2}\right)^{3}$ g) $(\sqrt{2})^{-4} < (\sqrt{2})^{-2}$

b) $2^{-4} < 2^{-3}$ e) $\left(\frac{3}{4}\right)^{-2} = -\frac{16}{9}$ h) $(\sqrt{2})^{-6} = 2^{-3}$

c) $0{,}1^{-2} = 100$ f) $(-3)^{0} > (-3)^{-3}$ i) $(-\sqrt{2})^{-3} < 0$

9. Schreibe ohne negative Exponenten, kürze dann und vereinfache.

a) $15^{3} \cdot 5^{-2}$ b) $14^{-3} \cdot 7^{5}$ c) $21^{3} \cdot 7^{-5}$ d) $(-2)^{6} \cdot 2^{-8}$

10. Findet möglichst viele verschiedene Darstellungen der Zahlen als Potenz mit negativem Exponenten.

$\frac{1}{16}$; $\frac{1}{25}$; $\frac{1}{64}$; $\frac{1}{625}$; $\frac{1}{256}$; $\frac{1}{27}$; $\frac{1}{900}$; $\frac{1}{1\,600}$; $\frac{1}{40\,000}$; $\frac{1}{250\,000}$; $\frac{1}{16\,900}$

11. Potenzen mit negativen Exponenten sind nur definiert, falls die Basis von 0 verschieden ist. Untersuche, welche einschränkende Bedingung bei folgenden Termen zu beachten ist.

a) x^{-3} b) $1 + z^{-2}$ c) $(1+z)^{-3}$ d) $\frac{a^{-3}}{b^{5}}$ e) $\frac{(a+2)^{-4}}{b^{-2}}$

12. Schreibe ohne negative Exponenten.

a) $(2a)^{-3}$ c) $(5x)^{-1}$ e) $(a+b)^{-5}$ g) $a \cdot (x+y)^{-2}$ i) $\frac{x^{-2}}{y^{-1}}$

b) $(3ab)^{-4}$ d) $\frac{1}{x^{-4}}$ f) $1 + x^{-2}$ h) $a - x^{-1}$ j) $(a+1) \cdot (b-1)^{-3}$

13. Nenne deinem Partner mit Begründung eine Darstellung ohne Bruchstrich. Wechselt nach jeder Teilaufgabe eure Rollen.

a) $\frac{1}{x}$ c) $\frac{1}{(\sqrt{a})^{3}}$ e) $\frac{x^{3}}{4y}$ g) $\frac{1}{1+z}$ i) $\frac{4}{y^{-4}}$ k) $\frac{(x-y)^{-2}}{(x+y)^{-3}}$

b) $\frac{1}{(a \cdot b)^{3}}$ d) $\frac{a}{c^{5}}$ f) $\frac{1}{(a+b)^{2}}$ h) $\frac{1}{x^{-3}}$ j) $\frac{x^{-4}}{y}$ l) $\frac{y^{2}}{z^{-3}}$

14. Entscheide, ob der Satz für $a > 0$ und $n \in \mathbb{N}^{*}$ richtig ist. Falls nein, gib ein Gegenbeispiel an.

a) Wenn n gerade ist, dann ist $a^{-n} > 0$.
b) Wenn $a^{-n} > 0$, dann ist n gerade.
c) Wenn $a > 1$, dann ist $a^{-n} < 1$.
d) Wenn $a^{-n} < 1$, dann ist $a > 1$.
e) Wenn $a < 1$, dann ist $a^{-n} > 1$.
f) Wenn $n > 1$, dann ist $a^{n} > 0$.

15. Denke dir die Folge der Figuren fortgesetzt. Welcher Anteil am 10. Quadrat ist grün gefärbt?

 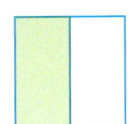 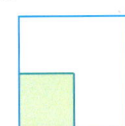  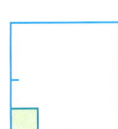

16. Schreibe die Zahl mit abgetrennter Zehnerpotenz.

a) 0,01   b) 0,07   c) 0,68   d) 0,0049   e) 0,000039

17. Schreibe als Dezimalbruch.

a) $3 \cdot 10^{-2}$ b) $4{,}2 \cdot 10^{-4}$ c) $7{,}5 \cdot 10^{-6}$ d) $2{,}53 \cdot 10^{-5}$ e) $0{,}3 \cdot 10^{-5}$

18. Schreibe mit einem Dezimalbruch als Maßzahl.
    (1) Durchmesser eines roten Blutkörperchens: $7 \cdot 10^{-4}$ cm
    (2) Durchmesser eines bestimmten Bakteriums: $9{,}4 \cdot 10^{-5}$ cm
    (3) Tägliches Wachstum beim Kopfhaar: $2{,}5 \cdot 10^{-4}$ m
    (4) Täglicher Längenzuwachs eines Fingernagels: $8{,}6 \cdot 10^{-5}$ m
    (5) Täglicher Gewichtszuwachs eines Fingernagels: $5{,}5 \cdot 10^{-3}$ g

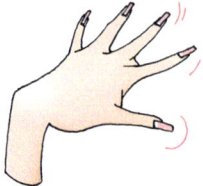

19. Schreibe in der Maßeinheit, die in Klammern steht.
    a) $3 \cdot 10^{-3}$ kg (g)   **b)** $2 \cdot 10^{-2}$ g (kg)   **c)** $5 \cdot 10^{-10}$ m (mm)   **d)** $3{,}2 \cdot 10^{-4}$ cm (m)

20. **a)** Schreibe die Längenangaben in der Einheit m, und zwar einmal mit einer Zehnerpotenz und zum anderen mit einer Vorsilbe wie Piko, Nano usw.
    (1) $\frac{1}{1\,000}$ mm   (2) $\frac{1}{100\,000}$ cm   (3) $\frac{1}{1\,000\,000}$ mm   (4) $\frac{1}{100\,000}$ dm   (5) $\frac{1}{10\,000}$ cm
    b) Was bedeutet in der Physik die Einheit $m \cdot s^{-1}$ [$km \cdot h^{-1}$; $g \cdot cm^{-3}$; Nm^{-2}]?
    Schreibe die Einheit als Quotient. Welche physikalische Größe gehört zu der Einheit?

21. Sucht in Zeitschriften, Büchern und im Internet nach kleinen und großen Größen, die mit abgetrennter Zehnerpotenz angegeben wurden. Gestaltet damit ein Plakat.

22. Gib die kleinste und die größte positive Zahl an, die dein Taschenrechner mit abgetrennter Zehnerpotenz anzeigen kann.

23. Atome bestehen aus einem kleinen, schweren Atomkern und einer großen, leichten Atomhülle, in der sich die Elektronen befinden. Der Durchmesser eines Atoms beträgt ungefähr 10^{-10} m, der eines Atomkerns ungefähr 10^{-15} m. Die Masse des Kerns beträgt ungefähr 99,9 % der Masse des gesamten Atoms.
    a) Stelle dir diese – fast unvorstellbaren – Größenverhältnisse an einem Heißluftballon vor. Der Heißluftballon hat einen Durchmesser von 10 m. Er soll das ganze Atom darstellen.
    Welchen Durchmesser hat der Atomkern im selben Maßstab? Gib einen entsprechenden Gegenstand des Alltags an.
    b) Der ganze Ballon wiegt – ohne Gondel – ungefähr 10 kg. Wie schwer muss die entsprechende Kugel für den Atomkern sein?

Das kann ich noch!

A) Familie Heinrich möchte einen Wochenendausflug machen und sich dazu ein Auto mieten. Herr Heinrich hat sich folgende Angebote eingeholt:
Firma *Rent a car*: Grundgebühr 45,00 € und 0,25 € pro gefahrenem Kilometer
Firma *Car4you*: Grundgebühr 37,50 € und 0,30 € pro gefahrenem Kilometer
1) Stelle für die Funktion *Fahrstrecke (in km) → Preis (in €)* jeweils eine Funktionsgleichung auf.
2) Untersuche rechnerisch, welches Angebot bei 120 gefahrenen Kilometern günstiger ist.
3) Berechne, bei wie vielen gefahrenen Kilometern beide Anbieter gleich günstig sind.

1.2 Potenzen mit rationalen Exponenten

1.2.1 Potenzen mit Stammbrüchen als Exponenten – n-te Wurzeln

Einstieg

Eine würfelförmige Kerze soll aus
a) 125 ml,
b) 200 ml
Wachs gegossen werden. Welche Kantenlänge muss die Form innen haben?

1 ml = 1 cm³

Aufgabe 1

Potenzen mit einem Stammbruch als Exponenten

Auf Seite 15 wird das Wachstum einer Hefekultur beschrieben. Diese Kultur hat zu Beginn eine Größe von 1 cm³. Sie wächst so, dass in gleichen Zeiten sich die Größe mit demselben Faktor vervielfacht, z. B. in jeder Stunde verdoppelt.
Folgende Tabelle beschreibt das Wachstum der Hefekultur:

Zeitpunkt t (in h)	0	1	2	3	4	5	6	7
Volumen V(t) der Kultur (in cm³)	2^0	2^1	2^2	2^3	2^4	2^5	2^6	2^7

a) Wie vergrößert sich die Hefekultur in einem Zeitraum von 2 Stunden, von 3 Stunden?
b) Bestimme die Größe der Hefekultur nach einer halben Stunde.
c) Bestimme die Größe der Hefekultur nach einer viertel Stunde.

Lösung

a)

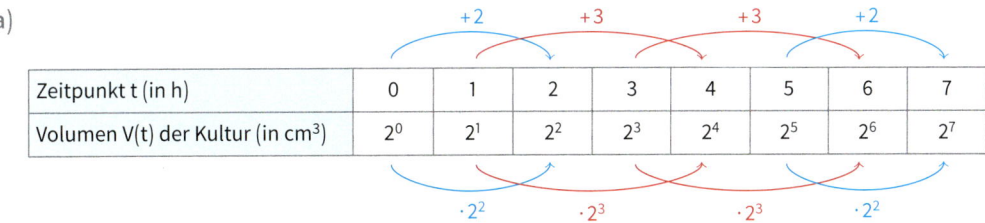

Zeitpunkt t (in h)	0	1	2	3	4	5	6	7
Volumen V(t) der Kultur (in cm³)	2^0	2^1	2^2	2^3	2^4	2^5	2^6	2^7

Alle 2 Stunden wird die Größe der Hefekultur mit dem Faktor 2^2 vervielfacht, egal, wie viel vorhanden war und zwischen welchen Zeitpunkten der Zeitraum von 2 Stunden liegt.
Alle 3 Stunden wird die Größe der Hefekultur mit dem Faktor 2^3 vervielfacht, egal wie viel vorhanden war und zwischen welchen Zeitpunkten der Zeitraum von 3 Stunden liegt.

b) Zwei halbe Stunden ergeben zusammen
1 Stunde: $\frac{1}{2}$h + $\frac{1}{2}$h = 1 h

In $\frac{1}{2}$ Stunde wird die Größe der Hefekultur mit dem Faktor a vervielfacht.
Dann gilt: a · a = 2, also a^2 = 2,
d. h. a = $\sqrt{2}$.

Nach $\frac{1}{2}$ Stunde sind $\sqrt{2}$ cm³ vorhanden, das sind ungefähr 1,41 cm³.

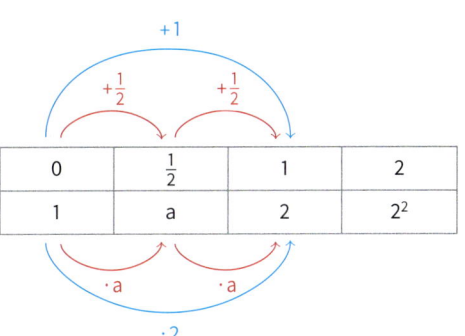

c) Vier viertel Stunden ergeben zusammen
eine Stunde:
$\frac{1}{4}$h + $\frac{1}{4}$h + $\frac{1}{4}$h + $\frac{1}{4}$h = 1 h
Wir suchen einen Faktor b, der die Größe
der Hefekultur jeweils nach $\frac{1}{4}$ h liefert.
Wir suchen also eine Zahl b, für die gilt:
b · b · b · b = 2, also $b^4 = 2$.
Entsprechend zur Quadratwurzel, deren
Quadrat gleich dem Radikanden ist,
spricht man hier von der vierten Wurzel und
schreibt dafür b = $\sqrt[4]{2}$.
Nach $\frac{1}{4}$ h hat sich die Hefekultur auf $\sqrt[4]{2}$ cm³ vergrößert, also auf ungefähr 1,19 cm³.

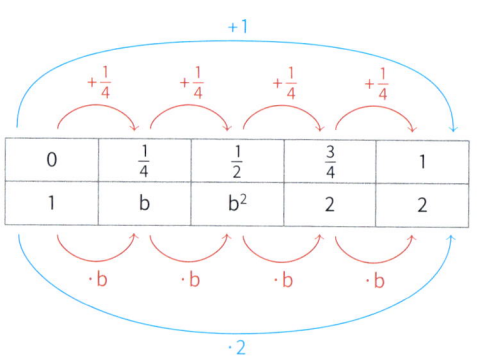

Information

(1) n-te Wurzeln

In der Aufgabe 1 c) haben wir eine Zahl gesucht, deren 4. Potenz 2 ist.
In Kapitel 3 haben wir eine Zahl gesucht, deren Quadrat, also 2. Potenz, eine vorgegebenen Zahl ist. Das führte uns auf die Wurzel, genauer gesagt: Quadratwurzel.
Deshalb definiert man entsprechend wie bei der Quadratwurzel:

Definition

Gegeben ist eine nichtnegative reelle Zahl a und eine natürliche Zahl n ≥ 2.
Unter der n-ten Wurzel dieser Zahl a versteht man diejenige nichtnegative Zahl, die mit n potenziert die Zahl a ergibt.
Für die **n-te Wurzel aus a** schreibt man $\sqrt[n]{a}$.
Die Zahl n heißt der *Wurzelexponent*, die Zahl a unter dem Wurzelzeichen heißt *Radikand*.

Beispiele:
$\sqrt[3]{1000} = 10$, denn $10^3 = 10 \cdot 10 \cdot 10 = 1000$
$\sqrt[4]{\frac{16}{81}} = \frac{2}{3}$, denn $\left(\frac{2}{3}\right)^4 = \frac{2}{3} \cdot \frac{2}{3} \cdot \frac{2}{3} \cdot \frac{2}{3} = \frac{16}{81}$
2. Wurzeln $\left(\sqrt[2]{a}\right)$ heißen auch *Quadratwurzeln*, 3. Wurzeln $\left(\sqrt[3]{a}\right)$ nennt man *Kubikwurzeln*.

Statt $\sqrt[2]{a}$ schreibt man meistens nur $\sqrt{a}$.

Beachte:
(1) n-te Wurzeln sind stets nichtnegativ. Es ist also $\sqrt[4]{16} = +2$, aber $\sqrt[4]{16} \neq -2$, obwohl auch $(-2)^4 = 16$ ist. Man möchte vermeiden, dass z. B. $\sqrt[4]{16}$ zwei verschiedene Zahlen bezeichnet.
(2) $\sqrt[4]{-16}$ kann man prinzipiell nicht definieren, da die 4. Potenz aller Zahlen nicht negativ ist. Entsprechendes gilt für alle Wurzeln, deren Wurzelexponent gerade ist.
$\sqrt[3]{-8}$ könnte man dagegen definieren, da $(-2)^3 = -8$. Entsprechendes gilt für alle Wurzeln, deren Wurzelexponent ungerade ist.
Um aber in der Definition der n-ten Wurzel keine Fallunterscheidung vornehmen zu müssen, haben wir die n-te Wurzel stets nur dann definiert, wenn der Radikand nichtnegativ ist.
Wir verzichten also auf die Definition von $\sqrt[3]{-8}, \sqrt[5]{-1}, \ldots$, da die Definition von $\sqrt{-4}, \sqrt[4]{-16}, \ldots$, also von n-ten Wurzeln aus negativen Zahlen mit geraden Wurzelexponenten, in $\mathbb{R}$ prinzipiell nicht möglich ist.

(2) Potenzen mit Stammbrüchen als Exponenten

Für ganzzahlige Zeitpunkte t gilt für das Volumen der in Aufgabe 1 betrachteten Hefekultur $V(t) = 2^t$. In Aufgabe 1 haben wir weiter gesehen, dass für Bruchteile einer Stunde gilt:

$V\left(\frac{1}{2}\right) = \sqrt{2}$ und $V\left(\frac{1}{4}\right) = \sqrt[4]{2}$

Entsprechend kann man überlegen: $V\left(\frac{1}{n}\right) = \sqrt[n]{2}$

Um das Wachstum der Hefekultur einheitlich mit Potenzen zu beschreiben, definiert man:
$2^{\frac{1}{2}} = \sqrt{2}$, $2^{\frac{1}{4}} = \sqrt[4]{2}$, $2^{\frac{1}{n}} = \sqrt[n]{2}$

Definition

Für eine nichtnegative Zahl a und eine natürliche Zahl n vereinbart man:
$$a^{\frac{1}{n}} = \sqrt[n]{a}$$

Beispiele:
$4^{\frac{1}{2}} = \sqrt{4} = 2$; $8^{\frac{1}{3}} = \sqrt[3]{8} = 2$; $10\,000^{\frac{1}{4}} = \sqrt[4]{1\,000} = 10$

Beachte: Man kann die Stammbrüche auch als Dezimalbrüche schreiben:
$9^{0,5} = 9^{\frac{1}{2}} = \sqrt{9} = 3$; $16^{0,25} = 16^{\frac{1}{4}} = \sqrt[4]{16} = 2$; $125^{0,\overline{3}} = 125^{\frac{1}{3}} = \sqrt[3]{125} = 5$

Weiterführende Aufgaben

Zusammenhang zwischen Wurzelziehen und Potenzieren

2. a) (1) Ziehe die 3. Wurzel aus: 8; 27; 512; 729; 1331. Potenziere jedes Ergebnis mit 3.

(2) Potenziere die Zahlen mit 3: 5; 6; 12; 20; 30. Ziehe aus jedem Ergebnis die 3. Wurzel.

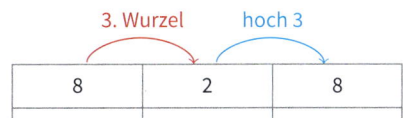
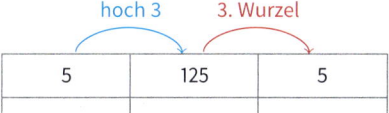

Vervollständige die Tabelle. Vergleiche die erste mit der dritten Spalte.

b) Berechne folgende Aufgaben.

(1) Ziehe die 5. Wurzel aus: 7776; 100 000. Potenziere jedes Ergebnis mit 5. Was fällt dir auf?

(2) Potenziere die Zahlen 8; 11 mit 5. Ziehe aus jedem Ergebnis die 5. Wurzel.

c) Vereinfache: $\left(\sqrt[3]{125}\right)^3$; $\left(\sqrt[5]{4913}\right)^5$; $\left(\sqrt[6]{7}\right)^6$; $\sqrt[4]{2^4}$; $\sqrt[5]{19^5}$; $\sqrt[6]{74^6}$

> Einschränkende Bedingung bei Wurzeln: Radikand ≥ 0

Zusammenhang zwischen Potenzieren und Wurzelziehen

Für alle $a \in \mathbb{R}$ mit $a \geq 0$ gilt:

(1) $\left(\sqrt[n]{a}\right)^n = a$

Das Ziehen der n-ten Wurzel wird durch das Potenzieren mit n rückgängig gemacht:

(2) $\sqrt[n]{a^n} = a$

Das Potenzieren mit n wird durch das Ziehen der n-ten Wurzel rückgängig gemacht:

Irrationale n-te Wurzeln

3. a) Beweise, dass $\sqrt[3]{2}$ keine rationale Zahl ist.
   Anleitung: Nimm an, dass $\sqrt[3]{2}$ doch eine rationale Zahl sei. Schreibe $\sqrt[3]{2}$ dann als gekürzten Bruch $\frac{m}{n}$. Folgere daraus $\frac{m^3}{n^3} = 2$ und zeige, dass diese Gleichung auf einen Widerspruch führt.
   b) Beweise, dass $\sqrt[4]{8}$ irrational ist.
   c) Warum lässt sich so nicht beweisen, dass $\sqrt[3]{216}$ irrational ist?

Übungsaufgaben

4. Berechne im Kopf und begründe dein Ergebnis.
   a) $\sqrt[3]{8}$ d) $\sqrt[5]{32}$ g) $\sqrt{121}$ j) $\sqrt[5]{0{,}00001}$ m) $\sqrt[3]{\frac{8}{27}}$
   b) $\sqrt[3]{1\,000}$ e) $\sqrt[3]{0{,}008}$ h) $\sqrt[4]{0{,}0081}$ k) $\sqrt[12]{0}$ n) $\sqrt[5]{\frac{243}{32}}$
   c) $\sqrt[3]{512}$ f) $\sqrt[4]{256}$ i) $\sqrt[7]{1}$ l) $\sqrt[4]{\frac{1}{16}}$ o) $\sqrt{\frac{9}{16}}$

5. Prüfe ohne Taschenrechner, ob die Aussage wahr ist. Korrigiere ggf. den Radikanden.
   a) $\sqrt{125} = 5$ c) $\sqrt[4]{14\,641} = 11$ e) $\sqrt[5]{320\,000} = 20$ g) $\sqrt[7]{0{,}0000128} = 0{,}2$
   b) $\sqrt[3]{64} = 8$ d) $\sqrt[15]{32\,768} = 2$ f) $\sqrt[6]{0{,}00001} = 0{,}1$ h) $\sqrt[5]{0{,}00243} = 0{,}3$

6. Zwischen welchen (aufeinander folgenden) natürlichen Zahlen liegt der Wert der Wurzel?
   a) $\sqrt[3]{10}$ b) $\sqrt[4]{100}$ c) $\sqrt[3]{480}$ d) $\sqrt[3]{2\,000}$ e) $\sqrt[3]{87{,}6}$

7. Berechne im Kopf. Die möglichen Ergebnisse findest du links.
   a) $2 \cdot \sqrt[3]{64}$ c) $\sqrt[5]{30+2}$ e) $\sqrt[4]{1} + \sqrt[4]{10\,000}$ g) $5 \cdot \sqrt[3]{8} + 4 \cdot \sqrt[4]{16}$
   b) $7 - \sqrt[3]{216}$ d) $\sqrt[3]{100-36}$ f) $50 \cdot \sqrt[4]{0{,}0001} - \sqrt{4}$ h) $\frac{1}{7} \cdot \sqrt[3]{343} - \frac{1}{8} \cdot \sqrt[3]{512}$

8. Prüfe, ob die Aussage wahr ist, ohne die Wurzeltaste des Taschenrechners zu benutzen.
   a) $\sqrt[3]{216} = \sqrt[4]{1\,296}$ b) $\sqrt{\sqrt{16}} = \sqrt[4]{16}$ c) $\sqrt[3]{64} = \sqrt{\sqrt{64}}$ d) $\sqrt[6]{64} = \sqrt[3]{\sqrt{64}}$

9. Berechne im Kopf.
   a) $4^{\frac{1}{2}}$ b) $8^{\frac{1}{3}}$ c) $16^{\frac{1}{4}}$ d) $1^{\frac{1}{5}}$ e) $0^{\frac{1}{7}}$ f) $25^{0{,}5}$ g) $81^{0{,}25}$ h) $64^{0{,}\overline{3}}$

10. Schreibe den Term als n-te Wurzel.
    a) $a^{\frac{1}{5}}$ b) $x^{\frac{1}{4}}$ c) $y^{0{,}2}$ d) $(1+x)^{\frac{1}{2}}$ e) $(a+b)^{\frac{1}{3}}$ f) $(n+1)^{0{,}125}$

11. Untersuche, wie du mit deinem Rechner n-te Wurzeln bestimmen kannst.

12. Vereinfache.
    a) $\left(\sqrt[4]{81}\right)^4$ c) $\sqrt[12]{1{,}2^{12}}$ e) $\left(\sqrt[3]{8}\right)^3$
    b) $\left(\sqrt[14]{37}\right)^{14}$ d) $\sqrt[20]{0}$ f) $\sqrt[3]{4^3}$

13. Bestimme gegebenenfalls die einschränkende Bedingung. Vereinfache dann.
    a) $\sqrt[4]{c^4}$ b) $\left(\sqrt[5]{2a}\right)^5$ c) $-\sqrt[4]{(-a)^4}$ d) $\sqrt[6]{(-1{,}5r)^6}$ e) $\sqrt[4]{(a+b)^4}$

1.2 Potenzen mit rationalen Exponenten

14. Kontrolliere, ob hier alles richtig ist. Korrigiere gegebenenfalls.

a) $\sqrt[4]{(-3)^4} = -3$ b) $\left(-\sqrt[5]{18}\right)^5 = 18$ c) $\left(-\sqrt[10]{1{,}3}\right)^{10} = 1{,}3$ d) $\left(\sqrt[3]{4}\right)^{-6} = -\dfrac{1}{2}$

15. a) Berechne jeweils den Wert der Wurzel für n = 2, n = 3, … Was stellst du fest?
  (1) $\sqrt[n]{500}$ (2) $\sqrt[n]{0{,}01}$

b) Wie groß muss man den Wurzelexponenten n mindestens wählen, damit die Werte der Wurzel (1) kleiner als 2; (2) größer als 0,5 sind?
Probiere das aus.

16. Begründe:
Für alle reellen Zahlen a und geraden natürlichen Zahlen n gilt: $\sqrt[n]{a^n} = |a|$.
Überlege, ob dies auch für ungerade Zahlen für n gilt.

1.2.2 Potenzen mit rationalen Exponenten

Einstieg

In dem Einstieg auf Seite 15 wird die Vermehrung von Salmonellen beschrieben. Jede Stunde verdoppelt sich die Anzahl.
Folgende Tabelle beschreibt das Wachstum:

Zeitpunkt der Beobachtung (in h)	0	1	2	3	4	…
Anzahl der Salmonellen (in Mio.)	2^0	2^1	2^2	2^3	2^4	…

Bestimmt die Anzahl zu den Zeitpunkten $\frac{1}{2}$ h und $\frac{5}{4}$ h.

Aufgabe 1

Potenzen mit rationalen Zahlen als Exponenten
In Aufgabe 1 auf Seite 15 wird das Wachstum einer Hefekultur beschrieben, die ihre Größe jede Stunde verdoppelt und bei einem Volumen von 1 cm³ startet. Bestimme die Größe

a) nach $3\frac{1}{2}$ Stunden; b) nach einer $\frac{3}{4}$ Stunde.

Lösung

a) Zweimal $3\frac{1}{2}$ Stunden ergeben zusammen 7 Stunden:

$3\frac{1}{2}$ h + $3\frac{1}{2}$ h = 7 h

In $3\frac{1}{2}$ Stunden wird die Größe der Hefekultur mit dem Faktor a vervielfacht.
Dann gilt: $a \cdot a = 2^7$, also $a^2 = 2^7$, d. h. $a = \sqrt{2^7}$.
Nach $3\frac{1}{2}$ Stunden sind $\sqrt{2^7}$ cm³ vorhanden, das sind ungefähr 11,31 cm³.

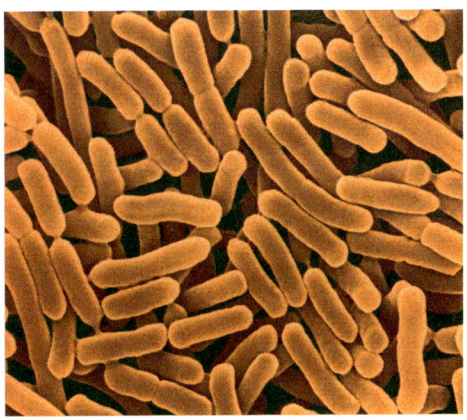

b) Vier $\frac{3}{4}$ Stunden ergeben zusammen
3 Stunden:
$\frac{3}{4}$h + $\frac{3}{4}$h + $\frac{3}{4}$h + $\frac{3}{4}$h = 3 h
Wir suchen einen Faktor b, der die Größe der Hefekultur jeweils nach $\frac{3}{4}$ h liefert.
Es gilt:
b·b·b·b = 2^3, also $b^4 = 2^3$, d.h.: b = $\sqrt[4]{2^3}$
Nach $\frac{3}{4}$ h hat sich die Hefekultur auf rund 1,68 cm³ vergrößert.

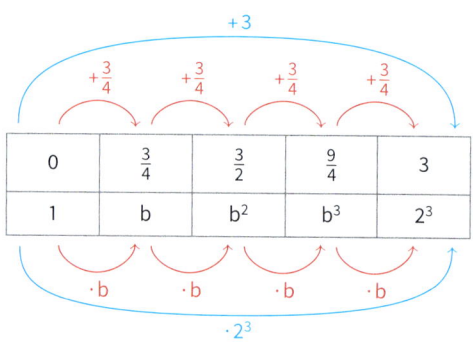

Information

(1) Definition von $a^{\frac{m}{n}}$

Um das Wachstum der Hefekultur auch für $t = 3\frac{1}{2} = \frac{7}{2}$ und für $t = \frac{3}{4}$ mit dem Term 2^t beschreiben zu können, liegt die folgende Definition nahe: $2^{3\frac{1}{2}} = 2^{\frac{7}{2}} = \sqrt[2]{2^7}$; $2^{\frac{3}{4}} = \sqrt[4]{2^3}$. Damit lässt sich das Wachstum einheitlich beschreiben.

t	0	$\frac{1}{2}$	$\frac{3}{4}$	1	2
V(t)	1	$\sqrt[2]{2}$	$\sqrt[4]{2^3}$	2	4
2^t	2^0	$2^{\frac{1}{2}}$	$2^{\frac{3}{4}}$	2^1	2^2

> **Definition**
> Für $m \in \mathbb{Z}$, $n \in \mathbb{N}^*$ und $a > 0$ setzen wir: $a^{\frac{m}{n}} = \sqrt[n]{a^m}$
> Für $m \geq 0$ ist auch $a = 0$ zulässig.
> Der Nenner des Bruches ergibt den Wurzelexponenten, der Zähler den Exponenten des Radikanden. Für $m = 1$ erhalten wir als Spezialfall: $a^{\frac{1}{n}} = \sqrt[n]{a}$
> Beispiele: $3^{\frac{4}{5}} = \sqrt[5]{3^4}$; $\quad 7^{\frac{2}{3}} = \sqrt[3]{7^2}$; $\quad 4^{-\frac{3}{5}} = 4^{\frac{-3}{5}} = \sqrt[5]{4^{-3}} = \sqrt[5]{\frac{1}{4^3}}$; $\quad 5^{1,5} = 5^{\frac{3}{2}} = \sqrt[2]{5^3}$

Du erinnerst dich, dass sich jede rationale Zahl in der Form $\frac{m}{n}$ schreiben lässt, wobei m eine ganze Zahl und n eine von null verschiedene natürliche Zahl ist.
Damit ist der Potenzbegriff erneut erweitert worden, und zwar auf beliebige rationale Zahlen als Exponenten. Als Basis kommen nur positive Zahlen oder 0 infrage, da die Wurzel aus einer negativen Zahl nicht definiert ist. Außerdem darf bei negativen Exponenten die Basis nicht 0 sein, weil sie nach Definition im Nenner erscheint.

(2) Reihenfolge von Potenzieren und Wurzelziehen bei der Definition von $a^{\frac{m}{n}}$

Bei der Hefekultur, deren Größe sich vom Anfangsvolumen 1 cm³ zum Zeitpunkt 0 jede weitere Stunde verdoppelt, gibt es zwei Möglichkeiten, die Größe zum Zeitpunkt $1\frac{1}{2}$ Stunden zu berechnen:

(a) $1\frac{1}{2}$ Stunden sind die Hälfte von 3 Stunden.
Für den Vervielfachungsfaktor x, der zu $1\frac{1}{2}$ Stunde gehört, gilt also $x^2 = 2^3$, d.h. $x = \sqrt{2^3}$
Zum Zeitpunkt $1\frac{1}{2}$ Stunden beträgt das Volumen somit $\sqrt{2^3}$ cm³.

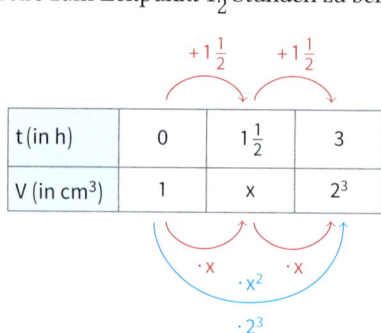

(b) $1\frac{1}{2}$ Stunden sind das Dreifache von einer halben Stunde. Wir suchen also einen Faktor z mit $z^2 = 2$, d.h. $z = \sqrt{2}$.

Zum Zeitpunkt $1\frac{1}{2}$ Stunden beträgt das Volumen also $(\sqrt{2})^3$ cm³.

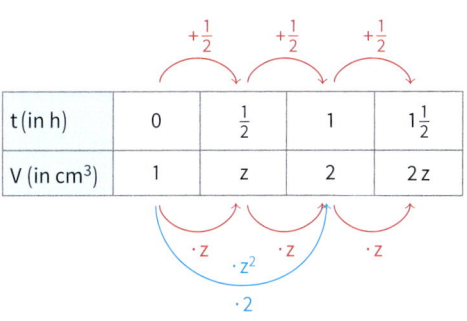

$\sqrt{a} \cdot \sqrt{b} = \sqrt{ab}$

Aus dem Sachverhalt ergibt sich, dass beide Überlegungen zum selben Wert führen müssen, also $\sqrt{2^3} = (\sqrt{2})^3$. Für Quadratwurzeln können wir das schon mit einem Wurzelgesetz begründen: $(\sqrt{a})^2 = \sqrt{a} \cdot \sqrt{a} = \sqrt{a \cdot a} = \sqrt{a^2}$

(3) Unmöglichkeit der Definition von $a^{\frac{m}{n}}$ für negative Basen a

Wir haben auf die Definition von Wurzeln aus negativen Radikanden verzichtet, obwohl man z.B. $\sqrt[3]{-8} = -2$ sinnvoll definieren könnte, da $(-2)^3 = -8$.

Aber auch in diesem Fall wäre es dennoch nicht möglich, entsprechende Potenzen mit negativer Basis und gebrochen rationalen Exponenten eindeutig zu definieren.

Es ergäbe sich nämlich $-2 = \sqrt[3]{-8} = (-8)^{\frac{1}{3}} = (-8)^{\frac{2}{6}} = \sqrt[6]{(-8)^2} = \sqrt[6]{64} = 2$, ein Widerspruch, der aus dem Erweitern des Bruches im Exponenten resultiert.

Dieses Beispiel zeigt zudem die Wichtigkeit des Satzes in der folgenden Aufgabe 2, der garantiert, dass derartige Widersprüche bei Potenzen mit positiver Basis nicht auftreten können.

Weiterführende Aufgabe

Unabhängigkeit der Definition von der Bruchdarstellung

2. Die rationale Zahl 1,5 kann man z. B. als $\frac{3}{2}$ oder als $\frac{15}{10}$ in Form eines Bruches schreiben.
   Damit die Definition von $a^{1,5}$ für $a > 0$ korrekt ist, muss gelten: $\sqrt[2]{a^3} = \sqrt[10]{a^{15}}$
   Beweise das und erläutere deinem Partner die Beweisschritte.

Satz
Gilt für $a > 0$ und $m \in \mathbb{Z}$, $p \in \mathbb{Z}$, $n \in \mathbb{N}^*$, $q \in \mathbb{N}^*$, $\frac{m}{n} = \frac{p}{q}$, so folgt: $\sqrt[n]{a^m} = \sqrt[q]{a^p}$

Übungsaufgaben

3. Betrachte das Wachstum der Hefekultur in Aufgabe 1 auf Seite 15.
   Bestimme die Größe der Hefekultur und schreibe das Ergebnis auch als Potenz.
   a) $\frac{1}{3}$ Stunde (also 20 Minuten) **b)** $1\frac{1}{2}$ Stunden (also 90 Minuten)

4. Schreibe jeweils mit Wurzelzeichen.
   a) $5^{\frac{1}{2}}$; $4^{\frac{1}{3}}$; $8^{\frac{1}{4}}$ **b)** $2^{\frac{3}{4}}$; $2^{\frac{4}{3}}$; $3^{\frac{1}{2}}$ **c)** $4^{-\frac{1}{2}}$; $5^{-\frac{3}{2}}$; $2^{-\frac{2}{5}}$ **d)** $2^{0,5}$; $3^{1,5}$; $5^{3,2}$

5. Schreibe als Potenz: **a)** $\sqrt{18}$; $\sqrt[3]{5}$; $\sqrt[5]{7}$ **b)** $\sqrt[3]{2^4}$; $\sqrt[4]{3^{-1}}$; $\sqrt{3}$ **c)** $\sqrt[3]{4^{-2}}$; $\sqrt[5]{\frac{1}{7}}$; $\sqrt[4]{2^{-3}}$

6. Schreibe als Wurzel.
   a) $x^{\frac{2}{3}}$ **c)** $a^{\frac{1}{3}}$ **e)** $d^{0,5}$ **g)** $p^{-5,2}$
   b) $y^{\frac{3}{4}}$ **d)** $b^{-\frac{3}{4}}$ **f)** $e^{0,8}$ **h)** $a^{7,2}$

   $a^{-3,6} = a^{-\frac{36}{10}} = a^{-\frac{18}{5}} = \frac{1}{\sqrt[5]{a^{18}}}$
   (für $a > 0$)

7. Schreibe die Wurzel als Potenz.
   a) $\sqrt[3]{a^5}$; $\sqrt[5]{x^2}$; $\sqrt[4]{z^5}$ **b)** $\sqrt[4]{x^{-1}}$; $\sqrt[5]{z^{-2}}$; $\sqrt[3]{u^{-7}}$ **c)** $\sqrt{x^{-3}}$; $\sqrt[3]{c^4}$; $\sqrt{k}$ **d)** $\sqrt[3]{\frac{1}{z^2}}$; $\sqrt[5]{\frac{1}{x^4}}$; $\sqrt{\frac{1}{m^3}}$

8. Berechne ohne Taschenrechner.
   a) $16^{\frac{1}{4}}$ c) $4^{\frac{3}{2}}$ e) $1^{-\frac{4}{5}}$ g) $0{,}25^{-\frac{1}{2}}$ i) $36^{-0{,}5}$ k) $\left(\frac{1}{64}\right)^{\frac{1}{2}}$
   b) $36^{-\frac{1}{2}}$ d) $8^{\frac{2}{3}}$ f) $0{,}25^{\frac{1}{2}}$ h) $32^{0{,}2}$ j) $16^{0{,}75}$ l) $\left(\frac{1}{4}\right)^{-\frac{3}{2}}$

9. a) Probiere mit deinem Taschenrechner aus, wie du Potenzen mit rationalen Zahlen im Exponenten berechnen kannst. Untersuche auch negative Basen.
   b) Berechne mit dem Taschenrechner.
   (1) $5^{\frac{1}{9}}$ (3) $0{,}27^{-4{,}7}$ (5) $\sqrt[7]{4}$ (7) $\sqrt[8]{9}$
   (2) $0{,}4^{\frac{2}{5}}$ (4) $7{,}55^{-2{,}4}$ (6) $\sqrt[3]{3^5}$ (8) $\sqrt[4]{8{,}7}$

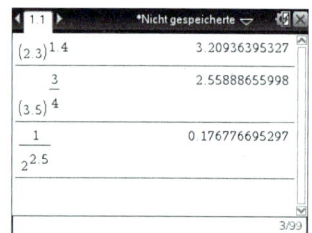

10. Schreibt die Zahl als Potenz mit einer rationalen Zahl als Exponent. Gebt mehrere Möglichkeiten an.

$7 = 49^{\frac{1}{2}} = 343^{\frac{1}{3}} = 2401^{\frac{1}{4}}$

   a) 3 b) 5 c) 9 d) 4 e) 2^3 f) 2^6 g) 3^9

11. Ermittle die Basis b im Kopf. Kontrolliere mit dem Taschenrechner.
   a) $b^{\frac{3}{2}} = 8$ b) $b^{\frac{3}{2}} = 125$ c) $b^{\frac{7}{3}} = 128$ d) $b^{\frac{5}{3}} = 243$ e) $b^{\frac{3}{5}} = 8$ f) $b^{\frac{3}{4}} = 27$

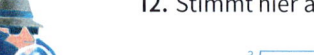
12. Stimmt hier alles? Korrigiere gegebenenfalls.
   a) $\sqrt[3]{(-5)^2} = (-5)^{\frac{2}{3}}$ b) $\sqrt[5]{(-1)^3} = -1$ c) $\sqrt[4]{(-2)^8} = 4$
   d) $(-10000)^{-\frac{1}{4}} = (-10000)^{-\frac{2}{8}} = \frac{1}{(-10000)^{\frac{2}{8}}} = \frac{1}{\sqrt[8]{(-10000)^2}} = \frac{1}{\sqrt[8]{10^8}} = \frac{1}{10}$

13. Für welche x ist der Term definiert?
   a) $(x-1)^{\frac{2}{3}}$ c) $(2x-1)^{\frac{1}{2}}$ e) $(1-4x)^{\frac{2}{5}}$
   b) $(x+5)^{\frac{5}{2}}$ d) $(3x+6)^{\frac{2}{3}}$ f) $(40-4x)^{\frac{1}{3}}$

$(x-4)^{\frac{3}{2}}$ ist definiert für $x - 4 > 0$, also für $x > 4$.

14. Schreibe ohne Wurzelzeichen.
   a) $\sqrt[3]{(x-1)^2}$ b) $\sqrt[3]{(a-b)^2}$ c) $\sqrt{x^3+y^3}$ d) $\sqrt[4]{(a \cdot b)^3}$ e) $\frac{1}{\sqrt[4]{x}}$ f) $\frac{-7}{\sqrt[n]{a-b}}$

15. Forme in die Wurzelschreibweise um.
   a) $(a+1)^{\frac{2}{3}}$ b) $(x+y)^{\frac{4}{9}}$ c) $(x-7y)^{-\frac{3}{4}}$ d) $(x \cdot y)^{\frac{4}{7}}$ e) $(a \cdot b)^{\frac{m}{n}}$ f) $\left(\sqrt[n]{a}\right)^{\frac{p}{q}}$

16. Vereinfache wie im Beispiel.
   a) $\sqrt[4]{a^6}$ b) $\sqrt[9]{x^3}$ c) $\sqrt[10]{z^5}$ d) $\frac{1}{\sqrt[12]{x^8}}$ e) $\sqrt[3k]{x^k}$ f) $\sqrt[2n]{r^{-n}}$

$\sqrt[8]{y^6} = y^{\frac{6}{8}} = y^{\frac{3}{4}} = \sqrt[4]{y^3}$

17. In einem Vorratsgefäß für Wasser zum Gießen ist am Boden ein kleines Loch. Durch den Druck des darüber stehenden Wassers fließen pro Stunde drei Viertel des zu Stundenbeginn vorhandenen Wassers ab. Bei der letzten Messung stand das Wasser noch 80 cm hoch im Behälter. Bestimme die Höhe Wassers
   a) nach 2 Stunden; b) vor einer Stunde; c) nach 30 Minuten; d) nach 15 Minuten.

 Im Blickpunkt

Kleine Anteile – große Wirkung

1. Die Verbrennung fossiler Brennstoffe wie Erdöl und Erdgas führt zu einem Anstieg des Kohlendioxidgehaltes in der Luft. Wissenschaftler befürchten, dass sich dadurch die Atmosphäre global erwärmt und es zu einer gravierenden Klimaveränderung kommt („Treibhaus-Effekt"). Daher ist man an einer Untersuchung des Klimas in früheren Jahrtausenden interessiert.

Aus Eisbohrkernen der Polargebiete kann man heute die Klimageschichte bis über die letzte Zwischeneiszeit hinaus ablesen. In Luftbläschen, die im Südpolareis vor langer Zeit eingeschlossen wurden, konnte die Konzentration des Treibhausgases Kohlendioxid (CO_2) über 160 000 Jahre gemessen werden. Das Diagramm rechts zeigt die Ergebnisse.

Die im Diagramm benutzte Bezeichnung ppm (parts per million) dient dazu, sehr kleine Anteile übersichtlicher schreiben zu können:

1 ppm ist $\frac{1}{1\,000\,000}$.

Beschreibe das Diagramm. Welche Informationen kannst du ihm entnehmen?

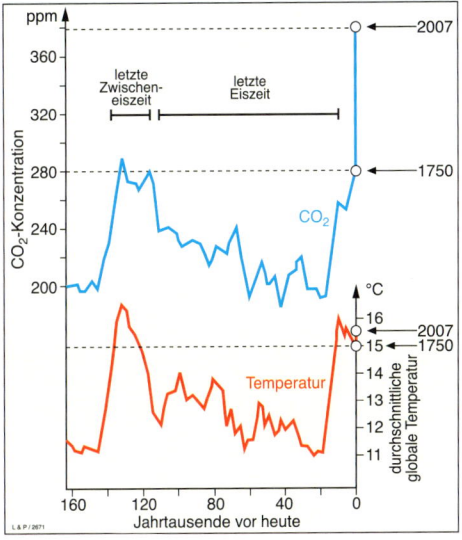

Zahlwörter im (amerikanischen) Englischen:

billion – Milliarde
trillion – Billion
quadrillion – Billiarde

Bezeichnungen für die Beschreibung kleiner Anteile

ppm: Abkürzung für die englische Angabe *parts per million* (Teile pro Million, d.h. $1:10^6$)
ppb: Abkürzung für die englische Angabe *parts per billion* (Teile pro Milliarde, d.h. $1:10^9$)
ppt: Abkürzung für die englische Angabe *parts per trillion* (Teile pro Billion, d.h. $1:10^{12}$)
ppq: Abkürzung für die englische Angabe *parts per quadrillion* (Teile pro Billiarde, d.h. $1:10^{15}$)

Hierbei kann „Teil" für Teilchenanzahlen, aber auch für Massen- oder Volumeneinheiten stehen. Für genaue Angaben muss daher angegeben werden, was gemeint ist, so wie man auch zwischen Volumenprozent und Massenprozent unterscheidet.

Im wissenschaftlichen Gebrauch sollen diese Angaben nicht mehr verwendet werden, sondern stattdessen negative Zehnerpotenzen. In anderen Veröffentlichungen unterbleibt in der Regel die genaue Angabe, was mit „Teil" gemeint ist.

2. Du weißt: $1\% = \frac{1}{100} = \frac{1}{10^2} = 10^{-2}$.

   Schreibe entsprechend die Angaben ppm, ppb, ppt und ppq mit negativen Zehnerpotenzen.

3. Stelle dir zur Veranschaulichung vor, dass ein Stück Würfelzucker der Masse 2,7 g in einer Wassermenge gelöst werden soll, sodass die Konzentration anschließend
   a) 1 ppm,   b) 1 ppb,   c) 1 ppt,   d) 1 ppq
   beträgt, wobei sich die Angaben hier auf die Masse beziehen sollen.
   Berechne, wie viel Wasser benötigt wird. Unten siehst du zur Veranschaulichung Fotos entsprechender Flüssigkeitsmengen.

4. Die Spurenanalytik ist ein Arbeitsgebiet der Chemie, das sich mit dem Nachweis kleinster Mengen chemischer Stoffe befasst. Mit chemischen Verfahren kann man noch 10^{-9} g eines Stoffes pro kg nachweisen, mit elektrochemischen Verfahren 10^{-12} g pro kg und mit spektroskopischen Verfahren 10^{-13} g pro kg.
   a) Gib diese Konzentrationen in parts per … an.
   b)
   PORTLAND Weil ein Teenager in den USA in ein Reservoir mit 143 Millionen Liter aufbereitetem Wasser gepinkelt hat, soll jetzt das ganze Becken geleert werden. Es ist das zweite Mal binnen drei Jahren, dass die Stadtbehörden in Portland im US-Staat Oregon zu solch drastischen Maßnahmen greifen, um das Leitungswasser sauber zu halten. Zuletzt waren 2011 28 Millionen Liter ins Abwassersystem abgeleitet worden, nachdem ein junger Mann in ein Reservoir uriniert hatte.   (Nordwestzeitung 18.4.2014)

   Beim Urinieren werden etwa 5 g Harnstoff ausgeschieden. Gehe im Folgenden von der Annahme vollständiger Durchmischung des Urins mit dem Wasser aus.
   (1) Berechne die Harnstoff-Konzentration im Trinkwasser-Reservoir in ppm, ppb, …
   (2) Kann man noch Spuren der Verunreinigung in dem Trinkwasser-Reservoir nachweisen?
   (3) Wie viel Harnstoff befindet sich in einem Glas mit 200 ml Trinkwasser?

5. Die Ozonschicht der Atmosphäre hält gefährliche UV-Strahlung ab. In der Ozonschicht beträgt die Konzentration an Ozon bis zu 10 ppm. Nimm an, dass sich diese Angaben auf die Volumina beziehen und berechne dann, wie viel Ozon sich in 1 Liter befindet.

6. Der Gehalt an Wasserdampf in der Luft schwankt beträchtlich: er hängt von der Temperatur ab und wird als relative Luftfeuchtigkeit angegeben.
   Bei einer relativen Luftfeuchtigkeit von 100 % schwankt der Gehalt an Wasserdampf zwischen 190 ppm bei einer Temperatur von −40 °C und 42 000 ppm bei 30 °C.
   Nimm an, dass sich diese Angaben auf die Volumina beziehen und berechne, wie viel Wasser in 1 Liter Luft enthalten ist.

1.3 Potenzgesetze und ihre Anwendung

1.3.1 Multiplizieren und Potenzieren von Potenzen

Einstieg   Untersucht an den folgenden Beispielen, wie man mit Potenzen rechnen kann. Bereitet für die Präsentation eurer Ergebnisse eine Folie vor.
(1) Multipliziert zwei Dreierpotenzen. Versucht das Ergebnis auch als Dreierpotenz darzustellen. Verallgemeinert eure Entdeckung.
(2) Multipliziert zwei Potenzen mit dem Exponenten 4. Versucht das Ergebnis auch als Potenz mit dem Exponenten 4 darzustellen. Verallgemeinert eure Entdeckung.
(3) Potenziert eine Dreierpotenz. Versucht das Ergebnis auch als Dreierpotenz darzustellen. Verallgemeinert eure Entdeckung.

Denke auch an negative Exponenten.

Aufgabe 1 **Multiplizieren von Potenzen mit gleicher Basis**
Vereinfache – falls möglich – zunächst den Term und berechne ihn dann.
Untersuche anschließend, ob man aus dem Rechenweg ein allgemeines Potenzgesetz folgern kann.

a) $2^6 \cdot 2^4$ **b)** $2^{-3} \cdot 2^{-1}$ **c)** $4^3 \cdot 4^{-5}$ **d)** $5^4 \cdot 5^{-2}$ **e)** $6^2 \cdot 6^{-2}$ **f)** $4^{-2} \cdot 4^0$ **g)** $5^{\frac{3}{2}} \cdot 5^{\frac{1}{2}}$

Lösung

a) $2^6 \cdot 2^4 = (2 \cdot 2 \cdot 2 \cdot 2 \cdot 2 \cdot 2) \cdot (2 \cdot 2 \cdot 2 \cdot 2) = 2^{6+4}$ Wert des Terms: $1024 = 2^{10}$

b) $2^{-3} \cdot 2^{-1} = \frac{1}{2^3} \cdot \frac{1}{2^1} = \frac{1}{2 \cdot 2 \cdot 2} \cdot \frac{1}{2} = \frac{1}{2 \cdot 2 \cdot 2 \cdot 2} = 2^{-4} = 2^{-3+(-1)}$ Wert des Terms: $\frac{1}{2^4} = \frac{1}{16}$

c) $4^3 \cdot 4^{-5} = 4^3 \cdot \frac{1}{4^5} = \frac{4^3}{4^5} = \frac{4 \cdot 4 \cdot 4}{4 \cdot 4 \cdot 4 \cdot 4 \cdot 4} = \frac{1}{4^2} = 4^{-2} = 4^{3+(-5)}$ Wert des Terms: $\frac{1}{16}$

d) $5^4 \cdot 5^{-2} = 5^4 \cdot \frac{1}{5^2} = \frac{5^4}{5^2} = \frac{5 \cdot 5 \cdot 5 \cdot 5}{5 \cdot 5} = 5^2 = 5^{4+(-2)}$ Wert des Terms: 25

e) $6^2 \cdot 6^{-2} = 6^2 \cdot \frac{1}{6^2} = \frac{6^2}{6^2} = 1 = 6^0 = 6^{2+(-2)}$ Wert des Terms: 1

f) $4^{-2} \cdot 4^0 = 4^{-2} \cdot 1 = 4^{-2} = 4^{-2+0}$ Wert des Terms: $\frac{1}{16}$

g) $5^{\frac{3}{2}} \cdot 5^{\frac{1}{2}} = \sqrt{5^3} \cdot \sqrt{5^1} = \sqrt{5^3 \cdot 5^1} = \sqrt{5 \cdot 5 \cdot 5 \cdot 5} = 5 \cdot 5 = 5^2 = 5^{\frac{3}{2}+\frac{1}{2}}$ Wert des Terms: 25

Wurzelgesetze: $\sqrt{a} \cdot \sqrt{b} = \sqrt{a \cdot b}$

In allen Teilen erhält man das Ergebnis der Multiplikation auch, indem man die beiden Exponenten addiert: $a^m \cdot a^n = a^{m+n}$

Information In Aufgabe 1 haben wir an Zahlenbeispielen gesehen:

Potenzgesetz für die Multiplikation von Potenzen mit gleicher Basis
Man multipliziert Potenzen mit gleicher Basis, indem man die Exponenten addiert; die Basis bleibt dabei erhalten.
(P1) $a^m \cdot a^n = a^{m+n}$

Beispiele: $2^{-3} \cdot 2^5 = 2^{-3+5} = 2^2 = 4$; $u^{-2} \cdot u^{-3} = u^{(-2)+(-3)} = u^{-5}$ für $u \neq 0$

$8^{\frac{2}{3}} \cdot 8^{\frac{4}{3}} = 8^{\frac{2}{3}+\frac{4}{3}} = 8^{\frac{6}{3}} = 8^2 = 64$; $4^{-\frac{1}{2}} \cdot 4^{\frac{3}{2}} = 4^{-\frac{1}{2}+\frac{3}{2}} = 4^1 = 4$

Der Beweis erfolgt entsprechend der Erweiterung des Potenz-Begriffes in mehreren Schritten:

(1) *Die Exponenten sind natürliche Zahlen $m, n \neq 0$:*
   In diesem Fall sind die Potenzen Produkte gleicher Zahlen und es gilt:
   $$a^m \cdot a^n = \underbrace{a \cdot a \cdot \ldots \cdot a}_{m \text{ Faktoren } a} \cdot \underbrace{a \cdot a \cdot \ldots \cdot a}_{n \text{ Faktoren } a} = \underbrace{a \cdot a \cdot \ldots \cdot a}_{m+n \text{ Faktoren } a} = a^{m+n}$$

(2) *Ein Exponent ist 0:*
   Dann gilt: $a^n \cdot a^0 = a^n \cdot 1 = a^n = a^{n+0}$

(3) *Beide Exponenten sind negative Zahlen:*
   Wir setzen $m = -p$ und $n = -q$ mit $p, q \in \mathbb{N}^*$. Dann gilt:
   $$a^m \cdot a^n = a^{-p} \cdot a^{-q} = \frac{1}{a^p} \cdot \frac{1}{a^q} = \underbrace{\frac{1}{a \cdot a \cdot \ldots \cdot a}}_{p \text{ Faktoren } a} \cdot \underbrace{\frac{1}{a \cdot a \cdot \ldots \cdot a}}_{q \text{ Faktoren } a} = \underbrace{\frac{1}{a \cdot a \cdot \ldots \cdot a}}_{p+q \text{ Faktoren } a} = a^{-(p+q)} = a^{-p+(-q)} = a^{m+n}$$

(4) *Der eine Exponent ist eine positive natürliche Zahl, der andere eine negative Zahl:*
   Wegen des Kommutativgesetzes können wir ohne Einschränkung annehmen:
   $m \in \mathbb{N}^*$ und $n = -p$ mit $p \in \mathbb{N}^*$. Dann folgt: $a^m \cdot a^n = a^m \cdot a^{-p} = \dfrac{a^m}{a^p} = \dfrac{\overbrace{a \cdot a \cdot \ldots \cdot a}^{m \text{ Faktoren } a}}{\underbrace{a \cdot a \cdot \ldots \cdot a}_{p \text{ Faktoren } a}}$

   Zum Vereinfachen dieses Bruchs unterscheiden wir drei Fälle:

   $m > p$: Im Zähler dieses Bruches stehen mehr Faktoren. Die Faktoren aus dem Nenner lassen sich vollständig wegkürzen und es bleiben $m - p$ Faktoren im Zähler, also:
   $$a^m \cdot a^n = \frac{\overbrace{a \cdot a \cdot \ldots \cdot a}^{m \text{ Faktoren } a}}{\underbrace{a \cdot a \cdot \ldots \cdot a}_{p \text{ Faktoren } a}} = \frac{\cancel{a} \cdot \cancel{a} \cdot \ldots \cdot \cancel{a} \cdot \overbrace{a \cdot \ldots \cdot a}^{m-p \text{ Faktoren}}}{\cancel{a} \cdot \cancel{a} \cdot \ldots \cdot \cancel{a}} = a^{m-p} = a^{m+(-p)} = a^{m+n}$$

   $m = p$: In Zähler und Nenner sind gleich viele Faktoren: $a^m \cdot a^n = \dfrac{\overbrace{\cancel{a} \cdot \cancel{a} \cdot \ldots \cdot \cancel{a}}^{m \text{ Faktoren } a}}{\underbrace{\cancel{a} \cdot \cancel{a} \cdot \ldots \cdot \cancel{a}}_{p \text{ Faktoren } a}} = 1 = a^0 = a^{m+n}$

   $m < p$: Im Zähler stehen weniger Faktoren als im Nenner. Beim Kürzen bleiben $p - m$ Faktoren im Nenner, also: $a^m \cdot a^n = \dfrac{\overbrace{a \cdot a \cdot \ldots \cdot a}^{m \text{ Faktoren } a}}{\underbrace{a \cdot a \cdot \ldots \cdot a}_{p \text{ Faktoren } a}} = \dfrac{\cancel{a} \cdot \ldots \cdot \cancel{a}}{\underbrace{\cancel{a} \cdot \ldots \cdot \cancel{a} \cdot a \cdot \ldots \cdot a}_{p-m \text{ Faktoren}}} = \dfrac{1}{a^{p-m}} = a^{-(p-m)} = a^{-p+m} = a^{n+m} = a^{m+n}$

(5) *Beide Exponenten sind nichtganze rationale Zahlen:*
   Ohne Einschränkung können wir die beiden rationalen Zahlen so erweitern, dass sie gleichnamige Brüche sind, also $m = \dfrac{p}{s}$ und $n = \dfrac{q}{s}$ mit $p, q \in \mathbb{Z}$ und $s \in \mathbb{N}^*$.
   Dann müssen wir beweisen: $a^{\frac{p}{s}} \cdot a^{\frac{q}{s}} = a^{\frac{p+q}{s}}$, d.h. $a^{\frac{p}{s}} \cdot a^{\frac{q}{s}} = \sqrt[s]{a^{p+q}}$

   Dazu bilden wir $\left(a^{\frac{p}{s}} \cdot a^{\frac{q}{s}}\right)^s$ und weisen nach, dass sich a^{p+q} ergibt:

   $\left(a^{\frac{p}{s}} \cdot a^{\frac{q}{s}}\right)^s = \left(a^{\frac{p}{s}}\right)^s \cdot \left(a^{\frac{q}{s}}\right)^s$ (Gültigkeit wurde für $s \in \mathbb{N}^*$ in (1) gezeigt.)

   $= \left(\sqrt[s]{a^p}\right)^s \cdot \left(\sqrt[s]{a^q}\right)^s$ (Nach Definition der Potenz mit gebrochenen Exponenten.)

   $= a^p \cdot a^q$ (Da das Potenzieren das Wurzelziehen rückgängig macht.)

   $= a^{p+q}$ (Gültigkeit für $p, q \in \mathbb{Z}^*$ wurde in (1), (2), (3) nachgewiesen.)

   Also folgt: $a^{\frac{p}{s}} \cdot a^{\frac{q}{s}} = \sqrt[s]{a^{p+q}} = a^{\frac{p+q}{s}} = a^{\frac{p}{s} + \frac{q}{s}}$

1.3 Potenzgesetze und ihre Anwendung

Aufgabe 2

Multiplizieren von Potenzen mit verschiedenen Basen
Vereinfache zunächst den Term und berechne ihn dann. Untersuche anschließend, ob man aus dem Rechenweg ein allgemeines Potenzgesetz folgern kann.

a) $2^6 \cdot 5^6$ b) $4^{-2} \cdot 2{,}5^{-2}$ c) $12^{\frac{1}{2}} \cdot 3^{\frac{1}{2}}$ d) $2^5 \cdot 3^4$

Lösung

a) $2^6 \cdot 5^6 = (2 \cdot 2 \cdot 2 \cdot 2 \cdot 2 \cdot 2) \cdot (5 \cdot 5 \cdot 5 \cdot 5 \cdot 5 \cdot 5)$
$= (2 \cdot 5) \cdot (2 \cdot 5) \cdot (2 \cdot 5) \cdot (2 \cdot 5) \cdot (2 \cdot 5) \cdot (2 \cdot 5)$
$= (2 \cdot 5)^6 = 10^6 = 1\,000\,000$

b) $4^{-2} \cdot 2{,}5^{-2} = \frac{1}{4^2} \cdot \frac{1}{2{,}5^2} = \frac{1}{16} \cdot \frac{1}{6{,}25} = \frac{1}{16 \cdot 6{,}25} = \frac{1}{100} = 10^{-2} = (4 \cdot 2{,}5)^{-2}$

c) $12^{\frac{1}{2}} \cdot 3^{\frac{1}{2}} = \sqrt{12} \cdot \sqrt{3} = \sqrt{36} = 6 = 36^{\frac{1}{2}} = (12 \cdot 3)^{\frac{1}{2}}$

> Wurzelgesetze: $\sqrt{a} \cdot \sqrt{b} = \sqrt{a \cdot b}$

d) Im Gegensatz zu den Teilaufgaben a), b) und c) stimmen die Potenzen 2^5 und 3^4 weder in der Basis noch in den Exponenten überein. Daher kann man den Term nicht als eine Potenz schreiben; wir berechnen den Term direkt: $2^5 \cdot 3^4 = 32 \cdot 81 = 2\,592$

Information

Die Ergebnisse der Aufgabe 2 lassen folgendes Potenzgesetz vermuten:

Potenzgesetz für die Multiplikation von Potenzen mit gleichem Exponenten
Man multipliziert Potenzen mit gleichem Exponenten, indem man die Basen multipliziert, der Exponent bleibt erhalten.
(P2) $a^n \cdot b^n = (a \cdot b)^n$

Beispiele: $4^3 \cdot 25^3 = (4 \cdot 25)^3 = 100^3 = 1\,000\,000;$ $x^{-2} \cdot y^{-2} = (x \cdot y)^{-2}$ für $x \neq 0,\ y \neq 0$

$4^{\frac{1}{3}} \cdot 2^{\frac{1}{3}} = (4 \cdot 2)^{\frac{1}{3}} = 8^{\frac{1}{3}} = 2;$ $20^{-\frac{1}{2}} \cdot 5^{-\frac{1}{2}} = (20 \cdot 5)^{-\frac{1}{2}} = 100^{-\frac{1}{2}} = \frac{1}{\sqrt{100}} = \frac{1}{10}$

Beweis: Wir führen den Beweis nur für natürliche Zahlen $n \in \mathbb{N}^*$ durch:
$a^n \cdot b^n = \underbrace{a \cdot a \cdot \ldots \cdot a}_{n\ \text{Faktoren}\ a} \cdot \underbrace{b \cdot b \cdot \ldots \cdot b}_{n\ \text{Faktoren}\ b} = \underbrace{(a \cdot b) \cdot (a \cdot b) \cdot \ldots \cdot (a \cdot b)}_{n\ \text{Faktoren}\ (a \cdot b)} = (a \cdot b)^n$

Für negative Zahlen und Brüche im Exponenten muss man im Prinzip so vorgehen wie in der Information auf Seite 36.

Weiterführende Aufgaben

Potenzieren einer Potenz

3. Vereinfache die Terme $(2^3)^4$, $(3^5)^{-1}$, $(4^{-2})^{-3}$ und $\left(4^{\frac{3}{2}}\right)^2$.
 Folgere daraus ein allgemeines Potenzgesetz und begründe es für den Fall natürlicher Zahlen ungleich null als Exponenten.

Potenzgesetz für das Potenzieren einer Potenz
Man potenziert eine Potenz, indem man die Exponenten multipliziert, die Basis bleibt erhalten.
(P3) $(a^m)^n = a^{m \cdot n}$

Beispiele: $(5^3)^2 = 5^{3 \cdot 2} = 5^6;$ $(x^2)^k = x^{2k};$ $(z^{-2})^{-3} = z^6$ für $z \neq 0;$ $\left(8^{\frac{2}{3}}\right)^{-2} = 8^{-\frac{4}{3}}$

Addieren und Subtrahieren von Potenzen

4. Versuche, folgende Terme zu vereinfachen.
   Du kannst deine Ergebnisse auch an Zahlenbeispielen überprüfen.
   a) $a^n + b^m$
   b) $a^n + a^m$
   c) $a^n + b^n$
   d) $a^n + a^n$
   e) $a^n - b^m$
   f) $a^n - a^m$
   g) $a^n - b^n$
   h) $a^n - a^n$
   i) $5a^n - a^n$
   j) $2a^n + 4a^n$

Eine Summe oder Differenz von Potenzen kann man vereinfachen, wenn dabei gleichartige Glieder zusammengefasst werden.

Beispiele: (1) $b^m + b^m = 2 \cdot b^m$ (2) $b^m - b^m = 0$ (3) $3a^n + a^n = 4a^n$

Anwenden der Potenzgesetze von rechts nach links

5. a) Die Potenzgesetze kann man nicht nur von links nach rechts, sondern auch von rechts nach links anwenden.
   Erläutere folgende Rechnungen.

$$(1)\ (\sqrt{2})^3 = (\sqrt{2})^{2+1} = (\sqrt{2})^2 \cdot (\sqrt{2})^1 = 2 \cdot \sqrt{2}$$

$$(2)\ (x \cdot y)^{-4} = x^{-4} \cdot y^{-4} \quad \text{für } x \neq 0;\ y \neq 0 \quad \text{(Einschränkende Bedingung)}$$

$$(3)\ (\sqrt{a})^6 = (\sqrt{a})^{2 \cdot 3} = ((\sqrt{a})^2)^3 = a^3 \quad \text{für } a \geq 0$$

b) Vereinfache: (1) $(\sqrt{a})^5$ (2) $(a\sqrt{b})^{-2}$ (3) $(\sqrt{a})^{10}$

Übungsaufgaben

6. Berechne.
   a) $2^3 \cdot 2^2$
   b) $3^4 \cdot 3^5$
   c) $5^4 \cdot 5^1$
   d) $5^{-3} \cdot 5^{-2}$
   e) $4^{-1} \cdot 4^3$
   f) $1^4 \cdot 1^5$
   g) $0^7 \cdot 0^8$
   h) $10^4 \cdot 10^{-2}$
   i) $(-1)^4 \cdot (-1)^2$
   j) $(-2)^5 \cdot (-2)^{-5}$
   k) $(-10)^{-3} \cdot (-10)^{-4}$
   l) $0{,}2^2 \cdot 0{,}2^2$
   m) $1{,}5^4 \cdot 1{,}5^{-2}$
   n) $(-0{,}5)^{-5} \cdot (-0{,}5)^{-1}$
   o) $\left(\frac{2}{3}\right)^2 \cdot \left(\frac{2}{3}\right)^3$
   p) $\left(\frac{1}{2}\right)^{-4} \cdot \left(\frac{1}{2}\right)^3$

7. Vereinfache ohne Taschenrechner.
   a) $2^{\frac{1}{4}} \cdot 2^{\frac{3}{4}}$
   b) $5^{\frac{2}{3}} \cdot 5^{\frac{4}{3}}$
   c) $6^{1,6} \cdot 6^{-0,6}$
   d) $4^{-\frac{1}{5}} \cdot 4^{\frac{1}{3}}$
   e) $\left(\frac{1}{2}\right)^{-\frac{1}{2}} \cdot \left(\frac{1}{2}\right)^{-\frac{2}{3}}$
   f) $\left(\frac{5}{3}\right)^{-\frac{1}{4}} \cdot \left(\frac{5}{3}\right)^{\frac{3}{4}}$

8. ## Sterne und Galaxien

   Die Sterne im Weltall sind in spiralförmig aufgebauten Galaxien angeordnet. Auch das Milchstraßensystem, zu dem unser Sonnensystem gehört, ist eine solche Galaxie. Astronomen schätzen, dass es ungefähr 100 Mrd. Galaxien mit jeweils 200 Mrd. Sternen gibt.

Wie viele Sterne enthält das Weltall insgesamt?
Berechne ohne Taschenrechner im Kopf mithilfe von Zehnerpotenzen.

1.3 Potenzgesetze und ihre Anwendung

9. Vereinfache. Gib gegebenenfalls auch eine einschränkende Bedingung an.

   a) $x^2 \cdot x^3$
   b) $a^{-3} \cdot a^4$
   c) $z^{-1} \cdot z^{-6}$
   d) $y^{-5} \cdot y^2$
   e) $a \cdot a^4 \cdot a^3$
   f) $b^{-2} \cdot b \cdot b^{-5}$
   g) $2a^2 \cdot 5a^3 \cdot 3a$
   h) $u^3 \cdot u^{-4} \cdot v^2 \cdot v^{-1}$
   i) $5z^3 \cdot 2y^{-3} \cdot 4z^{-4} \cdot 3y^5$
   j) $x^{\frac{1}{2}} \cdot x^{\frac{1}{3}}$
   k) $z^{\frac{3}{5}} \cdot z^{\frac{1}{15}}$
   l) $a^{\frac{1}{2}} \cdot a^{-\frac{1}{6}}$

10. Schreibe als *eine* Potenz.

    a) $(x+y)^2 \cdot (x+y)^3$
    b) $(x-y)^{-4} \cdot (x-y)^{-6}$
    c) $(2p)^{-7} \cdot (2p)^5$
    d) $(x \cdot y)^2 \cdot (x \cdot y)^{-4} \cdot (x \cdot y)^6$
    e) $(u+v)^{-4} \cdot (u+v)^3 \cdot (u+v)^2$
    f) $(2a+b)^2 \cdot (2a+b)^3 \cdot (2a+b)^{-1}$

11. Die Potenzgesetze können auch angewandt werden, wenn Terme mit Variablen im Exponenten stehen. Da Potenzen mit beliebigen rationalen Exponenten nur für positive Basen definiert sind, muss es in der einschränkenden Bedingung $x > 0$ heißen (siehe das Beispiel rechts).
    Vereinfache. Gib gegebenenfalls eine einschränkende Bedingung an.

    $$x^{2n-1} \cdot x^{2n+1}$$
    $$= x^{(2n-1)+(2n+1)}$$
    $$= x^{2n-1+2n+1}$$
    $$= x^{2n+2n-1+1}$$
    $$= x^{4n}$$
    (für $x > 0$) ← einschränkende Bedingung

    a) $x^{3n} \cdot x^{2m}$
    b) $p^{4a+1} \cdot p^{2a-1}$
    c) $a^{3p-2,5} \cdot a^{-2p+2,5}$
    d) $y^{3r+2} \cdot y^{3r-2}$
    e) $z^{4k} \cdot z^{k+\frac{1}{2}} \cdot z^{k-\frac{1}{2}}$

12. **Lebenssaft Blut**
    Rote Blutkörperchen des Menschen haben die Gestalt einer flachen Scheibe.
    Ein Mensch hat in 1 mm³ Blut etwa $5{,}5 \cdot 10^6$ solcher Blutkörperchen und durchschnittlich 6 ℓ Blut in seinen Adern.

    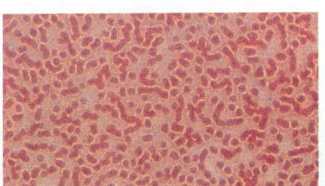

    Berechne ohne Taschenrechner: Wie viele rote Blutkörperchen hat ein Mensch?

13. Vereinfache ohne Taschenrechner.

    a) $2^3 \cdot 50^3$
    b) $2^{-6} \cdot 5^{-6}$
    c) $2{,}5^{-4} \cdot 4^{-4}$
    d) $(-5)^8 \cdot (-0{,}4)^8$
    e) $2^{\frac{1}{2}} \cdot 8^{\frac{1}{2}}$
    f) $2^{\frac{1}{2}} \cdot 128^{\frac{1}{2}}$
    g) $12^{-\frac{1}{2}} \cdot 3^{-\frac{1}{2}}$
    h) $27^{\frac{3}{4}} \cdot 3^{\frac{3}{4}}$

14. Kontrolliere folgende Behauptungen. Korrigiere gegebenenfalls.

    a) $2^3 + 4^3 = 6^3$
    b) $2^3 + 2^4 = 2^7$
    c) $3^2 \cdot 3^3 = 3^5$
    d) $4^3 - 4^2 = 4^1$
    e) $(2+4)^3 = 2^3 + 4^3$
    f) $(3-1)^2 = 3^2 - 1^2$

15. Forme um. Gib gegebenenfalls auch eine einschränkende Bedingung an.

    a) $a^3 \cdot b^3$
    b) $c^{-2} \cdot d^{-2}$
    c) $a^0 \cdot b^0$
    d) $r^{-4} \cdot s^{-4} \cdot t^{-4}$
    e) $a^4 \cdot \left(\frac{1}{a}\right)^4$
    f) $z^{\frac{2}{3}} \cdot \left(\frac{2}{z}\right)^{\frac{2}{3}}$

16. Vereinfache mithilfe der Potenzgesetze.

    a) $2^n \cdot 5^n$
    b) $\left(\frac{1}{2}\right)^{2n} \cdot \left(\frac{2}{3}\right)^{2n}$
    c) $(-4)^{m+1} \cdot (-5)^{m+1}$
    d) $2^{z-1} \cdot 3^{z-1}$
    e) $(-2)^{2n+1} \cdot (-5)^{2n+1}$
    f) $a^{3n} \cdot b^{3n}$
    g) $3^{u+\frac{2}{3}} \cdot 2^{u+\frac{2}{3}}$
    h) $4^{r-0{,}5} \cdot 2^{r-0{,}5}$

17. Bilde alle Produkte. Der 1. Faktor soll von der linken Tafel, der 2. Faktor von der rechten Tafel stammen. Vereinfache so weit wie möglich.

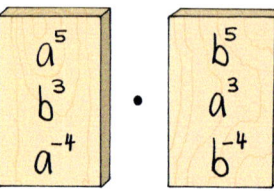

18. Berechne.
a) $4^{-3} \cdot 0{,}25^{-3} \cdot 3^{-3}$
c) $6^{-4} \cdot \left(\frac{2}{3}\right)^{-4} \cdot \left(\frac{1}{8}\right)^{-4}$
b) $4^5 \cdot 2^5 \cdot 1{,}25^5$
d) $\left(\frac{3}{14}\right)^{-3} \cdot \left(\frac{20}{9}\right)^{-3} \cdot \left(\frac{7}{10}\right)^{-3}$
e) $\left(\frac{3}{2}\right)^{-5} \cdot \left(\frac{15}{8}\right)^{-5} \cdot \left(-\frac{4}{5}\right)^{-5}$
f) $\left(\frac{\sqrt{5}}{4}\right)^7 \cdot \left(\frac{3}{\sqrt{5}}\right)^7 \cdot \left(\frac{1}{2}\right)^7$

19. Berechne so weit wie möglich im Kopf.
a) $(2^3)^2$
b) $(2^4)^3$
c) $(2^4)^2$
d) $((-3)^2)^2$
e) $(-3^2)^2$
f) $-(3^2)^2$
g) $(2^{-3})^{-4}$
h) $(-2^2)^5$
i) $-(2^2)^{-5}$
j) $(-1^5)^7$
k) $-(1^5)^7$
l) $((-1)^5)^7$

20. Vereinfache im Kopf.
a) $\left(5^{\frac{4}{5}}\right)^{\frac{5}{2}}$
b) $\left(36^{\frac{3}{4}}\right)^{\frac{2}{3}}$
c) $\left(49^{-\frac{6}{7}}\right)^{\frac{7}{12}}$
d) $\left(\left(\frac{1}{4}\right)^{-\frac{2}{3}}\right)^{-\frac{9}{4}}$
e) $\left(\left(\frac{4}{9}\right)^{-\frac{3}{4}}\right)^{-\frac{8}{9}}$

21. Forme um. Gib gegebenenfalls eine einschränkende Bedingung an.
a) $(x^3)^4$
b) $(a^3)^{-2}$
c) $(z^{-3})^7$
d) $(w^{-2})^{-5}$
e) $((-x)^2)^6$
f) $(-x^2)^6$
g) $-(x^2)^6$
h) $(x^5)^{\frac{1}{2}}$
i) $\left(x^{\frac{1}{2}}\right)^{\frac{2}{5}}$
j) $\left(y^{\frac{3}{2}}\right)^{\frac{3}{2}}$
k) $\left(a^{\frac{1}{2}}\right)^8$
l) $\left(b^{\frac{1}{3}}\right)^{-3}$
m) $\left(d^{\frac{2}{5}}\right)^{\frac{1}{2}}$
n) $\left(e^{\frac{2}{5}}\right)^{\frac{5}{4}}$
o) $\left(a^{-\frac{1}{3}}\right)^{\frac{3}{2}}$

22. Gib das Vorzeichen des Ergebnisses an und lasse dieses von deinem Partner begründen. Wechselt nach jeder Teilaufgabe die Rollen. Formuliert auch eigene Aufgaben.
a) $(2^{-3})^{-4}$
b) $(-2^2)^5$
c) $-(2^2)^5$
d) $(-1^5)^7$
e) $-(-1^5)^7$
f) $((-1)^5)^7$
g) $((2^{-4})^2)^{-1}$
h) $(((-1)^{-4})^{-2})^{-10}$
i) $(((-1)^{-3})^{-8})^{-1}$
j) $(((-1)^{-3})^{-1})^2$

23. Kontrolliere Merlins Behauptungen. Finde Gegenbeispiele oder begründe.

(1) $n^m = m^n$ (2) $(a^m)^n = (a^n)^m$ (3) $(a^n)^m = a^{nm}$

24. Die Potenzgesetze bieten eine gute Möglichkeit zum überschlagsmäßigen Berechnen mithilfe von Zehnerpotenzen.
Berechne überschlagsmäßig mithilfe von $2^{10} \approx 1\,000$.
a) 2^{30}
b) 2^{11}
c) 2^{19}
d) 2^{14}
e) $5^4 \cdot 2^{20}$

$2^{10} \approx 1\,000$, also
$2^{20} = 2^{10} \cdot 2^{10} \approx 1\,000\,000$
Potenzgesetz (P1)

25. Wende das Potenzgesetz (P2) von rechts nach links an.
a) $(3 \cdot \sqrt{5})^4$
b) $(\sqrt{3} \cdot \sqrt{5})^4$
c) $\left(\frac{1}{3} \cdot \sqrt{3}\right)^{-2}$
d) $(x \cdot y)^{-2}$
e) $(3x)^4$
f) $(6x \cdot \sqrt{2})^3$
g) $(-4 \cdot \sqrt{2})^{-2}$
h) $(\sqrt{6} \cdot \sqrt{8})^{-2}$
i) $(a \cdot \sqrt{2})^{-2}$
j) $(x \cdot y \cdot \sqrt{2})^4$
k) $(e \cdot \sqrt{5})^4$
l) $(y\sqrt{3})^3$

$\left(\frac{1}{2}\sqrt{2}\right)^3 = \left(\frac{1}{2}\right)^3 (\sqrt{2})^3$
$= \frac{1}{8} \cdot 2 \cdot \sqrt{2}$
$= \frac{1}{4}\sqrt{2}$

1.3 Potenzgesetze und ihre Anwendung

26. Rechne wie im Beispiel.

a) $(\sqrt{2})^4$ c) $(\sqrt{7})^{10}$ e) $\sqrt{\frac{1}{2}}^{10}$ g) $-(\sqrt{5})^8$

b) $(\sqrt{5})^8$ d) $(\sqrt{10})^{12}$ f) $(-\sqrt{3})^6$ h) $-(\sqrt{3})^4$

$$(\sqrt{3})^6 = ((\sqrt{3})^2)^3$$
$$= 3^3$$
$$= 27$$
Potenzgesetz (P3)

27. Schreibe so als Potenz, dass die Basis eine möglichst kleine natürliche Zahl ist.

a) 36^5 c) 100^6 e) 256^2 g) 64^5

b) 25^5 d) $10\,000^4$ f) 81^3 h) 1024^5

$$16^5 = (2^4)^5 = 2^{20}$$

28. Fasse zusammen, wenn möglich.

a) $5x^2 + 3x^3 - 2x^2$ b) $7z^4 - 4z^7 - z^4$ c) $u^n + u^m - u^n + u^m$ d) $2c^2 + 3c^3 + 4c^4$

29. Löse die Klammern auf.

a) $(x^4 - x^3) \cdot x^6$ d) $(a^5 - a^{-3} - a) \cdot a^{-3}$

b) $(a^5 - a^3 - a) \cdot a^3$ e) $5a^3b^2 \cdot v^{-2} \cdot (a^6 - 2b^5)$

c) $(x^{-4} - x^{-3}) \cdot x^6$ f) $5x^2y(xy^2 - x^2y)$

$$3a^2b \cdot (5ab^4 - 4a^2b^{-2})$$
$$= 3a^2b \cdot 5ab^4 - 3a^2b \cdot 4a^2b^{-2}$$
$$= 15a^3b^5 - 12a^4b^{-1}$$
(für $b \neq 0$)

30. a) $(4r^3 - 7s^3 + t) \cdot (3r^4 + 5t^6)$ c) $(5x^{-4} - 3y^{-3}) \cdot (x^4 - y^2)$

b) $(2a^{-1} + 3b^{-4}) \cdot (a^2 + b^4)$ d) $(9a^2 + 2b^{-5}) \cdot (a^{-3} - b^2)$

31. Klammere aus.

a) $a^3 + a^4 + a$ c) $4x^4 - 12x^3$

b) $x^5 - x^2 + x$ d) $15y^5 - 42y^2$ e) $a^2b^3 + ab^2 - a^5b$

$$6x^4y^3 - 4xy^2z = 2xy^2(3x^3y - 2z)$$

32. Stefan hat ausgeklammert. Kontrolliere die Aufgaben. Erläutere deine Anmerkungen.

a) $p^4 + p^7 + p^2 = p^2(p^2 + p^5)$ c) $4x^2y^3 + 2x^3y^2 = 2x^2y^2(x + y)$

b) $2x^4 + 6x^6 = 2x^2(x^2 + 3x^3)$ d) $8a^2b^3 - 4a^3b^3 = 4a^2b^2(4 - ab)$

CAS **33.** Prüfe, wie dein CAS diese Aufgaben behandelt. Untersuche weitere Beispiele.

$a^2 \cdot a^{-9}$	$\frac{1}{a^7}$
$(a^{-2} \cdot b^3)^{-4}$	$\frac{a^8}{b^{12}}$
$(a^{-n})^m$	$(a^{-n})^m$
$(a^{-n})^m \mid a>0$	$a^{-m \cdot n}$

34. Vereinfache mithilfe von Potenzgesetzen.

a) $b^{-2} \cdot b \cdot b^{0,5}$ e) $(z^4)^{2,5}$ i) $(a\sqrt{2})^{-2}$ m) $(x^3)^4 - x^{12}$

b) $(-1)^4 \cdot (-1)^2$ f) $((-x)^2)^6$ j) $u^0 v^0$ n) $(3x)^4 - 27x^4$

c) $2^3 \cdot \left(-\frac{1}{2}\right)^3$ g) $x^2 \cdot 2x \cdot 3x^0 \cdot x^{-3}$ k) $-(x^2)^6$ o) $(a^3)^{-2} - (a^{-2})^3$

d) $\left(-\frac{1}{2}\right)^{-4} \cdot \left(-\frac{1}{2}\right)^3$ h) $(ab)^{-2}\left(\frac{1}{a}\right)^{-2}$ l) $(-x^2)^6$ p) $(a \cdot \sqrt{2})^4 - 8a^4$

35. a) $x^{-n} \cdot x^0$ b) $x^m \cdot x^{-n}$ c) $(a^{n+1})^{-m}$ d) $(x^{-n})^{-k}$ e) $x^{-n} \cdot x^{n+1}$ f) $y^{-2n} \cdot y^{-n}$

36.
a) $(a^{-3} \cdot b^{-5})^{-2}$
b) $(x^4 \cdot z^{-6})^{-3}$
c) $(r^{-3} \cdot s^{-9})^{-3}$
d) $(x^{-3} \cdot y^2 \cdot z^{-1})^{-4}$
e) $(a^2 \cdot b^4)^n$
f) $(a^3 \cdot b^4 \cdot c^2)^n$
g) $(x^5 \cdot y^2)^{n+1}$
h) $(x^4 \cdot y^{-2})^{2n-3}$

37.
a) $(x+y)^2 \cdot (x+y)^3$
b) $(a-b)^{-4} \cdot (a-b)^{-6}$
c) $(a^{-3} \cdot b^{-5})^{-2}$
d) $(x^3 \cdot y^{-2})^{-5}$
e) $(2p)^{-7} \cdot (2p)^5$
f) $(x \cdot y)^2 \cdot (x \cdot y)^{-4} \cdot (x \cdot y)^6$

38. Schreibe ohne Wurzel und wende Potenzgesetze an.
a) $\sqrt[2]{5} \cdot \sqrt[3]{5}$
b) $\sqrt[5]{7} \cdot \sqrt[3]{7}$
c) $\sqrt{x} \cdot \sqrt[3]{x}$
d) $\sqrt[2]{2^{-3}} \cdot \sqrt[3]{2^2}$
e) $\sqrt[5]{x^7} \cdot \sqrt[6]{x^{-4}}$

39. Bilde alle Produkte. Der 1. Faktor soll von der 1. Tafel, der 2. Faktor soll von der 2. Tafel stammen. Vereinfache, wenn es möglich ist.

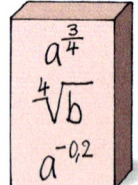 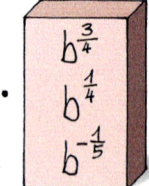

40. Wende die Potenzgesetze an. Notiere das Ergebnis ohne Brüche und ohne negative Zahlen im Exponenten.

$$a^{\frac{1}{4}} \cdot a^{\frac{2}{3}} = a^{\frac{1}{4}+\frac{2}{3}} = a^{\frac{3}{12}+\frac{8}{12}} = a^{\frac{11}{12}} = \sqrt[12]{a^{11}}$$
(für a > 0)

a) $y^{\frac{1}{2}} \cdot y^{\frac{1}{3}}$
b) $a^{\frac{1}{2}} \cdot a^{-\frac{1}{6}}$
c) $b^{\frac{3}{4}} \cdot b^{-\frac{1}{12}}$
d) $c^0 \cdot c^{-\frac{1}{3}}$
e) $d \cdot d^{\frac{1}{4}}$
f) $b^{-\frac{1}{2}} \cdot \sqrt{b}$
g) $c^{\frac{1}{4}} \cdot \sqrt[4]{c}$
h) $a^{\frac{2}{3}} \cdot \sqrt[3]{a^7}$

41.
a) $(a^{0,6})^{1,2}$
b) $b^{-\frac{1}{2}} \cdot b^{-\frac{3}{2}}$
c) $(r^3 \cdot s^{-5})^{0,7}$
d) $\sqrt{x} \cdot x^{\frac{1}{2}}$
e) $a^{\frac{2}{3}} \cdot \sqrt[3]{a}$

42.
a) $3^{\frac{1}{n}} \cdot 3^{\frac{1}{m}}$
b) $2^{\frac{1}{n}} \cdot 2^{\frac{1}{n-1}}$
c) $8^{\frac{m}{n}} \cdot 8^{-\frac{m}{n}}$
d) $7^{\frac{m}{n-1}} \cdot 7^{\frac{m}{n+1}}$
e) $p^{\frac{m-n}{n}} \cdot p^{\frac{m+n}{n}}$

43. Welche Fehler wurden hier gemacht? Erkläre und korrigiere in deinem Heft.

a) $a^{\frac{2}{3}} \cdot a^3 = a^2$
b) $y^{\frac{2}{3}} \cdot y^{\frac{2}{3}} = \sqrt[6]{y^4}$
c) $\left(c^{\frac{5}{3}}\right)^2 = c^{\frac{25}{3}}$
d) $r^{0,6} + r^{0,4} = r$

44. Vervollständige die Multiplikationsmauer in deinem Heft.

a)

$\sqrt{a}$

$1 \quad a^{\frac{3}{2}} \quad a^{-2}$

b)

$\sqrt{y}$

$(xy)^{\frac{1}{3}}$

$\sqrt[3]{x} \quad y^{-\frac{1}{3}}$

c)

$c^{-\frac{n}{2}}$

$\sqrt[3]{c}$

$c^m \quad (\sqrt{c})^n$

Das kann ich noch!

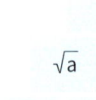

A) Entscheide rechnerisch, ob das Dreieck ABC mit den Seitenlängen a, b, c rechtwinklig, spitzwinklig oder stumpfwinklig ist.
Gib jeweils an, bei welchem Eckpunkt der rechte bzw. der stumpfe Winkel liegt.

1) a = 1,5 cm; b = 2 cm; c = 4,5 cm
2) a = 3 cm; b = 4 cm; c = 6 cm
3) a = 6 cm; b = 8 cm, c = 9 cm
4) a = 7,5 cm; b = 6 cm; a = 4,5 cm

Zum Selbstlernen 1.3 Potenzgesetze und ihre Anwendung

1.3.2 Dividieren von Potenzen

Ziel Du hast Regeln und Bedingungen für die Multiplikation von Potenzen kennengelernt. Hier untersuchst du, welche Regeln und Bedingungen für die Division von Potenzen gelten.

Zum Erarbeiten Untersuche anhand der folgenden Beispiele, wie man Potenzen mit gleicher Basis dividiert.

(1) $\dfrac{2^7}{2^3}$ (2) $\dfrac{5^2}{5^4}$ (3) $\dfrac{2^3}{2^{-6}}$ (4) $\dfrac{3^{-5}}{3^2}$ (5) $\dfrac{5^{-2}}{5^{-6}}$ (6) $\dfrac{4^{\frac{3}{2}}}{4^{\frac{1}{2}}}$

→ Wir schreiben die Potenzen aus und vereinfachen damit das Problem so, dass wir ohne Potenzen rechnen können.

(1) $\dfrac{2^7}{2^3} = \dfrac{2\cdot2\cdot2\cdot2\cdot2\cdot2\cdot2}{2\cdot2\cdot2} = 2\cdot2\cdot2\cdot2 = 2^4 = 2^{7-3}$

(2) $\dfrac{5^2}{5^4} = \dfrac{5\cdot5}{5\cdot5\cdot5\cdot5} = \dfrac{1}{5^2} = 5^{-2} = 5^{2-4}$

(3) $\dfrac{2^3}{2^{-6}} = \dfrac{2^3}{\frac{1}{2^6}} = 2^3 \cdot 2^6 = 2^9 = 2^{3-(-6)}$

(4) $\dfrac{3^{-5}}{3^2} = \dfrac{\frac{1}{3^5}}{3^2} = \dfrac{1}{3^5 \cdot 3^2} = \dfrac{1}{3^7} = 3^{-7} = 3^{-5-2}$

(5) $\dfrac{5^{-2}}{5^{-6}} = \dfrac{\frac{1}{5^2}}{\frac{1}{5^6}} = \dfrac{5^6}{5^2} = \dfrac{5\cdot5\cdot5\cdot5\cdot5\cdot5}{5\cdot5} = 5^4 = 5^{-2-(-6)}$

(6) $\dfrac{4^{\frac{3}{2}}}{4^{\frac{1}{2}}} = \dfrac{\sqrt{4^3}}{\sqrt{4}} = \sqrt{\dfrac{4^3}{4}} = \sqrt{\dfrac{4\cdot4\cdot4}{4}} = \sqrt{4^2} = 4^1 = 4^{\frac{3}{2}-\frac{1}{2}}$

> Wurzelgesetz: $\dfrac{\sqrt{a}}{\sqrt{b}} = \sqrt{\dfrac{a}{b}}$

Damit wurde in jedem Fall im Ergebnis der untere Exponent vom oberen subtrahiert, was dem durchgeführten Kürzen entspricht.

Wir vermuten: $\dfrac{a^m}{a^n} = a^{m-n}$ für $a \neq 0$

Untersuche an folgenden Beispielen, wie man Potenzen mit gleichem Exponenten dividiert.

(1) $\dfrac{5^3}{6^3}$ (2) $\dfrac{5^{-3}}{6^{-3}}$ (3) $\dfrac{8^{\frac{3}{2}}}{2^{\frac{3}{2}}}$

→ Durch das Ausschreiben der Potenzen und das Umschreiben des Quotienten in ein Produkt, können wir bekannte Rechenregeln anwenden:

(1) $\dfrac{5^3}{6^3} = \dfrac{5\cdot5\cdot5}{6\cdot6\cdot6} = \dfrac{5}{6}\cdot\dfrac{5}{6}\cdot\dfrac{5}{6} = \left(\dfrac{5}{6}\right)^3$

(2) $\dfrac{5^{-3}}{6^{-3}} = \dfrac{\frac{1}{5^3}}{\frac{1}{6^3}} = \dfrac{6^3}{5^3} = \dfrac{1}{\frac{5^3}{6^3}} = \dfrac{1}{\left(\frac{5}{6}\right)^3} = \left(\dfrac{5}{6}\right)^{-3}$

(3) $\dfrac{8^{\frac{3}{2}}}{2^{\frac{3}{2}}} = \dfrac{\sqrt{8^3}}{\sqrt{2^3}} = \sqrt{\dfrac{8^3}{2^3}} = \sqrt{\left(\dfrac{8}{2}\right)^3} = \left(\dfrac{8}{2}\right)^{\frac{3}{2}} = 4^{\frac{3}{2}}$

> Wurzelgesetz: $\dfrac{\sqrt{a}}{\sqrt{b}} = \sqrt{\dfrac{a}{b}}$

Wir vermuten als Regel für das Dividieren von Potenzen: $\dfrac{a^n}{b^n} = \left(\dfrac{a}{b}\right)^n$ für $b \neq 0$

Zum Selbstlernen — Potenzen und Potenzfunktionen

Information

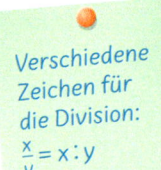

Verschiedene Zeichen für die Division:
$\frac{x}{y} = x : y$

Potenzgesetz für die Division von Potenzen mit gleicher Basis
Man dividiert Potenzen mit gleicher Basis, indem man die Exponenten subtrahiert; die Basis bleibt dabei erhalten.

(P1*) $\quad \dfrac{a^m}{a^n} = a^{m-n} \quad$ für $a \neq 0$

Beispiele: $\dfrac{2^6}{2^{-4}} = 2^6 : 2^{-4} = 2^{6-(-4)} = 2^{10} = 1\,024; \qquad \dfrac{x^{-2}}{x^{-5}} = x^{(-2)-(-5)} = x^3; \qquad \dfrac{8^{\frac{4}{3}}}{8^{\frac{1}{3}}} = 8^{\frac{4}{3} - \frac{1}{3}} = 8^1 = 8$

Potenzgesetz für die Division von Potenzen mit gleichem Exponenten
Man dividiert Potenzen mit gleichen Exponenten, indem man die Basen dividiert; der Exponent bleibt dabei erhalten.

(P2*) $\quad \dfrac{a^n}{b^n} = \left(\dfrac{a}{b}\right)^n \quad$ für $b \neq 0$

Beispiele: $\dfrac{6^{-4}}{3^{-4}} = \left(\dfrac{6}{3}\right)^{-4} = 2^{-4} = \dfrac{1}{16}; \qquad \dfrac{y^{-2}}{z^{-2}} = \left(\dfrac{y}{z}\right)^{-2}; \qquad \dfrac{10^{\frac{3}{4}}}{5^{\frac{3}{4}}} = \left(\dfrac{10}{5}\right)^{\frac{3}{4}} = 2^{\frac{3}{4}}$

Zum Üben

1. Berechne ohne Taschenrechner.

a) $\dfrac{7^5}{7^4}$ c) $2^{10} : 2^9$ e) $\dfrac{0{,}5^8}{0{,}5^6}$ g) $\dfrac{7^2}{7^{-1}}$ i) $\dfrac{(-3)^9}{(-3)^7}$ k) $10^{-5} : 10^{-5}$

b) $\dfrac{5^4}{5^6}$ d) $10^4 : 10^3$ f) $\dfrac{1{,}2^9}{1{,}2^{10}}$ h) $\dfrac{2^{-17}}{2^{-11}}$ j) $\dfrac{(-5)^{-1}}{(-5)^{-3}}$ l) $5^0 : 5^{-2}$

2. Vereinfache zu *einer* Potenz.

a) $2^{\frac{1}{2}} : 2^{\frac{1}{4}}$ b) $5^{\frac{1}{4}} : 5^{-\frac{1}{2}}$ c) $6^{-0{,}25} : 6^{0{,}75}$ d) $\left(\dfrac{2}{3}\right)^{\frac{2}{5}} : \left(\dfrac{2}{3}\right)^{\frac{3}{5}}$ e) $\left(\dfrac{3}{4}\right)^{\frac{1}{5}} : \left(\dfrac{3}{4}\right)^{-\frac{1}{6}}$ f) $\left(\dfrac{1}{6}\right)^5 : \left(\dfrac{1}{6}\right)^{\frac{1}{4}}$

3. Vier Schüler antworten auf die Frage: „Wie heißt die Hälfte von 2^{22}?"
Wer hat Recht? Begründe deine Antwort.

4. Vereinfache.

a) $\dfrac{24^5}{12^5}$ d) $\dfrac{34^5}{17^5}$ g) $\dfrac{0{,}75^{-5}}{0{,}25^{-5}}$ j) $\dfrac{\left(-\frac{2}{3}\right)^5}{\left(-\frac{4}{9}\right)^5}$

b) $15^4 : 3^4$ e) $\dfrac{13^{-4}}{65^{-4}}$ h) $1^9 : 0{,}5^9$ k) $\dfrac{(+1)^{20}}{(-1)^{20}}$

c) $\dfrac{2^{-10}}{4^{-10}}$ f) $\dfrac{1\,000^{-4}}{250^{-4}}$ i) $2^6 : \left(\dfrac{1}{2}\right)^6$ l) $\dfrac{\left(\frac{3}{4}\right)^{-3}}{\left(\frac{1}{4}\right)^{-3}}$ n) $\dfrac{\left(-\frac{1}{6}\right)^{-4}}{6^{-4}}$ o) $\dfrac{\left(\frac{3}{4}\right)^{-3}}{\left(\frac{4}{3}\right)^{-3}}$ p) $\dfrac{\left(\frac{5}{3}\right)^3}{\left(-\frac{3}{4}\right)^3}$

5. Schreibe als eine Potenz und berechne dann.

a) $75^{\frac{1}{2}} : 3^{\frac{1}{2}}$ b) $80^{\frac{3}{4}} : 5^{\frac{3}{4}}$ c) $192^{-\frac{1}{6}} : 3^{-\frac{1}{6}}$ d) $8^{0{,}5} : 2^{0{,}5}$ e) $5^{1{,}5} : 45^{1{,}5}$ f) $36^{-0{,}5} : 9^{-0{,}5}$

6. Vereinfache. Gib gegebenenfalls eine einschränkende Bedingung an.

a) $\dfrac{a^2}{a^{-4}}$ c) $c^3 : c^5$ e) $\dfrac{y^{-6}}{y^{-3}}$ g) $b^{-2} : b^0$ i) $\dfrac{(a \cdot b)^{-5}}{(a \cdot b)^{-7}}$ k) $\dfrac{(x+y)^2}{(x+y)^7}$

b) $\dfrac{x^{-3}}{x^6}$ d) $c^5 : c^3$ f) $\dfrac{z^{-9}}{z^{-7}}$ h) $\dfrac{(a \cdot b)^5}{(a \cdot b)^3}$ j) $\dfrac{(a \cdot \sqrt{2})^{-4}}{(a \cdot \sqrt{2})^{-3}}$ l) $\dfrac{(x+\sqrt{5})^7}{(x+\sqrt{5})^{-1}}$

1.3.3 Vermischte Übungen zu den Potenzgesetzen – Wurzelgesetze

1. a) Wähle in den Potenzgesetzen (P2) auf Seite 37, (P2*) auf Seite 44 und (P3) auf Seite 37 für die Exponenten die Stammbrüche $r = \frac{1}{n}$ und $s = \frac{1}{m}$ mit $m, n \in \mathbb{N}^*$ und notiere diese Spezialfälle auch mit Wurzelzeichen.

> **Wurzelgesetze**
> Für natürliche Zahlen n und m gilt:
>
> $\sqrt[n]{a} \cdot \sqrt[n]{b} = \sqrt[n]{a \cdot b}$ $\dfrac{\sqrt[n]{a}}{\sqrt[n]{b}} = \sqrt[n]{\dfrac{a}{b}}$ $\sqrt[m]{\sqrt[n]{a}} = \sqrt[m \cdot n]{a}$
>
> für $a \geq 0, b \geq 0$ für $a \geq 0, b > 0$ für $a \geq 0$

b) Forme um und berechne.
(1) $\sqrt[3]{4} \cdot \sqrt[3]{2}$ (2) $\dfrac{\sqrt[5]{96}}{\sqrt[5]{3}}$ (3) $\sqrt[4]{\sqrt[3]{2^{12}}}$

2. Wende Potenzgesetze an.
a) $u^2 \cdot u^{-3}$ d) $\dfrac{x^{-2}}{x^{-4}}$ g) $\dfrac{(a+b)^{-2}}{(c+d)^{-2}}$ i) $z^{4n-1} \cdot z^{1-n}$
b) $(r^{-2})^{-3}$ e) $\dfrac{r^3}{s^{-3}}$ h) $(1-u^{-2})^2 \cdot u^2$ k) $\dfrac{w^{5n+1}}{w^{2+3n}}$
c) $v^3 \cdot w^3$ f) $x^{\frac{3}{2}} \cdot x^{-\frac{1}{2}}$ i) $(c^{2n})^{-3}$ l) $a^{2n-1} \cdot b^{2n-1}$

3. Vereinfache. Gib gegebenenfalls eine einschränkende Bedingung an.
a) $\dfrac{u^4}{v^4}$ b) $\dfrac{x^{-2}}{y^{-2}}$ c) $p^3 : q^3$ d) $w^{-4} : a^{-4}$ e) $\dfrac{(a+b)^2}{c^2}$ f) $(u-1)^{-2} : v^{-2}$

4. a) $\dfrac{a^3}{a^{-5}}$ d) $\dfrac{x^{-8}}{x^{-4}}$ g) $a^3 : a^5$ j) $\dfrac{a^{-7}}{a^{-7}}$ m) $a^0 : b^0$ p) $\dfrac{u^m}{x^m}$
b) $b^{-3} : b^5$ e) $\dfrac{y^0}{y^{-3}}$ h) $\dfrac{x^3}{x^3}$ k) $\dfrac{z^{-3}}{y^{-3}}$ n) $\dfrac{x^0}{y^n}$ q) $\dfrac{a^{m+1}}{a^m}$
c) $\dfrac{c^{-5}}{d^{-5}}$ f) $a^5 : u^5$ i) $\dfrac{b^0}{a^0}$ l) $\dfrac{x^5}{z^5}$ o) $\dfrac{z^n}{a^0}$ r) $\dfrac{x^n}{x^{2n}}$

5. Bilde alle Quotienten, bei deren Dividend von der einen und deren Divisor von der anderen Tafel stammt. Vereinfache.

Dividend
Math.: zu teilende Zahl; Zähler eines Bruches

Divisor
Math.: teilende Zahl; Nenner eines Bruches

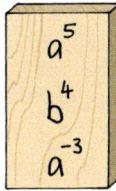
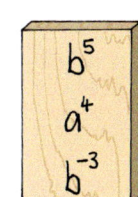

6. Vereinfache.
a) $\left(\dfrac{\sqrt{5}}{3}\right)^3$ b) $\left(\dfrac{\sqrt{3}}{-2}\right)^5$ c) $\left(\dfrac{-4}{\sqrt{2}}\right)^{-2}$ d) $\left(\dfrac{\sqrt{3}}{\sqrt{5}}\right)^4$ e) $\left(\dfrac{x \cdot \sqrt{2}}{y \cdot \sqrt{3}}\right)^2$ f) $\left(\dfrac{x \cdot \sqrt{2}}{y \cdot \sqrt{5}}\right)^{-4}$

7. Kontrolliere Toms Hausaufgaben. Erläutere deine Anmerkungen.

(1) $(3+4)^2$ (2) $(3 \cdot 4)^2$ (3) $(3-4)^2$ (4) $3^2 : 4^2$
$= 3^2 + 4^2$ $= 3^2 \cdot 4^2$ $= 3^2 - 4^2$ $= \left(\dfrac{3}{4}\right)^2$
$= 9 + 16$ $= 9 \cdot 16$ $= 9 - 16$ $= \dfrac{9}{16}$
$= 25$ $= 154$ $= -7$

8. Multipliziert man zwei nebeneinander stehende Terme, so erhält man den Term für den darüber liegenden Mauerstein. Vervollständige im Heft.

   a)

   $a^2 \qquad 2a^{-1} \qquad 3a \qquad a^{-2}$

   b)

   $2x^{-4}$

   $x^{-4}y^{-1}$

   $4xy \qquad\qquad x^{-2}y$

9. Verstehst du die Umformung, die der Taschenrechner vorgenommen hat? Erkläre.

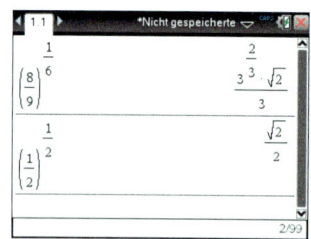

10. a) $(a^2 \cdot b^2)^2$ c) $((\sqrt{2} \cdot \sqrt{3})^4)^2$ e) $((a^2 \cdot b^2)^{-3})^{-4}$ g) $((a^2 \cdot b^{-2} \cdot c^2)^4)^{-5}$

    b) $x^{\frac{1}{2}} \cdot y^{\frac{3}{4}}$ d) $(a \cdot b)^3 \cdot (a \cdot b)^4$ f) $((\sqrt{2} \cdot a)^3)^{\frac{2}{3}}$ h) $(x \cdot y)^{\frac{1}{2}} \cdot (y \cdot z)^{\frac{1}{2}}$

11. a) $x^5 \cdot \left(\frac{x}{y}\right)^{-3}$ b) $\left(\frac{b}{a}\right)^{\frac{1}{2}} \cdot \left(\frac{b}{a}\right)^{-2}$ c) $\left(\frac{a^{-4}}{b^5}\right)^{-3}$ d) $(x^{-2} \cdot y^3)^{-2} \cdot (x^3 \cdot y^{-2})^4$ e) $\left(\frac{a^{\frac{1}{n}}}{b\sqrt{c}}\right)^{-2}$

12. Das Wasser aus dem linken Würfel wird in den rechten umgefüllt. Wie hoch steht das Wasser?

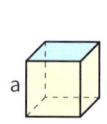

13. Ein Uranatom hat eine Masse von $4 \cdot 10^{-23}$ g und einen Durchmesser von 10^{-10} m. Überschlage ohne Taschenrechner: Wie viele Atome enthält 1 g Uran? Wie schwer wäre ein Würfel von 1 cm Kantenlänge, der dicht mit Uranatomen gefüllt ist?

14. Für das Umformen von Wurzeltermen hast du zwei Möglichkeiten:
    (1) Du kannst Wurzelgesetze anwenden.
    (2) Du kannst die Wurzeln als Potenzen umschreiben und Potenzgesetze anwenden.
    Überlege Vor- und Nachteile der beiden Wege; gib auch Beispiele an.

15. a) $\sqrt{3} \cdot \sqrt{27}$ b) $\sqrt[3]{4} \cdot \sqrt[3]{2}$ c) $\sqrt[3]{25} \cdot \sqrt[3]{5}$ d) $\sqrt[4]{27} \cdot \sqrt[4]{3}$ e) $\sqrt[5]{8} \cdot \sqrt[5]{4}$ f) $\sqrt[3]{54} \cdot \sqrt[3]{0{,}5}$

16. a) $\sqrt[3]{2} : \sqrt{2}$ b) $\sqrt[4]{4} : \sqrt[4]{4}$ c) $\sqrt[8]{2} : \sqrt[4]{2}$ d) $\sqrt{b} : \sqrt[3]{b}$ e) $\sqrt[2]{z} : \sqrt[4]{z}$ f) $\sqrt{a} : \sqrt[3]{a}$

17. a) $\frac{\sqrt{45}}{\sqrt{5}}$ b) $\frac{\sqrt{72}}{\sqrt{8}}$ c) $\frac{\sqrt[3]{81}}{\sqrt[3]{3}}$ d) $\frac{\sqrt[3]{500}}{\sqrt[3]{4}}$ e) $\sqrt[3]{\frac{64}{1\,000}}$ f) $\sqrt[6]{\frac{64}{1\,000\,000}}$

18. a) $\sqrt{\sqrt{16}}$ b) $\sqrt[3]{\sqrt[3]{144}}$ c) $\sqrt[3]{\sqrt{27}}$ d) $\sqrt{\sqrt[3]{49}}$ e) $\sqrt[4]{\sqrt[3]{64}}$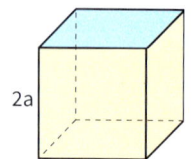

Stimmung einer Tonleiter

Die Schüler von Pythagoras, die Pythagoreer, entdeckten, dass Töne, deren Frequenzen im Verhältnis kleiner ganzer Zahlen zueinander stehen, angenehm miteinander klingen.

Ausgehend vom Grundton c einer Oktave ergeben sich dann 12 Halbtöne: Die Tonleiter

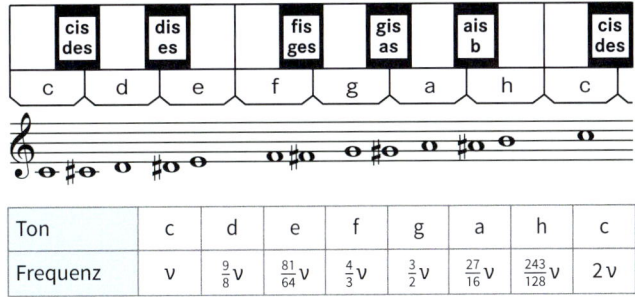

c – d – e – f – g – a – h enthält also neben den Ganztonschritten auch Halbtonschritte von e nach f bzw. h nach c. In der pythagoreischen Stimmung haben die Töne ausgehend von der Frequenz ν des Grundtones die in der Tabelle angegebenen Frequenzen.

Ton	c	d	e	f	g	a	h	c
Frequenz	ν	$\frac{9}{8}\nu$	$\frac{81}{64}\nu$	$\frac{4}{3}\nu$	$\frac{3}{2}\nu$	$\frac{27}{16}\nu$	$\frac{243}{128}\nu$	2ν

1. a) Berechne, mit welchem Faktor man die Frequenz eines Tones multiplizieren muss, um die des nächsten zu erhalten. Was stellst du fest?
   b) Zeige, dass für die nicht in der Tonleiter angegebenen Halbtonschritte ein abweichender Faktor für einen Halbtonschritt vorliegt.

2. Die unterschiedlichen Faktoren von einem Grundton zum nächsten Halbton bedingen, dass man eine gegebene Melodie nicht von jedem Grundton aus spielen kann.
   Der Orgelbaumeister Andreas Werckmeister entwickelte mit den Ergebnissen des Mathematikers Marin Mersenne im 17. Jahrhundert eine Tonleiter für die *wohltemperierte Stimmung*, bei

   Die für die wohltemperierte Stimmung bestimmten Frequenzverhältnisse sind gerade die Längenverhältnisse der Orgelpfeifen. Johann Sebastian Bach hat wesentlich zum Erfolg der wohltemperierten Stimmung beigetragen durch die Komposition von 48 Präludien und Fugen unter dem Titel „Das wohltemperierte Klavier".

   der das Frequenzverhältnis für alle Halbtonschritte übereinstimmt.
   a) Berechne, welches Frequenzverhältnis ein Halbtonschritt haben muss, wenn alle Halbtonschritte exakt dasselbe Frequenzverhältnis aufweisen sollen.
   b) Der Kammerton a hat die Frequenz 440 Hz, d. h. 440 Schwingungen pro Sekunde. Berechne ausgehend davon die Frequenzen der anderen Töne dieser Oktave nach den pythagoreischen Zahlenverhältnissen und nach der wohltemperierten Stimmung. Vergleiche.

3. Vor der wohltemperierten Stimmung war die reine Stimmung verbreitet. Informiere dich über deren Frequenzverhältnisse und vergleiche.

1.4 Potenzfunktionen

1.4.1 Potenzfunktionen mit natürlichen Exponenten

Einstieg

$\mathbb{N}^* = \{1, 2, 3, ...\}$

Zeichnet mithilfe eines Rechners für verschiedene Werte von $n \in \mathbb{N}^*$ die Graphen der Funktionen mit $y = x^n$ in ein gemeinsames Koordinatensystem. Tragt gemeinsame und unterschiedliche Eigenschaften der Graphen in Abhängigkeit von n zusammen.

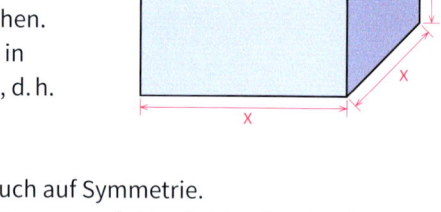

Aufgabe 1

Graphen der Potenzfunktionen zu $y = x^2$ und $y = x^3$

a) Welches Volumen hat ein Würfel mit der Kantenlänge 0,2 dm, 0,5 dm, 1 dm, 1,2 dm bzw. 1,5 dm?
Lege für die Funktion
Kantenlänge x (in dm) → Volumen y des Würfels (in dm³)
eine Wertetabelle an.
Erstelle die Funktionsgleichung. Zeichne den Graphen.

b) Verwende nun die gleiche Funktionsgleichung wie in Teilaufgabe a); wähle aber als Definitionsmenge $\mathbb{R}$, d. h. auch negative Ausgangswerte sind möglich.
Zeichne den Graphen.
Beschreibe Lage und Verlauf des Graphen; achte auch auf Symmetrie.

c) Du kennst schon die Quadratfunktion mit der Gleichung $y = x^2$. Vergleiche den Graphen aus Teilaufgabe b) mit ihrem Graphen.

d) Die Funktion aus Teilaufgabe b) gibt für positive Ausgangswerte das Volumen eines Würfels mit der Kantenlänge x an.
Welche Bedeutung hat die Quadratfunktion für den Würfel?

Lösung

a) *Wertetabelle:*

Kantenlänge (in dm)	Volumen (in dm³)
0,2	0,008
0,5	0,125
1	1
1,2	1,728
1,5	3,375

Funktionsgleichung:
$y = x^3$ mit $x > 0$, da es nur positive Längen gibt.

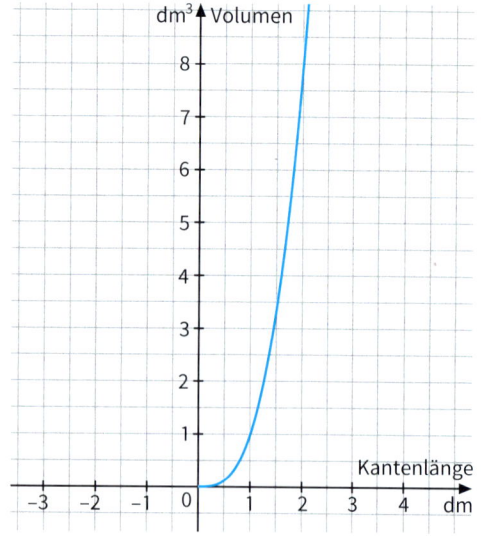

1.4 Potenzfunktionen

b) *Wertetabelle:*

x	x³
−1,5	−3,375
−1,2	−1,728
−1	−1
−0,5	−0,125
−0,2	−0,008
0	0
0,2	0,008
0,5	0,125
1	1
1,2	1,728
1,5	3,375

Graph:

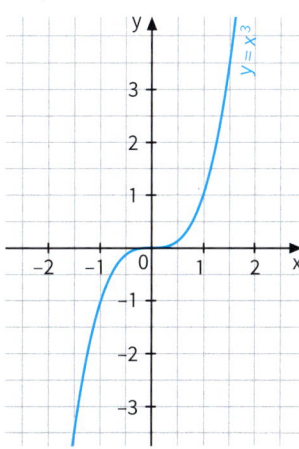

Der Graph der Funktion mit der Gleichung $y = x^3$ und $x \in \mathbb{R}$ steigt von links nach rechts immer an.
Er verläuft vom 3. Quadranten durch den Koordinatenursprung $O(0|0)$ in den 1. Quadranten.
Der Graph ist punktsymmetrisch zum Ursprung O.
Er schmiegt sich in der Umgebung des Ursprungs O an die x-Achse an.

c) Für beide Funktionen steigt der Graph für $x \geq 0$ an. Beide Graphen haben die Punkte $O(0|0)$ und $P(1|1)$ gemeinsam. Für $x \leq 0$ unterscheidet sich das Verhalten der beiden Funktionen: Der Graph zu $y = x^2$ fällt, der Graph zu $y = x^3$ hingegen steigt an. Somit weisen beide Graphen verschiedene Verläufe auf: der Graph zu $y = x^2$ ist achsensymmetrisch zur y-Achse; der Graph zu $y = x^3$ ist punktsymmetrisch zum Ursprung.

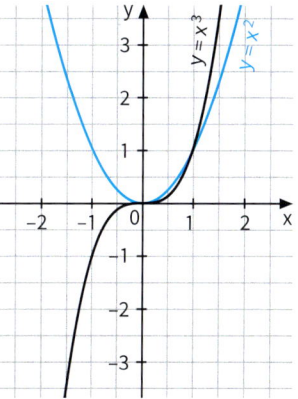

d) Für positive Werte von x beschreibt die Quadratfunktion den Flächeninhalt einer Seitenfläche des Würfels mit der Kantenlänge x.

Weiterführende Aufgabe

Graphen der Potenzfunktionen zu $y = x^n$ mit $n \in \mathbb{N}^*$ – Wachstumseigenschaft

2. a) Zeichne die Graphen der Funktionen mit den Gleichungen $y = x^1$; $y = x^2$; $y = x^3$; $y = x^4$; $y = x^5$; $y = x^6$. Vergleiche die Graphen miteinander.
   b) Bei der Quadratfunktion gilt:
   - Verdoppelt man den Wert für x, so vervierfacht sich der Wert für y.
   - Verdreifacht man den Wert für x, so verneunfacht sich der Wert für y.

   Untersuche, wie der Funktionswert der Funktionen mit $y = x^3$, $y = x^4$, $y = x^n$ sich ändert, wenn man den x-Wert ver-k-facht.

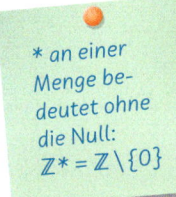

*an einer Menge bedeutet ohne die Null: $\mathbb{Z}^* = \mathbb{Z} \setminus \{0\}$

Information

(1) Definition einer Potenzfunktion mit natürlichen Exponenten
Die Funktionen mit den Gleichungen $y = x^2$, $y = x^3$, $y = x^4$ sind Beispiele für *Potenzfunktionen*.

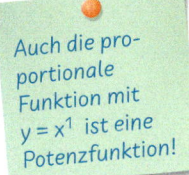

Auch die proportionale Funktion mit $y = x^1$ ist eine Potenzfunktion!

> **Definition**
> Eine Funktion mit der Gleichung $y = x^n$ mit $x \in \mathbb{R}$ und $n \in \mathbb{N}^*$ heißt **Potenzfunktion**.

(2) Grundtypen von Potenzfunktionen mit natürlichen Exponenten

Man kann bei den Potenzfunktionen unterscheiden, ob der Exponent gerade oder ungerade ist.

Grundtypen von Potenzfunktionen mit natürlichen Exponenten

(1) Gerader Exponent

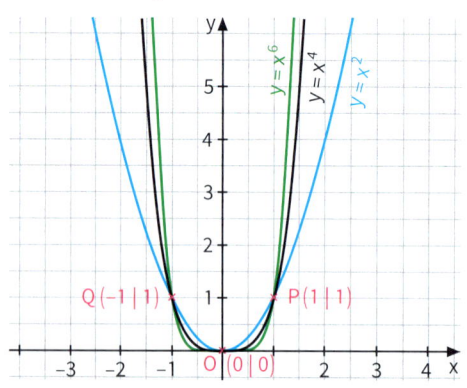

(2) Ungerader Exponent

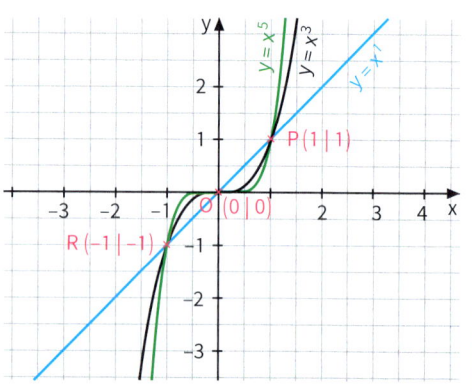

Die Graphen der Potenzfunktionen mit $y = x^n$ und *geradem* Exponenten n sind *achsensymmetrisch* zur y-Achse.
Sie haben die gemeinsamen Punkte $O(0|0)$, $P(1|1)$ und $Q(-1|1)$.
Sie fallen für $x \leq 0$ und steigen für $x \geq 0$ an.

Die Graphen der Potenzfunktionen mit $y = x^n$ und *ungeradem* Exponenten n sind *punktsymmetrisch* zum Ursprung O.
Sie haben die gemeinsamen Punkte $O(0|0)$, $P(1|1)$ und $R(-1|-1)$.
Sie steigen überall an.

---

(3) Beweis der Symmetrie der Graphen der Potenzfunktionen mit natürlichem Exponenten

(1) Gerader Exponent

Am Graphen erkennt man: Achsensymmetrie zur y-Achse bedeutet, dass die Funktionswerte von Zahl x und zugehöriger Gegenzahl $-x$ übereinstimmen:
$f(-x) = f(x)$

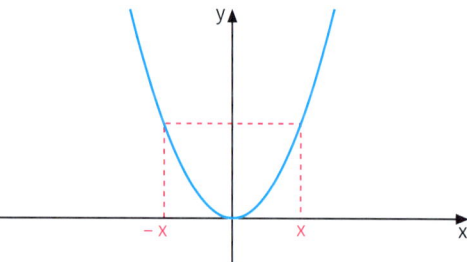

(2) Ungerader Exponent

Am Graphen erkennt man: Punktsymmetrie zum Ursprung bedeutet, dass die Funktionswerte von Zahl x und zugehöriger Gegenzahl $-x$ auch Gegenzahlen zueinander sind:
$f(-x) = -f(x)$

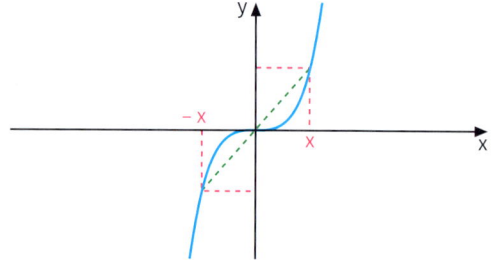

Für gerade Exponenten n gilt:
$f(-x) = (-x)^n = (-1)^n x^n = 1 \cdot x^n$
$\qquad = x^n$
$\qquad = f(x)$

Die Funktionswerte an den Stellen x und $-x$ stimmen also überein. Somit ist der Graph achsensymmetrisch zur y-Achse.

Für ungerade Exponenten n gilt:
$f(-x) = (-x)^n = (-1)^n x^n = -1 \cdot x^n$
$\qquad = -x^n$
$\qquad = -f(x)$

Die Funktionswerte $f(x)$ und $f(-x)$ sind also Gegenzahlen voneinander. Somit ist der Graph punktsymmetrisch zum Ursprung.

1.4 Potenzfunktionen

(4) Wachstumseigenschaft der Potenzfunktionen

In Aufgabe 2 haben wir gesehen, dass eine Verdoppelung (Verdreifachung) eines x-Wertes bei der Potenzfunktion mit $y = x^3$ zu einer Verachtfachung (Versiebenundzwanzigfachung) des zugeordneten y-Wertes führt.

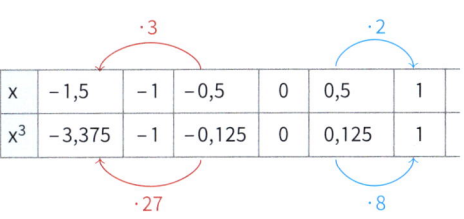

> Für die Potenzfunktion mit $y = x^n$, $n \in \mathbb{N}^*$, gilt:
> Vervielfacht man einen x-Wert mit dem Faktor k, so wird der zugeordnete y-Wert mit der n-ten Potenz des Faktors k, also mit k^n, vervielfacht.

Begründung:
Für den Vervielfachungsfaktor k und die Stelle x gilt für die Potenzfunktion f mit $f(x) = x^n$:
$f(k \cdot x) = (k \cdot x)^n = k^n \cdot x^n = k^n \cdot f(x)$

(5) Potenzielles Wachstum

Man legt mithilfe von Potenzfunktionen fest:

> **Potenzielles Wachstum** liegt vor, wenn das Anwachsen einer Größe durch einen Funktionsterm der Form $f(x) = a \cdot x^n$ mit $a > 0$ und $n \in \mathbb{N}^*$ beschrieben werden kann.

Für den Exponenten $n = 2$ spricht man von **quadratischem Wachstum**, für den Exponenten $n = 3$ von **kubischem Wachstum**.
Man spricht auch dann von potenziellem Wachstum, wenn der Exponent n keine natürliche Zahl, sondern eine beliebige rationale Zahl ist.

Übungsaufgaben

3. Lies aus dem Graphen der Potenzfunktion mit (1) $y = x^3$, (2) $y = x^4$ ab und kontrolliere rechnerisch.
   a) Funktionswerte an den Stellen 0,8; –0,8; 1,3; –1,3;
   b) Stellen, an denen die Potenzfunktion (1) den Wert 2, (2) den Wert 3 annimmt.

4. Anne und Bea haben den Graphen der Potenzfunktion zu $y = x^3$ gezeichnet. Kontrolliere ihre Zeichnungen.

5. Berechne zur Potenzfunktion f mit
   (1) $f(x) = x^4$;   (2) $f(x) = x^5$;   (3) $f(x) = x^6$
   die Funktionswerte: $f(3)$; $f(-2)$; $f(0,8)$; $f(-1,5)$; $f\left(-\frac{3}{2}\right)$; $f(\sqrt{2})$

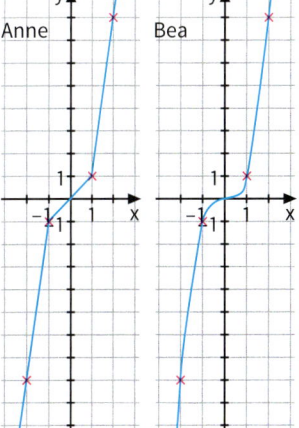

6. Die Potenzfunktion hat die Gleichung
   a) $y = x^3$;   b) $y = x^4$.
   Stelle fest, welche der Punkte zum Graphen der Potenzfunktion gehören.

   $P_1(2|16)$ $P_4(-2|-16)$ $P_7(1|1)$ $P_{10}(-1|-1)$
   $P_2(2|8)$ $P_5(-2|8)$ $P_8(1|-1)$ $P_{11}(0|1)$
   $P_3(-2|4)$ $P_6(-2|-8)$ $P_9(-1|1)$ $P_{12}(0|0)$

7. Die Punkte gehören zum Graphen der angegebenen Potenzfunktion.
   Bestimme die fehlende Koordinate.
   a) $y = x^3$; $P_1(4|\ )$, $P_2(\ |27)$, $P_3(\ |-27)$, $P_4(\ |0{,}125)$, $P_5(-0{,}5|\ )$
   b) $y = x^4$; $P_1(-2|\ )$, $P_2(0{,}2|\ )$, $P_3(-0{,}2|\ )$, $P_4(\ |0)$, $P_5(\ |81)$

8. Fülle ohne weitere Rechnung die Lücken im Heft aus. Beachte Symmetrieeigenschaften.

a)
x	x^4
1,2	2,0736
1,7	8,3521
−1,2	
−1,7	

b)
x	x^5
0,9	0,59049
1,3	3,71293
−0,9	
−1,3	

c)
x	x^6
0,5	0,015625
1,1	1,771561
−0,5	
−1,1	

d)
x	x^5
0,7	0,16807
1,2	2,48832
	−0,16807
	−2,48832

9. Jana hat die Graphen zu den Funktionen mit den Gleichungen $y = x^2$; $y = x^3$ und $y = x^4$ ausgedruckt.
   Leider fehlen jegliche Beschriftungen.
   Entscheide und begründe, welcher Graph zu welcher Funktion gehört.

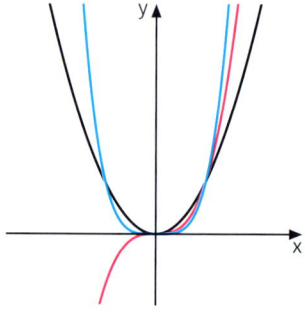

1.4.2 Potenzfunktionen mit negativen ganzzahligen Exponenten

Einstieg

Zeichnet mithilfe eines Funktionenplotters für verschiedene Werte von n die Graphen von Potenzfunktionen mit $y = x^{-n}$ mit $n \in \mathbb{N}^*$ in ein gemeinsames Koordinatensystem.
Wie ändert sich der Graph, wenn man den Exponenten verändert?
Nennt gemeinsame Eigenschaften der Graphen und Unterschiede.

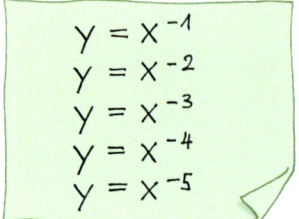

Aufgabe 1

Graph der Potenzfunktion zu $y = x^{-1}$

a) Ein Quadrat mit dem Flächeninhalt 1 dm² soll in ein flächeninhaltsgleiches Rechteck verwandelt werden. Diese Aufgabe hat unendlich viele Lösungen, denn zu jeder Länge der einen Seite gehört eine ganz bestimmte Länge der anderen Seite.
Lege für die Funktion *Länge der einen Seite (in dm) → Länge der anderen Seite (in dm)* eine Wertetabelle an. Erstelle die Funktionsgleichung. Zeichne den Graphen.

b) (1) Verwende nun die gleiche Funktionsgleichung wie in Teilaufgabe a); wähle aber die größtmögliche Definitionsmenge, d. h. auch negative Ausgangswerte sind möglich.
Zeichne den Graphen.
(2) Zeichne ebenso den Graphen zu $y = x^{-2}$.
Beschreibe und vergleiche beide Graphen bezüglich Lage, Verlauf und Symmetrie.

1.4 Potenzfunktionen

Lösung

a) *Wertetabelle:*

Länge der einen Seite (in dm)	Länge der anderen Seite (in dm)
1	1
2	$\frac{1}{2}$
3	$\frac{1}{3}$
4	$\frac{1}{4}$
$\frac{1}{2}$	2
$\frac{1}{3}$	3
$\frac{1}{4}$	4

Funktionsgleichung:

$y = \frac{1}{x}$, bzw. $y = x^{-1}$

mit $x > 0$, weil es nur positive Längen gibt.

Graph:

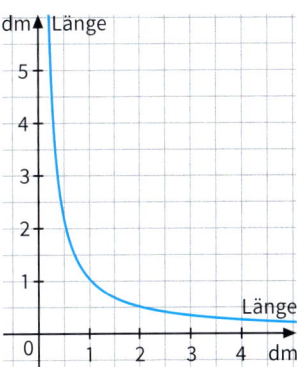

b) (1) Die Funktionsgleichung $y = \frac{1}{x} = x^{-1}$
ist für $x = 0$ nicht definiert.
Daher ist die größtmögliche Definitionsmenge $\mathbb{R} \setminus \{0\}$.
Wertetabelle:

x	-2	-1	$-\frac{1}{2}$	$-\frac{1}{3}$	$\frac{1}{3}$	$\frac{1}{2}$	1	2
x^{-1}	$-\frac{1}{2}$	-1	-2	-3	3	2	1	$\frac{1}{2}$

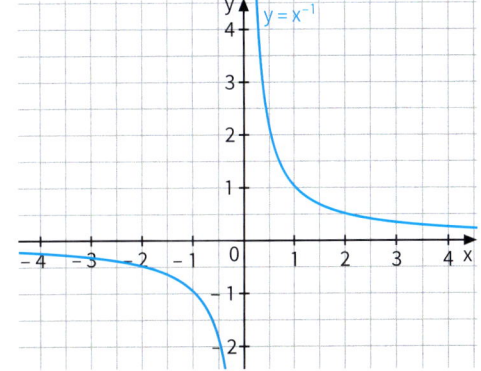

Division durch null ist nicht definiert!

Statt $\mathbb{R} \setminus \{0\}$ kann man auch $\mathbb{R}^*$ schreiben

(2) Auch die Funktionsgleichung $y = x^{-2}$
hat als größtmögliche Definitionsmenge
$\mathbb{R} \setminus \{0\}$.
Wertetabelle:

x	-2	-1	$-\frac{1}{2}$	$\frac{1}{2}$	1	2
x^{-2}	$\frac{1}{4}$	1	4	4	1	$\frac{1}{4}$

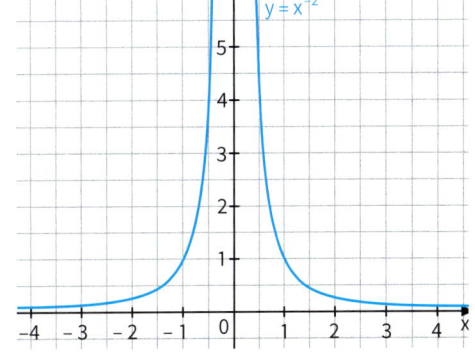

Der Verlauf der Graphen der Funktionen mit $y = x^{-1}$ und $y = x^{-2}$ ergibt:
- Beide Graphen bestehen aus zwei Teilen und verlaufen durch den Punkt $P(1|1)$.
- Für sehr große und für sehr kleine Werte von x schmiegen sich die Graphen immer mehr der x-Achse an, ohne sie jemals zu erreichen.
- Je näher der Wert von x bei 0 liegt, desto größer ist der Betrag des Funktionswertes.
- Der Graph zu $y = x^{-1}$ ist punktsymmetrisch zum Ursprung $O(0|0)$; der Graph zu $y = x^{-2}$ ist achsensymmetrisch zur y-Achse.
- Der Graph zu $y = x^{-1}$ fällt sowohl für $x < 0$ als auch für $x > 0$ von links nach rechts. Der Graph zu $y = x^{-2}$ steigt für $x < 0$ von links nach rechts an und fällt für $x > 0$.

Weiterführende Aufgabe

Potenzfunktionen mit negativen ganzzahligen Exponenten – Graph, Wachstumseigenschaft

2. Zeichne und vergleiche die Graphen der Funktionen mit den Gleichungen
$y = x^{-1}$; $y = x^{-2}$; $y = x^{-3}$; $y = x^{-4}$; $y = x^{-5}$; $y = x^{-6}$.

b) Wie ändert sich der Funktionswert der Funktionen mit $y = x^{-1}$; $y = x^{-2}$; $y = x^{-3}$, wenn man den x-Wert **(1)** verdoppelt; **(2)** verdreifacht; **(3)** halbiert?

Information

(1) Definition einer Potenzfunktion mit negativen ganzzahligen Exponenten

Auch die Funktionen mit $y = x^{-1}$, $y = x^{-2}$, ... heißen *Potenzfunktionen*. Wir verallgemeinern:

> **Definition**
> Eine Funktion mit $y = x^n$ mit $x \in \mathbb{R}^*$ und $n \in \mathbb{Z}^*$ heißt **Potenzfunktion**.

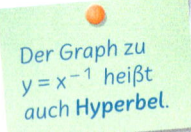
Der Graph zu $y = x^{-1}$ heißt auch **Hyperbel**.

(2) Grundtypen von Potenzfunktionen mit negativen Exponenten

Die in der Lösung der Aufgabe 1b und der Aufgabe 2 erkannten Eigenschaften gelten allgemein.

> **Grundtypen von Potenzfunktionen mit negativen Exponenten und ihre Eigenschaften**
>
> *(1) Gerader Exponent*   *(2) Ungerader Exponent*
>
>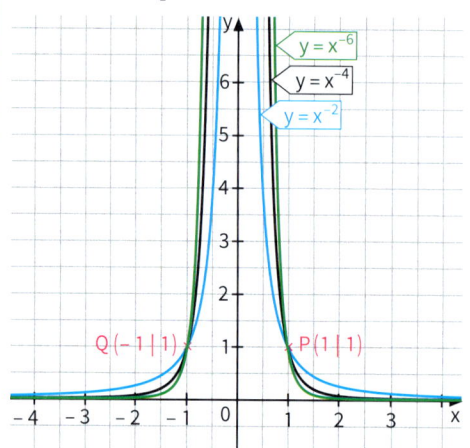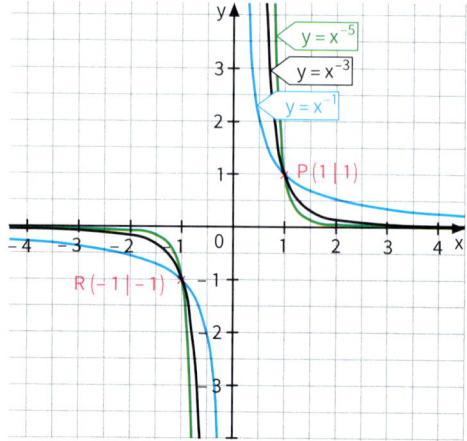
>
> Die Graphen der Potenzfunktionen mit $y = x^{-n}$ und geradem $n \in \mathbb{N}^*$ sind achsensymmetrisch zur y-Achse und haben die gemeinsamen Punkte $P(1|1)$ und $Q(-1|1)$. Sie steigen für $x < 0$ an und fallen für $x > 0$.
>
> Die Graphen der Potenzfunktionen mit $y = x^{-n}$ und ungeradem $n \in \mathbb{N}^*$ sind *punktsymmetrisch* zum Ursprung O und haben die gemeinsamen Punkte $P(1|1)$ und $R(-1|-1)$. Sowohl für $x < 0$ als auch für $x > 0$ fallen sie.
>
> Gemeinsame Eigenschaften der Potenzfunktionen mit negativen ganzzahligen Exponenten:
> **(1)** Die Funktionen sind für $x = 0$ nicht definiert. Man sagt auch: Die Funktionen haben an der Stelle 0 eine **Definitionslücke**.
> Die größtmögliche Definitionsmenge ist $\mathbb{R}^* = \mathbb{R} \setminus \{0\}$.
> Die Graphen bestehen aus zwei Teilen.
> **(2)** Die Graphen schmiegen sich an die Koordinatenachsen an.

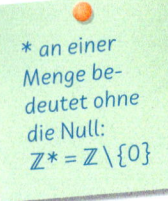
* an einer Menge bedeutet ohne die Null: $\mathbb{Z}^* = \mathbb{Z} \setminus \{0\}$

(3) Beweis der Symmetrie der Graphen der Potenzfunktionen mit negativen Exponenten

Für gerade $n \in \mathbb{N}^*$ gilt im Exponenten für die Potenzfunktion mit der Gleichung $y = x^{-n}$:

$$f(-x) = (-x)^{-n} = \frac{1}{(-x)^n} = \frac{1}{(-1)^n x^n} = \frac{1}{x^n} = x^{-n} = f(x)$$

Die Funktionswerte von Zahl x und zugehöriger Gegenzahl −x stimmen also überein.
Folglich ist der Graph in diesem Fall achsensymmetrisch zur y-Achse.
Für ungerade $n \in \mathbb{N}^*$ gilt im Exponenten dagegen:

$$f(-x) = (-x)^{-n} = \frac{1}{(-x)^n} = \frac{1}{(-1)^n x^n} = \frac{1}{-x^n} = -\frac{1}{x^n} = -x^{-n} = -f(x)$$

Für die Gegenzahl −x einer Zahl x ist auch der Funktionswert f(−x) die Gegenzahl zum Funktionswert f(x).
Folglich ist der Graph in diesem Fall punktsymmetrisch zum Ursprung O(0|0).

(4) Wachstumseigenschaft der Potenzfunktionen mit negativen Exponenten

In Aufgabe 2 haben wir für die Potenzfunktionen mit negativen Exponenten entdeckt:

> Für die Potenzfunktion mit $y = x^{-n}$, $n \in \mathbb{N}^*$, gilt:
> Vervielfacht man einen x-Wert mit dem Faktor k, so wird der zugeordnete y-Wert mit dem Faktor k^{-n} vervielfacht.

Begründung:
Für die Stelle x und den Vervielfachungsfaktor k gilt für die Potenzfunktion f mit $f(x) = x^{-n}$:
$f(k \cdot x) = (k \cdot x)^{-n} = k^{-n} \cdot x^{-n} = k^{-n} \cdot f(x)$

Übungsaufgaben

3. Lies aus dem Graphen der Potenzfunktion mit $y = x^{-1}$ [$y = x^{-2}$] ab und kontrolliere rechnerisch:
   a) Funktionswerte an den Stellen 0,8; −0,8; 1,3; −1,3.
   b) Stellen, an denen die Funktion (1) den Wert 2, (2) den Wert $\frac{1}{4}$ annimmt.

4. Moritz hat den Graphen der Potenzfunktion zu $y = x^{-3}$ gezeichnet.
   Kontrolliere und erläutere deine Anmerkungen.

5. Die Punkte liegen auf dem Graphen der angegebenen Funktionen.
   Bestimme die fehlende Koordinate.
   a) $f(x) = \frac{1}{x^2}$; $P_1(2|\ )$; $P_2\left(-\frac{1}{2}\Big|\ \right)$; $P_3\left(\ \Big|\frac{1}{16}\right)$; $P_4(\ |9)$;
   b) $f(x) = \frac{1}{x^3}$; $P_1(1,5|\ )$; $P_2\left(-\frac{1}{3}\Big|\ \right)$; $P_3\left(\ \Big|-\frac{1}{27}\right)$; $P_4(\ |64)$;

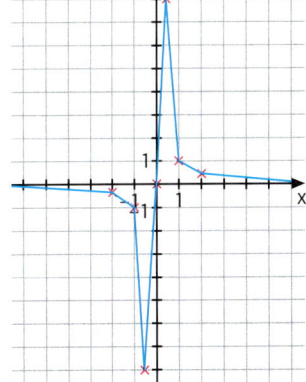

6. Fülle die Lücken im Heft aus.
   Beachte Symmetrieeigenschaften.

a)

x	x^{-1}
2,5	0,4
−0,8	−1,25
−2,5	
0,8	

b)

x	x^{-2}
0,25	16
1,25	0,64
−0,25	
−1,25	

c)

x	x^{-3}
0,1	1 000
1,25	0,512
−0,1	
−1,25	

1.5 Wurzelfunktionen

Einstieg Zeichnet die Graphen zu den Funktionen zu $y = \sqrt{x}$ und $y = \sqrt[3]{x}$ in ein gemeinsames Koordinatensystem. Beschreibt und vergleicht sie.

Aufgabe 1 Zu jedem Volumen eines Würfels gehört eine eindeutig bestimmte Kantenlänge. Zeichne den Graphen der Funktion *Volumen x → Kantenlänge y*
Gib auch die Funktionsgleichung und die Definitionsmenge an.

Lösung

x	y
0,125	0,5
1	1
3,375	1,5
8	2

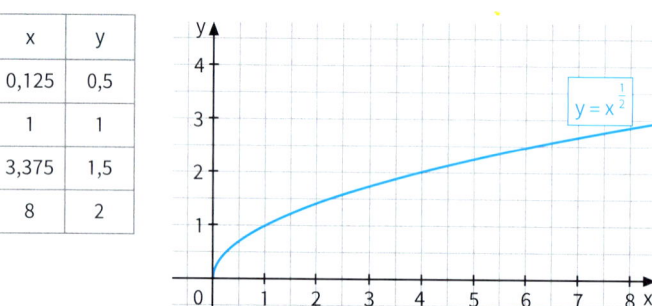

Die Funktionsgleichung lautet $y = x^{\frac{1}{3}}$ mit der Definitionsmenge $\mathbb{R}_+^*$, da es nur positive Volumina gibt. Ergänzt man den Graphen um den Punkt $O(0|0)$, so lautet die Funktionsgleichung $y = \sqrt[3]{x}$ mit der Definitionsmenge $\mathbb{R}_+$.

Information Wir verallgemeinern das Ergebnis von Aufgabe 1.

> **Definition der Wurzelfunktionen**
> Eine Funktion mit der Gleichung $y = \sqrt[n]{x}$ mit $x \in \mathbb{R}_+$ und $n \in \mathbb{N}^*$ heißt Wurzelfunktion.

Die Funktion zu $y = \sqrt{x}$ nennt man auch **Quadratwurzelfunktion**. Anders als bei den Potenzfunktionen mit ganzzahligen Exponenten haben die Graphen der Wurzelfunktionen alle einheitliche Gestalt.

> **Eigenschaften der Wurzelfunktionen**
> Die Graphen aller Wurzelfunktionen haben die gemeinsamen Punkte $O(0|0)$ und $P(1|1)$. Sie steigen ständig an. Die Wertemenge ist $\mathbb{R}_+$.
>
>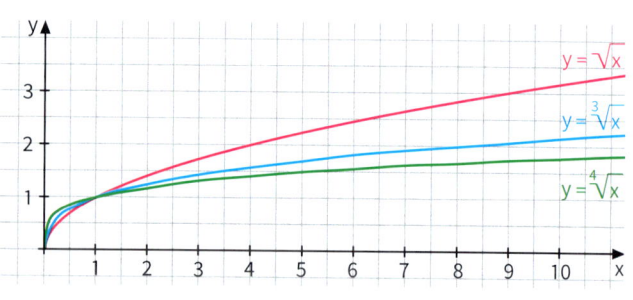

Weiterführende Aufgabe

Wurzelfunktionen als Umkehrfunktionen eingeschränkter Potenzfunktionen
2. Zeige, dass die Potenzfunktion f mit der Gleichung $y = x^3$ [$y = x^n$] in der Definitionsmenge $\mathbb{R}_+$ umkehrbar ist und bestimme die Funktionsgleichung der Umkehrfunktion f*.

Übungsaufgaben

3. Welche der angegebenen Punkte liegen auf dem Graphen zu (1) $y = \sqrt{x}$, (2) $y = \sqrt[3]{x}$?
   $P_1(8|2)$; $P_2(9|3)$; $P_3(8|-2)$; $P_4(1,5|2,25)$; $P_5(0|0)$; $P_6\left(\frac{1}{8}|\frac{1}{2}\right)$

4. Zeichne den Graphen zur angegebenen Funktion und beschreibe, wie er aus der Wurzelfunktion $y = \sqrt[4]{x}$ hervorgeht.
   a) $f(x) = \sqrt[4]{x} + 2$
   b) $f(x) = -3\sqrt[4]{x}$
   c) $f(x) = \sqrt[4]{x-1}$
   d) $f(x) = \sqrt[4]{x+3} - 1$

Im Blickpunkt

Straßenabnutzung – Vierte-Potenz-Regel

In den USA wurde von 1956 bis 1961 im AASHO-Road-Test untersucht, wie die Schädigung einer Straße von der Achslast des Fahrzeugs abhängt. Das Ergebnis war die Vierte-Potenz-Regel: Die Straßenschädigung steigt mit der 4. Potenz des Gewichtes an, das auf einer Achse lastet.

Schädigt ein Lkw die Straße 10 000-mal so stark wie ein Pkw?

1. Vergleiche einen Kleinwagen der Masse 1 t mit einem Mittelklasse-Pkw (1,4 t), einem Oberklassen-Kombi (2 t) und einem SUV (2,4 t). Berechne für jeden Fahrzeugtyp die Masse, die auf einer Achse lastet und zeichne den Graphen der Funktion f mit $f(x) = x^4$ in geeignetem Maßstab. Dabei steht die Variable x für das Achsgewicht (in t) und f(x) für die Straßenabnutzung. Trage dann diese Fahrzeuge ein und vergleiche die Straßenabnutzung im Vergleich mit dem Kleinwagen.

2. So rechnet ein Straßenbauingenieur:
   Bei einem kleinen Pkw der Masse 1 t drückt jede Achse mit 500 kg auf die Straße. Ein dreiachsiger 24-Tonner-Lkw drückt je Achse mit 8 t auf die Straße, also mit dem 16fachen der Achslast des Pkw. Die Straßenabnutzung des Lkw ist pro Achse dann aber $16^4 = 65\,536$-mal so groß. Da der dreiachsige Lkw aber anderthalb mal so viele Achsen hat, ist die gesamte Straßenabnutzung des Lkw sogar $1,5 \cdot 65\,536 = 98\,304$-mal so groß wie die des kleinen Pkw.

   Kontrolliere die Angaben aus der folgenden Zeitungsnotiz.

3. Vergleiche, wie es sich auf die Straßenabnutzung auswirkt, wenn ein Lkw mehr Achsen hat.

1.6 Verschieben und Strecken der Graphen der Potenzfunktionen

Ziel Das Verschieben und Strecken von Parabeln kennst du schon. Hier untersuchst du, wie man die Graphen von Potenzfunktionen verschiebt und streckt.

Zum Erarbeiten Verschieben der Graphen von Potenzfunktionen

Zeichne den Graphen der Potenzfunktion und verschiebe ihn um eine Einheit nach rechts. Verschiebe den verschobenen Graphen um zwei Einheiten nach oben. Notiere die zugehörigen Funktionsterme.

a) $f(x) = x^3$
b) $g(x) = x^{-2}$

→ Wir zeichnen und ermitteln die entsprechenden Funktionsterme schrittweise.

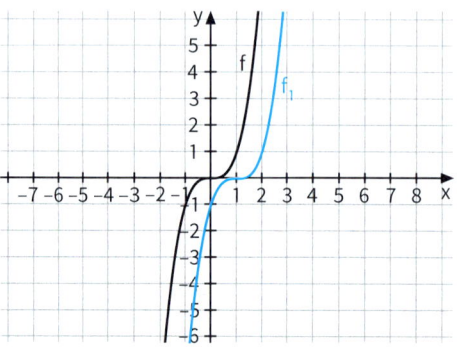
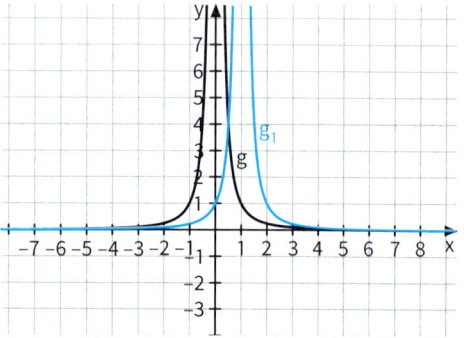

Den Funktionsterm zum nach rechts verschobenen Graphen bezeichnen wir mit $f_1(x)$. An jeder Stelle x stimmt $f_1(x)$ mit dem Funktionswert von f, der 1 Einheit weiter links liegt, also mit $f(x-1)$ überein:

x	−2	−1	0	1	2	3
f(x)	−8	−1	0	1	8	27
$f_1(x)$	−27	−8	−1	0	1	8

Folglich gilt: $f_1(x) = f(x-1) = (x-1)^3$

Den Funktionsterm zum nach rechts verschobenen Graphen bezeichnen wir mit $g_1(x)$. An jeder Stelle x stimmt $g_1(x)$ mit dem Funktionswert von g, der 1 Einheit weiter links liegt, also mit $g(x-1)$ überein:

x	−2	−1	0	1	2	3
g(x)	$\frac{1}{4}$	−1		1	$\frac{1}{4}$	$\frac{1}{9}$
$g_1(x)$		$\frac{1}{8}$	$\frac{1}{4}$		1	$\frac{1}{4}$

Folglich gilt: $g_1(x) = g(x-1) = (x-1)^{-2}$

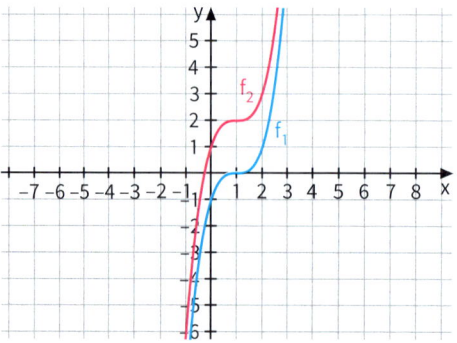
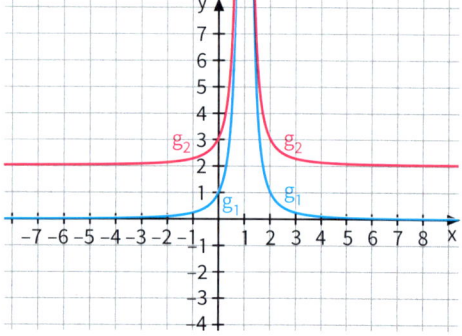

Den Funktionsterm zum nach oben verschobenen Graphen bezeichnen wir mit $f_2(x)$. An jeder Stelle x ist der Funktionswert $f_2(x)$ um 2 größer als $f_1(x)$. Also gilt:
$f_2(x) = f_1(x) + 2 = (x-1)^3 + 2$

Den Funktionsterm zum nach oben verschobenen Graphen bezeichnen wir mit $g_2(x)$. An jeder Stelle x ist der Funktionswert $g_2(x)$ um 2 größer als $g_1(x)$. Also gilt:
$g_2(x) = g_1(x) + 2 = (x-1)^{-2} + 2$

Zum Selbstlernen 1.6 Verschieben und Strecken der Graphen der Potenzfunktionen

Information

Der Graph der Funktion mit $y = (x + d)^n + e$ ergibt sich durch Verschieben des Graphen der Funktion mit $y = x^n$ parallel zur x-Achse und zwar
- um d Einheiten nach links, falls $d > 0$
- um $|d|$ Einheiten nach rechts, falls $d < 0$

und anschließend parallel zur y-Achse und zwar
- um e Einheiten nach oben, falls $e > 0$
- um $|e|$ Einheiten nach unten, falls $e < 0$

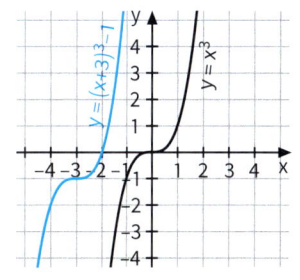

Zum Erarbeiten

Strecken der Graphen von Potenzfunktionen parallel zur y-Achse

Zeichne die Graphen der Funktionen in ein gemeinsames Koordinatensystem. Beschreibe ausgehend vom Graphen der Potenzfunktion, wie die drei anderen Graphen daraus entstehen.

a) $f(x) = x^3$, $f_1(x) = 2x^3$, $f_2(x) = \frac{1}{2}x^3$, $f_3(x) = -1 x^3$

b) $g(x) = x^{-2}$, $g_1(x) = 2x^{-2}$, $g_2(x) = \frac{1}{2}x^{-2}$, $g_3(x) = -1 x^{-2}$

→ a) 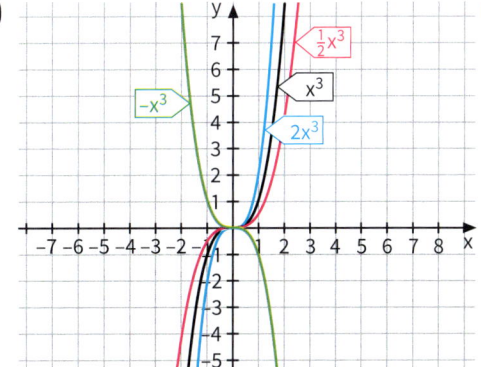   b)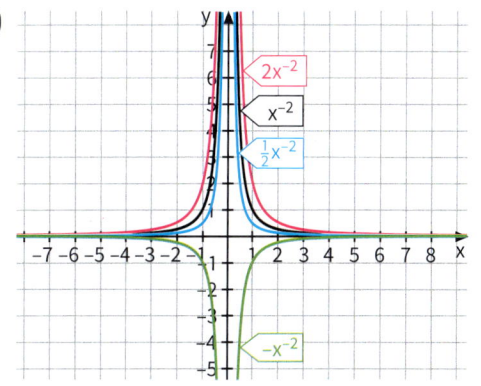

Die Graphen, die durch Multiplikation des Funktionsterms der Potenzfunktion mit dem Faktor 2 entstehen, entstehen durch Strecken parallel zur y-Achse aus dem Graphen der Potenzfunktion. Bei der Multiplikation mit dem Faktor $\frac{1}{2}$ ergeben sich auch parallel zur y-Achse gestreckte Graphen, deren Funktionswerte an jeder Stelle nur halb so groß sind wie die der zugehörigen Potenzfunktion. Die Multiplikation des Funktionsterms der Potenzfunktion mit dem Faktor –1 führt zu einer Spiegelung des Graphen der Potenzfunktion an der x-Achse.

Information

Streckfaktoren a mit $|a| < 1$ liefern Graphen, die gestaucht aussehen.

Das **Strecken** eines Graphen parallel zur **y-Achse** mit dem Faktor a ($a \neq 0$) ist eine Abbildung mit folgenden Eigenschaften:
Die y-Koordinate eines jeden Punktes des Graphen wird mit dem Faktor a multipliziert.
Die x-Koordinate wird jeweils beibehalten.

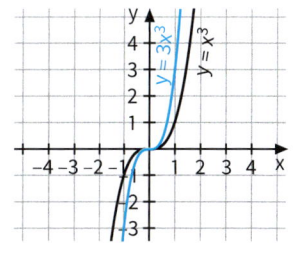

Das Strecken mit einem negativen Faktor kann man als Hintereinanderausführen des Streckens mit dem Betrag (positiven Faktor) und des Spiegelns an der x-Achse auffassen. Das Strecken parallel zur y-Achse mit dem Faktor (–1) ist ein Spiegeln an der x-Achse.

Zum Üben

1. Verschiebe den Graphen der Funktion mit a) $y = x^2$; b) $y = x^3$.
   Notiere jeweils die Funktionsgleichung und die Eigenschaften der Funktion.
   (1) um 2 nach rechts [links] (3) um $3\frac{1}{4}$ nach rechts [links]
   (2) um 6 nach rechts [links] (4) um 1,5 nach rechts [links].

2. Zeichne die Graphen der Funktion in ein gemeinsames Koordinatensystem. Vergleiche das Monotonieverhalten der Graphen.
   a) $y = 0{,}5\,x^3$; $y = 1{,}5\,x^3$
   b) $y = 2x^3$; $y = -2x^3$
   c) $y = 1{,}2\,x^4$; $y = 0{,}8\,x^4$
   d) $y = 0{,}2\,x^4$; $y = -0{,}2\,x^4$

3. Zeichne den Graphen. Beschreibe, wie er aus dem Graphen der zugehörigen Potenzfunktion hervorgeht. Welche Symmetrie zeigt er?
   a) $y = 0{,}2\,x^4$
   b) $y = -\frac{1}{2}x^5$
   c) $y = -\frac{1}{2}x^4$
   d) $y = -\frac{1}{2}x^5$

4. a) Untersuche, wie sich das Volumen eines Würfels ändert, wenn die Seitenlänge verdoppelt bzw. verdreifacht wird.
   b) Untersuche dieselbe Aufgabenstellung statt für das Volumen auch für
      (1) den Oberflächeninhalt; (2) die Gesamtkantenlänge.
   c) Verallgemeinere dein Ergebnis für Funktionen mit der Gleichung $y = c \cdot x^n$, wobei $c \in \mathbb{R}$, $n \in \mathbb{N}^*$. Formuliere eine Vermutung und begründe sie.

5. Zeichne den Graphen der Funktion. Beschreibe, wie er aus dem Graphen zu $y = x^3$ bzw. $y = x^4$ hervorgeht.
   a) $y = x^3 - 2$
   b) $y = x^4 - 3$
   c) $y = 2x^3$
   d) $y = -\frac{1}{2}x^4$
   e) $y = -x^3$
   f) $y = -2x^4$
   g) $y = (x-1)^3$
   h) $y = (x+2)^4$

6. Suche zu den angegebenen Graphen die passende Funktionsgleichung. Begründe.

   a)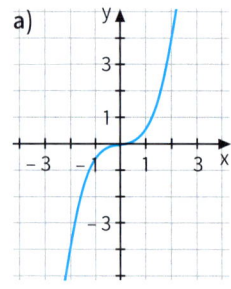
   b)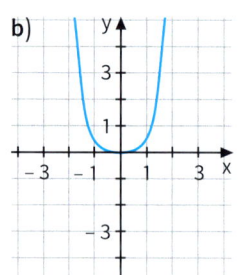
   c)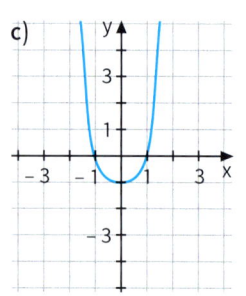
   d)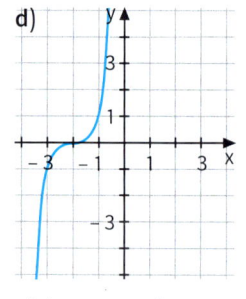

   (1) $y = 0{,}5\,x^3$
   (2) $y = (x+2)^3$
   (3) $y = x^5 - 1$
   (4) $y = 0{,}5 \cdot x^4$
   (5) $y = (x+2)^4$
   (6) $y = x^6 - 1$
   (7) $y = 1{,}2 \cdot x^4$
   (8) $y = 0{,}5 \cdot x^6$

7. Die folgenden Wertetabellen gehören zu Funktionen der Form $f(x) = a \cdot x^n$. Aus den ersten drei Paaren kannst du erkennen, wie groß a und n sein müssen. Ergänze die Lücken.

a)

x	1	2	3	4	−5
f(x)	−1	−8	−27		

b)

x	1	2	3	4	−5
f(x)	−0,1	−1,6	−8,1		

8. Zeichne den Graphen der Funktion. Gib die Eigenschaften an.
   a) $y = (x-2)^3 + 3$
   b) $y = (x+1{,}5)^4 - 6{,}25$
   c) $y = \left(x - \frac{3}{4}\right)^2 + \frac{1}{4}$

9. Stelle dir die Graphen der folgenden Funktionen vor:
   (1) $f(x) = 10 \cdot x^3$
   (2) $f(x) = -x^5$
   (3) $f(x) = 0{,}1 \cdot x^7$
   (4) $f(x) = -2 \cdot x^8$
   (5) $f(x) = x^3 + 3$
   (6) $f(x) = -x^4 + 1$

   Welche Graphen haben folgende Eigenschaft?
   a) Sie verlaufen durch $O(0|0)$.
   b) Sie sind symmetrisch zur y-Achse.
   c) Sie verlaufen durch den 2. Quadranten.
   d) Sie verlaufen nur unterhalb der x-Achse.

10. Bestimme die Gleichung einer Potenzfunktion in der Form $y = ax^n$ mit $n \in \mathbb{N}^*$, die die Bedingung erfüllt.
    a) Der Graph ist achsensymmetrisch und verläuft durch den Punkt $P(2|2{,}5)$.
    b) Der Graph fällt für $x < 0$ und verläuft durch den Punkt $Q(3|-4)$.
    c) Die Funktion hat einen Hochpunkt. Der Graph verläuft durch den Punkt $R(-3|-6)$.
    d) Die Funktion hat den Wertebereich $\mathbb{R}$ und der Graph verläuft durch den Punkt $S(-3|-4{,}5)$.

11. Tauscht die Rollen bei jeder Teilaufgabe. Ein Partner folgert aus der Funktionsgleichung, wie der Graph aus dem zu $y = x^{-1}$ bzw. $y = x^{-2}$ hervorgeht. Der andere Partner kontrolliert mit dem Rechner.
    a) $y = x^{-1} + 2$
    b) $y = x^{-2} - 3$
    c) $y = -\frac{1}{2}x^{-1}$
    d) $y = 2x^{-2}$
    e) $y = -x^{-1}$
    f) $y = -3x^{-2}$
    g) $y = (x+2)^{-1}$
    h) $y = (x-1)^{-2}$

12. Zeichne den Graphen. Welche Symmetrie zeigt er?
    a) $f(x) = 0{,}2 \cdot x^{-1}$
    b) $f(x) = -\frac{1}{2} \cdot x^{-2}$
    c) $f(x) = -\frac{1}{2} \cdot x^{-3}$
    d) $f(x) = 1{,}1 \cdot x^{-2}$

13. Suche zu dem angegebenen Graphen die passende Funktionsgleichung. Begründe.

a)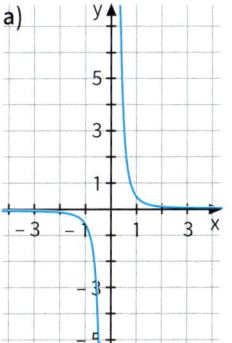
b)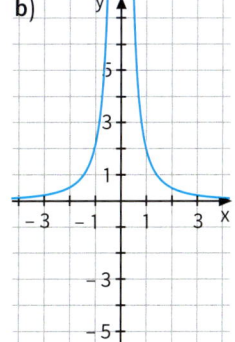
c)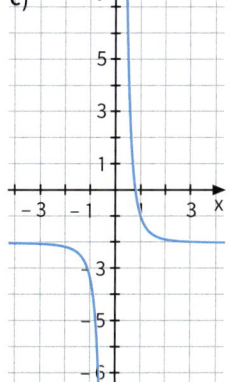
d)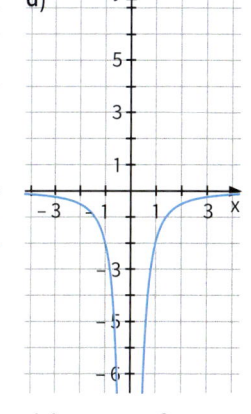

   (1) $y = 3x^{-1}$
   (2) $y = x^{-4} - 2$
   (3) $y = x^{-3} - 2$
   (4) $y = 2x^{-2}$
   (5) $y = 0{,}5 \cdot x^{-2}$
   (6) $y = 0{,}5 \cdot x^{-6}$
   (7) $y = -2x^{-2}$
   (8) $y = 0{,}5 \cdot x^{-3}$

14. Stelle dir die Graphen der folgenden Funktionen vor:
    (1) $f(x) = 10 \cdot x^{-1}$,
    (2) $f(x) = -x^{-2}$,
    (3) $f(x) = x^{-7}$,
    (4) $f(x) = -2 \cdot x^{-1}$

    Welche Graphen erfüllen die folgenden Bedingungen?
    a) Sie verlaufen durch $P(1|1)$.
    b) Sie verlaufen durch $Q(-1|-1)$.
    c) Sie sind symmetrisch zum Ursprung.
    d) Sie sind symmetrisch zur y-Achse.
    e) Sie schmiegen sich der x-Achse an.
    f) Sie schmiegen sich der y-Achse an.

15. Lea erzählt: „Ich habe zuerst den Graphen der Funktion $y = x^{-1}$ gezeichnet, dann diesen Graphen um 2 nach rechts und dann um 1 nach oben verschoben. Zum Schluss habe ich alle Funktionswerte halbiert und den endgültigen Graphen meiner gesuchten Funktion gezeichnet."

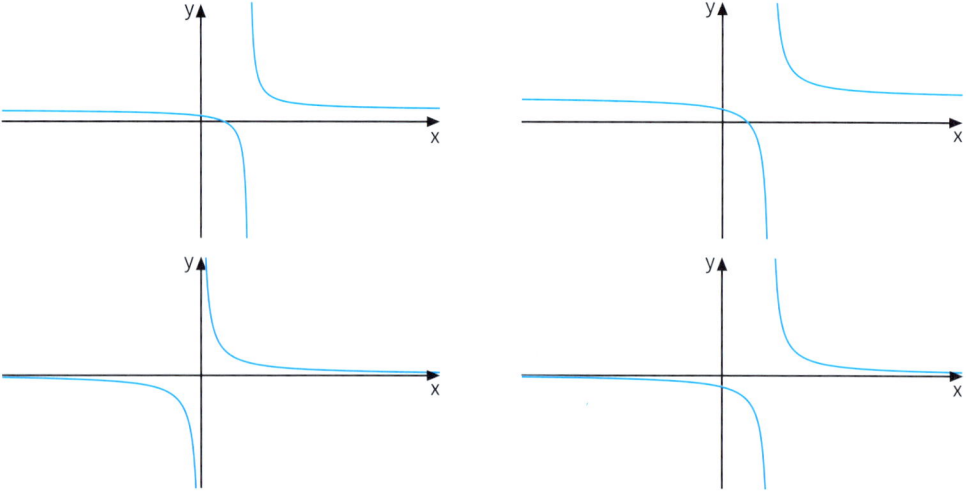

a) Bringe die Bilder in die richtige Reihenfolge. Welche Gleichung hat der Graph der endgültigen Funktion?
b) Denkt euch eine ähnliche „Graphengeschichte" aus und stellt die Aufgabe eurem Nachbarn. Kontrolliert anschließend mit dem Taschenrechner.

16. Zeichne den Graphen und vergleiche mit dem der Quadratwurzelfunktion.
  a) $f(x) = \frac{1}{2}\sqrt{x}$,   b) $f(x) = 2\sqrt{x}$,   c) $f(x) = 4\sqrt{x}$

17. Strecke den Graphen der Quadratwurzelfunktion mit dem Faktor
  (1) $a = -0{,}5$;   (2) $a = -1$;   (3) $a = -2$.
  Beschreibe, wie sich der Graph ändert.

18. Zeichne den Graphen in ein Koordinatensystem und vergleiche mit dem Graphen der Wurzelfunktion.
  a) $f(x) = \sqrt{x+3}$ b) $f(x) = \sqrt{x-1}$ c) $f(x) = \sqrt{x+2}$ d) $f(x) = 3 \cdot \sqrt{x-2}$

19. Vor der Herstellung von zylindrischen Konservendosen mit dem Fassungsvermögen von 425 ml wird überlegt, wie sich unterschiedliche Höhen der Dosen auf ihre Durchmesser auswirken.

  a) Stelle einen Funktionsterm auf, mit dem man den Durchmesser der Dosen in Abhängigkeit von der Höhe berechnen kann.
  b) Zeichne den Graphen für Höhen zwischen 0,5 cm und 10 cm. Beschreibe und begründe, wie sich der Durchmesser einer Dose ändert, wenn ihre Höhe verdoppelt wird.

1.7 Lösungsmenge von Potenzgleichungen

Einstieg Ermittelt mithilfe eines Rechners grafisch die Lösungsmenge der Gleichungen
(1) $x^3 = 27$ (2) $x^3 = -27$ (3) $x^3 = 0$.
Verallgemeinert das Ergebnis für Gleichungen der Form $x^3 = a$. Findet auch heraus, wie man mit einem Rechner solche Gleichungen numerisch lösen kann.

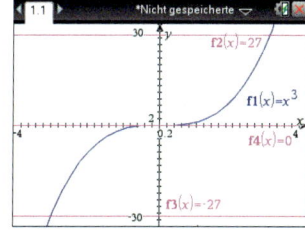

Aufgabe 1 Lösungsmenge von Gleichungen der Form $x^3 = a$
a) Gegeben ist die Potenzgleichung $x^3 = a$ mit $a \in \mathbb{R}$. Untersuche grafisch, wie viele Lösungen diese Potenzgleichung für unterschiedliche Werte von a besitzt.
b) Bestimme die Lösungsmenge der Gleichungen:
(1) $x^3 = 8$ (2) $x^3 = 0$ (3) $x^3 = -8$.

Lösung
a) Am Graphen der Potenzfunktion mit $y = x^3$ erkennt man, dass jede Parallele zur x-Achse den Graphen nur einmal schneidet. Das bedeutet, dass für jeden Wert von a die Potenzgleichung $x^3 = a$ nur eine Lösung hat.

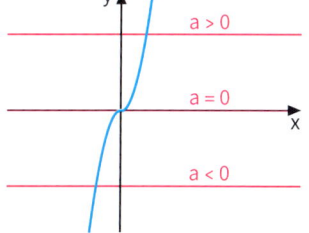

$\sqrt[3]{x} = x^{\frac{1}{3}}$

b) (1) $x^3 = 8$ hat die Lösung 2, denn $2^3 = 8$ und die 3. Potenz von kleineren und größeren Zahlen als 2 ist von 8 verschieden. Die Lösung ist:
$8^{\frac{1}{3}} = \sqrt[3]{8} = 2$
Lösungsmenge: $L = \{2\}$

(2) $x^3 = 0$ hat die Lösung 0, denn $0^3 = 0$ und weitere Möglichkeiten gibt es nicht. Die Lösung ist:
$0^{\frac{1}{3}} = \sqrt[3]{0} = 0$
Lösungsmenge: $L = \{0\}$

(3) $x^3 = -8$ hat die Lösung -2, denn $(-2)^3 = -8$ und andere Möglichkeiten gibt es nicht. Da eine Potenz mit dem Exponenten $\frac{1}{3}$ für negative Basen nicht definiert ist, kann die Lösung -2 nicht als $(-8)^{\frac{1}{3}}$ geschrieben werden. Stattdessen kann man den Betrag von -8 mit $\frac{1}{3}$ potenzieren und das negative Vorzeichen davor setzen:
$-(|-8|)^{\frac{1}{3}} = -8^{\frac{1}{3}} = -2$ bzw. $-\sqrt[3]{|-8|} = -\sqrt[3]{8} = -2$
Lösungsmenge: $L = \{-2\}$

Information

Die Lösungsmenge der Gleichung $x^3 = a$ erhält man folgendermaßen:
$L = \left\{a^{\frac{1}{3}}\right\} = \left\{\sqrt[3]{a}\right\}$, falls $a > 0$
$L = \left\{0^{\frac{1}{3}}\right\} = \left\{\sqrt[3]{0}\right\} = \{0\}$, falls $a = 0$
$L = \left\{-|a|^{\frac{1}{3}}\right\} = \left\{-\sqrt[3]{|a|}\right\}$, falls $a < 0$

Die Gleichung $x^3 = a$ hat für jeden Wert von a *genau* eine Lösung.

Weiterführende Aufgabe

Lösungsmenge von Gleichungen der Form $x^n = a$

2. a) Bestimme die Lösungsmenge der Gleichungen:
   (1) $x^4 = 10\,000$ (2) $x^4 = 0$ (3) $x^4 = -16$ (4) $x^4 = 20$

   b) Bestimme die Lösungsmenge der Gleichungen:
   (1) $x^5 = 32$ (2) $x^5 = 0$ (3) $x^5 = -243$ (4) $x^5 = 30$

   c) Verallgemeinere: Wie viele Lösungen hat eine Potenzgleichung der Form $x^n = a$? Begründe am Graphen.

Information

Für die Lösungsmenge L der Gleichung $x^n = a$ gilt

bei *geradem* Exponenten n:

$L = \left\{a^{\frac{1}{n}}; -a^{\frac{1}{n}}\right\} = \left\{\sqrt[n]{a}; -\sqrt[n]{a}\right\}$, falls $a > 0$;

$L = \{0\}$, falls $a = 0$;

$L = \{\ \}$, falls $a < 0$.

bei *ungeradem* Exponenten n:

$L = \left\{a^{\frac{1}{n}}\right\} = \left\{\sqrt[n]{a}\right\}$, falls $a > 0$;

$L = \{0\}$, falls $a = 0$;

$L = \left\{-|a|^{\frac{1}{n}}\right\} = \left\{-\sqrt[n]{|a|}\right\}$, falls $a < 0$.

Die unterschiedliche Anzahl der Lösungen erkennt man am Graphen der Potenzfunktion.

(1) Für gerade Zahlen n ist der Graph der Potenzfunktion mit der Gleichung $y = x^n$ achsensymmetrisch zur y-Achse und verläuft nicht unterhalb der x-Achse:

(2) Für ungerade Zahlen n ist der Graph der Potenzfunktion mit der Gleichung $y = x^n$ punktsymmetrisch zum Ursprung:

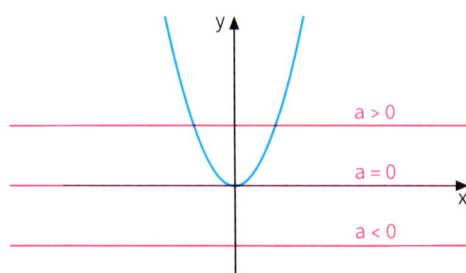
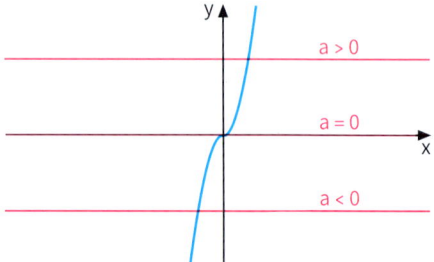

Daher hat die Gleichung $x^n = a$ für gerade n
- zwei Lösungen, falls $a > 0$, da es zwei Schnittpunkte zwischen den Graphen zu $y = x^n$ und zu $y = a$ gibt;
- eine Lösung, falls $a = 0$;
- keine Lösung, falls $a < 0$.

Die Gleichung $x^n = a$ hat für ungerade n für jeden Wert für a genau eine Lösung, da die Graphen zu $y = x^n$ und zu $y = a$ in diesem Fall stets genau einen Schnittpunkt haben.

Übungsaufgaben

3. Versuche grafisch Näherungswerte für die Lösungen der Gleichungen zu ermitteln. Gib auch die Lösungsmenge mit den exakten Werten an.

   (1) $x^3 = 2$ (2) $x^4 = 2$ (3) $x^5 = 2$ (4) $x^6 = 2$
       $x^3 = -3$ $x^4 = -3$ $x^5 = -3$ $x^6 = -3$
       $x^3 = 0$ $x^4 = 0$ $x^5 = 0$ $x^6 = 0$

   $x^3 = 2$
   $x \approx 1{,}26$
   $L = \{\sqrt[3]{2}\}$

4. Bestimme die Lösungsmenge der Gleichungen im Kopf.
   a) $x^3 = 216$ c) $x^5 = 100\,000$ e) $x^7 = -1$ g) $8x^3 = -1$ i) $5x^4 = 405$
   b) $x^3 = -1000$ d) $x^6 = 64$ f) $-x^5 = 32$ h) $x^4 - 81 = 0$ j) $6x^6 = 0$

1.7 Lösungsmenge von Potenzgleichungen

5. Ordne zu: Welche Lösungsmenge gehört zu welcher Gleichung?

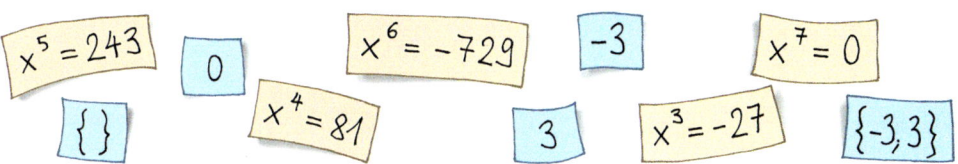

6. Bestimme die Lösungsmenge. Mache die Probe.
   a) $x^4 = 12$
   b) $x^7 = \frac{1}{3}$
   c) $3x^3 + 18 = 0$
   d) $3x^4 + 48 = 2$
   e) $-6x^5 + 192 = 0$
   f) $(x+1)^3 = 64$
   g) $(x-4)^3 - 27 = 0$
   h) $3(x-10)^4 = 12$

7. Welche Fehler wurden hier gemacht? Erkläre und korrigiere.
   a) $x^5 = -7$
   $L = \{(-7)^{\frac{1}{6}}\}$
   b) $x^4 = 1{,}7$
   $L = \{1{,}7^{\frac{1}{4}}\}$
   c) $2x^3 - 8 = 10$
   $L = \{9^{\frac{1}{3}}, -9^{\frac{1}{3}}\}$
   d) $(x-5)^5 = -1024$
   $L = \{\ \}$

8. Gegeben sind die Gleichungen (1) $x^2 = a$; (2) $x^3 = a$; (3) $x^4 = a$; (4) $x^5 = a$.
   a) Setze 64 für a und bestimme zu jeder Gleichung die Lösungsmenge.
   b) Setze −1 für a und bestimme zu jeder Gleichung die Lösungsmenge.
   c) Stelle bei jeder Gleichung fest: Für welche Zahlen anstelle von a hat die Gleichung genau eine Lösung, keine Lösung oder zwei Lösungen?

9. Gib eine Gleichung der Form $x^n = b$ an, die die folgende Lösungsmenge hat.
   a) $L = \{-3; 3\}$
   b) $L = \{-5\}$
   c) $L = \{0\}$
   d) $L = \{\ \}$

CAS 10. Computer-Algebra-Systeme haben zum Lösen von Gleichungen einen oder mehrere Befehle. Probiere das mit deinem CAS aus. Bilde eigene Beispiele und löse sie.

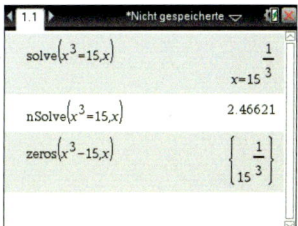

11. a) Bestimme Bedingungen für die Variable k so, dass die Gleichung $x^4 = 81 + k$ genau eine, keine oder zwei Lösungen hat.
    b) Verändere die Gleichung $4x^4 + 20 = -4$ so, dass die Lösungsmenge der entstandenen Gleichung genau eine Zahl enthält.

Das kann ich noch!

A) Bestimme die Lösungsmenge des Gleichungssystems.
   1) $\begin{vmatrix} 3x + 2y = 7 \\ x - y = 4 \end{vmatrix}$
   2) $\begin{vmatrix} -4x + y = 5 \\ y = 3x + 3 \end{vmatrix}$
   3) $\begin{vmatrix} 8x + 2y = 4 \\ 4x = 2 - y \end{vmatrix}$

B) Ein Rechteck hat einen Umfang von 11,4 cm. Verkürzt man die eine Seite um 0,5 cm und verlängert die andere Seite um 1,5 cm, so vergrößert sich der Flächeninhalt des Rechtecks um 3,4 cm². Bestimme die Seitenlängen des Rechtecks.

Lösen von Gleichungen

1. Oma Listig plant von ihren Ersparnissen den Enkeln etwas abzugeben. An ihrem 70. Geburtstag bietet sie den Enkeln bis zu ihrem Tod folgende Modelle zur Auswahl an:
   Modell A: 800 € am 1. September 2015 und dann jeden 1. September der folgenden Jahre weitere 800 €.
   Modell B: Eine einmalige Zahlung von 2 800 € bei einem Zinssatz von 11 %, beginnend am 1. September 2015.
   Untersuche und vergleiche die Konsequenzen der beiden Modelle in Abhängigkeit von der Lebenszeit der Oma.
   a) Bestimme für beide Modelle eine Funktionsgleichung.
   b) Bestimme die Zeiten, zu denen Modell A vorteilhafter ist.

2. Opa Listig möchte seinem Lieblingsenkel Tobias zu dessen 18. Geburtstag in 5 Jahren 1 000 € als Beitrag für den Führerschein schenken.
   Er kann jetzt 750 € auf ein Konto mit fester Verzinsung einzahlen und dann nach 5 Jahren den Betrag auf dem Konto noch um 100 € erhöhen. Welche Verzinsung muss das Konto bieten, damit so 1 000 € erreicht werden?
   Löse dieses Problem grafisch, tabellarisch und auch algebraisch.

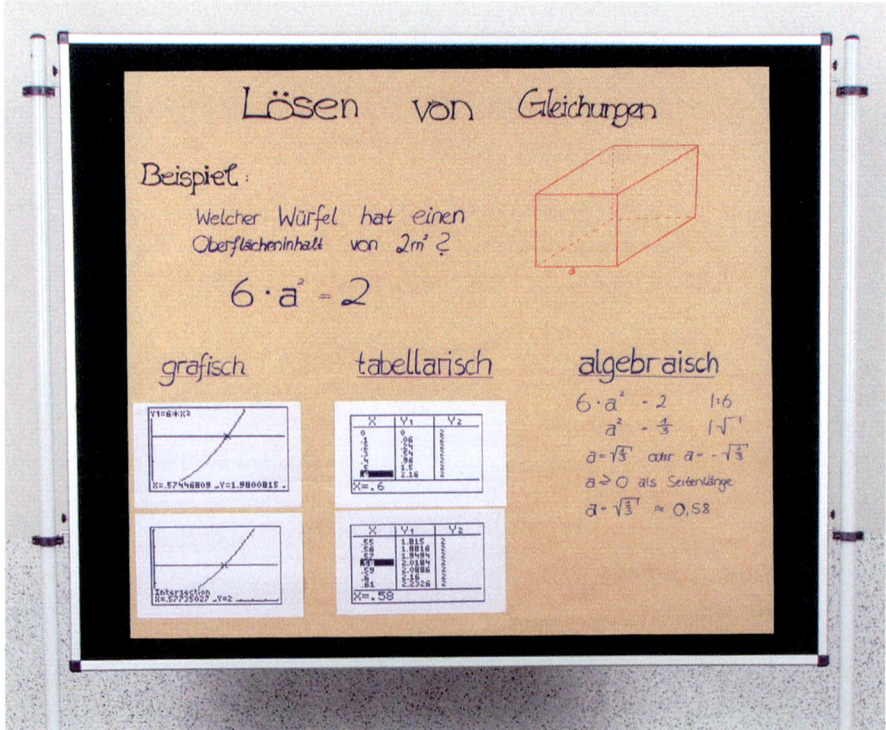

Du hast bisher viele verschiedene Möglichkeiten zum Lösen von Gleichungen kennen gelernt. Jedes dieser Verfahren ist gleichberechtigt und hat sowohl Vorteile als auch Nachteile. Es hängt immer von der Aufgabe und den damit zusammenhängenden Bedingungen ab, welches man wählt.

Auf den Punkt gebracht

In der folgenden Mindmap sind alle Verfahren zum Lösen von Gleichungen noch einmal zusammengestellt.

Lösungsvielfalt beachten!

3. Entscheide für die Gleichungen jeweils begründet, ob ein algebraisches Verfahren sich gut zum Lösen der Gleichungen eignet.
   Führe gegebenenfalls das Lösungsverfahren durch.
   (1) $4x - 5 = 7{,}5x + 8$
   (2) $(x - 1) \cdot (4x + 6) = 1 + x$
   (3) $(4x - 12) \cdot (x - 12) \cdot (x^2 - 9) = 0$
   (4) $(4x - 12) \cdot (x^2 + 16) \cdot (x - 9) = 0$
   (5) $0{,}5x^4 - 8x^2 + 14 = 0$
   (6) $0{,}5x^3 - 4x + 1 = 1{,}5x^2$
   (7) $x^4 - 7 = 18$
   (8) $5 \cdot z^3 + 10 = 50$

4. Gegeben ist die Gleichung $x^2 - 4a \cdot x + 1 = 0$.
   a) Bestimme den Parameter a so, dass die Gleichung nur eine Lösung hat.
   b) Bestimme den Parameter a so, dass die Gleichung die Lösung 3 hat.

5. Ein Quader mit quadratischer Grundfläche und einem Oberflächeninhalt von 900 cm² soll hergestellt werden.
   a) Erkläre die Rechnung rechts.
   b) Bestimme die Maße des Quaders, wenn das Volumen 900 cm³ betragen soll. Untersuche in Abhängigkeit des Volumens die Lösungen für die Quadermaße.

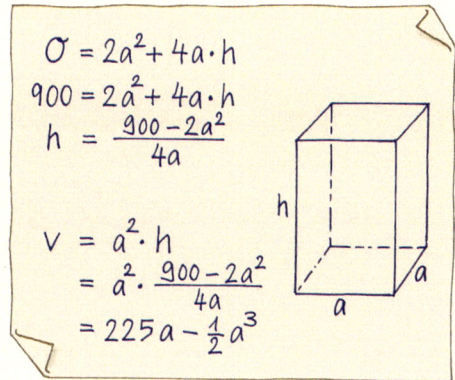

$$O = 2a^2 + 4a \cdot h$$
$$900 = 2a^2 + 4a \cdot h$$
$$h = \frac{900 - 2a^2}{4a}$$

$$V = a^2 \cdot h$$
$$= a^2 \cdot \frac{900 - 2a^2}{4a}$$
$$= 225a - \tfrac{1}{2}a^3$$

1.8 Aufgaben zur Vertiefung

1. Näherungswerte für Quadratwurzeln können mithilfe des Heron-Verfahrens bestimmt werden. Die Grundidee basierte auf der geometrischen Veranschaulichung, dass $\sqrt{a}$ die Seitenlänge eines Quadrats mit dem Flächeninhalt a ist.
   Hat man einen Näherungswert x_0 für die Seitenlänge, so muss die zweite Seitenlänge des Rechtecks $\frac{a}{x_0}$ sein, damit sich der Flächeninhalt a ergibt. Der Mittelwert aus x_0 und $\frac{a}{x_0}$, also $\frac{1}{2}\left(x_0 + \frac{a}{x_0}\right)$ ist dann ein noch besserer Näherungswert für $\sqrt{a}$.
   Ermittle so ausgehend von einem ganzzahligen Näherungswert einen verbesserten für
   (1) $\sqrt{19}$; **(2)** $\sqrt{33}$. Erzeuge anschließend daraus einen noch besseren Näherungswert.

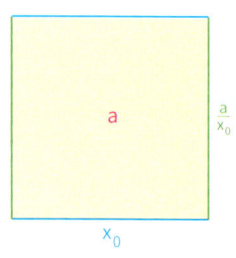

2. **a)** $\sqrt[3]{a}$ kann geometrisch veranschaulicht werden als die Kantenlänge eines Würfels mit dem Volumen a.
   Hat man einen Näherungswert x_0 für die Kantenlänge des Würfels, so kann man damit einen Quader mit quadratischer Grundfläche mit dem geforderten Volumen a erzeugen: Die quadratische Grundfläche hat die Seitenlänge x_0.
   Die Höhe des Quaders ist dann $\frac{a}{x_0^2}$. Begründe: Ein noch

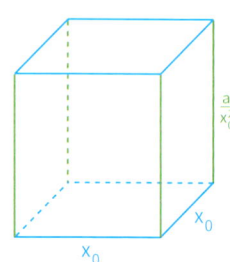

   besserer Näherungswert für $\sqrt[3]{a}$ ist dann der Mittelwert aus diesen drei Seitenlängen.
   Folgere so folgende Formel:

   > Ist x_0 ein Näherungswert für $\sqrt[3]{a}$ mit $a > 0$, so ist $\frac{1}{3}\left(2x_0 + \frac{a}{x_0^2}\right)$ ein erheblich besserer Näherungswert.

   b) Bestimme mithilfe der obigen Formel einen Näherungswert für **(1)** $\sqrt[3]{4}$; **(2)** $\sqrt[3]{10}$, der in zwei Nachkommastellen mit dem exakten Wert übereinstimmt.
   Wie viele Schritte benötigst du?

   c) Allgemein gilt:

   > Ist x_0 ein Näherungswert für $\sqrt[n]{a}$, so ist $\frac{1}{n}\left((n-1)x_0 + \frac{a}{x_0^{n-1}}\right)$ ein erheblich besserer Näherungswert.

   d) Erstelle mit einem Tabellenkalkulations-Programm ein Rechenblatt zur Bestimmung von Näherungswerten für $\sqrt[n]{a}$. Teste es an verschiedenen Beispielen.

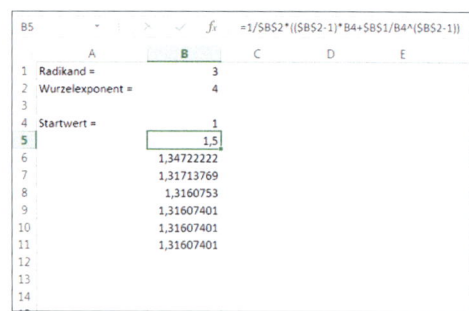

Das Wichtigste auf einen Blick

Potenzen

Für reelle Zahlen a und natürliche Exponenten n gilt:
$a^0 = 1$, $a^1 = a$
$a^n = \underbrace{a \cdot a \cdot a \cdot a \cdot \ldots \cdot a}_{n \text{ Faktoren } a}$ für $n > 1$

a^n — Exponent / Basis

$a^{-n} = \dfrac{1}{a^n}$ für $a \neq 0$

Für $m \in \mathbb{Z}$, $n \in \mathbb{N}^*$ und $a > 0$ vereinbart man: $a^{\frac{m}{n}} = \sqrt[n]{a^m}$

Beispiele:
$4^0 = 1$; $4^3 = 4 \cdot 4 \cdot 4 = 64$
$(-4)^3 = (-4) \cdot (-4) \cdot (-4) = -64$

$4^{-3} = \dfrac{1}{4^3} = \dfrac{1}{64}$; $64^{\frac{1}{3}} = \sqrt[3]{64} = 4$

$4^{-\frac{2}{3}} = \sqrt[3]{4^{-2}} = \sqrt[3]{\dfrac{1}{4^2}}$

n-te Wurzeln

Unter der *n-ten Wurzel* einer nichtnegativen reellen Zahl a versteht man diejenige nichtnegative Zahl, die mit n potenziert die Zahl a ergibt.
Man schreibt: $\sqrt[n]{a}$ mit $n \in \mathbb{N}$, $n \geq 2$.

$\sqrt[n]{a}$ — Wurzelexponent / Radikand

Beispiele:
$\sqrt[3]{64} = 4$, weil $4^3 = 64$

Potenzgesetze

(P1) $a^m \cdot a^n = a^{(m+n)}$
(P2) $a^n \cdot b^n = (a \cdot b)^n$
(P3) $(a^m)^n = a^{m \cdot n}$

(P1*) $\dfrac{a^m}{a^n} = a^{m-n}$ für $a \neq 0$

(P2*) $\dfrac{a^n}{b^n} = \left(\dfrac{a}{b}\right)^n$ für $b \neq 0$

Beispiele:
$4^{\frac{1}{2}} \cdot 4^{-\frac{2}{3}} = 4^{-\frac{1}{3}}$; $4^{\frac{1}{2}} \cdot 3^{\frac{1}{2}} = 12^{\frac{1}{2}}$

$\left(4^{\frac{1}{2}}\right)^6 = 4^{\frac{1}{2} \cdot 6} = 4^3$

$\dfrac{4^3}{4^{-2}} = 4^{(3-(-2))} = 4^5$

$\dfrac{8^3}{4^3} = \left(\dfrac{8}{4}\right)^3 = 2^3 = 8$

Wurzelgesetze

Für natürliche Zahlen n und m gilt:
$\sqrt[n]{a} \cdot \sqrt[n]{b} = \sqrt[n]{a \cdot b}$; $\dfrac{\sqrt[n]{a}}{\sqrt[n]{b}} = \sqrt[n]{\dfrac{a}{b}}$; $\sqrt[m]{\sqrt[n]{a}} = \sqrt[m \cdot n]{a}$
für $a \geq 0$, $b \geq 0$.

Beispiele:
$\sqrt[3]{4} \cdot \sqrt[3]{2} = \sqrt[3]{8} = 2$; $\dfrac{\sqrt[3]{16}}{\sqrt[3]{2}} = \sqrt[3]{8} = 2$

$\sqrt[3]{\sqrt[2]{64}} = \sqrt[6]{64} = 2$

Potenzfunktionen mit natürlichen Exponenten

Der Graph einer Potenzfunktion mit $y = x^n$ mit $n \in \mathbb{N}^*$ verläuft durch die Punkte $O(0|0)$ und $P(1|1)$.

(1) Gerader Exponent
Der Graph
- verläuft durch den Punkt $Q(-1|1)$;
- ist achsensymmetrisch zur y-Achse;
- fällt für $x \leq 0$ und steigt für $x \geq 0$.

(2) Ungerader Exponent
Der Graph
- verläuft durch den Punkt $R(-1|-1)$;
- ist punktsymmetrisch zum Koordinatenursprung O;
- steigt überall.

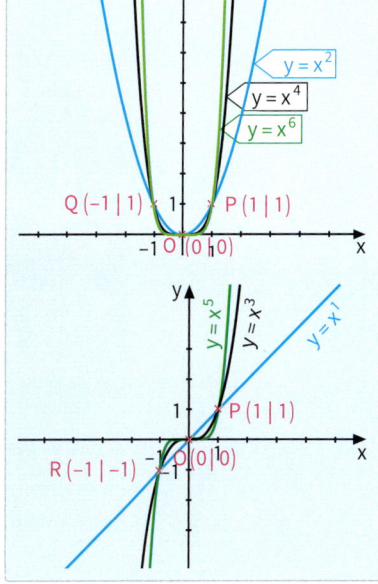

Potenzfunktionen mit negativen ganzzahligen Exponenten

Die Potenzfunktion mit $y = x^{-n}$ mit $n \in \mathbb{N}^*$ hat an der Stelle $x = 0$ eine Definitionslücke; die Definitionsmenge ist $\mathbb{R}^*$.

Ihr Graph
- verläuft durch den Punkt $P(1|1)$;
- schmiegt sich an die Koordinatenachsen an.

(1) Gerader Exponent
Der Graph
- verläuft durch den Punkt $Q(-1|1)$;
- ist achsensymmetrisch zur y-Achse;
- steigt für $x < 0$ und fällt für $x > 0$.

(2) Ungerader Exponent
Der Graph
- verläuft durch den Punkt $R(-1|-1)$;
- ist punktsymmetrisch zum Koordinatenursprung O;
- fällt sowohl für $x < 0$, als auch $x > 0$.

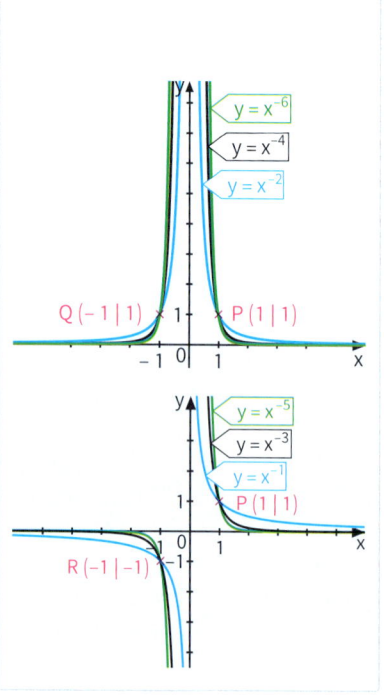

Bist du fit?

1. Radioaktives Chlor ^{39}Cl zerfällt so schnell, dass die vorhandene Menge sich jede Stunde halbiert. Zu Beginn der Messung werden 10 mg der Substanz nachgewiesen.
   Berechne, wie viel ^{39}Cl
   (1) nach 20 Minuten noch vorhanden ist;   (2) 30 Minuten vorher vorhanden war.

2. Gib die Längenangabe statt mit Zehnerpotenzen mit einer Vorsilbe an.

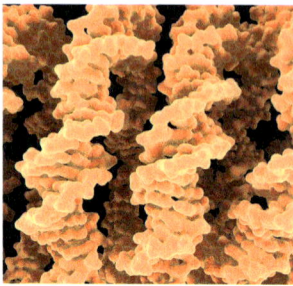 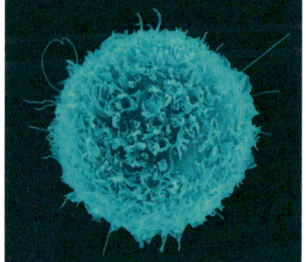 

DNA 10^{-5} m   Lymphozyt 10^{-4} m   Milchstraße 10^{21} m

3. Eine 120 m lange Brücke besteht aus 5 m langen Einzelteilen. Jedes Teilstück dehnt sich bei einer Temperaturerhöhung um 1 Grad um $6 \cdot 10^{-5}$ m aus.
   Berechne den Längenunterschied der Brücke im Sommer (45 °C) und im Winter (-15 °C).

Bist du fit?

4. Vereinfache durch Anwenden von Potenzgesetzen.

a) $(\sqrt{2})^5 \cdot (\sqrt{2})^{-3}$
b) $(\sqrt{2})^5 : (\sqrt{2})^{-3}$
c) $((\sqrt{2})^3)^4$
d) $(\sqrt{2})^3 \cdot (\sqrt{18})^3$
e) $(\sqrt{2})^{-3} \cdot (\sqrt{18})^{-3}$
f) $\sqrt{2^0} \cdot x^0$
g) $5^{\frac{1}{3}} : 5^{\frac{1}{2}}$
h) $\left(6^{\frac{1}{2}}\right)^4$
i) $\dfrac{8^{\frac{2}{3}}}{8^{\frac{1}{3}}}$
j) $\left(64^{\frac{1}{3}}\right)^{\frac{1}{2}}$
k) $a^{-2} \cdot a$
l) $b^{-2} : b^{-3}$
m) $x^{-4} \cdot y^{-4}$
n) $x^{-3} x^2 x x^5$
o) $a^2 b a^{-1} b^{-3} b^2$
p) $(b^{-3})^{-2}$
q) $(7x^2 y - 6x^3) : x^2$
r) $(6a^{-2} + 4a^3) \cdot 2a^{-2}$
s) $(2a^{-3})^4 - (2a^{-4})^3$
t) $\sqrt{t}\left((\sqrt{t})^3 - \sqrt{t}\right)$

5. Vereinfache.

a) $(3^7 - 589)^{\frac{3}{2} - 1{,}5}$
b) $\dfrac{2x}{(x^3)^{\frac{1}{4}}}$
c) $(x^{-0{,}4} y^{-3{,}5})^{-1}$
d) $7x^2 + 4x^3 + x^2$
e) $\left(r^{\frac{2}{5}} \cdot y^{-\frac{3}{2}}\right)^{-\frac{3}{4}}$
f) $\dfrac{(r^2 \cdot s^2)^{-2}}{(r \cdot s)^{-2}}$
g) $(-a^3)^2 + ((-a)^2)^3 + (-a^2)^3$
h) $(x^4 - x^3 + 2x^2)(x^{-2} + 2x^{-1})$
i) $(64ac^{-4} + 40a^3 c^2) : (4a^3 c^2)$
j) $3 \cdot 2^{n+4} - 24 \cdot 2^{n+1}$
k) $\left(a^{\frac{1}{3}} b^{-\frac{2}{3}}\right)^{\frac{3}{2}}$
l) $(x^3 + x^2 + x)\left(x^{\frac{3}{2}} + x^{\frac{1}{2}}\right)$
m) $\left(\sqrt[3]{a^2}\right)^6$
n) $(ab)^{\frac{2}{3}} \cdot a^{-\frac{1}{2}} \cdot b^{-\frac{1}{3}}$
o) $\dfrac{2 r^{\frac{3}{4}}}{3 s^{\frac{1}{2}}} \cdot \dfrac{6(rs)^{\frac{1}{4}}}{r^{\frac{1}{2}}}$
p) $\sqrt[3]{20ab^2} \cdot \sqrt[3]{400 a^2 b^7}$
q) $\sqrt[n]{a^4} : \sqrt[2n]{a^{16}}$
r) $(\sqrt{a^5} - \sqrt{a})^2 + 2a^3$

6. Ein Kapital von 13 000 € ist in 4 Jahren auf 15 062,50 € gestiegen. Berechne den jährlichen Zinssatz.

7. An welchen Stellen steckt deiner Meinung nach ein Fehler? Oder glaubst du alles?

$$-1 = (-1)^3 = (-1)^{6:2} = (-1)^{6 \cdot \frac{1}{2}} = ((-1)^6)^{\frac{1}{2}} = 1^{0{,}5} = \sqrt{1} = 1$$

8. Stelle zusammen, in welchen Schritten der Potenzbegriff erweitert wurde.

9. Zeichne den Graphen: a) $y = x^3 - 2$ b) $y = 0{,}5 \cdot x^{-2}$ c) $y = (x-2)^{-3}$ d) $y = -0{,}4 \cdot x^4$

10. Notiere zu den Graphen mögliche Gleichungen von Potenzfunktionen.

a)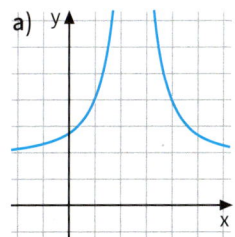
b)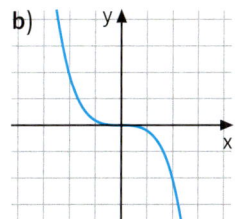
c)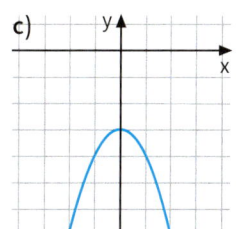
d)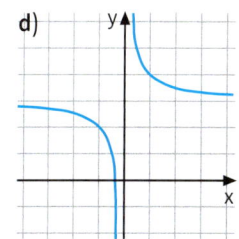

11. Bestimme die Lösungsmenge.

a) $x^3 = 64$
b) $3x^3 - 375 = 0$
c) $x^8 = 256$
d) $\sqrt[3]{x} = -8$
e) $x^5 = 2^3$
f) $(c - 3)^3 = 8$
g) $3 \cdot (x + 5)^4 = 48$
h) $\sqrt[7]{x} - 5 = 2$
i) $\sqrt[5]{3x} = 3$
j) $\sqrt[4]{3} - x = -2$
k) $\sqrt[3]{4} - x = 12$
l) $4x^6 + 45 = 40$

Bleib fit im ...
Umgang mit Flächeninhalt und Volumen

Zum Aufwärmen

1. Berechne für den im Schrägbild dargestellten Körper den Oberflächeninhalt und das Volumen.

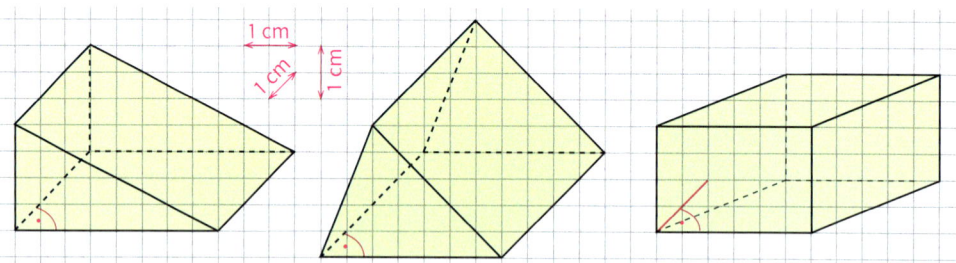

2. a) Erläutere am Quadrat rechts den Zusammenhang zwischen den Flächeninhaltseinheiten mm^2 und cm^2.
   b) Erläutere ebenso am Würfel rechts den Zusammenhang zwischen den Volumeneinheiten mm^3 und cm^3.

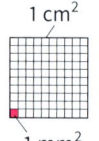 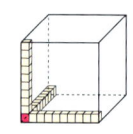

3. a) Zeichne ein Netz der Thunfischdose und berechne den Materialbedarf.
   b) Berechne das Fassungsvermögen der Dose mit den Fischröllchen, wandle auch in ml um.

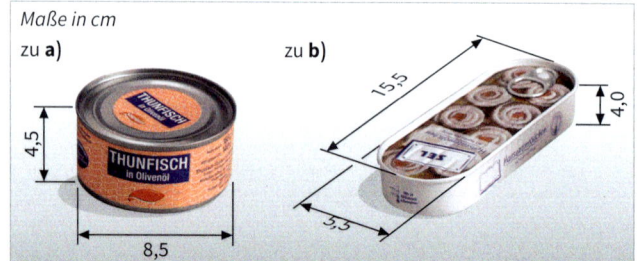

Zum Erinnern

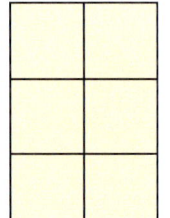

(1) Berechnen von Flächeninhalt und Umfang bei Vielecken und beim Kreis

Der Flächeninhalt A einer Figur gibt an, wie viele Einheitsquadrate in der Figur enthalten sind. Das Rechteck links enthält 6 Quadrate der Seitenlänge 1 cm, sein Flächeninhalt beträgt $6\,cm^2$. Will man andere Figuren lückenlos überdecken, muss man die Einheitsquadrate geeignet zerteilen.

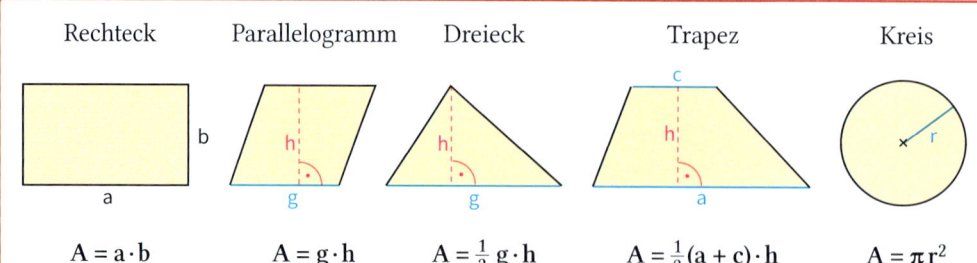

Rechteck	Parallelogramm	Dreieck	Trapez	Kreis
$A = a \cdot b$	$A = g \cdot h$	$A = \frac{1}{2} g \cdot h$	$A = \frac{1}{2}(a+c) \cdot h$	$A = \pi r^2$

Der Umfang u eines Vielecks ist die Summe der Seitenlängen.
Für den Kreis gilt: $u = 2\pi r$

$\pi = 3{,}14$

Bleib fit im ... Umgang mit Flächeninhalt und Volumen

(2) Berechnen von Kreisteilen

$\frac{\alpha}{360°}$ ist der Anteil vom Ganzen

Flächeninhalt A eines Kreisrings
$A = \pi \cdot (r_2^2 - r_1^2)$

Länge b_α eines Kreisbogens
$b_\alpha = 2\pi r \cdot \frac{\alpha}{360°}$ bzw. $b_\alpha = \pi r \cdot \frac{\alpha}{180°}$

Flächeninhalt A_α eines Kreisausschnitts
$A_\alpha = \pi r^2 \cdot \frac{\alpha}{360°}$

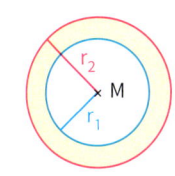

(3) Oberflächeninhalt und Volumen von Prismen und Zylindern

Der Oberflächeninhalt O eines Körpers ist die Summe der Flächeninhalte aller Begrenzungsflächen; er gibt z.B. an wie viel Pappe zur Herstellung eines Flächenmodells des Körpers benötigt wird. Das Volumen V eines Körpers gibt an, wie viele Einheitswürfel lückenlos in ihn passen.

Für den **Oberflächeninhalt O eines Prismas**
mit dem Grundflächeninhalt G, der Höhe h
und dem Umfang u der Grundfläche gilt:
$O = 2 \cdot G + u \cdot h$
Für das **Volumen V dieses Prismas** gilt:
$V = G \cdot h$
Für den **Oberflächeninhalt O eines Zylinders**
mit dem Radius r und der Höhe h gilt: $O = 2\pi r^2 + 2\pi r h$
Für das **Volumen V dieses Zylinders** gilt: $V = \pi r^2 h$

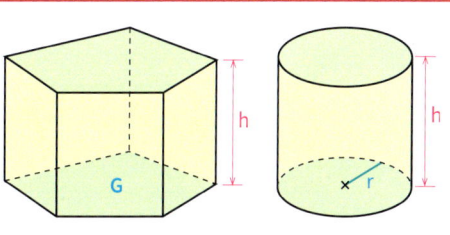

(4) Umwandeln von Flächeninhalts- und Volumeneinheiten

Die Umwandlungszahl der Längeneinheiten ist 10 (z.B. 10 mm = 1 cm; 10 dm = 1 m). Man benötigt daher z.B. $10 \cdot 10$ Quadrate der Größe 1 dm², um ein 1 m² großes Quadrat auszulegen. Entsprechend benötigt man $10 \cdot 10 \cdot 10$ Würfel der Kantenlänge 1 dm³, um einen 1 m³ Würfel damit zu füllen.

Bei Flächeninhaltseinheiten: Umwandlungszahl 100

$1\,mm^2 \xrightarrow{\cdot 100} 1\,cm^2 \xrightarrow{\cdot 100} 1\,dm^2 \xrightarrow{\cdot 100} 1\,m^2 \xrightarrow{\cdot 100} 1\,a \xrightarrow{\cdot 100} 1\,ha \xrightarrow{\cdot 100} 1\,km^2$

$100\,mm^2 = 1\,cm^2 \qquad\qquad\qquad 100\,m^2 = 1\,a$
$\qquad 100\,cm^2 = 1\,dm^2 \qquad\qquad\qquad 100\,a = 1\,ha$
$\qquad\qquad 100\,dm^2 = 1\,m^2 \qquad\qquad\qquad 100\,ha = 1\,km^2$

Bei Volumeneinheiten: Umwandlungszahl 1000

$1\,mm^3 \xrightarrow{\cdot 1000} 1\,cm^3 \xrightarrow{\cdot 1000} 1\,dm^3 \xrightarrow{\cdot 1000} 1\,m^3$

$1\,000\,mm^3 = 1\,cm^3 \qquad\qquad\qquad\qquad 1\,l = 1\,dm^3$
$\qquad 1\,000\,cm^3 = 1\,dm^3 \qquad\qquad\qquad 1\,ml = 1\,cm^3$
$\qquad\qquad 1\,000\,dm^3 = 1\,m^3 \qquad\qquad\qquad 1\,l = 1\,000\,ml$

Zum Üben

4. Verwandle in die angegebene Einheit.
   a) 12 m² (dm²)
      420 mm² (dm²)
      0,05 m² (cm²)
   b) 7 cm² (m²)
      0,35 dm² (cm²)
      3600 mm² (dm²)
   c) 71 cm³ (dm³)
      235 dm³ (m³)
      7 l (cm³)
   d) 0,375 dm³ (cm³)
      1,55 m³ (dm³)
      3175,5 cm³ (l)

5. In einer Kleingartenkolonie kostet 1 m² Gartenfläche 0,22 € Pacht. Berechne die Kosten für jeden der vier Gärten in der Abbildung.

6. Ein Kreis hat den Flächeninhalt von 1 m².
   a) Welche Höhe hat ein flächeninhaltsgleiches Dreieck, dessen Grundseite dem Durchmesser des Kreises entspricht?
   b) Wie groß ist ein Quadrat, das mit seinen vier Seiten den Kreis berührt?
   c) Ein Rechteck, bei dem eine Seitenlänge doppelt so groß ist wie die andere, ist flächeninhaltsgleich zum Kreis. Wie lang sind seine Seiten?

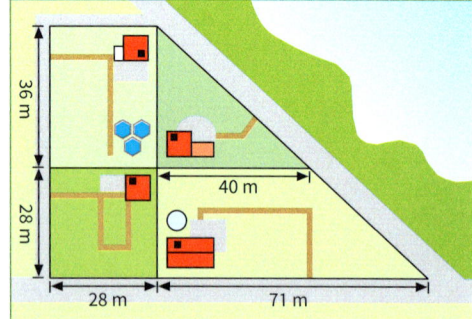

7. Ein (regelmäßiger) sechseckiger Buddelkasten soll frisch mit Sand gefüllt werden. Wie viel Sand muss gekauft werden, wenn die Füllhöhe mindestens 0,6 m betragen soll?

8. Die Abbildung zeigt ein Basketballfeld mit seinen Maßen.
   a) Berechne die Fläche des gesamten Feldes und des Mittelkreises.
   b) Wie groß sind die abgetrennten Flächen unter beiden Körben, die bei Freiwürfen nicht betreten werden dürfen?

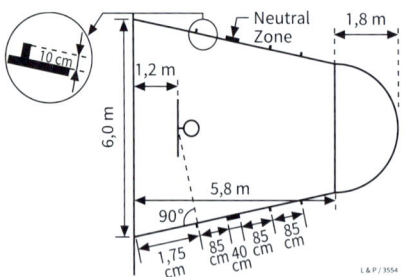
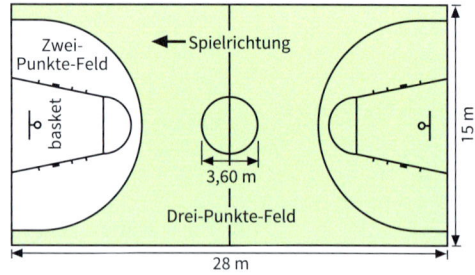

9. Das im Längs- und Querschnitt abgebildete Werkstück ist aus Stahl.
   a) Wie schwer ist es?
   b) Wie viel Prozent Abfall entsteht, wenn das Werkstück aus einem quaderförmigen Stahlstab (rote Linien) gefertigt wird?
   c) Das Werkstück soll einen Schutzüberzug erhalten. Wie groß ist die beschichtete Fläche?

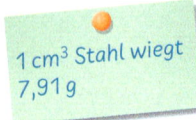

1 cm³ Stahl wiegt 7,91 g

10. Ein Tank für Flüssiggas ist 2,50 m lang und hat einen Durchmesser von 1,25 m.
    a) Wie groß ist das Fassungsvermögen?
    b) Das Flüssiggas Butan hat eine Dichte von 0,6 kg pro l. Wie schwer ist eine Tankfüllung?

2. Pyramide, Kegel, Kugel

*Viele Gegenstände im Alltag lassen sich mit Körpern beschreiben,
an denen Berechnungen durchgeführt werden.*

Bereits um 220 v. Chr. bestimmte der griechische Gelehrte Eratosthenes den Umfang der Erde. Er wusste, dass zum Zeitpunkt der Sommersonnenwende die Sonne mittags in Syene (dem heutigen Assuan) genau senkrecht in einen tiefen Brunnenschacht scheint. Zur gleichen Zeit wurde im 5 000 Stadien entfernten Alexandria ein Einfallswinkel von 7,2° gemessen. Ein Stadion beträgt ungefähr 180 m.

→ Berechne aus diesen Angaben den Erdumfang.

→ Recherchiere, welchen Erdumfang man heutzutage angibt.

Die Erkenntnis, dass die Erde eine Kugel ist, wurde endgültig erst im 16. Jahrhundert mit der ersten Weltumsegelung des Seefahrers Fernando Magellan bestätigt. Um so höher ist die historische Leistung der genialen Messung von Eratosthenes einzuschätzen.

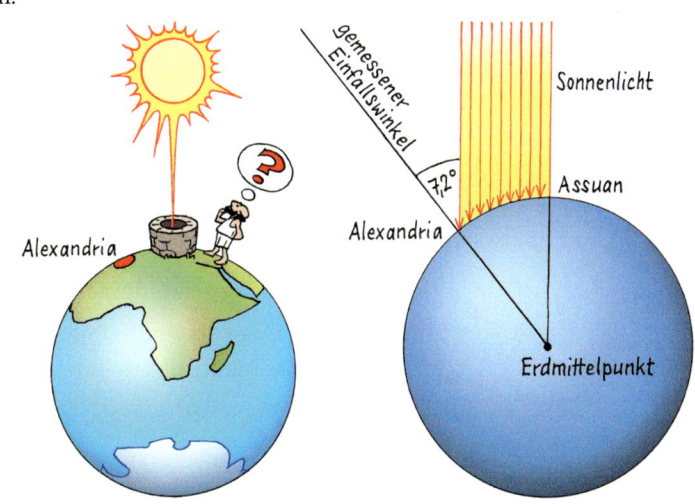

In diesem Kapitel ...

*lernst du, wie man den Oberflächeninhalt und das Volumen
von Pyramiden, Kegeln und Kugeln berechnet.*

Lernfeld: Wie groß ist …?

Volumen einer besonderen Pyramide

→ Auf dem Foto rechts seht ihr drei Exemplare derselben Pyramide. Wegen unterschiedlicher Lage ist kaum zu erkennen, dass es sich stets um die gleiche Pyramide handelt.

→ Bastelt selbst drei Exemplare dieser Pyramide. Ihre Grundfläche ist ein Quadrat mit der Seitenlänge 5 cm und die Spitze liegt genau 5 cm senkrecht über einem Eckpunkt.

→ Die drei Pyramiden lassen sich überraschenderweise lückenlos zu einem bekannten Körper zusammensetzen. Berechnet damit das Volumen dieser Pyramide.

→ Verallgemeinert das Ergebnis auf eine beliebige Länge a statt 5 cm und erstellt damit eine Formel für das Volumen einer solchen besonderen Pyramide.

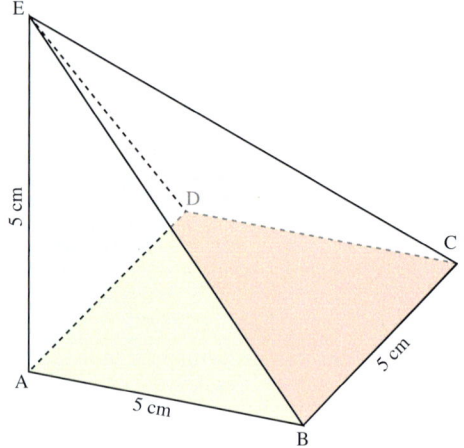

Kegel-Wettbewerb

→ Jeder bastelt aus einem DIN-A4-Blatt einen Kegel ohne Boden. Beachtet dabei:

→ Die Lasche hat eine Breite von 1 cm.

→ Es darf nichts angestückelt werden.

→ Der Durchmesser der Bodenöffnung soll mindestens 4 cm betragen.

→ Der Kegel soll mindestens 4 cm hoch sein.

→ Anschließend soll in einer Siegerehrung ausgezeichnet werden: der höchste Kegel, der spitzeste Kegel, der Kegel mit dem größten Bodendurchmesser, der Kegel mit dem größten Oberflächeninhalt, der Kegel mit dem größten Volumen, der Kegel mit dem kleinsten Volumen, der am schönsten bemalte Kegel, …

2.1 Oberflächeninhalt von Pyramide und Kegel

2.1.1 Pyramide – Netz und Oberflächeninhalt

Einstieg

a) Betrachtet die oben abgebildeten Körper. Beschreibt ihre Form. Welche Gemeinsamkeiten, welche Unterschiede weisen sie auf?
b) Für eine Schaufensterdekoration werden viele Exemplare der Pyramide rechts benötigt.
Wie viel Pappe ist zur Herstellung einer Pyramide nötig?

Aufgabe 1   Oberfläche einer Pyramide

Biberschwanzziegel

Der **Biberschwanzziegel** ist ein flacher, an der Unterkante oft halbrund geformter Dachziegel. Seine Form erinnert insofern an den Schwanz eines Bibers, als er in einer Rundung endet und in der Mitte durch ein leicht erhobenen Strich längs halbiert wird. Weite Teile der Nürnberger Altstadt sind mit solchen Ziegeln eingedeckt.
Der Biberschwanz wird in zwei überlappenden, seitlich jeweils um einen halben Ziegel versetzten Lagen auf den Dachstuhl gelegt und haftet noch bei steilen Dächern ohne zusätzliche Verankerung sehr gut. Dadurch entsteht der typische „Fischschuppen-Eindruck".

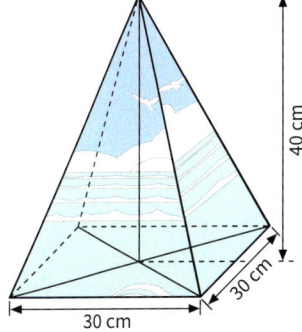

Das Bild zeigt einen Turm mit quadratischer Grundfläche und einem pyramidenförmigen Dach. Die Länge der Grundkante des Daches beträgt 9 m, die Höhe des Daches 6 m.
Das Turmdach soll mit Biberschwanz-Ziegeln neu gedeckt werden. Für 1 m² Dachfläche werden 36 Ziegel benötigt.
Wie viele Dachziegel müssen geliefert werden?

Lösung

(1) Berechnen der Größe der Dachfläche

Die Dachfläche besteht aus vier zueinander kongruenten gleichschenkligen Dreiecken. Jedes dieser Dreiecke hat den Flächeninhalt $\frac{a \cdot h_s}{2}$.

Somit folgt für die Dachfläche:

$A = 4 \cdot \frac{a \cdot h_s}{2} = 2 \cdot a \cdot h_s$

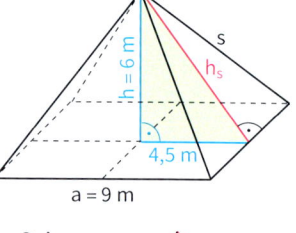

Die Kantenlänge a der Pyramide ist bekannt. Die Dreieckshöhe h_s der Seitenfläche müssen wir noch berechnen; sie ist die Hypotenuse in dem grün gefärbten Dreieck.

Nach dem Satz des Pythagoras gilt dann:

$h_s^2 = (6\,m)^2 + (4{,}5\,m)^2 = 36\,m^2 + 20{,}25\,m^2 = 56{,}25\,m^2$, also: $h_s = 7{,}5\,m$

Damit erhalten wir für die Größe der Dachfläche: $A = 2 \cdot 9\,m \cdot 7{,}5\,m = 135\,m^2$

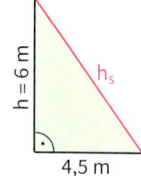

(2) Berechnen der Anzahl der Dachziegel

Für $1\,m^2$ Dachfläche werden 36 Ziegel benötigt. Für $135\,m^2$ sind es dann $135 \cdot 36 = 4860$.

Ergebnis: Für das Decken des Daches müssen mindestens 4860 Dachziegel bestellt werden.

Information

(1) Pyramiden

> Eine Pyramide ist ein Körper, der von einem Vieleck und weiteren Dreiecken begrenzt wird. Die Dreiecke treffen sich in einem Punkt, der *Spitze* der Pyramide, und grenzen alle an das Vieleck. Das Vieleck heißt **Grundfläche** der Pyramide, die Dreiecke heißen **Seitenflächen**. Die Seitenflächen bilden zusammen die **Mantelfläche** der Pyramide.

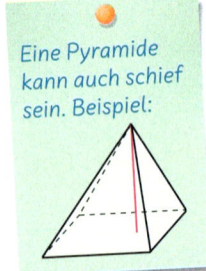

Eine Pyramide kann auch schief sein. Beispiel:

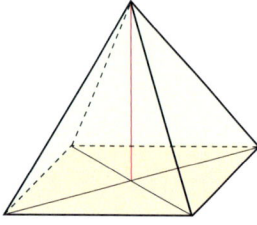 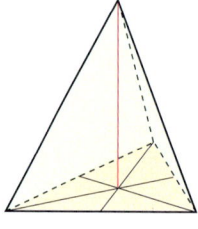 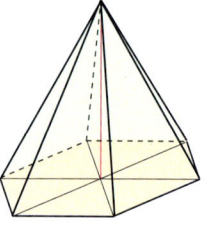

quadratische Pyramide   dreiseitige Pyramide   vierseitige Pyramide   sechsseitige Pyramide

> Der Abstand der Spitze von der Grundfläche ist die **Höhe** der Pyramide.
> Eine **quadratische Pyramide** ist eine besondere Pyramide, sie hat ein Quadrat als Grundfläche; ihre Spitze liegt senkrecht über dem Schnittpunkt der Diagonalen des Quadrats.

(2) Oberflächeninhalt einer Pyramide

Der Oberflächeninhalt ist die Größe der Oberfläche

> **Satz**
> Für den **Oberflächeninhalt O einer Pyramide** mit dem Grundflächeninhalt G und dem Mantelflächeninhalt M gilt:
> $O = G + M$

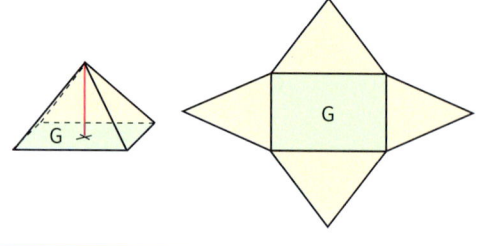

2.1 Oberflächeninhalt von Pyramide und Kegel

Weiterführende Aufgabe

Schrägbild einer Pyramide

2. Zeichne ein Schrägbild einer quadratischen Pyramide mit a = 6 cm und h = 7 cm. Wähle als Verzerrungswinkel α = 45° und als Verzerrungsfaktor $q = \frac{1}{2}$.

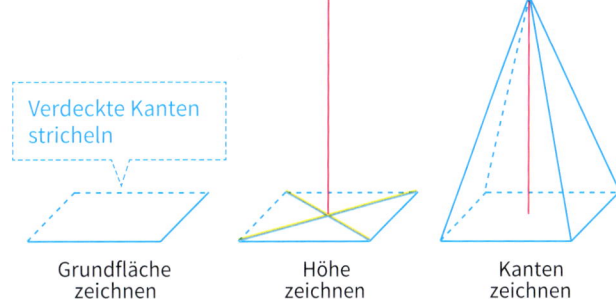

Verdeckte Kanten stricheln

Grundfläche zeichnen — Höhe zeichnen — Kanten zeichnen

Übungsaufgaben

3. Der Fuß einer Stehlampe hat die Form einer quadratischen Pyramide. Er wird aus Stahlblech gefertigt und pulverbeschichtet. Wie groß ist die zu beschichtende Fläche? Entnimm die Abmessungen aus dem Schrägbild.

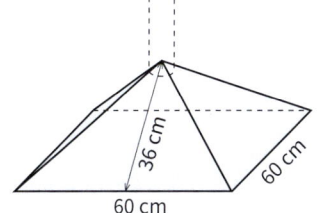

4. Nennt Gegenstände aus eurer Umwelt, die pyramidenförmig sind. Gestaltet damit ein Plakat für den Klassenraum.

5. Moritz hat für verschiedene Pyramiden ein Netz gezeichnet. Kontrolliere.

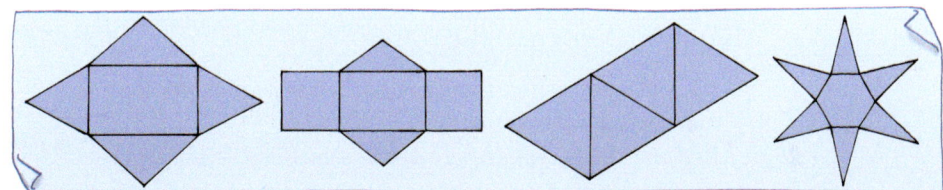

6. Eine quadratische Pyramide hat die Grundkante a = 4 cm und die Seitenkante s = 6 cm.
   a) Zeichne ein Netz und stelle den Körper her.
   b) Berechne die Seitenhöhe sowie den Mantelflächeninhalt und den Oberflächeninhalt.
   c) Berechne die Körperhöhe und zeichne ein Schrägbild mit α = 45° und $q = \frac{1}{2}$.

7. Die rechts abgebildete gläserne Pyramide steht vor dem Louvre in Paris. Sie ist 21,6 m hoch und hat eine quadratische Grundfläche, deren Seite 35,4 m lang ist. Die Außenfläche wird regelmäßig von Fensterputzern gereinigt. Wie groß ist diese Fläche?

8. Die Überdachung eines Informationsstandes besteht aus 9 quadratischen Glaspyramiden ohne Boden. Diese sind aus Fensterglas von 1 cm Dicke hergestellt worden, das 2,5 g pro cm³ wiegt. Wie schwer ist das Glasdach?

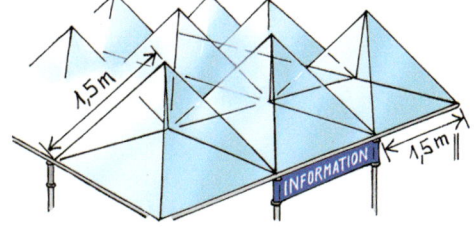

9. Gegeben ist eine quadratische Pyramide mit der Grundkante a und der Seitenhöhe h_s. Gib eine Formel für den Oberflächeninhalt O an. Löse nach den Variablen h_s und a auf.

10. a) Vergleiche den Materialverbrauch für die beiden quadratischen Pyramiden.
    b) Verändere entweder die Länge der Grundkante oder der Seitenhöhe so, dass beide Pyramiden gleichen Materialverbrauch haben.

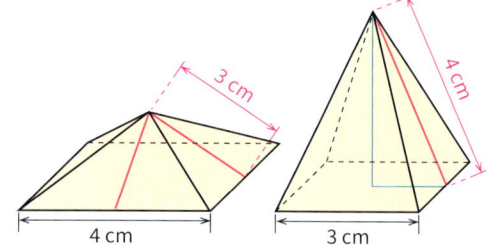

11. Ein (regelmäßiges) *Tetraeder* ist eine Pyramide, die von vier zueinander kongruenten gleichseitigen Dreiecken begrenzt ist.
    a) Berechne den Oberflächeninhalt O eines Tetraeders mit der Kantenlänge a = 4 cm. Stelle zunächst eine Formel auf.
    b) Zeichne auch ein Schrägbild und ein Netz des Tetraeders.
    c) Stelle den Körper her.

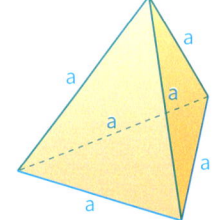

12. Gegeben ist eine Pyramide mit rechteckiger Grundfläche (a = 6 cm; b = 4 cm) und der Körperhöhe h = 5 cm. Die Spitze soll senkrecht über dem Schnittpunkt der Diagonalen des Rechtecks liegen.
    Beachte: Die Pyramide hat zwei verschiedene Seitenhöhen.
    a) Zeichne ein Schrägbild mit α = 45° und q = $\frac{1}{2}$.
    b) Zeichne ein Netz der Pyramide.
    c) Berechne den Oberflächeninhalt O. Leite zunächst eine Formel für die zu berechnende Größe her.

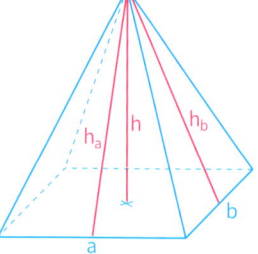

13. Gegeben ist eine schiefe Pyramide mit quadratischer Grundfläche. Die Grundkante ist 5 cm lang, die Spitze der Pyramide steht 7 cm senkrecht über einem Eckpunkt der Grundfläche.
    a) Zeichne ein Schrägbild und ein Netz der Pyramide.
    b) Berechne den Oberflächeninhalt der Pyramide.
    c) Stelle die Pyramide her.

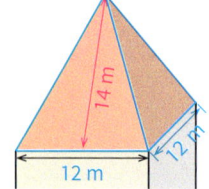

14. Links ist das pyramidenförmige Dach eines Turmes abgebildet. Es soll mit Schindeln gedeckt werden. Von einer Firma wird die Arbeit für 105 € pro m² übernommen. Wie teuer sind die Dacharbeiten, wenn noch die Mehrwertsteuer dazukommt und bei Bezahlung innerhalb von 10 Tagen 3 % Skonto gewährt werden?

15. Im Botanischen Garten in Hamburg stehen zwei Glaspyramiden. Man kann sich die beiden „Teilpyramiden" aus einer quadratischen Pyramide mit der Grundkante 11 m und der Höhe 10 m entstanden vorstellen, die entlang ihrer Diagonalen geteilt wurde.
    a) Zeichne ein Schrägbild einer solchen Glaspyramide.
    b) Zeichne ein Netz dieser Pyramide und stelle daraus ein Modell her.
    c) Berechne, wie viel Glas für die beiden „Teilpyramiden" benötigt wurde.

2.1.2 Kegel – Netz und Oberflächeninhalt

Einstieg Wie viel Verpackungspapier wird für die Eistüte benötigt?

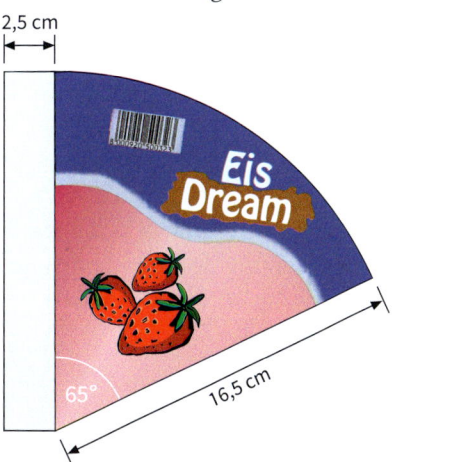

Aufgabe 1

Das kegelförmige Dach eines alten Wehrturms soll neu mit Schiefer gedeckt werden. Der Radius r des Daches beträgt 5,60 m, die Höhe h des Daches beträgt 7,50 m.
Für die Bestellung der Schieferplatten wird die Größe der Dachfläche benötigt.
Berechne diese.

Lösung

Die Dachfläche ist die Mantelfläche eines Kegels. Bei der Berechnung der Größe M der Mantelfläche gehen wir folgendermaßen vor:

(1) Wir stellen uns vor: Der Mantel wird entlang einer Mantellinie aufgeschnitten und in die Ebene abgewickelt. Wir erhalten einen Kreisausschnitt mit dem Radius s und dem Bogen b. Die Länge b des Bogens ist gleich dem Umfang der Grundfläche des Kegels: $b = 2\pi r$
Beachte: r ist hier der Radius der Grundfläche des Kegels.
Nun gilt für den Flächeninhalt eines Kreisausschnitts:
$A = \frac{1}{2} b \cdot r$
In unserem Fall muss man in diese Formel für b den Umfang $2\pi r$ der Grundfläche und für r den Radius s des Kreisausschnitts einsetzen.
Also gilt für den Mantelflächeninhalt M:

$M = \frac{1}{2} 2\pi r \cdot s = \pi r s$

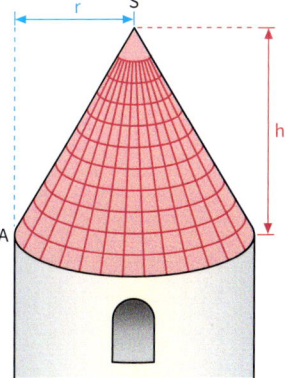
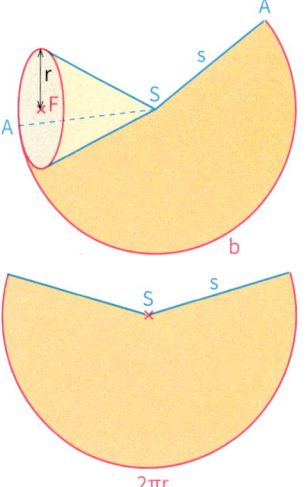

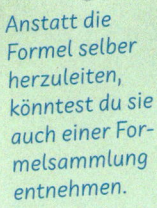
Anstatt die Formel selber herzuleiten, könntest du sie auch einer Formelsammlung entnehmen.

(2) Nach dem Satz des Pythagoras gilt im grünen Dreieck für die Länge s der Mantellinie des Kegels:
$s^2 = r^2 + h^2$
$s^2 = (5{,}60\,m)^2 + (7{,}50\,m)^2$
$s = \sqrt{87{,}61\,m^2} \approx 9{,}36\,m$

(3) Wir setzen die Werte in die Formel für den Mantelflächeninhalt ein:
$M = \pi\,r\,s \approx \pi \cdot 5{,}60\,m \cdot 9{,}36\,m$
$M \approx 164{,}67\,m^2$

Ergebnis: Es müssen Schieferplatten für eine Dachfläche von 165 m² bestellt werden. Dabei muss noch berücksichtigt werden, dass sich die Schieferplatten überlappen und Verschnitt anfällt.

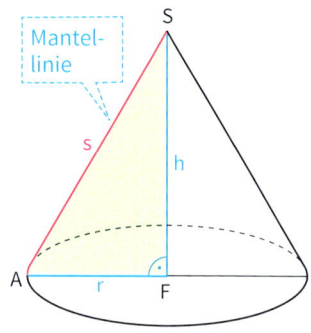

Information

(1) Kegel – Bezeichnungen

Ersetzt man das Vieleck der Grundfläche einer Pyramide durch einen Kreis, so erhält man einen mit der Pyramide verwandten Spitzkörper.

> Ein **Kegel** ist ein Körper, dessen **Grundfläche** eine Kreisfläche (*Grundkreis*) ist.
> Die **Mantelfläche** eines Kegels ist gewölbt.
> Der Abstand der Spitze von der Grundfläche ist die **Höhe** des Kegels.
> Eine Verbindungsstrecke vom Kreisrand zur Spitze heißt **Mantellinie**.

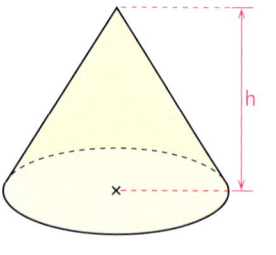

(2) Oberflächeninhalt eines Kegels

> **Satz**
> Für den **Mantelflächeninhalt M eines Kegels** mit dem Grundkreisradius r und der Länge s einer Mantellinie gilt:
> $M = \pi \cdot r \cdot s$
> Für den **Oberflächeninhalt O** dieses Kegels gilt:
> $O = G + M = \pi r^2 + \pi r s = \pi r \cdot (r + s)$

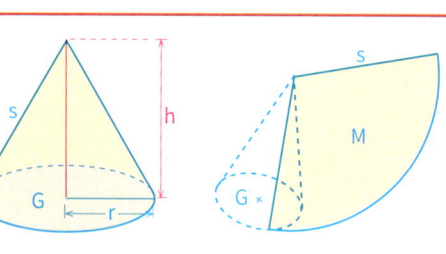

Der Oberflächeninhalt ist die Größe der Oberfläche.

Übungsaufgaben

2. Aus Pappe soll die rechts abgebildete Schultüte hergestellt werden. Wie viel dm² sind für die Herstellung erforderlich, wenn für Verschnitt und Klebefalze 9 % dazu gerechnet werden?

3. Nennt Beispiele für Kegel aus eurer Umwelt.

4. Berechne Mantelflächeninhalt M und Oberflächeninhalt O des Kegels.
   a) r = 4 cm
      s = 6 cm
   b) d = 46 dm
      s = 15 m
   c) r = 2,7 m
      h = 2,3 m
   d) s = 9,75 m
      h = 7,25 m

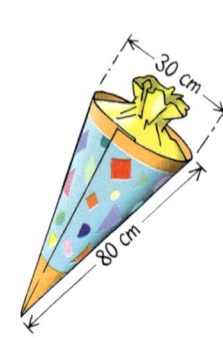

2.1 Oberflächeninhalt von Pyramide und Kegel

5. a) Ein Kreisausschnitt mit dem Radius 4 cm soll zu einem Kegel zusammengebogen werden. Die Größe des Mittelpunktswinkels ist
   (1) $\varphi = 180°$; (2) $\varphi = 90°$; (3) $\varphi = 270°$.
   Berechne den Radius, die Höhe sowie den Grundflächeninhalt und den Oberflächeninhalt des Kegels.

   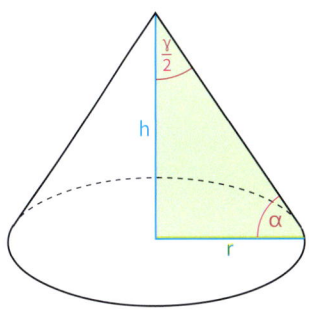

   b) Begründe: Für die Größe φ des Mittelpunktswinkels des Mantels gilt: $\varphi = \dfrac{360° \cdot r}{s}$
   c) Berechne für die Kegel in Aufgabe 4 den Mittelpunktswinkel φ des Kegelmantels.

6. Gegeben ist ein Kegel mit dem Radius $r = 3$ cm und der Höhe $h = 5$ cm.
   a) Berechne die Länge s der Mantellinie sowie den Oberflächeninhalt O.
   b) Zeichne ein Netz des Kegels und stelle den Körper her.
   c) Berechne die Größe des Neigungswinkels α und des Öffnungswinkels γ.
   d) Zeichne ein Schrägbild dieses Kegels.

7. Der Turm links hat ein annähernd kegelförmiges Dach, das neu gedeckt werden soll. Das Turmdach ist 13,80 m hoch und sein Umfang beträgt 27,75 m. Pro Quadratmeter werden 93 € gerechnet; dazu kommt noch die Mehrwertsteuer (19 % im Jahr 2016). Wie teuer wird das Decken des Daches?

8. Von einem Kegel sind die Länge der Mantellinie $s = 18$ cm und die Größe der Mantelfläche $M = 345$ cm² bekannt. Berechne den Oberflächeninhalt O.

9. Berechne den Oberflächeninhalt des Kegels (Bezeichnungen wie in Aufgabe 6).
   a) $s = 9$ cm, $\gamma = 60°$ b) $r = 4$ cm, $\gamma = 90°$ c) $h = 5$ cm, $\alpha = 50°$

 10. Stellt verschiedene Pyramiden und Kegel her. Fotografiert die Körper und präsentiert die Fotos, zugehörige Schrägbilder, Netze und Formeln auf einem Plakat. Ihr könnt auch Objekte aus dem täglichen Leben einbeziehen.

11. Modelliere die Sahnepuddingschachtel rechts als einfachen Körper und berechne den Materialbedarf.

12. Beweise die in der Formelsammlung rechts angegebene Formel.

Formelsammlung
Kegelstumpf
Für die Mantelfläche gilt:
$M = \pi (r_1 + r_2) \overline{s}$

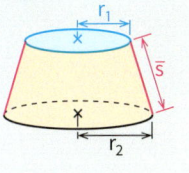

2.2 Volumen von Pyramide und Kegel

2.2.1 Satz des Cavalieri

Einstieg

Cayan Tower in Dubai

Der Cayan Tower in Dubai ist das höchste verdrehte Gebäude der Welt. Baubeginn war 2006, im Juni 2013 wurde das Gebäude fertiggestellt. Der Wolkenkratzer ist mit 72 Stockwerken 307 m hoch.
Jedes Stockwerk ist gegenüber dem darunterliegenden um 1,2° gedreht, so dass das gesamte Gebäude, wie der Turning Torso in Malmö, insgesamt um 90° gedreht ist.

Turning Torso in Malmö

Spiralförmiges Hochaus mit 7-eckigem Grundriss

Dieser Wolkenkratzer wurde vom spanischen Architekten Santiago Calatrava entworfen. Die Form soll an einen sich drehenden menschlichen Körper erinnern. Die Grundfläche ist ein Siebeneck mit 400 m² Grundfläche. Das im August 2005
eingeweihte Hochhaus erreicht mit seinen 54 Etagen eine Höhe von 190 m. Es ist damit das höchste Haus in Skandinavien. Jedes Geschoss ist um ca. 1,6° zum darunter liegenden Geschoss verdreht. Auf die ganze Höhe verdreht sich das Gebäude somit um 90°, sodass der Turm den Eindruck erweckt, er würde sich um die eigene Achse drehen.

Umbauter Raum oder **Bruttorauminhalt:** Volumen des Gebäudes

Bei Gebäuden spielt der Bruttorauminhalt, also das Volumen des Gebäudes eine große Rolle.
a) Welchen Einfluss hat die Drehung der einzelnen Stockwerke auf den Bruttorauminhalt der Gebäude?
b) Überlegt mit dem Ergebnis von Teilaufgabe a), wie man den Bruttorauminhalt der beiden Gebäude berechnen kann.

Information

(1) Satz des Cavalieri

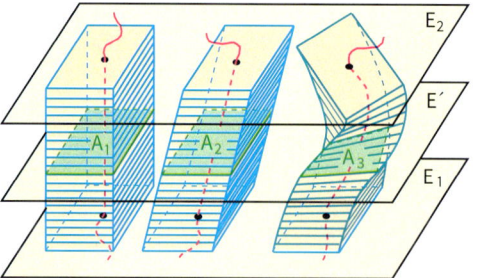 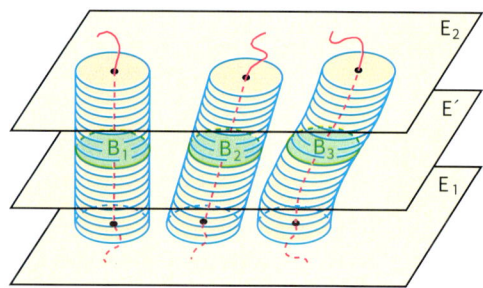

Wir fassen einen Stoß aufgeschichteter Spielkarten bzw. runder Bierdeckel als Modell eines *geraden* Prismas bzw. Zylinders auf. Die Modelle werden durchbohrt und auf eine Schnur aufgezogen. Nun kann man verschiedene Körper erzeugen, insbesondere *schiefe* Prismen bzw. *schiefe* Zylinder.

Der Anschauung entnehmen wir:
(1) Die erzeugten schiefen Körper haben dasselbe Volumen wie die geraden Ausgangskörper.
(2) Liegt eine Grundfläche eines aus den Modellen erzeugten Körpers in der Ebene E_1, so liegt die andere Grundfläche in einer zu E_1 parallelen Ebene E_2.
(3) Schneidet man alle aus demselben Modell entstandenen Körper durch eine Ebene E', die zu E_1 parallel ist, so haben die entstehenden Schnittflächen A_1, A_2 und A_3 alle den gleichen Flächeninhalt. Flächeninhaltsgleich sind auch die Schnittflächen B_1, B_2 und B_3.

2.2 Volumen von Pyramide und Kegel

Bonaventura Cavalieri
* Mailand 1598
† Bologna 1647

Diesen Sachverhalt hat der italienische Mathematiker Cavalieri als grundlegenden Satz formuliert. Wir benutzen ihn für die Volumenberechnung der Pyramide, des Kegels und der Kugel.

> **Satz des Cavalieri:** Liegen zwei Körper zwischen zueinander parallelen Ebenen E_1 und E_2 und werden sie von *jeder* zu E_1 parallelen Ebene E' so geschnitten, dass gleich große Schnittflächen entstehen, so haben die Körper das gleiche Volumen.

(2) **Volumenvergleich zweier Pyramiden**
Mithilfe des Satzes des Cavalieri kann man folgenden Satz begründen.

> **Satz**
> Pyramiden mit gleicher Höhe und gleich großer Grundfläche besitzen das gleiche Volumen.

Dazu führen wir folgende Überlegungen durch:
(1) Die gleich großen Grundflächen D und R der beiden Pyramiden liegen in derselben Ebene E_1. Die Spitzen S bzw. T liegen in derselben zu E_1 parallelen Ebene E_2, da die Höhen übereinstimmen.

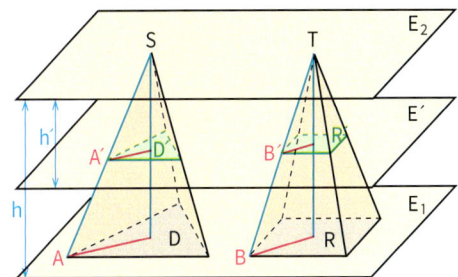

(2) Eine zu E_1 parallele Ebene E' schneidet die Pyramiden in den Flächen D' bzw. R'. Den Abstand von E' zu E_2 nennen wir h'.

(3) Wir zeigen nun, dass D' zu D und R' zu R ähnlich ist: Aus dem 1. Strahlensatz folgt: $\frac{|SA'|}{|SA|} = \frac{h'}{h} = k$

Entsprechende Beziehungen gelten auch für die restlichen Seitenkanten, also wird jede Seitenkante beider Pyramiden durch E' im selben Verhältnis mit $k = \frac{h'}{h}$ geteilt. Aus dem 2. Strahlensatz folgt nun, dass sich die Seitenlängen der Flächen D und D' bzw. R und R' wie die zugehörigen Seitenkantenlängen der Pyramide verhalten. Daraus ergibt sich wegen der Gleichheit der Winkel die Ähnlichkeit von D' zu D bzw. R' zu R.

(4) Für die Flächeninhalte $G_{D'}$, G_D, $G_{R'}$, G_R der Figuren D', D, R', R gilt:
$G_{D'} = k^2 \cdot G_D$ und $G_{R'} = k^2 \cdot G_R$

(5) Da nach Voraussetzung $G_D = G_R$ ist, gilt auch $G_{D'} = G_{R'}$. Damit sind die Bedingungen des Satzes des Cavalieri erfüllt. Also sind die Pyramiden volumengleich.

Übungsaufgaben

1. Einem Würfel mit 6 cm Kantenlänge ist ein schiefes quadratisches Prisma so einbeschrieben, wie es das Bild zeigt.
   a) Berechne und vergleiche die Volumina des Würfels und des schiefen Prismas.
   b) Gib das Volumen des Prismas für einen Würfel mit der Kantenlänge a an.

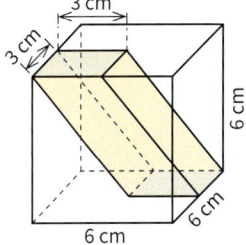

2. Es gibt Tassen, die die Form eines schiefen Zylinders haben. Die links abgebildete Tasse hat innen eine Höhe von 80 mm, außen ist die Höhe 87 mm. Der Innendurchmesser beträgt 66 mm und die Wand ist überall 5 mm dick. Berechne das Fassungsvermögen der Tasse.

3. Es gibt Kristalle (z. B. von Kalkspat), die die Form eines schiefen Prismas haben. Berechne das Volumen der abgebildeten Körper mit regelmäßiger Grundfläche (Maße in mm).

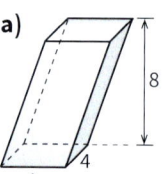 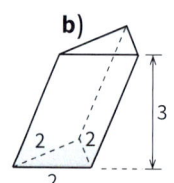

2.2.2 Volumen der Pyramide

Einstieg

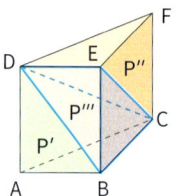

Ermittelt durch Umfüllversuche eine Vermutung zur Volumenformel für Pyramiden.

Aufgabe 1

Volumen von Pyramide und Prisma

a) Begründe, dass bei der dargestellten Zerlegung eines Prismas mit dreieckiger Grundfläche drei volumengleiche Pyramiden entstehen. Zeige dazu, dass je zwei der drei Pyramiden zueinander kongruente Grundflächen besitzen und, dass die Höhen gleich lang sind.

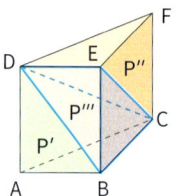 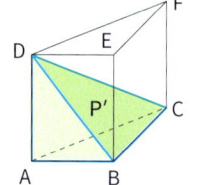 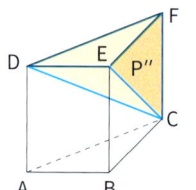 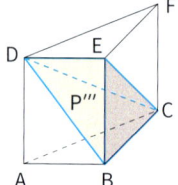

b) P′ ist eine besondere Pyramide. Nenne ihre speziellen Eigenschaften und gib eine Formel für das Volumen dieser Pyramide an.

Lösung

a) Betrachte die Pyramiden P′ und P″: Das Dreieck ABC ist kongruent zum Dreieck DEF (Grundflächen des Prismas). $\overline{AD}$ und $\overline{CF}$ sind die Höhen von P′ bzw. P″; es gilt |AD| = |CF| (Seitenkanten des Prismas). Die Pyramiden P′ und P″ haben also gleich große Grundflächen und die gleiche Höhe; sie haben somit das gleiche Volumen.
Betrachte die Pyramiden P′ und P‴. Die Dreiecke ABD und BED sind zueinander kongruent und liegen in der gleichen Ebene, da Rechteck ABED durch die Diagonale $\overline{BD}$ in zueinander kongruente Dreiecke zerlegt wird. C ist die gemeinsame Spitze der Pyramiden P′ und P‴. Die Pyramiden P′ und P‴ haben also gleich große Grundflächen und die gleiche Höhe; sie haben somit das gleiche Volumen. Da das Volumen von P′ sowohl mit dem von P″ als auch mit dem von P‴ übereinstimmt, besitzen alle drei Pyramiden dasselbe Volumen.

b) Die Pyramide P′ hat eine dreieckige Grundfläche ABC. Außerdem steht die Seitenkante $\overline{AD}$ orthogonal zur Grundfläche. Die Spitze liegt also genau über einer Ecke der dreieckigen Grundfläche. Die Pyramide P′ hat damit die gleiche Grundfläche und die gleiche Höhe wie das Prisma, jedoch nur ein Drittel des Volumens. Für ihr Volumens gilt daher: $V = \frac{1}{3} G \cdot h$.

2.2 Volumen von Pyramide und Kegel

Information

(1) Volumen einer beliebigen Pyramide

Zu jeder beliebigen Pyramide P gibt es eine dreiseitige Pyramide P' mit folgenden Eigenschaften:
- Die Grundflächen beider Pyramiden sind gleich groß.
- Die Höhen beider Pyramiden sind gleich lang.
- Die Höhe der dreiseitigen Pyramide ist eine Seitenkante, die orthogonal zur Grundfläche ist.

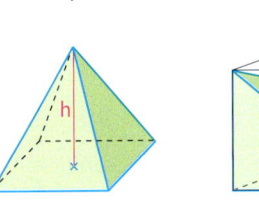
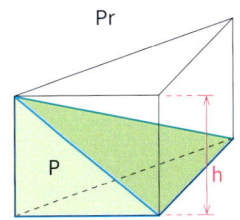

Diese dreiseitige Pyramide P' hat nach dem Satz von Seite 85 dasselbe Volumen wie die Pyramide P. Ergänzt man die Pyramide P' zu einem Prisma Pr, so gilt aufgrund der Überlegungen in der Lösung zu Aufgabe 1 auf Seite 86:

Satz

Für das **Volumen V einer Pyramide** mit der Grundflächengröße G und der Höhe h gilt:

$$V = \frac{1}{3} G \cdot h$$

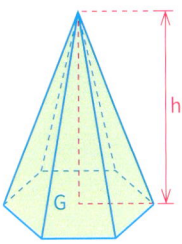

---

(2) Berechnen des Pyramidenvolumens durch Annäherung mit Prismen

Das Volumen einer dreiseitigen Pyramide kann auch ohne die Anwendung des Satzes des Cavalieri bestimmt werden. Wir zerlegen die Pyramide in gleich dicke Scheiben. Daraus kann man Prismen erhalten, die ganz innerhalb der Pyramide liegen (rechtes Bild) und solche, die zusammen die Pyramide ganz überdecken (linkes Bild).

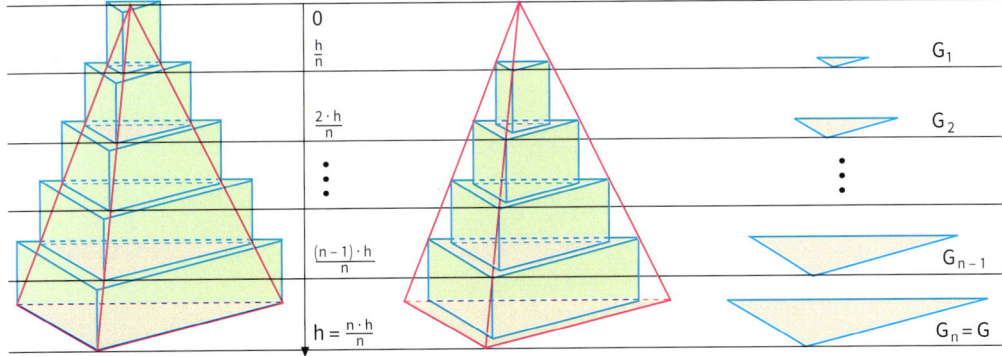

Bis auf das unterste ist jedes äußere Prisma kongruent zu einem inneren. Daher gilt für das Volumen der Pyramide:

$$G_1 \frac{h}{n} + G_2 \frac{h}{n} + \ldots + G_{n-1} \frac{h}{n} < V < G_1 \frac{h}{n} + G_2 \frac{h}{n} + \ldots + G_{n-1} \frac{h}{n} + G_n \frac{h}{n}$$

Weiter lässt sich jede Grundfläche eines äußeren Prismas durch eine zentrische Streckung (im Raum) an der Pyramidenspitze aus der Pyramidengrundfläche erzeugen.

Die Streckfaktoren hierfür sind $\frac{1}{n}, \frac{2}{n}, \frac{3}{n}, \ldots \frac{n-1}{n}$ und $\frac{n}{n} = 1$.

Das liefert dann die Grundflächeninhalte der Prismen:
$G_1 = \left(\frac{1}{n}\right)^2 G$, $G_2 = \left(\frac{2}{n}\right)^2 G$, $G_3 = \left(\frac{3}{n}\right)^2 G$, ..., $G_{n-1} = \left(\frac{n-1}{n}\right)^2 G$, $G_n = \left(\frac{n}{n}\right)^2 G = G$

Für das Pyramidenvolumen V ergibt sich somit folgende Abschätzung:

$\left(\frac{1}{n}\right)^2 G \cdot \frac{h}{n} + \left(\frac{2}{n}\right)^2 G \cdot \frac{h}{n} + ... + \left(\frac{n-1}{n}\right)^2 G \cdot \frac{h}{n} < V < \left(\frac{1}{n}\right)^2 G \cdot \frac{h}{n} + \left(\frac{2}{n}\right)^2 G \cdot \frac{h}{n} + ... + \left(\frac{n-1}{n}\right)^2 G \cdot \frac{h}{n} + \left(\frac{n}{n}\right)^2 G \cdot \frac{h}{n}$

$\frac{1^2}{n^3} Gh + \frac{2^2}{n^3} Gh + ... + \frac{(n-1)^2}{n^3} Gh < V < \frac{1^2}{n^3} Gh + \frac{2^2}{n^3} Gh + ... + \frac{(n-1)^2}{n^3} Gh + \frac{n^2}{n^3} Gh$

$\frac{1^2 + 2^2 + ... + (n-1)^2}{n^3} Gh < V < \frac{1^2 + 2^2 + ... + (n-1)^2 + n^3}{n^3} Gh$

Zur weiteren Vereinfachung muss jetzt eine Formel für die Summe der ersten n Quadratzahlen gefunden werden. Diese erhält man mithilfe eines Tricks aus dem Bild rechts.

Der Flächeninhalt des n-ten Hakens ist:
$H_n = n(2n-1) + 2 \cdot (1 + 2 + ... + (n-1) + n)$
$= n(2n-1) + 1 + 2 + 3 +$
$... + (n-1) + n$
$\quad\quad\quad\quad + n + (n-1) + (n-2) + ... +$
$2 + 1$
$= n(2n-1) + n \cdot (n+1)$
$= n(2n - 1 + n + 1)$
$= 3n^2$

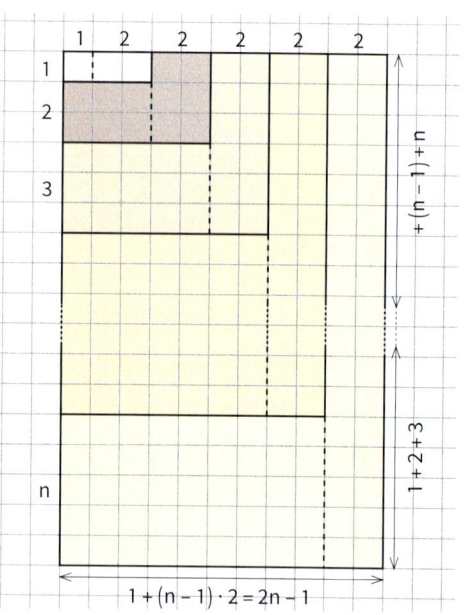

Geschicktes Addieren

Damit ergibt sich dann für die Summe der Flächeninhalte der ersten n Haken:
$3 \cdot 1^2 + 3 \cdot 2^2 + 3 \cdot 3^2 + ... + 3 \cdot n^2$
$= (2n - 1 + 2) \cdot (1 + 2 + ... + n - 1 + n)$
$= (2n + 1) \cdot \frac{1}{2} n(n+1)$

Hieraus erhält man die Summe der ersten n Quadratzahlen:
$1^2 + 2^2 + 3^3 + ... + (n-1)^2 + n^2 = \frac{1}{3} \cdot (2n+1) \cdot \frac{1}{2} n(n+1)$
$\quad\quad\quad\quad\quad\quad\quad\quad\quad\quad = \frac{n(n+1)(2n+1)}{6}$
$\quad\quad\quad\quad\quad\quad\quad\quad\quad\quad = \frac{(n^2+1)(2n+1)}{6}$
$\quad\quad\quad\quad\quad\quad\quad\quad\quad\quad = \frac{n^3}{3} + \frac{n^2}{2} + \frac{n}{6}$

Setzt man dieses Ergebnis in die Abschätzung für das Pyramidenvolumen ein, so ergibt sich:

$\frac{\frac{n^3}{3} + \frac{n^2}{2} + \frac{n}{6} - n^2}{n^3} Gh < V < \frac{\frac{n^3}{3} + \frac{n^2}{2} + \frac{n}{6}}{n^3} Gh$

$\left(\frac{1}{3} - \frac{1}{2n} + \frac{1}{6n^2}\right) Gh < V < \left(\frac{1}{3} + \frac{1}{2n} + \frac{1}{6n^2}\right) Gh$

Die Terme in den Klammern berechnen wir in der nebenstehenden Tabelle. Diese Terme liefern eine Intervallschachtelung für $0,\overline{3} = \frac{1}{3}$, da sich $\frac{1}{2n}$ und $\frac{1}{6n^2}$ immer mehr 0 annähern, je größer n wird.

Damit ergibt sich auch auf diesem Weg für das Pyramidenvolumen $V = \frac{1}{3} Gh$.

n	$\frac{1}{3} - \frac{1}{2n} + \frac{1}{6n^2}$	$\frac{1}{3} + \frac{1}{2n} + \frac{1}{6n^2}$
5	0,24	0,44
10	0,285	0,385
100	0,328 35	0,338 35
1 000	0,332 835 5	0,333 833 5
10 000	0,333 283 3	0,333 383 3
100 000	0,333 328 3	0,333 338 3
1 000 000	0,333 332 8	0,333 333 8

2.2 Volumen von Pyramide und Kegel

Weiterführende Aufgaben

Volumen eines Pyramidenstumpfs

2. Die quadratische Pyramide wird 4 cm von der Spitze entfernt parallel zur Grundfläche abgeschnitten.
   Ferner gilt: $G_1 = 64\,\text{cm}^2$ und $h = 10\,\text{cm}$
   a) Berechne das Volumen des entstehenden Pyramidenstumpfes, indem du das Volumen der oberen Ergänzungspyramide vom Volumen der ursprünglichen Pyramide abziehst.

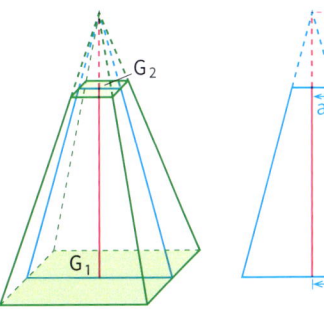
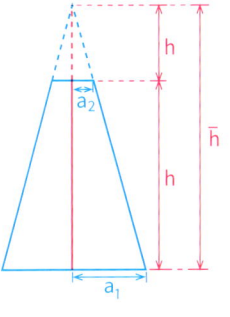

   b) In einer Formelsammlung findest du die Formel rechts. Begründe sie.

Volumen eines Pyramidenstumpfs
Für das Volumen V eines Pyramidenstumpfes mit der Höhe h und zueinander parallelen Flächen der Größe G_1 und G_2 gilt:
$$V = \tfrac{1}{3}h\left(G_1 + \sqrt{G_1 G_2} + G_2\right)$$

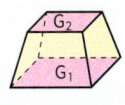

Übungsaufgaben

3. Felix behauptet, dass sich jeder Würfel durch geeignete Schnitte in sechs gleiche Pyramiden zerlegen lässt. Begründe das mithilfe der Abbildung. Erstelle dann eine Formel für das Volumen dieser Pyramiden.

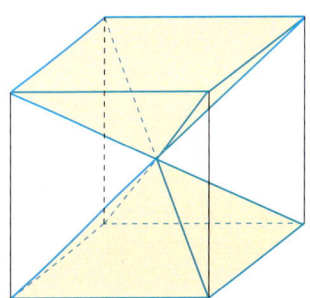

4. Berechne das Volumen V der Pyramide mit der Höhe $h = 9{,}8\,\text{cm}$. Zeichne ein Schrägbild.
   a) Die Grundfläche ist ein Quadrat mit $a = 6{,}3\,\text{cm}$.
   b) Die Grundfläche ist ein Rechteck mit $a = 11{,}3\,\text{cm}$ und $b = 7{,}2\,\text{cm}$.
   c) Die Grundfläche ist ein gleichschenkliges Dreieck mit $a = b = 5{,}9\,\text{cm}$ und $c = 9{,}3\,\text{cm}$.
   d) Die Grundfläche ist ein gleichseitiges Dreieck mit $a = 10{,}8\,\text{cm}$.
   e) Die Grundfläche ist ein Trapez mit $a = 6{,}8\,\text{cm}$, $c = 4{,}2\,\text{cm}$ und $h_a = 5{,}3\,\text{cm}$.

5. Ein Marmordenkmal besteht aus einem quadratischen Prisma mit der Höhe $h = 1{,}20\,\text{m}$ und der Grundkantenlänge $a = 90\,\text{cm}$ sowie einer aufgesetzten Pyramide von 1,50 m Höhe. $1\,\text{cm}^3$ Marmor wiegt 2,6 g. Wie viel wiegt das Denkmal?

6. Die größte Pyramide ist die um 2600 v. Chr. erbaute Cheops-Pyramide. Sie war ursprünglich 146 m hoch, die Seitenlänge der quadratischen Grundfläche betrug ca. 233 m.
   a) Berechne das Volumen der Cheopspyramide.
   b) Heute beträgt die Länge der Grundseite nur noch ungefähr 227 m, die Höhe nur ungefähr 137 m. Wie viel m^3 Stein sind inzwischen verwittert? Gib diesen Anteil auch in Prozent an.

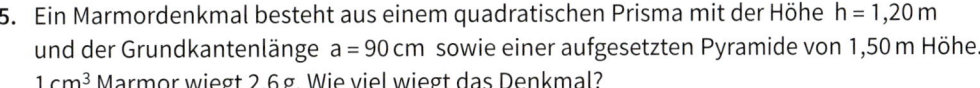

   c) Von der heutigen Pyramide soll ein maßstabsgerechtes Modell aus Pappe hergestellt werden. Wähle einen Maßstab und berechne den Materialverbrauch für das Modell.
   d) Bestimme für die heutige Pyramide den Neigungswinkel
      (1) der Seitenkante;   (2) der Seitenfläche zur Grundfläche.

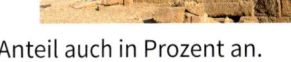

7. Berechne das Volumen und die Größe der Oberfläche und der Neigungswinkel.

a) 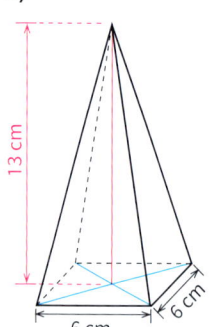 b) 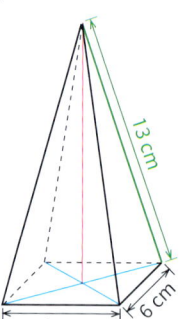 c) 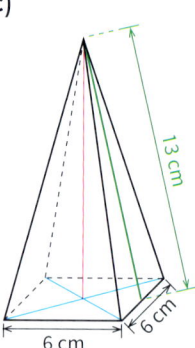 d)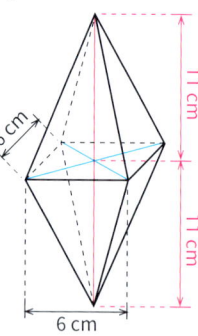

8. Eine quadratische Pyramide hat das Volumen 216 cm³ und die Höhe 8 cm.
   Stelle für die Länge der Grundkante zunächst eine Formel auf; berechne sie dann.

9. Entscheide, ob die Aussage wahr oder falsch ist. Begründe.
   (1) Wenn die Größe der Grundfläche einer Pyramide verdoppelt [verdreifacht] wird, so wird auch das Volumen der Pyramide verdoppelt [verdreifacht].
   (2) Werden alle Grundkanten einer Pyramide halbiert und dafür die Höhe verdoppelt, so bleibt das Volumen gleich.
   (3) Wird die Höhe einer Pyramide halbiert, so wird auch das Volumen halbiert.
   (4) Wird das Volumen einer Pyramide verdoppelt, so wird auch die Höhe verdoppelt.
   (5) Verkürzt man jede Kantenlänge einer Pyramide um 10 %, so nimmt das Volumen auch um 10 % ab.

10. Ein Zelt hat die Grundfläche eines regelmäßigen Sechsecks. Der Durchmesser des Zeltbodens beträgt 275 cm, die Höhe 155 cm.
    a) Berechne näherungsweise den Materialbedarf für
       (1) das Außenzelt; (2) das Innenzelt.
    b) Bestimme das Volumen des Zelts.

Das kann ich noch!

A) Bestimme die Lösungsmenge.
   1) $2x^2 - 4x = 0$
   2) $y^2 + 1{,}5x - 1 = 0$
   3) $\frac{1}{4}x^2 + \frac{1}{2}x + \frac{1}{4} = 0$
   4) $4x^2 - 6x + 10 = 0$
   5) $x^2 - 0{,}4x - 0{,}12 = 0$
   6) $1{,}2x^2 + 5{,}64x + 5{,}76 = 0$

B) Bestimme die Lösungsmenge.
   1) $(x - 3)(x + 4) = 0$
   2) $(-5 - x)(x - 5) = 0$
   3) $x^2 - 3x = 0$
   4) $-x^2 + 4{,}3x = 0$
   5) $(4x - 3)(2x + 4) = 0$
   6) $\left(3x - \frac{1}{2}\right)\left(\frac{1}{4} + 2x\right) = 0$

C) Bestimme die Lösungsmenge.
   1) $x^3 = 27$
   2) $a^4 = 256$
   3) $2x^3 = 250$
   4) $\frac{1}{2}x^4 = 162$
   5) $4x^3 + 7 = 115$
   6) $8x^5 - 25 = 231$

11. Berechne
    (1) den Oberflächeninhalt,
    (2) das Volumen des Körpers,
    (3) die Neigungswinkel der geneigten Flächen gegen die Horizontale
    (Maße in m).

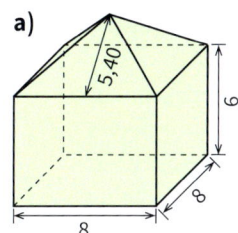
a)

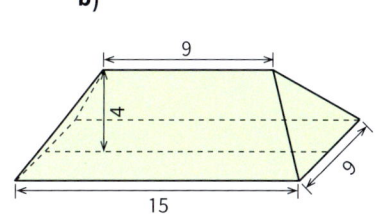
b)

12. Einige Kristalle haben die Form eines regelmäßigen sechsseitigen Prismas mit aufgesetzten Pyramiden.
    Berechne Volumen und Oberflächeninhalt des Kristalls.

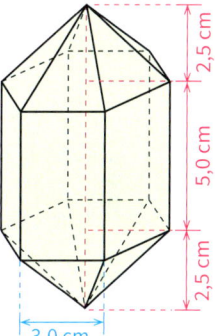

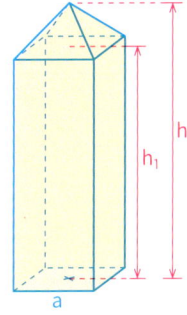

13. Der Körper links mit quadratischer Grundfläche und den Maßen h = 42 cm und h_1 = 37 cm besitzt ein Gesamtvolumen von 139 cm³.
    a) Berechne jeweils das Volumen der Teilkörper (Prisma und Pyramide) und bestimme die Seitenlänge a der quadratischen Grundfläche.
    b) Berechne dann den Neigungswinkel der Seitenflächen gegenüber ihrer Grundfläche.

14. Ein *Tetraeder* ist eine von vier gleichseitigen, kongruenten Dreiecken begrenzte Pyramide.
    a) Berechne die Höhe h des Tetraeders aus der Kantenlänge a. Beachte, wie der Höhenschnittpunkt H die Seitenhalbierenden im Dreieck teilt.
    b) Gegeben ist ein Tetraeder mit der Kantenlänge a = 4 cm. Wie hoch ist das Tetraeder?
       Berechne auch die Höhe einer Seitenfläche sowie die Größe der Oberfläche.
    c) Gegeben ist ein Tetraeder mit der Körperhöhe h = 6 cm. Berechne Kantenlänge und Höhe einer Seitenfläche.

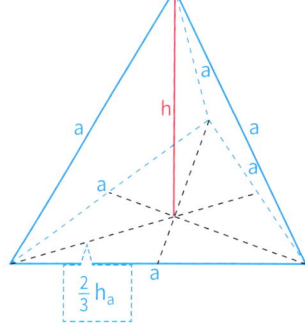

15. Beschreibe, wie die rechts abgebildete Kakao-Verpackung hergestellt wird.
    Modelliere ihre Form mithilfe eines einfachen Körpers und berechne dessen Materialbedarf und Volumen.

16. Berechne das Fassungsvermögen der Backform.

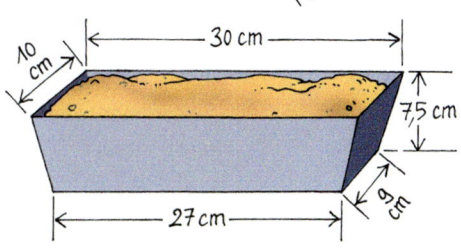

17. Zwei quadratische Pyramiden haben ein Volumen von 1 dm³. Die eine Pyramide ist 1 dm hoch und die andere Pyramide hat eine Grundkante von 1 dm Länge.
    Vergleiche die Oberflächeninhalte.

2.2.3 Volumen des Kegels

Einstieg

Frank und Anna überlegen, wie man das Volumen eines Kegels berechnen kann. Frank schlägt vor, in der Formelsammlung nachzuschauen. Anna denkt nach und meint: „Ich brauche keine Formelsammlung. Mir ist klar, wie man das Volumen eines Kegels berechnet."
Erläutert Annas Überlegungen und erstellt damit eine Formel für das Volumen eines Kegels.

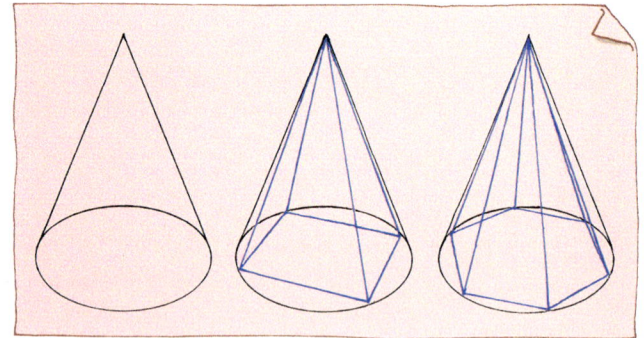

Aufgabe 1

Volumen des Kegels
Die Grundfläche des Kegels K und der Pyramide P sollen gleich groß sein, ebenso die Höhen.
a) Zeige, dass der Kegel und die Pyramide dann auch dasselbe Volumen haben.
b) Leite eine Formel für das Volumen V des Kegels her.

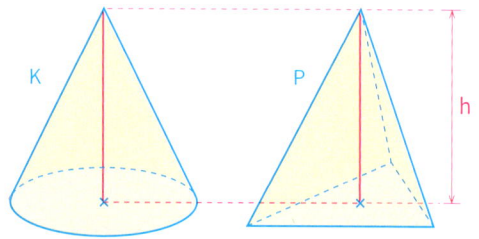

Lösung

a) Die beiden Körper liegen zwischen zwei zueinander parallelen Ebenen E_1 und E_2. Auf Seite 85 wurde bereits gezeigt, dass D' ähnlich zu D ist, wobei $k = \frac{h'}{h}$ der Ähnlichkeitsfaktor ist. Nach dem 2. Strahlensatz gilt $\frac{r'}{r} = \frac{h'}{h}$. Wegen $\frac{r'}{r} = k$ entsteht Kreis C' aus Kreis C mit dem

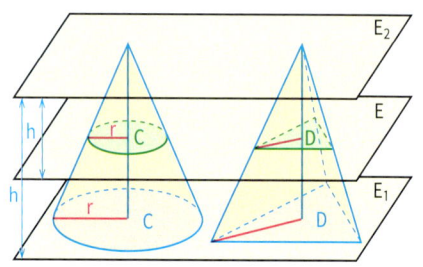

Ähnlichkeitsfaktor k. Da C und D denselben Flächeninhalt haben, sind auch die Flächen C' und D' gleich groß. Damit sind die Voraussetzungen des Satzes von Cavalieri erfüllt, und der Kegel hat dasselbe Volumen wie die Pyramide.

b) Bezeichnet G die Größe der Grundfläche des Kegels K bzw. der Pyramide P, dann gilt wegen $V_P = \frac{1}{3} G \cdot h$ auch $V_K = \frac{1}{3} G \cdot h$.

Information

Satz
Für das **Volumen V eines Kegels** mit der Grundflächengröße G und der Höhe h gilt:
$$V = \frac{1}{3} G \cdot h$$
Bezeichnet r den Radius des Grundkreises des Kegels, so gilt insbesondere:
$$V = \frac{1}{3} \pi r^2 \cdot h$$

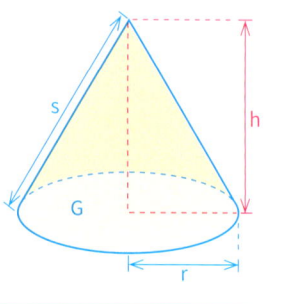

2.2 Volumen von Pyramide und Kegel

Weiterführende Aufgaben

Eine weitere Formel zur Volumenberechnung eines Kegels

2. In einer Formelsammlung findest du die Formel rechts.
Begründe sie.

Volumen eines Kegels
Für das Volumen eines Kegels mit dem Durchmesser des Grundkreises und der Höhe h gilt:
$V = \frac{1}{12}\pi d^2 \cdot h$

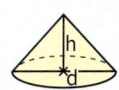

Volumen des Kegelstumpfes

3. Der abgebildete Kegel wird 4 cm von der Spitze entfernt abgeschnitten.
Ferner gilt $r_1 = 8$ cm und $h = 12$ cm.
   a) Berechnet das Volumen des entstehenden Kegelstumpfes.

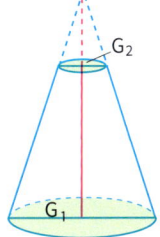 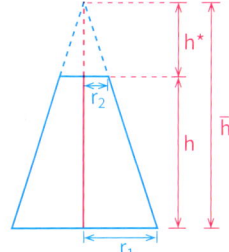

   b) In einer Formelsammlung findet ihr die Formel rechts. Begründet sie.

Volumen eines Kegelstumpfs
Für das Volumen V eines Kegelstumpfes mit der Höhe h und Kreisen mit dem Flächeninhalt G_1 und G_2 gilt:
$V = \frac{1}{3}h(G_1 + \sqrt{G_1 G_2} + G_2)$ bzw. $V = \frac{1}{3}\pi h(r_1^2 + r_1 r_2 + r_2^2)$

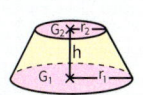

Berechnen des Kegelvolumens durch Annäherung mit Zylindern

4. Bestimme das Volumen eines Kegels, indem du ihn mit Zylindern annäherst.
Anleitung: Verfahre wie beim Pyramidenvolumen in der Information (2) auf Seite 87 f.

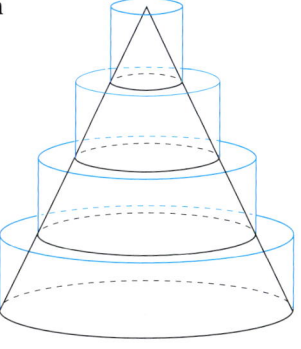

Übungsaufgaben

5. Eine Kerze hat die Form eines Kegels mit dem Grundkreisradius $r = 2{,}9$ cm und der Höhe $h = 11{,}6$ cm. Berechne das Volumen der Kerze.

6. Berechne das Volumen des Kegels.
   a) $r = 5$ cm
   $h = 9$ cm
   b) $d = 7{,}6$ dm
   $h = 9{,}3$ dm
   c) $r = 3{,}9$ dm
   $h = 1{,}2$ m
   d) $r = 4$ cm
   $s = 8$ cm

7. Ein kegelförmiges Werkstück aus Grauguss hat den Grundkreisdurchmesser $d = 153$ mm und die Mantellinienlänge $s = 193$ mm. 1 cm³ Grauguss wiegt 7,3 g.
Wie viel wiegt das Werkstück?

8. Berechne das Volumen. Gib die Kantenlänge eines Würfels mit gleichem Volumen an.
   a) Dach
   b) Sandhaufen
   c) Vulkankrater des Poás in Costa Rica

Durchmesser: 6,40 m
Dachsparrenlänge: 5,80 m

Umfang: 20,50 m
Mantellinie: 3,90 m

Umfang: 4,7 km
Tiefe des Kraters: 300 m

9. a) Entscheide, ob die Aussage wahr oder falsch ist. Begründe.
   (1) Wird der Radius der Grundfläche eines Kegels verdoppelt, so verdoppelt sich auch das Volumen.
   (2) Wird der Radius der Grundfläche eines Kegels verdoppelt und dafür die Mantellinie halbiert, so bleibt das Volumen gleich.
   (3) Wird das Volumen eines Kegels verdoppelt, so wird auch die Höhe verdoppelt.
   (4) Wird die Mantellinie eines Kegels um 10 % verlängert und der Radius der Grundfläche nicht verändert, so nimmt das Volumen um 10 % zu.
   b) Untersuche weitere Zusammenhänge.

10. Leite zunächst eine Formel zur Berechnung der gesuchten Größe her.
    a) Ein Kegel hat das Volumen $V = 26{,}461\,cm^3$ und den Radius $r = 3{,}4\,cm$. Berechne die Höhe des Kegels.
    b) Ein Kegel hat das Volumen $V = 346{,}739\,dm^3$ und die Höhe $h = 6{,}7\,dm$. Berechne den Radius der Grundfläche.

11. Bei einem Kegel bezeichnet r den Grundkreisradius, h die Höhe, s die Länge einer Mantellinie, V das Volumen und O die Größe der Oberfläche.
    Berechne aus den gegebenen Größen die anderen.
    a) r = 7,5 cm   b) r = 45 cm   c) h = 63 cm   d) r = 5,6 cm   e) s = 3,6 cm
       h = 1,35 m   s = 78 dm   s = 7,9 dm $V = 426{,}9\,cm^3$ $O = 135{,}2\,cm^2$

7 cm
9 cm

12. Zu wie viel Prozent ist das Sektglas links gefüllt, wenn der Sekt
    (1) 6 cm; (2) 4 cm; (3) 3 cm; (4) 8 cm hoch steht?

13. Ein zylindrischer und ein kegelförmiger Messbecher fassen beide 1 l. Sie besitzen einen Grundkreisradius von 6 cm. In welcher Höhe müssen die Markierungen für 1 l, $\frac{1}{2}$ l, $\frac{1}{4}$ l, $\frac{1}{8}$ l, und $\frac{3}{4}$ l angebracht werden?

14. Bei der Herstellung eines Sortiments von kegelförmigen Sektgläsern soll jedes Glas dasselbe Volumen von 120 ml fassen. Stellt in einer Tabelle zusammen, welche Maße möglich und sinnvoll sind, falls das Glas
    (1) bis zum Rand;   (2) bis 1 cm unter dem Rand gefüllt wird.
    Überlegt zunächst, wie ihr geschickt vorgehen könnt. Ihr könnt z. B. auch ein Tabellenkalkulationsprogramm nutzen.

15. In verschiedene Werkstücke werden kegelförmige Hohlräume gebohrt.
Dem Schrägbild kann man die Art der Bohrung und die Maße (in mm) entnehmen.
Berechne das Volumen und die Größe der Oberfläche des Restkörpers.

a) 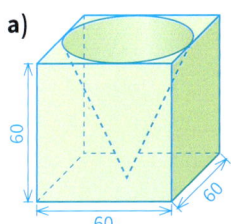 b) 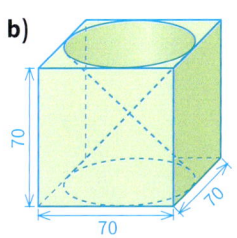 c) 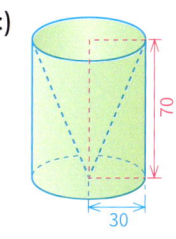 d)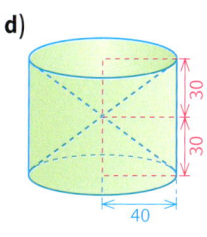

16. Beschreibe, aus welchen Körpern die Boje zusammengesetzt ist.
Berechne das Volumen und den Oberflächeninhalt der Boje.

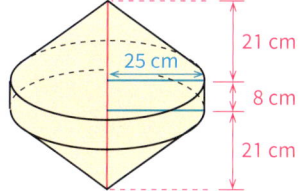

17. Aus einem Metallkegel mit dem Radius
$r = 10$ cm; der Höhe $h = 25$ cm und der
Dichte $8{,}4 \frac{g}{cm^3}$ wird ein möglichst großes
Metallteil hergestellt, in Form einer regelmäßigen sechseckigen Pyramide.
  a) Wie groß ist der Gewichtsunterschied der beiden Körper?
  Schätze zuerst, rechne dann genau.
  b) Die beiden Körper sollen als Hohlkörper aus Blech hergestellt werden. Das Blech ist
  1 mm dick und wiegt 7,6 g pro cm³. Berechne den Gewichtsunterschied der Hohlkörper.

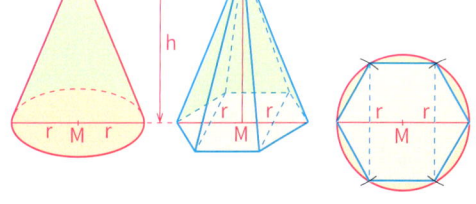

18. Wie viel Liter Wasser fasst
  a) der grüne Eimer;
  b) der blaue Eimer?

19. Der chinesische Künstler Ai Weiwei hat in der Londoner Tate Modern Gallery einen Kegel aus Porzellanimitationen von Sonnenblumenkernen („Sunflower Seeds") aufgeschichtet. Schätze mithilfe des Kegelvolumens, wie viele Sonnenblumenkernimitate er dafür verwendet hat.

2.3 Kugel

2.3.1 Volumen der Kugel

Einstieg

Die Fotos zeigen einen Umfüllversuch. Der verwendete Zylinder, der Kegel und die Halbkugel haben alle denselben Radius r. Dieser entspricht auch der Höhe des Zylinders und des Kegels. Ermittle daraus eine Formel für das Volumen einer Kugel.

Aufgabe 1

Formel für das Kugel-Volumen

Vergleiche die Volumina des Kegels, der Halbkugel und des Zylinders. Folgere daraus eine Abschätzung für das Volumen der Kugel.

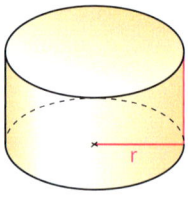 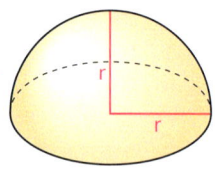 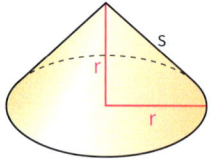

Lösung

Für das Volumen des Kegels gilt: $V_{Ke} = \frac{1}{3}\pi r^2 \cdot r = \frac{1}{3}\pi r^3$

Für das Volumen des Zylinders gilt: $V_Z = \pi r^2 \cdot r = \pi r^3$

Das Volumen V_H der Halbkugel ist größer als das Volumen V_{Ke} des Kegels, aber kleiner als das Volumen V_Z des Zylinders, also: $\frac{1}{3}\pi r^3 < V_H < \pi r^3$

Für das Volumen V_{Ku} der Kugel folgt daraus: $\frac{2}{3}\pi r^3 < V_{Ku} < 2\pi r^3$

Information

(1) Vergleich der Volumina von Zylinder, Kegel und Halbkugel

Im Bild siehst du drei Gefäße: einen Zylinder, einen Kegel und eine Halbkugel jeweils mit dem Radius r. Zylinder, Kegel und Kugel haben die Höhe r. Der Kegel ist mit Wasser gefüllt.

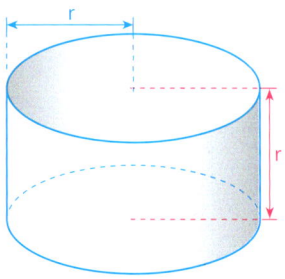 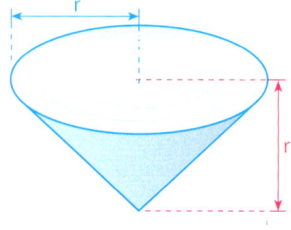 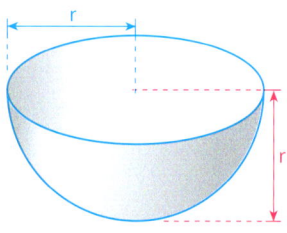

Durch Umschütten stellst du fest: Das Volumen der Halbkugel ist doppelt so groß wie das Volumen des Kegels: $V_H = 2 \cdot V_{Ke} = 2 \cdot \frac{1}{3}\pi r^2 \cdot r = \frac{2}{3}\pi r^3$.

Für das Volumen der Kugel erhält man also: $V_{Ku} = 2 \cdot V_H = \frac{4}{3}\pi r^3$.

Wir wollen diese Formel nun begründen.

2.3 Kugel

(2) Begründung der Formel für das Volumen einer Halbkugel

Der Restkörper R und die Halbkugel H liegen zwischen zwei zueinander parallelen Ebenen E_1 und E_2, da der Radius von H gleich der Höhe von R ist. Eine zu E_1 parallele Ebene E' schneidet den Restkörper R in einem Kreisring S*, die Halbkugel H in einer Kreisfläche S.

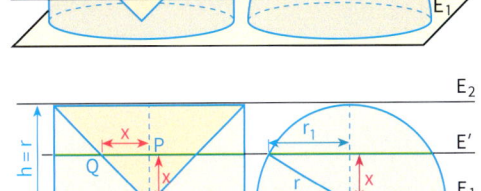

Den Abstand von E' zu E_1 bezeichnen wir mit x. Der Kreisring S* hat den äußeren Radius r und den inneren Radius x, da das Dreieck MPQ rechtwinklig und auch gleichschenklig ist.

Also hat der Kreisring S* den Flächeninhalt:
$A_R = \pi r^2 - \pi x^2$

Für den Radius r_1 des Schnittkreises S der Halbkugel gilt nach dem Satz des Pythagoras:
$A_K = \pi r_1^2 = \pi (r^2 - x^2) = \pi r^2 - \pi x^2$

Der Kreisring S* und der Schnittkreis S haben also den gleichen Flächeninhalt. Da der Restkörper R und die Halbkugel H zwischen zwei zueinander parallelen Ebenen E_1 und E_2 liegen und von jeder Parallelebene E' zu E_1 in gleich großen Flächen geschnitten werden, sind sie nach dem Satz des Cavalieri volumengleich. Es gilt also: $V_R = V_H$

Da das Volumen der Kugel doppelt so groß ist wie das Volumen der Halbkugel, gilt damit auch:
$V_{Ku} = 2 \cdot V_H = 2 \cdot V_R$

Volumen des Zylinders: $V_Z = \pi r^2 \cdot h = \pi r^2 \cdot r = \pi r^3$

Volumen des Kegels: $V_K = \frac{1}{3} \pi r^2 \cdot h = \frac{1}{3} \pi r^2 \cdot r = \frac{1}{3} \pi r^3$

Also gilt für das Volumen des Restkörpers: $V_R = V_Z - V_K = \pi r^3 - \frac{1}{3} \pi r^3 = \frac{2}{3} \pi r^3$

Da das Volumen der Halbkugel gleich dem Volumen des Restkörpers ist, gilt: $V_H = \frac{2}{3} \pi r^3$

Das Volumen der Kugel ist doppelt so groß: $V_K = \frac{4}{3} \pi r^3$

Satz
Für das **Volumen V einer Kugel** mit dem Radius r gilt: $V = \frac{4}{3} \pi r^3$

Weiterführende Aufgaben

Formel zur Berechnung des Volumens einer Kugel aus dem Durchmesser

2. In der Technik wird häufig mit dem Durchmesser d gerechnet.
   a) Begründe: Für das Volumen der Kugel mit dem Durchmesser d gilt: $V = \frac{1}{6} \pi d^3$.
      Berechne damit das Volumen der Kugellager-Kugel mit dem Durchmesser d = 8 mm.
   b) Berechne den Durchmesser einer Kugel mit $V = 8 \, dm^3$.

Volumen einer Hohlkugel

3. Bei einer Hohlkugel aus Gusseisen beträgt der Radius des Hohlraumes $r_1 = 8$ cm und der äußere Radius $r_2 = 10$ cm. Die Dichte von Gusseisen ist $\rho = 7{,}3 \frac{g}{cm^3}$. Wie viel wiegt die Hohlkugel?
   Leite zunächst eine Formel für das Volumen der Hohlkugel her.

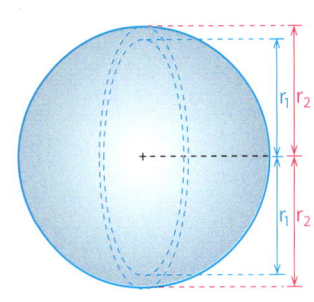

Pyramide, Kegel, Kugel

Berechnen des Kugelvolumens durch Annäherung mit Zylindern

4. Bestimme das Volumen einer Halbkugel, indem du sie mit Zylindern annäherst.
   Anleitung: Verfahre wie beim Pyramidenvolumen in der Information auf Seite 87 f.

Übungsaufgaben

5. Berechne das Volumen der Kugel.
   a) $r = 38{,}6$ cm
   b) $d = 16{,}9$ dm
   c) $d = 0{,}09$ m
   d) $r = 214{,}6$ dm

6. Berechne das Volumen des Himmelskörpers.
   a) Sonne: $r = 7 \cdot 10^5$ km
   b) Venus: $r = 6{,}2 \cdot 10^3$ km
   c) Mars: $r = 3{,}43 \cdot 10^3$ km

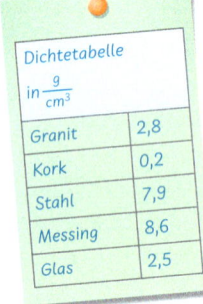

7. Auf dem Foto siehst du einen Brunnen, in dessen Mitte sich eine Kugel aus Granit befindet.
   Die Kugel hat einen Durchmesser von 1,20 m.
   Wie viel wiegt die Kugel?

Dichtetabelle in $\frac{g}{cm^3}$

Granit	2,8
Kork	0,2
Stahl	7,9
Messing	8,6
Glas	2,5

8. Sven behauptet: „Das Volumen einer Kugel kann man ohne großen Fehler schneller mit der Näherung $V \approx 4 \cdot r^3$ berechnen."
   Um wie viel Prozent weicht die Näherung vom korrekten Wert ab?

9. Das Volumen einer Kugel beträgt 647 cm³. Berechne den Radius der Kugel.
   Leite zunächst eine Formel her.

10. Kork ist ein besonders leichtes Material.
    a) Kannst du eine Kugel aus Kork mit einem Durchmesser von 1 m tragen?
       Schätze zuerst, rechne dann.
    b) Wie groß ist der Radius einer Stahlkugel, die genau so viel wiegt wie die Korkkugel?

11. Kontrolliere Leonards Hausaufgaben.

$$V = \tfrac{4}{3}\pi r^3 \quad |\sqrt[3]{}$$
$$\sqrt[3]{V} = \tfrac{4}{3}\pi r$$
$$r = \tfrac{3 \cdot V}{4\pi}$$

$$V = \tfrac{4}{3}\pi \cdot \tfrac{d^3}{2}$$
$$= \tfrac{2}{3}\pi d^3$$
$$\approx 2 d^3$$

12. a) Wie verändert sich das Volumen einer Kugel, wenn man den Radius verdoppelt, verdreifacht, …?
    b) Wie muss man den Radius einer Kugel verändern, wenn das Volumen verdoppelt werden soll?

13. a) Wie schwer ist eine Hohlkugel aus Messing mit dem Durchmesser $d = 25{,}0$ cm und der Wandstärke von 2,3 cm?
    b) Eine Hohlkugel aus Glas hat den Kugelumfang 56,5 cm und wiegt 31,1 g.
       Berechne die Wandstärke.

14. Wiegt Weihnachtsbaumkugeln und berechnet ihre Wandstärken. Stellt eure Ergebnisse zusammen.

2.3.2 Oberflächeninhalt der Kugel

Einstieg Berechnet das Volumen einer Hohlkugel mit dem größeren Radius $r = 124\,\text{mm}$ und der Wandstärke $h = 0{,}4\,\text{mm}$. Dividiert das Volumen der Hohlkugel durch h und begründet, warum ihr auf diese Weise einen Näherungswert für den Oberflächeninhalt der Kugel mit dem Radius r bekommt.

Versucht eure Überlegungen zu verallgemeinern, um eine Formel für den Oberflächeninhalt einer Kugel zu ermitteln.

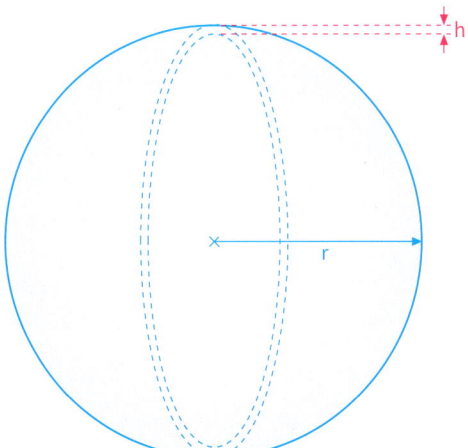

Aufgabe 1   **Oberflächeninhalt einer Kugel**
Ermittle eine Abschätzung für den Oberflächeninhalt einer Kugel durch Vergleich einer Halbkugel mit einem Kegel und mit einem Zylinder.

Lösung   Wir vergleichen eine Halbkugel mit dem Radius r mit einem Kegel und einem Zylinder, die ebenfalls den Radius r und die Höhe r haben. Anschaulich ist klar, dass der Kegel eine kleinere Mantelfläche als die Halbkugel hat, und beim Zylinder die Mantelfläche und die obere Deckfläche zusammen größer sind als die Mantelfläche der Halbkugel.

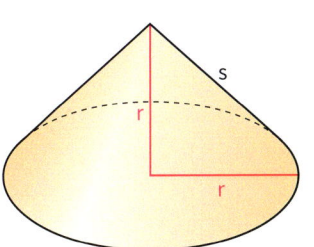 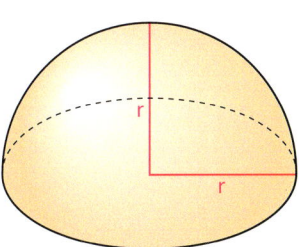 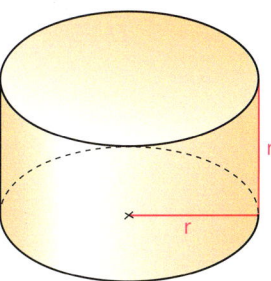

Für den Vergleich des Kegels mit der Halbkugel betrachten wir die Mantelfläche des Kegels. Für die Mantellinie s des Kegels gilt:
$s^2 = r^2 + r^2 = 2r^2$, also $s = \sqrt{2} \cdot r$
Für den Mantelflächeninhalt des Kegels gilt:
$M = \pi r s = \pi r \cdot \sqrt{2} \cdot r = \sqrt{2}\,\pi r^2$
Für den Vergleich des Zylinders mit der Halbkugel betrachten wir die obere Grundfläche und die Mantelfläche des Zylinders.
$G + M = \pi r^2 + 2\pi r \cdot r$
$\quad\quad\quad = \pi r^2 + 2\pi r^2$
$\quad\quad\quad = 3\pi r^2$
Da eine Kugel aus zwei Halbkugeln zusammengesetzt werden kann, folgt für den Oberflächeninhalt O der Kugel die Abschätzung $2\sqrt{2}\,\pi r^2 < O < 6 \cdot \pi r^2$, also gerundet: $2{,}8\,\pi r^2 < O < 6\,\pi r^2$.

Information

Für Zylinder und Kegel können wir ein ebenes Netz zeichnen und so die Größe der Oberfläche bestimmen.
Die Kugeloberfläche ist eine gekrümmte Fläche, die man nicht in die Ebene abwickeln kann. Daher müssen wir zur Bestimmung der Größe der Kugeloberfläche anders vorgehen:

(1) Man zerlegt die Oberfläche der Kugel in kleine Flächen („gekrümmte Dreiecke") und verbindet die Randpunkte jeder Fläche mit dem Kugelmittelpunkt.
So erhält man Teilkörper $K_1, K_2, ..., K_n$ der Kugel, die angenähert Pyramiden mit der Höhe r sind.

(2) $V_{K_u} = V_{K_1} + V_{K_2} + ... + V_{K_n}$
Unter Benutzung der Formel für das Volumen der Pyramide erhält man:
$V_{Ku} \approx \frac{1}{3} G_1 \cdot r + \frac{1}{3} G_2 \cdot r + ... + \frac{1}{3} G_n \cdot r$
$V_{Ku} \approx \frac{1}{3} r \cdot (G_1 + G_2 + ... + G_n)$

Der Term in der Klammer bezeichnet die Größe O der Kugeloberfläche.

(3) Zerlegt man die Kugeloberfläche in immer mehr kleinere Flächen, so unterscheiden sich die „gekrümmten" Dreiecke immer weniger von ebenen Dreiecken; das Volumen der Teilkörper $K_1, K_2, ..., K_n$ unterscheidet sich immer weniger vom Volumen der entsprechenden Pyramiden. Deshalb gilt:
$V_{Ku} = \frac{1}{3} O \cdot r$

(4) Wegen $V_{Ku} = \frac{4}{3} \pi r^3$ gilt: $\frac{4}{3} \pi r^3 = \frac{1}{3} O \cdot r$
Wir isolieren die Variable O: $O = \frac{4}{3} \pi r^3 \cdot \frac{3}{r}$, also $O = 4 \pi r^2$

> **Satz**
> Für den **Oberflächeninhalt einer Kugel** mit dem Radius r gilt: $\mathbf{O = 4\pi r^2}$

Weiterführende Aufgabe

Oberflächeninhalt bei gegebenem Durchmesser
2. In der Technik wird häufig mit dem Durchmesser d gerechnet.
   a) Begründe: Für den Oberflächeninhalt O einer Kugel mit dem Durchmesser d gilt: $O = \pi d^2$
   b) Berechne den Durchmesser einer Kugel mit dem Oberflächeninhalt $O = 8 \, dm^2$.

Übungsaufgaben

3. a) Berechne die Größe der Dachfläche eines Kuppeldaches mit dem Radius $r = 60\,m$.
   b) Überprüfe die in dem Zeitungsartikel angegebene Behauptung.

Kuppelzelt
Die Dachfläche des Kuppelzeltes ist genau doppelt so groß wie die Fläche des Zeltbodens.

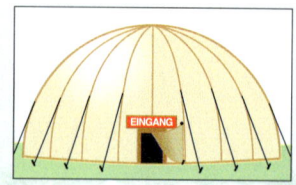

4. Berechne den Oberflächeninhalt der Kugel.
   a) $r = 17\,cm$ b) $d = 3{,}9\,dm$ c) $r = 0{,}09\,dm$ d) $V = 615\,mm^3$ e) $V = 8{,}27\,dm^3$

5. Der Oberflächeninhalt einer Kugel beträgt $803{,}84\,cm^2$.
   Wie groß ist der Radius? Leite zunächst eine Formel zur Berechnung des Radius r her.

2.3 Kugel

6. a) Wie viel Stoff braucht man für die Hülle eines kugelförmigen Freiballons mit dem Durchmesser 12,75 m?
   b) Für die Hülle eines kugelförmigen Freiballons wurden 415 m² Stoff verbraucht.
   Wie viel m³ Gas fasst der Ballon?

7. Gib zunächst eine Formel für die gesuchte Größe an. Berechne dann.
   a) Berechne den Oberflächeninhalt einer Kugel mit dem Radius 1 m².
   b) Berechne den Oberflächeninhalt einer Kugel mit dem Durchmesser 1 m.
   c) Berechne den Oberflächeninhalt einer Kugel mit dem Umfang 1 m.
   d) Berechne den Oberflächeninhalt einer Kugel mit dem Volumen 1 m³.
   e) Berechne den Radius einer Kugel mit dem Oberflächeninhalt 1 m².

8. Der Erdradius beträgt 6 370 km.
   a) Berechne die Länge des Äquators.
   b) 70,8 % der Erdoberfläche sind mit Wasser bedeckt. Wie viel Liter sind das bei einer durchschnittlichen Meerestiefe von 3 500 m?
   c) Die durchschnittliche Dichte der Erde beträgt 5,56 g·cm^{-3}. Wie groß ist die Masse der Erde?
   d) Vergleiche mit den Werten von Mond und Sonne.

9. Aus einem Wasserhahn tropft alle 3 Sekunden ein kugelförmiger Wassertropfen mit dem Durchmesser 4 mm. Wie viel Liter Wasser werden dadurch in einem Jahr verschwendet?

10. Bei einer Kugel ist r der Radius, V das Volumen und O der Oberflächeninhalt.
    Berechne die fehlenden Größen. Gib zunächst eine Formel für die gesuchte Größe an.
    a) r = 39 cm
    b) O = 260 cm²
    c) V = 980 cm³
    d) O = 1 985,96 m²
    e) O = 60 000 dm²
    f) r = 0,71 m
    g) O = 36 m²
    h) V = 36 m³

11. Die Lunge eines Menschen enthält ungefähr 4·10⁸ Lungenbläschen; jedes hat einen Durchmesser von 0,2 mm.
    a) Wie groß ist die Oberfläche aller Lungenbläschen eines Menschen?
    b) Welchen Durchmesser hätte eine einzige Kugel der gleichen Oberflächengröße?
    c) Welche Oberflächengröße hätte eine Kugel, deren Volumen so groß ist wie das Volumen aller Lungenbläschen zusammen?

12. Ein Glaszylinder mit dem Innendurchmesser von 8 cm ist zum Teil mit Wasser gefüllt. Taucht man 8 Porzellankugeln mit der Dichte 2,4 $\frac{g}{cm^3}$ ein, so steigt der Wasserspiegel um 5 cm. Wie viel wiegt eine Kugel?

Arbeiten mit der Formelsammlung

Der Pokal eines Schachturniers in der Parkanlage eines Kurortes soll die Spielfigur eines Bauern darstellen, wie er im Spiel dieser Anlage benutzt wird.
Der Kegelstumpf hat die Höhe h = 50 cm, den oberen Radius r_2 = 10 cm und den unteren Radius r_1 = 20 cm. Der Durchmesser der Kugel ist d = 36,1 cm.
- Bestimme das Volumen der Spielfigur.
- Die Oberfläche des Körpers soll mit Blattgold belegt werden. Berechne die Kosten bei einem Preis von 7,5 Cent pro cm².

Dieses ist eine typische Aufgabe für vergessene oder nie gekannte Beziehungen. Um von einer Formelsammlung profitieren zu können, sollte man häufiger mit ihr gearbeitet haben und wissen, wie und wo man sich Informationen beschaffen kann. Nicht immer ist die Wahl der benutzten Variablen für die Bezeichnungen der Skizzen mit denen aus dem Unterricht übereinstimmend. Nicht einmal die unterschiedlichen Formelsammlungen sind gleich in ihren Figuren, Bezeichnungen und Begriffen zu dem gleichen Thema.

Zylinder, Kegel, Kugel, Kugelteile

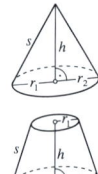 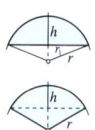

Zylinder

$V = G \cdot h$ $\qquad O = 2G + M$
$V = \pi r^2 h$ $\qquad M = 2\pi r h$
$\qquad\qquad\qquad O = 2\pi r(r + h)$

Kegel

$V = \frac{1}{3} G h$ $\qquad O = G + M$
$V = \frac{\pi}{3} r^2 h$ $\qquad M = \pi r s$
$\qquad\qquad\qquad O = \pi r(r + s)$

Kegelstumpf

$V = \frac{\pi h}{3}(r_1^2 + r_1 r_2 + r_2^2)$ $\qquad M = \pi s (r_1 + r_2)$

Kugel

$V = \frac{4}{3} \pi r^3$ $\qquad O = 4 \pi r^2$

Kugelabschnitt (Kugelkappe, Kugelsegment)

$V = \frac{\pi}{3} h^2 (3r - h)$ $\qquad M = 2\pi r h = \pi(r_1^2 + h^2)$
$\ \ = \frac{\pi h}{6}(3 r_1^2 + h^2)$

Kugelausschnitt (Kugelsektor)

$V = \frac{2\pi}{3} r^2 h$ $\qquad M = 2\pi r h + \frac{1}{2}\sqrt{h(2r - h)}$

Kugelschicht (Kugelzone)

$V = \frac{\pi h}{6}(3 r_1^2 + 3 r_2^2 + h^2)$ $\qquad M = 2\pi r h$

Kegelstumpf

s Mantellinie; A_G Grundfläche; A_D Deckfläche

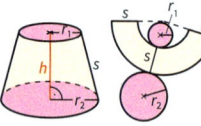

$s^2 = (r_2 - r_1)^2 + h^2$ $\qquad A_G = \pi r_2^2$
$A_M = \pi s (r_2 + r_1)$ $\qquad A_D = \pi r_1^2$
$V = \frac{\pi}{3} h (r_2^2 + r_2 r_1 + r_1^2)$ $\qquad A_O = A_G + A_D + A_M$

Kugelschicht (Kugelzone)

d Durchmesser; r, R_1, R_2 Radien; h Höhe

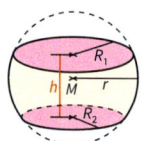

$A_M = 2 \pi r h$
$A_O = \pi (R_1^2 + R_2^2 + 2 r h)$
$V = \frac{\pi}{6} h (3 R_1^2 + 3 R_2^2 + h^2)$

Kugelabschnitt (Kugelsegment)

r, R Radien; h Höhe

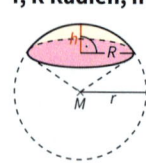

$R = \sqrt{h(2r - h)}$
$A_M = 2 \pi r h = \pi (R^2 + h^2)$
$\quad$ (Kugelkappe)
$A_O = \pi R^2 + 2 \pi r h = \pi h (4r - h)$
$\quad = \pi (2R^2 + h^2)$
$V = \frac{\pi}{3} h^2 (3r - h)$
$\quad = \frac{\pi}{6} h (3 R^2 + h^2)$

Auf den Punkt gebracht

Verwirrend ist auch das Angebot an Formeln. Hier gilt es immer, entsprechend den bekannten Größen geschickt auszuwählen. Entsprechend des Angebots und der getroffenen Wahl ergeben sich oft andere Lösungsansätze, die in ihrem Schwierigkeitsgrad sehr unterschiedlich sein können. Darum ist es wichtig, dass du einige grundsätzliche Regeln zum sinnvollen Gebrauch beachtest.

> **Regeln beim Verwenden einer Formelsammlung**
> Sieh dir neue Formeln in der Formelsammlung an,
> - damit du weißt, wo was zu finden ist,
> - damit du dich an die Formulierungen gewöhnst,
> - damit du die Grafiken verstehst,
> - damit du nachfragen kannst, wenn du eine Formel nicht verstehst.
>
> Benutze die Formelsammlung also regelmäßig, dann ist sie dir eine große Hilfe als Nachschlagewerk.

1. Gegeben ist ein Würfel mit der Kantenlänge $a = 10\,cm$.
   a) Nun werden zwei gleiche pyramidenförmige Vertiefungen wie im Bild links unten in diesen Würfel eingearbeitet.
      Berechne das Volumen und den Oberflächeninhalt des Restkörpers.

   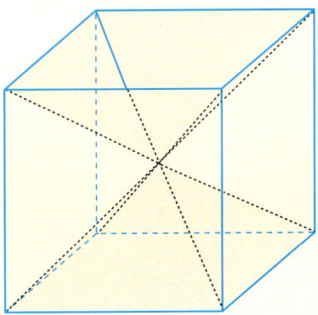 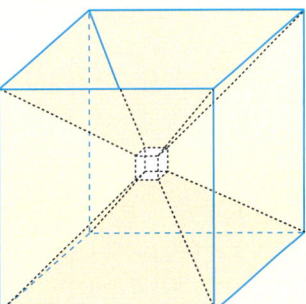

   b) Zur Verbindung der beiden Hohlkörper soll eine quaderförmige Verbindung gestanzt werden, deren quadratische Grundfläche die Seitenlänge 10 mm hat (siehe Bild rechts oben).
      Berechne die Länge des nun benötigten quaderförmigen Verbindungsstücks und gib den Mantelflächeninhalt von einem der entstehenden Pyramidenstümpfe an.

2. Gegeben ist ein Kreisausschnitt mit dem Radius $r = 6\,cm$.
   a) Berechne den Oberflächeninhalt des Kegels, wenn die Größe des Mittelpunktswinkels $\varphi = 270°$ beträgt.
   b) Berechne den Mittelpunktswinkel des Kegelmantels, wenn für den Grundkreisradius des Kegels $r = 4\,cm$ und die Kegelhöhe $h = 7\,cm$ gilt.
   c) Der Mantel eines Kegelstumpfes ergibt ausgerollt die im Bild dargestellte Fläche. Berechne das Volumen des zugehörigen Kegelstumpfes.

   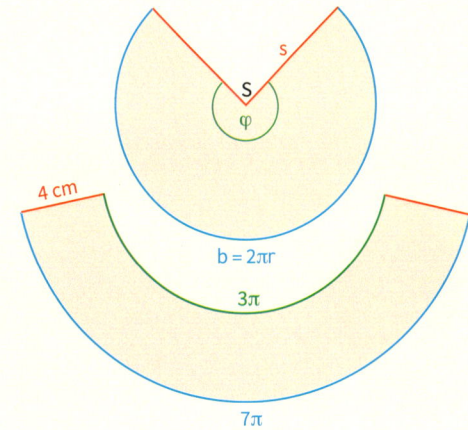

2.4 Vermischte Übungen

Verwende eine Formelsammlung, wenn du Formeln nicht mehr sicher weißt oder gar nicht kennst.

1. Berechne, wie viel Eiweißschaum und wie viel Schokoglasur zur Herstellung benötigt wird.

2. Ein Fußball hat einen Umfang von 68 bis 70 cm.
   a) Um wie viel Prozent ist das Volumen beim Mindestmaß kleiner als beim Höchstmaß?
   b) Eine Firma produziert täglich 400 Bälle. Wie viel m² Leder werden für das Höchstmaß mehr gebraucht als für das Mindestmaß, wenn noch 25 % Verschnitt hinzu gerechnet werden müssen?

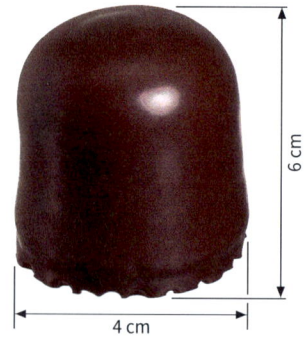

3. Eine Kugel hat den Radius r = 7,0 cm.
   a) Gib die Größe der Oberfläche und das Volumen der Kugel an.
   b) Welches Volumen und welchen Oberflächeninhalt haben 5 solche Kugeln insgesamt?
   c) Welchen Oberflächeninhalt und welches Volumen hat eine Kugel mit dem fünffachen Radius?
   d) Welchen Radius und welches Volumen hat eine Kugel mit dem fünffachen Oberflächeninhalt?
   e) Welchen Radius und welchen Oberflächeninhalt hat eine Kugel mit dem fünffachen Volumen?

4. Acht Metallkugeln mit dem Durchmesser 50 mm werden zu einer einzigen Kugel umgeschmolzen. Vergleiche den Oberflächeninhalt der Kugeln.

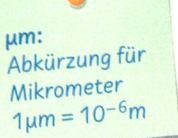

µm: Abkürzung für Mikrometer
$1 \mu m = 10^{-6} m$

5. Ein Pokal besteht aus einem Quader mit aufgesetzter Halbkugel. Wie viel g Gold der Dichte $19{,}3 \frac{g}{cm^3}$ wird zum Vergolden benötigt, wenn eine 10 µm dicke Schicht aufgetragen werden soll?

6. a) Der Radius einer Kugel wird um 10 %
      (1) verlängert;   (2) verkürzt.
      Um wie viel Prozent nehmen Volumen V und Oberflächeninhalt A_O (1) zu;   (2) ab?
   b) Das Volumen einer Kugel nimmt um 10 % (1) zu; (2) ab. Wie verändern sich Radius und Oberflächeninhalt?
   c) Um wie viel Prozent muss der Radius einer Kugel verlängert werden, damit der Oberflächeninhalt um 25 % zunimmt?

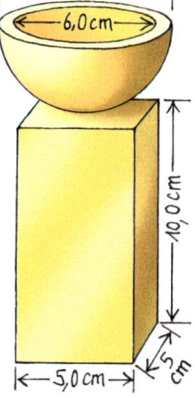

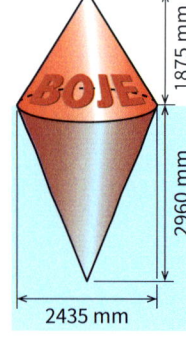

7. Zur Kennzeichnung von Gefahrenstellen im Wasser werden Spitztonnen aus Stahlblech verwendet (Maße im Bild).
   Wie viel m² Stahlblech werden zur Herstellung einer Spitztonne benötigt?

2.4 Vermischte Übungen

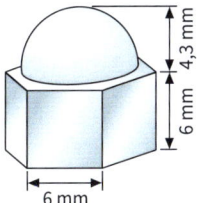

8. Eine Hutmutter besitzt zum Schutz des Schraubengewindes eine aufgesetzte Halbkugel. Das Bild zeigt einen Rohling einer Hutmutter. Dieser Rohling wird an der Unterseite mit einer zentralen und senkrechten Bohrung von 5 mm Durchmesser und 7 mm Tiefe versehen. Um wie viel Prozent veringert sich dadurch sein Gewicht?

9. Berechne das Volumen und den Oberflächeninhalt des Körpers (Maße in mm).

a) 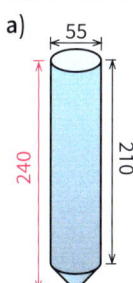   b) 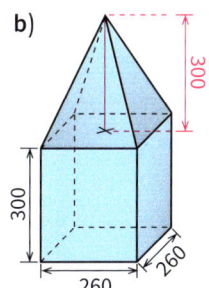   c) 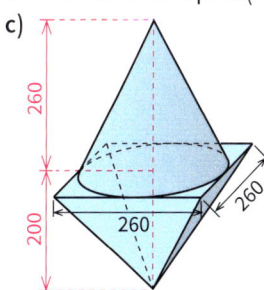   d)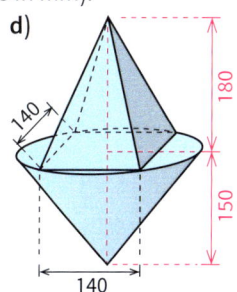

10. a) Berechne, wie viel Zeltplane für das Zirkuszelt benötigt wird.
    b) Wie viel m³ Luft fasst der Innenraum des Zeltes?

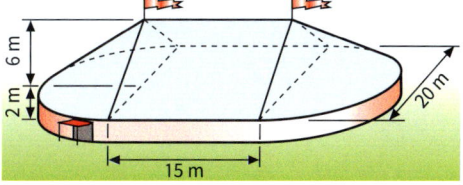

11. a) Berechne Volumen und Materialbedarf der Mischtrommel des Lkw. Der Durchmesser der Trommel ist vorne 1,10 m, hinten 1,68 m und in der Mitte 2,30 m. Die Trommel ist 4,14 m lang.
    b) Schätze, wie viel Beton höchstens eingefüllt werden kann.

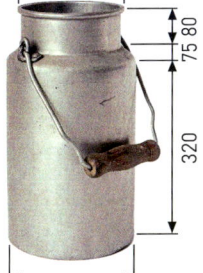

12. Berechne den Materialbedarf und das Fassungsvermögen der Milchkanne links.

13. a) Berechne, wie viel Wasser die Blumenvase fasst.
    b) Wie viel Material wird zur Herstellung dieser Vase aus 2 mm dickem Glas benötigt?

zu 13. 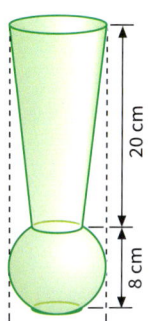   zu 14.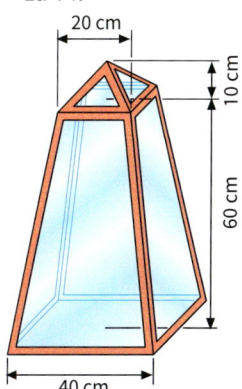

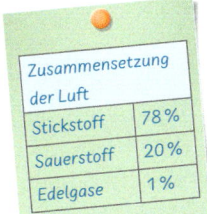

Zusammensetzung der Luft	
Stickstoff	78 %
Sauerstoff	20 %
Edelgase	1 %

14. a) Bis auf die Bodenfläche soll das Windlicht für den Garten allseitig verglast sein. Die Blechprofile sind 2 cm breit. Berechne, wie viel Glas und Blech benötigt wird.
    b) Auch bei geschlossener Tür kann die Kerze einige Zeit mit dem im Windlicht vorhandenen Sauerstoff brennen. Berechne, wie viel Sauerstoff im Windlicht vorhanden ist.

Dreitafelprojektion

1. Wir haben zur Darstellung von Körpern Schrägbilder und Zweitafelbilder gezeichnet. Überlegt Vor- und Nachteile der beiden Darstellungsmöglichkeiten eines Körpers. Architekten zeichnen dagegen von geplanten Gebäuden einen Grundriss und mehrere Ansichten. Begründet.

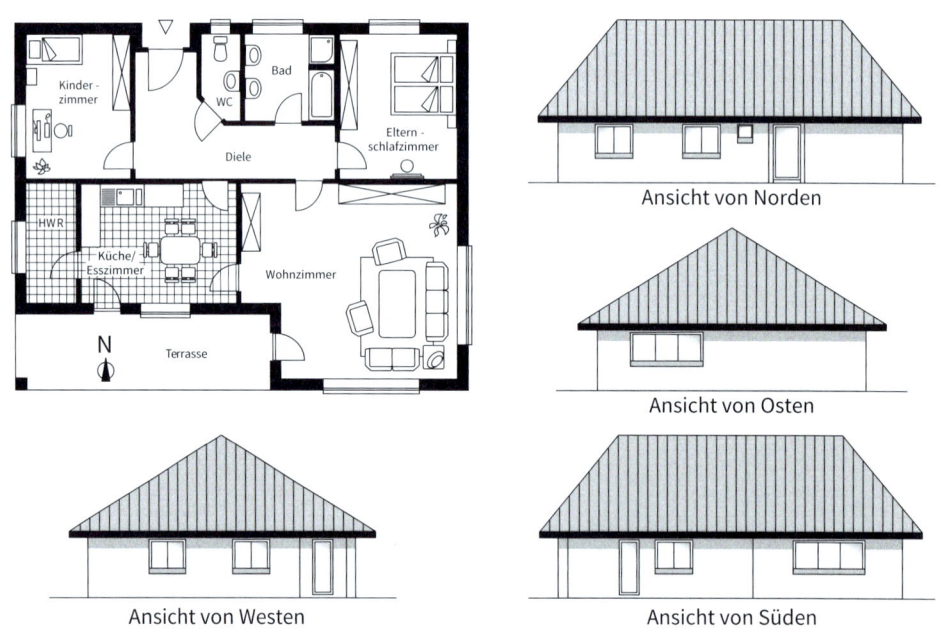

2. Für technische Zeichnungen verwendet man oft eine so genannte Dreitafelprojektion. Der Körper wird aus drei verschiedenen Blickrichtungen (von oben, von vorne und von links) mit parallelen Lichtstrahlen beschienen, die dann auf drei zueinander senkrechten Tafeln Schattenbilder liefern. Du kennst schon die Bilder in den Ebenen E_1 und E_2.

    Das Bild in der Ebene E_1 heißt **Grundriss**; es vermittelt den Eindruck, man sehe den Körper von oben. Das Bild in der Ebene E_2 heißt **Aufriss**; es vermittelt den Eindruck, man sehe den Körper von vorne. Das Bild in der Ebene E_3 heißt **Seitenriss**; es vermittelt den Eindruck, man sehe den Körper von links.

# Im Blickpunkt

Um Grundriss, Aufriss und Seitenriss in einer Zeichenebene darstellen zu können, dreht man die Seitenrissebene E_3 zunächst in die Aufrissebene und klappt sie anschließend in die Grundrissebene um. Diese Darstellung nennt man **Dreitafelprojektion**.
Vergleiche die Dreitafelprojektion mit der Darstellung eines Architekten.

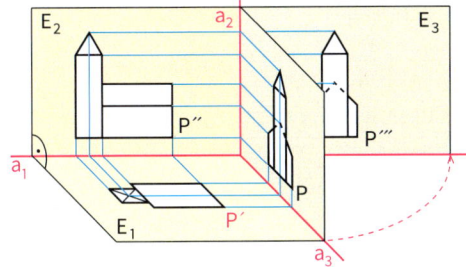
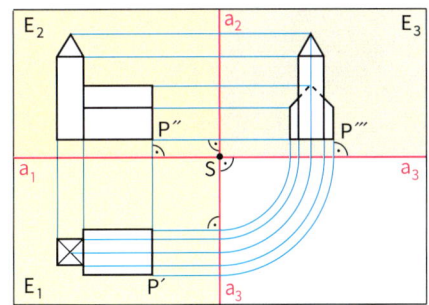

3. Zeichne eine Dreitafelprojektion des Körpers. Achte auf nicht sichtbare Kanten.

   a) 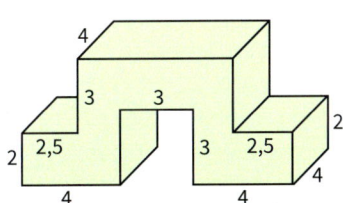   b) 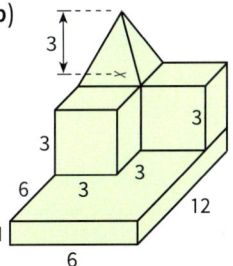   c)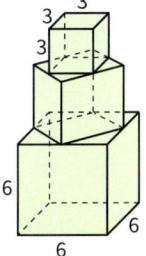

4. Konstruiere zu den beiden Rissen den dritten Riss. Skizziere ein Schrägbild des Körpers.

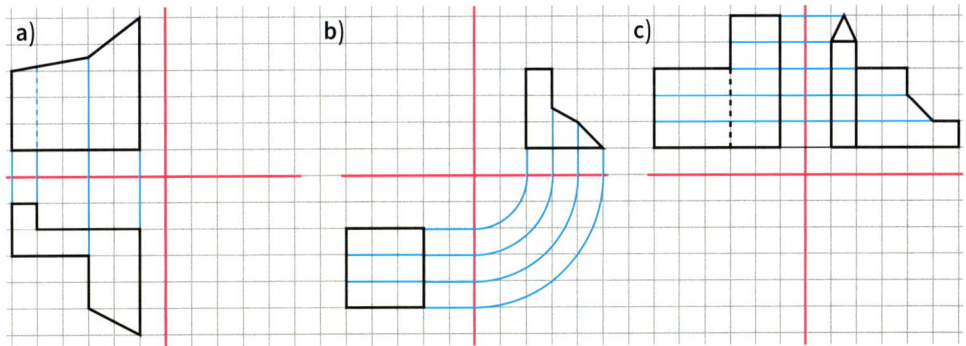

5. Verschiedene Körper können sowohl in ihren Grundrissen als auch in ihren Aufrissen übereinstimmen. Das Bild rechts zeigt ein Beispiel. Gib einen weiteren Körper mit demselben Grundriss und Seitenriss an.

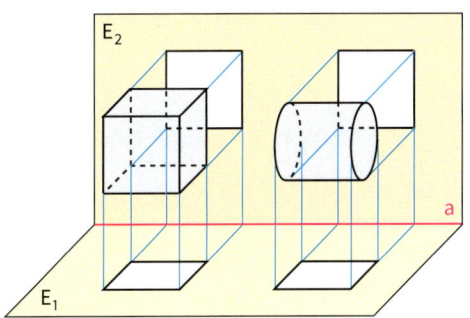

6. Das Logo des Bundeswettbewerbs Mathematik kann man als Dreitafelprojektion eines Körpers auffassen. Beschreibe den Körper.

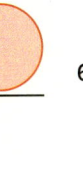

2.5 Aufgaben zur Vertiefung

Ikosaeder, Zwanzigflächner

1. Die Zeichnung zeigt, wie eine Kugel durch ein Ikosaeder angenähert werden kann. Berechnet den Oberflächeninhalt des Ikosaeders.
Vergleicht das Ergebnis mit dem Wert, den man mithilfe der Formelsammlung für den Oberflächeninhalt einer Kugel erhält.
Die für die Rechnung nötigen Werte könnt ihr mithilfe des Bildes abschätzen.

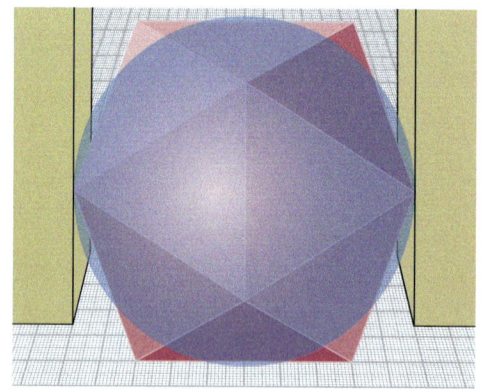

Archimedes

2. Archimedes erkannte, dass die Volumina von Zylinder, Halbkugel und Kegel bei gleichem Radius und gleicher Höhe in einem ganzzahligen Vielfachen zueinander stehen. Er fand das Ergebnis so schön, dass er die Figur auf seinem Grabstein haben wollte. Berechne die Verhältnisse.

3. a) Eine Pyramide soll in halber Höhe abgeschnitten werden. Wie viel Prozent des Volumens bleiben übrig?
   b) Bearbeite Teilaufgabe a) für einen Kegel statt einer Pyramide.

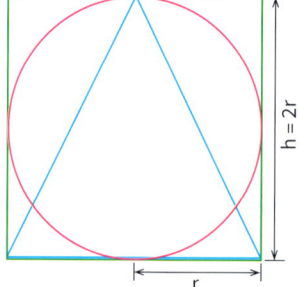

griechischer Mathematiker und Physiker, 287–212 v. Chr., Sizilien

4. a) Eine Kugel mit dem Durchmesser d und ein Würfel mit der Kantenlänge a sollen dasselbe Volumen besitzen.
    In welchem Verhältnis stehen ihre Oberflächeninhalte zueinander?
   b) Eine Kugel mit dem Durchmesser d und ein Würfel mit der Kantenlänge a sollen denselben Oberflächeninhalt besitzen.
    In welchem Verhältnis stehen ihre Volumina zueinander?

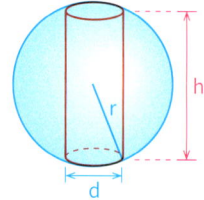

5. Einer Kugel mit dem Radius r ist ein Zylinder einbeschrieben (siehe Bild links).
   a) Zeige, dass der Oberflächeninhalt der Kugel doppelt so groß ist wie der Oberflächeninhalt des Zylinders, wenn die Höhe des Zylinders doppelt so groß wie sein Durchmesser ist.
   b) Wie verhalten sich die Oberflächeninhalte von Kugel und Zylinder, wenn die Höhe des Zylinders genau so groß ist wie sein Durchmesser?

6. Einem Kegel mit dem Radius r und der Höhe h wird eine quadratische Pyramide einbeschrieben und umbeschrieben.
In welchem Verhältnis stehen die Volumina der drei Körper zueinander?

7. Bei einer Kugel hängt der Oberflächeninhalt und auch das Volumen nur von einer Variablen, z. B. dem Radius ab. Zeichne den Graphen der Funktion, beschreibe ihn und gib auch die Gleichung an.
   a) *Radius → Volumen*
   b) *Radius → Oberflächeninhalt*

Das Wichtigste auf einen Blick

Pyramide

Eine **Pyramide** wird durch ein Vieleck **(Grundfläche G)** und weitere **Dreiecke** (als Seitenflächen) begrenzt. Die Dreiecke treffen sich in einem Punkt, der **Spitze** der Pyramide, und grenzen alle an das Vieleck. Die Seitenflächen bilden insgesamt die **Mantelfläche M** der Pyramide. Der Abstand der Spitze von der Grundfläche ist die **Höhe h** der Pyramide.

Beispiel:

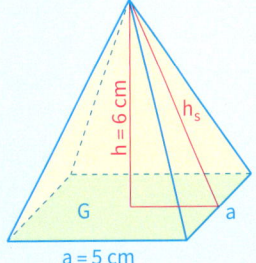

$h_s = \sqrt{(6\,\text{cm})^2 + (2{,}5\,\text{cm})^2}$
$= 6{,}5\,\text{cm}$

Für den **Oberflächeninhalt O** einer Pyramide mit dem Grundflächeninhalt G und dem Mantelflächeninhalt M gilt:
O = G + M

$O = (5\,\text{cm})^2 + 2 \cdot 5\,\text{cm} \cdot 6{,}5\,\text{cm}$
$= 90\,\text{cm}^2$

Für das **Volumen V** einer Pyramide mit der Grundflächengröße G und der Höhe h gilt:
$V = \frac{1}{3} \cdot G \cdot h$

$V = \frac{1}{3} \cdot (5\,\text{cm})^2 \cdot 6\,\text{cm} = 50\,\text{cm}^3$

Kegel

Ein **Kegel** ist ein Körper, dessen **Grundfläche G** eine Kreisfläche ist. Die **Mantelfläche M** eines Kegels ist gewölbt.
Der Abstand der Spitze von der Grundfläche ist die **Höhe** des Kegels. Eine Verbindungsstrecke vom Kreisrand zur Spitze heißt **Mantellinie**.

Beispiel:

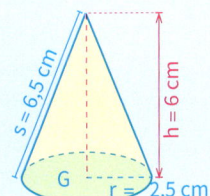

Für den **Oberflächeninhalt O** eines Kegels gilt:
O = G + M = $\pi r^2 + \pi r s = \pi r \cdot (r + s)$

$O = \pi \cdot 2{,}5\,\text{cm}(2{,}5\,\text{cm} + 6{,}5\,\text{cm})$
$O \approx 70{,}69\,\text{cm}^2$

Für das **Volumen V** eines Kegels mit dem Radius r und der Höhe h gilt:
$V = \frac{1}{3}\pi r^2 h$

$V = \frac{1}{3} \cdot \pi \cdot (2{,}5\,\text{cm})^2 \cdot 6\,\text{cm}$
$V \approx 39{,}27\,\text{cm}^3$

Kugel

Für den **Oberflächeninhalt O** einer Kugel mit dem Radius r gilt:
$O = 4\pi r^2$
Für das **Volumen V** einer Kugel mit dem Radius r gilt:
$V = \frac{4}{3}\pi r^3$

Beispiel:

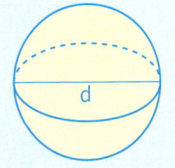

$O = 4 \cdot \pi \cdot (2{,}5\,\text{cm})^2$
$\approx 78{,}54\,\text{cm}^2$

$V = \frac{4}{3} \cdot \pi \cdot (2{,}5\,\text{cm})^3$
$\approx 65{,}45\,\text{cm}^3$

Bist du fit?

1. a) Eine Pyramide hat eine quadratische Grundfläche mit der Seitenlänge a = 2,1 cm. Das Volumen der Pyramide beträgt V = 0,1 dm³. Wie hoch ist die Pyramide?
   b) Eine 5 cm hohe quadratische Pyramide besitzt das Volumen V = 700 cm³. Berechne die Seitenlänge der quadratischen Grundfläche.
   c) Ein 1 m hoher Kegel hat ein Volumen von 1 m³. Berechne den Grundkreisradius des Kegels.
   d) Die Oberfläche einer Kugel ist 9 cm² groß. Berechne Radius und Volumen der Kugel.

2. Berechne die Größe der Dachfläche und die Größe des Dachraumes.

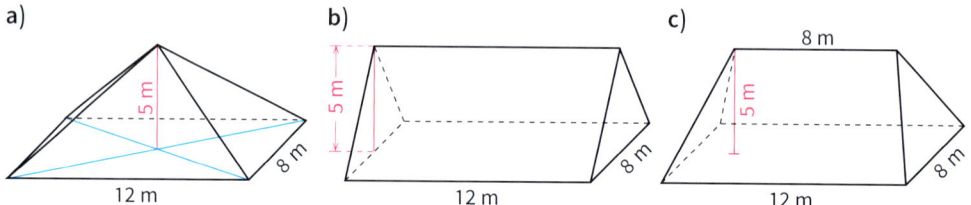

3. Ein kegelförmiger Sandhaufen mit einer Höhe von 2,5 m und einem Umfang von 22,8 m soll abgefahren werden. 1 cm³ Sand wiegt 1,6 g.
   a) Ein Lkw hat eine Tragfähigkeit von 3,5 t. Wie viele Fahrten sind nötig?
   b) Damit der Sand bis zum Abtransport nicht dem Wetter ausgesetzt ist, soll er mit einer Folie abgedeckt werden. Berechne dazu die Mantelfläche des kegelförmigen Sandhaufens.

4. Die Abbildung zeigt Netze von Körpern.

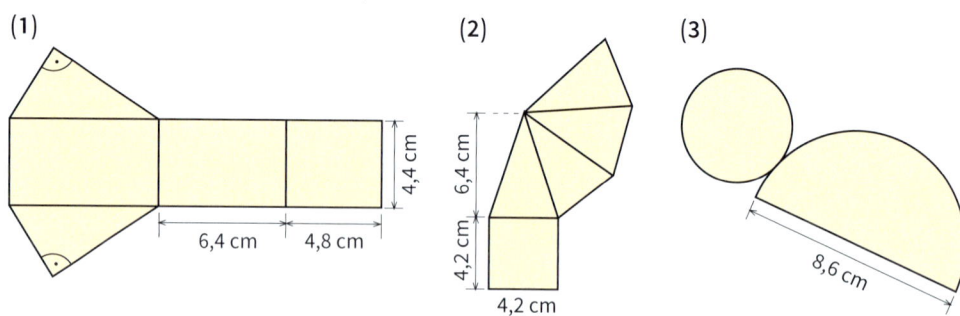

   a) Gib den Namen der Körper an und zeichne ihre Schrägbilder.
   b) Berechne Volumen und Oberflächeninhalt.

5. Kupferdraht hat die Dichte $8{,}9 \frac{g}{cm^3}$. Eine Rolle Kupferdraht wiegt 17,5 g. Der Draht hat einen Durchmesser von 2,7 mm. Wie lang ist der Draht?

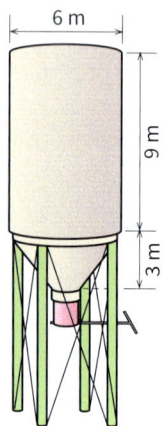

6. a) Wie groß ist das Fassungsvermögen des Silos links?
   b) Wie viel Prozent des Inhalts entfallen auf den kegelförmigen Teil?
   c) Das Silo soll von außen gestrichen werden. 1 kg Farbe reicht für 8 m². Wie viel kg Farbe werden etwa benötigt?

3. Wachstumsprozesse – Exponentialfunktionen

Wachstumsprozesse kommen in der Natur und der Technik in vielen Situationen vor.

Kochtöpfe gibt es in vielen unterschiedlichen Größen, sie können sich im Durchmesser und in der Höhe unterscheiden.

→ Betrachte Kochtöpfe mit dem Durchmesser 16 cm. Berechne für 10 cm, 15 cm und 20 cm hohe Töpfe das Fassungsvermögen. Veranschauliche die Abhängigkeit des Volumens von der Höhe.
→ Betrachte Kochtöpfe der Höhe 15 cm. Berechne für Töpfe mit dem Durchmesser von 16 cm, 20 cm, 24 cm, 28 cm das Fassungsvermögen.
Veranschauliche die Abhängigkeit des Volumens vom Durchmesser.

In diesem Kapitel ...
wirst du Funktionen, deren Terme aus Potenzen bestehen, untersuchen.
Weiter lernst du unterschiedliche Wachstumsarten kennen und vergleichst diese miteinander.

Lernfeld: Schnell hinunter, hoch hinaus

Würfelspiel „Sechs ist aus"

→ Werft 40 Würfel gleichzeitig. Einige davon zeigen dann eine Sechs, sortiert diese aus. Werft die übrigen Würfel wieder gleichzeitig und sortiert wieder diejenigen aus, die eine Sechs zeigen, usw.
Wie verändert sich die Anzahl der Würfel, die noch im Spiel sind, im Lauf der Spiele?

→ Führt dazu solche Spielserien mehrfach durch. Vergleicht eure Ergebnisse mithilfe grafischer Auftragungen.
Ihr könnt auch Simulationen mit dem Rechner durchführen.

→ Gebt eine Prognose: Wie viele Würfel sind im 1., 2., …, n-ten Spiel noch vorhanden?

Erneuerbare Energien

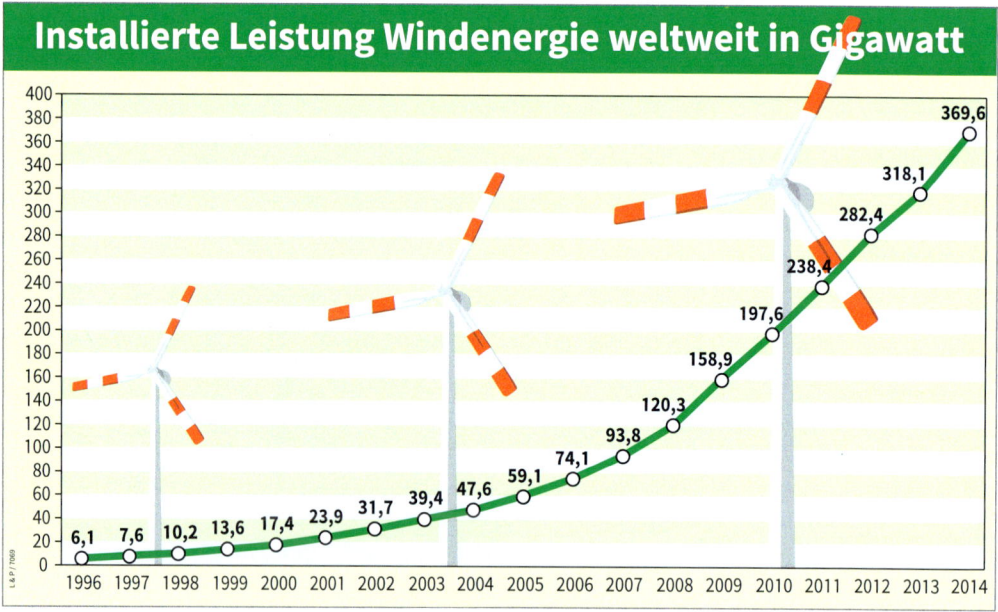

Erneuerbare Energien gewinnen eine immer höhere Bedeutung bei der Energieerzeugung. Einen wichtigen Beitrag liefert die Windenergie.

→ Stellt eine Tabelle zusammen, die das jährliche prozentuale Wachstum an erzeugter Windenergie ab 1996 darstellt.

→ Schätzt ab, wie hoch die erzeugte Windenergie im Jahr 2020 sein wird, wenn das Wachstum so weitergeht.

→ Überlegt, ob es realistisch ist, von einem solchen Wachstum in der Zukunft auszugehen.

Weltbevölkerung wächst und wächst …

DSW-Weltbevölkerungsuhr   22.02.14/10:50 Uhr

In dieser Minute leben
7 195 955 995 Menschen
auf unserem Planeten.

Wie funktioniert die Weltbevölkerungsuhr?
Die Weltbevölkerungsuhr zählt natürlich nicht wirklich die Menschen, die tagtäglich auf der Erde geboren werden oder sterben. Ihr liegen Daten des US-amerikanischen Population Reference Bureau (PRB) zugrunde. Experten beim PRB errechnen den Zuwachs der Weltbevölkerung bis auf die Sekunde. Die Weltbevölkerungsuhr zählt pro Sekunde 2,7 Menschen dazu.

22.02.14

UNO rechnet mit noch stärkerem Wachstum der Weltbevölkerung

Prognose: Über neun Milliarden Menschen im Jahr 2050

Die vereinten Nationen gehen trotz leicht sinkender Kinderzahlen von einem noch stärkeren Wachstum der Weltbevölkerung aus als bisher. Die Weltbevölkerung wachse jährlich um 1,1 % an, heißt es in einer neuen UN-Prognose. Das Bevölkerungswachstum findet demnach in Zukunft ausschließlich in den Entwicklungsländern statt. Bei den Prognosen handelt es sich um eine Überarbeitung der Bevölkerungsprojektionen der UN-Bevölkerungsabteilung. Maßnahmen der Familienplanung müssten in den Entwicklungsländern stärker gefördert werden, sagte die UNO-Sprechrin. „Die rasant wachsende Bevölkerung überfordert bereits heute die Gesundheits- und Bildungssysteme dieser Staaten."

→ In beiden Materialien findet ihr verschiedene Angaben zum Wachstum der Weltbevölkerung.
Erstellt damit jeweils eine Prognose für die Entwicklung der Weltbevölkerung bis zum Jahr 2050. Fertigt auch Poster mit grafischen und tabellarischen Darstellungen an.
Vergleicht die beiden Angaben zum Bevölkerungswachstum.

→ Für die Beschreibung der Weltbevölkerungsentwicklung gibt man oft an, wann eine Milliardengrenze überschritten wird.
Ermittelt solche Werte für die beiden obigen Angaben. Vergleicht.

3.1 Beschreibung exponentieller Prozesse

3.1.1 Lineares und exponentielles Wachstum

Einstieg

„Kennst-du-den?" boomt
Das soziale Netzwerk „Kennst-du-den?" hat sich prächtig entwickelt. Im Januar 2015 wurden 500 Mitglieder gezählt. Seit diesem Zeitpunkt wächst die Mitgliederzahl um 200 pro Monat. Der Geschäftsführer sagt im Juni: „Wenn das so weitergeht, haben wir im Januar 2016 fast 2 500 Mitglieder."

Erfolgreiche Neugründung
Im Januar 2015 wurde der Kurznachrichtendienst WING gegründet. Schon im ersten Monat waren 50 Nutzer angemeldet. In den ersten Monaten veranderthalbfachte sich die Nutzerzahl von Monat zu Monat. Bei unverändertem Wachstum kann im Januar 2016 mit mehr als 5 000 Nutzern gerechnet werden.

Nehmt Stellung zu den Aussagen der beiden Zeitungsartikel. Berechnet, wie viele Mitglieder beide Netzwerke bei gleichem Wachstum im Januar 2018 voraussichtlich haben werden.

Aufgabe 1

Exponentielles Wachstum

In einer Flussniederung wird Kies ausgebaggert. Ein anfangs 500 m² großer See vergrößert sich durch die Baggerarbeiten jede Woche um 200 m². Da der See später als Wassersportfläche genutzt werden soll, wird die Wasserqualität regelmäßig untersucht. Besonders genau wird eine Algenart beobachtet, die sich sehr schnell vermehrt. Die von den grünen Algen bedeckte Fläche ist zu Beginn der Baggerarbeiten 10 m² groß, sie verdoppelt sich jede Woche.

a) Wann ungefähr ist der ganze See mit Algen bedeckt?
   Zeichne dazu die Graphen der beiden Funktionen
   (1) *Zeit (in Wochen) → Baggerseegröße (in m²)* und
   (2) *Zeit (in Wochen) → Algenflächengröße (in m²)*.
b) Beschreibe das Anwachsen des Baggersees und der Algenfläche mithilfe von Gleichungen.
c) Betrachte die Veränderung der Größen nicht in wöchentlichen Abständen, sondern in anderen Zeitspannen: Wie verändert sich die Größe des Baggersees und der Algenfläche
   (1) in zwei Wochen;   (2) in einer halben Woche?

Lösung

a) Wir erstellen zunächst die Wertetabellen.

(1)

Zeit x (in Wochen)	0	1	2	3	4	5	6	7	8	...
Baggerseegröße (in m²)	500	700	900	1 100	1 300	1 500	1 700	1 900	2 100	...

(jeweils +1 in x, +200 in der Größe)

(2)

Zeit x (in Wochen)	0	1	2	3	4	5	6	7	8	...
Algenflächengröße (in m²)	10	20	40	80	160	320	640	1 280	2 560	...

(jeweils +1 in x, ·2 in der Größe)

Die Punkte zu den Wertepaaren der Tabelle zur Baggerseegröße liegen auf einer Geraden. Die Punkte aus der Tabelle zur Algenflächengröße liegen nicht auf einer Geraden. Wir verbinden die Punkte sinnvoll. An den Graphen erkennst du:
Zwischen der 7. und 8. Woche ist der ganze See mit Algen bedeckt. Nach diesem Zeitpunkt haben die Graphen keine Bedeutung mehr für die Wirklichkeit.

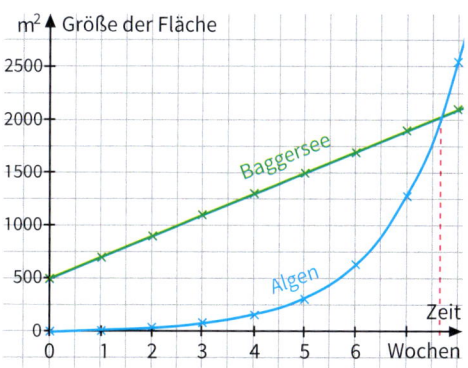

b) Wir bezeichnen die Baggerseegröße (in m²) zum Zeitpunkt x (in Wochen) mit f(x).
In jeder abgelaufenen Woche erhöht sich die Größe der Wasserfläche um 200 m². In 5 Wochen ist so zur Anfangsgröße von 500 m² eine Fläche von 200 · 5 m² dazu gekommen. Der Term 200 · x gibt den Zuwachs (in m²) nach x Wochen an. Insgesamt ist die Wasserfläche dann (500 + 200 · x) m² groß.
Die Wachstumsformel lautet daher: f(x) = 500 + 200 x
Wir bezeichnen die Algenflächengröße (in m²) zum Zeitpunkt x (in Wochen) mit g(x).
In jeder abgelaufenen Woche erhöht sich die Größe der Algenfläche auf das Doppelte.
In 5 Wochen wird die Ausgangsfläche von 10 m² mit 2·2·2·2·2, also 2^5 multipliziert.
Sie beträgt dann $10 \cdot 2^5$ m².
Nach x Wochen beträgt die Größe der Algenfläche (in m²) daher $g(x) = 10 \cdot 2^x$.

c) Du erkennst an der Tabelle rechts:
(1) In zwei Wochen wächst der See um jeweils 2·200 m², also um 400 m². Wenn die x-Werte um 2 zunehmen, dann nehmen die f(x)-Werte jeweils um 400 zu.
Die Fläche der Algen wird in zwei Wochen zweimal verdoppelt, also vervierfacht. Wenn die x-Werte um 2 zunehmen, dann werden die f(x)-Werte jeweils mit 4 multipliziert.

Zeit (in Wochen)	Baggerseegröße (in m²)	Algenflächengröße (in m²)
x	f(x) = 500 + 200 · x	$g(x) = 10 \cdot 2^x$
0	500	10
2	900	40
4	1 300	160
6	1 700	640

(+2 Schritte: +400 bzw. ·4)

(2) Wählt man als Zeitspanne eine halbe Woche, so wächst der See nur um jeweils die Hälfte von 200 m², also 100 m².
Die Algenfläche ist nach einer ganzen Woche verdoppelt. Der Wachstumsfaktor w für eine halbe Woche muss also mit sich selbst multipliziert den Wachstumsfaktor 2 für eine ganze Woche ergeben:
w · w = 2

Zeit (in Wochen)	Baggerseegröße (in m²)	Algenflächengröße (in m²)
x	f(x) = 500 + 200 · x	$g(x) = 10 \cdot 2^x$
0	500	10
0,5	600	≈ 14,1
1	700	20
1,5	800	≈ 28,3

(+0,5 Schritte: +100 bzw. $\cdot \sqrt{2}$)

Also muss die Algenfläche pro halbe Woche auf das $\sqrt{2}$-fache anwachsen, denn $\sqrt{2} \cdot \sqrt{2} = 2$.

Information

(2) Lineares und exponentielles Wachstum

Bei beiden Wachstumsprozessen in Aufgabe 1 handelt es sich um Größen (Baggersee-Fläche, Algenfläche), die sich mit der Zeit nach bestimmten Gesetzmäßigkeiten verändern.
Solche Wachstumsprozesse treten häufig auf. Man hat ihnen daher besondere Namen gegeben.

Lineares Wachstum

Bei einer gleichen Zunahme der x-Werte um c werden zu den zugehörigen Funktionswerten y immer die *gleichen Summanden* addiert.

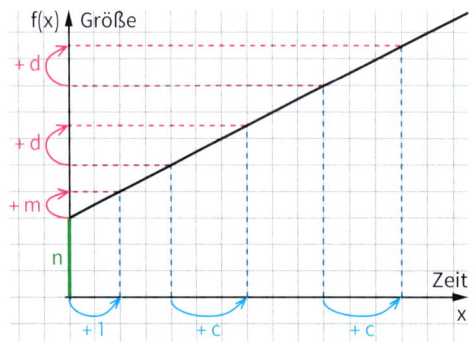

Lineares Wachstum wird durch einen Funktionsterm der Form $f(x) = m \cdot x + n$ beschrieben; dabei ist n der Anfangsbestand und m der Summand zur Zunahme $c = 1$ der x-Werte.

Exponentielles Wachstum

Bei einer gleichen Zunahme der x-Werte um c werden die zugehörigen Funktionswerte immer mit dem *gleichen Faktor* multipliziert.

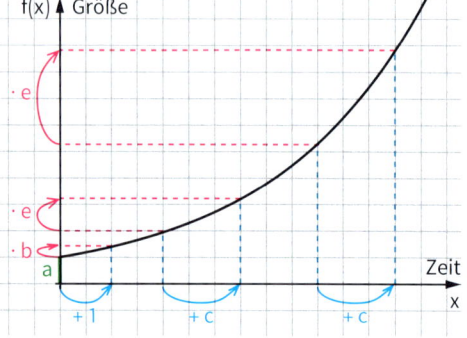

Exponentielles Wachstum wird durch einen Funktionsterm der Form $f(x) = a \cdot b^x$ beschrieben; dabei ist a der Anfangsbestand und b der der Faktor zur Zunahme $c = 1$ der x-Werte.

Weiterführende Aufgabe

Proportionales Wachstum

2. Aus einem undichten Hahn fließt Wasser gleichmäßig aus: in 2 Minuten insgesamt 1,5 Liter.
   a) Lege für die Zeit t (t = 0, 1, 2, ..., 12) in Minuten und die Wassermenge B(t) in Liter eine Tabelle an und zeichne den Graphen. Beschreibe ihn durch eine Formel.
   b) Begründe, dass lineares Wachstum vorliegt.
   c) Welche besonderen Eigenschaften weist dieser Spezialfall linearen Wachstums auf?

Proportionales Wachstum

Wächst ein Bestand so an, dass nach doppelt (dreimal, viermal, ...) so langer Zeit der Bestand sich verdoppelt (verdreifacht, vervierfacht, ...) so liegt *proportionales* Wachstum vor.
Proportionales Wachstum ist der Spezialfall linearen Wachstums mit dem Anfangsbestand 0.

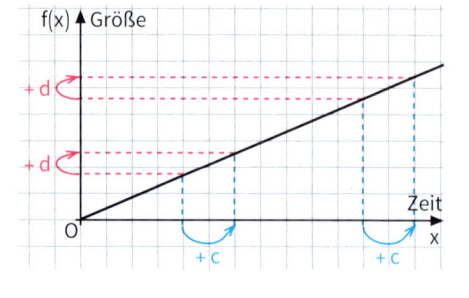

Lineares und proportionales Wachstum haben wir schon früher untersucht. Jetzt werden wir uns eingehend mit dem exponentiellem Wachstum beschäftigen.

Übungsaufgaben

3. Für das Algenwachstum eines Sees gilt $f(x) = 10 \cdot 2^x$. Dabei gibt x die Zeit (in Wochen) nach dem Beobachtungsbeginn an und f(x) die Größe der bedeckten Fläche (in dm²).
   a) Mit welchem Faktor vervielfacht sich die von den Algen bedeckte Fläche jeweils nach 4 Wochen, nach 6 Wochen, nach 8 Wochen, nach 10 Wochen?
   b) Welche Fläche ist nach 11 Wochen [10 Wochen; 9 Wochen] mit Algen bedeckt?
   c) Wie groß ist die Algenfläche nach $\frac{1}{4}$ Woche, nach 1 Tag?
   d) Begründe: Nach 10 Wochen hat sich die mit Algen bedeckte Fläche ungefähr vertausendfacht. Bewerte das Ergebnis.

4. Ein Baggersee von 1 200 m² Größe wird jede Woche um 700 m² vergrößert. Eine Algenart bedeckt zu Beginn der Baggerarbeiten 1 m² Wasserfläche. Die mit Algen bedeckte Fläche verdreifacht sich jede Woche.
   a) Erstelle für die Zunahme der Wasserfläche und für das Wachstum der Algen eine Tabelle. Beschreibe jeweils die Art des Wachstums. Gib jeweils einen Funktionsterm an.
   b) Zeichne die Graphen. Wann ist die ganze Wasserfläche mit Algen bedeckt?

5. ## Wasserhyazinthen überwuchern den Viktoriasee

   Bei den Wasserhyazinthen (Eichhornia) handelt es sich um krautige, schwimmende Wasserpflanzen, die mit aufgeblasenen Blattstielen an der Wasseroberfläche treiben.
   Ursprünglich ist die Wasserhyazinthe in den Tropen Südamerikas beheimatet. Über einen botanischen Garten in Java gelangte die Schwimmpflanze 1880 nach Afrika. Ohne natürliche Feinde vermehrte sie sich explosionsartig und gelangte über Bäche und Flüsse in den Viktoriasee. 1988 wurde die Pflanze dort zum ersten Mal gesichtet. Unermüdlich treiben die Ausläufer der Wasserhyazinthe und sie verdreifacht jeden Monat ihre Ausmaße.

   Erstelle eine Tabelle und zeichne einen Graphen der Funktion
   Zeit x (in Monaten) → Größe y der mit Hyazinthen bedeckten Fläche (in m²).
   Du kannst aufhören, wenn eine Fläche von 10 km² bedeckt ist.
   Bestimme die Funktionsgleichung.

6. Die Tabelle beschreibt Zunahmeprozesse. Welche Art von Wachstum könnte dem Prozess zugrunde liegen? Begründe.

Zeit (in Tagen)		0	1	2	3	4	5	6	7	8
a)	Volumen einer Hefekultur (in cm³)	1	3		27		243			6 561
b)	Füllhöhe eines Wasserbeckens (in cm)	0	26	52		104	130			
c)	Anzahl der infizierten Personen	1	4	16		256				65 536

3.1.2 Prozentuale Wachstumsrate

Einstieg

Verstädterung

(**Urbanisierung** von lat. urbs: Stadt) bezeichnet die Ausbreitung städtischer Lebensformen in ländlichen Gebieten. Dieser Prozess ist seit Jahrhunderten zu beobachten, hat aber in den letzten Jahrzenten in den Schwellen- und Entwicklungsländern bisher ungekannte Ausmaße angenommen.

Mit diesem rasanten Wachstum und der Bildung sogenannter Mega-Cities geht dort ein ebenso massives Anwachsen der ungeplanten und unterversorgten Stadtgebiete einher, der Slums. Besonders in Afrika ist der Trend zu Urbanisierung (Verstädterung) überdeutlich: in dem ländlich geprägten Kontinent mit nur 38,3 % städtischer Bevölkerung (2005) wachsen die Städte pro Jahr um 3,0 % (Verständerungsrate). Hat in Afrika im Jahr 2014 eine „statistisch ideale" Stadt 1 Million Einwohner, kann sich ihre Größe in etwa zwanzig Jahren verdoppeln.

Untersucht mit den Daten des Artikels die Bevölkerungsentwicklung afrikanischer Städte und kontrolliert die Angabe über die Zeit zur Verdoppelung.

Aufgabe 1

Prozentuale Wachstumsrate
Der Holzbestand eines Waldes beträgt etwa 50 000 Festmeter. Bei natürlichem Wachstum nimmt der Holzbestand jährlich um 3,6 % zu. Erstelle eine Tabelle, die den Holzbestand für die nächsten 5 Jahre beschreibt. Zeige, dass es sich dabei um exponentielles Wachstum handelt. Ermittle einen Funktionsterm.

Festmeter
gebräuchlich, aber nicht gesetzliche Buchungseinheit für Holz, die ein Kubikmeter feste Holzmasse bedeutet.

Lösung

Der Bestand wächst pro Jahr um 3,6 %, d. h. pro Jahr kommen zu 100 % noch 3,6 % hinzu. Der neue Bestand beträgt also 103,6 % des alten Bestandes.

Zeit x (in Jahren)	0	1	2	3	4	5
Bestand f(x) (in Festmeter)	50000	51800	53665	55597	57598	59672

Man muss bei einer Zeitspanne von 1 Jahr also immer mit dem Faktor 1,036 multiplizieren.
Es handelt sich um exponentielles Wachstum.
Der Funktionsterm für den Bestand f(x) in Abhängigkeit von der Zeit x lautet:
$f(x) = 50\,000 \cdot 1{,}036^x$.

Information

Wird eine Größe in gleichen Zeitspannen immer um den gleichen Prozentsatz p % vermehrt, so liegt exponentielles Wachstum vor. Man spricht auch vom *prozentualen Wachstum*. p % heißt *Wachstumsrate* pro Zeitspanne. Die Zahl, mit der man die Ausgangsgröße multiplizieren muss, um die Größe nach dieser Zeitspanne zu erhalten, heißt *Wachstumsfaktor*.

Bei einer Zunahme mit konstanter **prozentualer Wachstumsrate** p % liegt exponentielles Wachstum mit dem **Wachstumsfaktor** $\left(1 + \frac{p}{100}\right)$ pro Zeitspanne vor.
Der Wachstumsfaktor $\left(1 + \frac{p}{100}\right)$ wird oft mit q abgekürzt: $q = 1 + \frac{p}{100}$
Beispiel: Zur Wachstumsrate 3,6 % gehört der Wachstumsfaktor 1,036.

3.1 Beschreibung exponentieller Prozesse

Weiterführende Aufgaben

Prozentuale Wachstumsrate und Verdopplungszeit

2. Bevölkerungswachstum charakterisiert man häufig auch durch die Angabe von Verdopplungszeiten statt Wachstumsraten (Stand 2014).

Land	Simbabwe	Liberia	Indien	Malaysia	Nigeria
Bevölkerungszahl	12,6 Mio.	3,9 Mio.	1 205,1 Mio.	29,1 Mio.	170,1 Mio.
Wachstumsrate	4,36 %	2,61 %	1,31 %	1,54 %	2,55 %

a) Ermittle, nach wie viel Jahren sich die Bevölkerung der angegebenen Länder verdoppelt.
b) Welcher Zusammenhang besteht zwischen der Wachstumsrate p % und der Verdopplungszeit d? Überprüfe deine Vermutung für weitere Wachstumsraten bis 10 % und andere Prozentsätze.
Vergleiche mit der nebenstehenden Faustformel.

> Beim exponentiellen Wachstum ist die Zeitspanne, die zur Verdoppelung eines Anfangswertes benötigt wird, unabhängig vom Anfangswert. Man nennt sie **Verdopplungszeit**.

Bestimmen der prozentualen Wachstumsrate pro Zeitspanne

3. Eine Hefekultur von 5 g vermehrt sich so, dass der Bestand jede Stunde auf das Zweieinhalbfache anwächst.
Wie groß ist die prozentuale Wachstumsrate pro Stunde?
Welchen Einfluss hat der Anfangsbestand? Begründe.

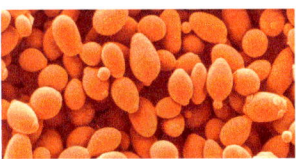

Übungsaufgaben

4. Auf wie viel Euro wachsen 1000 € bei einer Verzinsung von 3 % pro Jahr
(1) in 3 Jahren, (2) in 5 Jahren, (3) in 8 Jahren an?
Um welches Wachstum handelt es sich? Gib einen Funktionsterm an.

5. a) Der Holzbestand eines Waldes wächst unter günstigen Bedingungen jährlich um 3,5 %.
Zu Beginn sind 40 000 Festmeter vorhanden. Wie entwickelt sich der Holzbestand?
b) Durch schädliche Umwelteinflüsse verlangsamt sich das Wachstum des Holzbestandes so, dass er jährlich nur um 2,5 % zunimmt. Auf wie viel Festmeter wächst der Holzbestand des geschädigten Waldes im Laufe der Jahre?
c) Für einen Festmeter Holz wird durchschnittlich ein Erlös von 45 € erzielt.
Wie hoch ist der durch Umweltschäden verursachte Verlust (gegenüber dem natürlichen Wachstum) in den nächsten 5 Jahren?

6. Wie groß ist der Zinssatz pro Jahr, wenn 1 000 € nach 4 Jahren auf 1 170 € angewachsen sind?

7. Gib die Bedeutung der Variablen an.
Ermittle die fehlenden Werte und schreibe zu jeder Aufgabe eine Rechengeschichte.

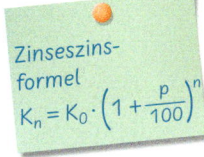

K_0	1 500 €	25 000 €		1 000 €	
p %	4 %	5,75 %	3 %		6 %
n	8	10	8	10	12
K_n			30 000 €	1 500 €	18 000 €

8. Nach wie vielen Jahren würde sich die Bevölkerung jeweils verdoppeln, wenn die vorausberechnete Wachstumsrate sich als richtig erweist? Verwende die Faustformel.

   Afrika 2,6 %   Asien 1,1 %

9. Betrachte die Überlegung von Melle rechts. Wo steckt der Fehler?

   Wenn ich pro Jahr 2,5% Zinsen bekomme, dann hat sich mein Kapital nach 40 Jahren verdoppelt, denn 40 × 2,5% = 100% und 100% + 100% = 200% = 2 und das heißt Verdoppelung.

10. Die Bevölkerung eines Landes wird sich bei gleichmäßig prozentualem Wachstum nach einer Prognose A in 25 Jahren, nach einer Prognose B in 32 Jahren verdoppeln. Von welcher prozentualen Wachstumsrate gehen die Prognosen jeweils aus?

Downlight
meist runde, mit Reflektoren ausgestattete Deckenleuchte

11. LEDs gewinnen als Leuchtmittel eine immer höhere Bedeutung. Derzeit geht man bei LED-Beleuchtungsprodukten von einem jährlichen Wachstum von 20 % aus.
    2011 wurden weltweit 23 Millionen LED-Downlights verkauft. Stelle einen Funktionsterm auf und berechne damit die Anzahl der verkauften Downlights im Jahr 2016.

3.1.3 Exponentielle Abnahme – Zerfall

Einstieg

Die Funktionsfähigkeit der Leber zweier Patienten soll untersucht werden.

a) Einem Patienten werden 40 mg des Farbstoffs ICG in Form einer verdünnten Lösung injiziert. Sein Körper scheidet pro Minute 20 % des Farbstoffes aus. Berechne, wie lange es dauert, bis die Hälfte des injizierten Farbstoffs abgebaut ist.

b) Ein anderer Patient bekommt 50 mg Farbstoff injiziert. Nach 10 min sind noch 10 % des Farbstoffes nachweisbar. Arbeitet die Leber dieses Patienten normal?

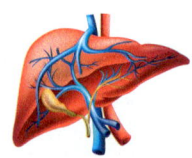

Zur Untersuchung der Funktionsfähigkeit der menschlichen Leber, wird Patienten z. B. der Farbstoff Indocyaningrün (ICG) injiziert.
Eine gesunde Leber scheidet den Farbstoff mit einer Halbwertzeit von 3–4 min aus, d. h. in dieser Zeit ist die injizierte Konzentration auf die Hälfte gesunken.

Aufgabe 1

Exponentielle Abnahme
Eine Patientin nimmt einmalig 8 mg eines Medikamentes zu sich. Im Körper wird im Laufe eines Tages $\frac{1}{4}$ des Medikamentes abgebaut, d. h. es sind am nächsten Tag nur noch $\frac{3}{4}$ davon vorhanden.

a) Erstelle eine Wertetabelle für den Abbau des Medikamentes in den ersten 8 Tagen.
   Bestimme eine Gleichung, mit der man die Masse $f(x)$ zum Zeitpunkt x Tage nach der Einnahme berechnen kann.

b) Zeichne den Graphen und beantworte damit, wann nur noch die Hälfte des Medikaments im Körper der Patientin ist. Zeige am Graphen auch, dass die für eine Halbierung benötigte Zeitspanne unabhängig von der Ausgangsmasse ist.

3.1 Beschreibung exponentieller Prozesse

Lösung

a)

Zeitpunkt x (in Tagen)	0	1	2	3	4	5	6	7	8
Masse f(x) (in mg)	8	6	4,5	3,38	2,53	1,90	1,42	1,07	0,80

Nach 1 Tag sind noch $8\,\text{mg} \cdot \frac{3}{4}$ vorhanden, am 2. Tag noch $\left(8\,\text{mg} \cdot \frac{3}{4}\right) \cdot \frac{3}{4} = 8\,\text{mg} \cdot \left(\frac{3}{4}\right)^2$.

Nach 5 Tagen liegt noch eine Masse von $8\,\text{mg} \cdot \left(\frac{3}{4}\right)^5$ vor.

Für x Tage gilt: $f(x) = 8 \cdot \left(\frac{3}{4}\right)^x$

b) In ungefähr 2,4 Tagen ist statt 8 mg nur noch die Hälfte des Anfangsbestands, also 4 mg vorhanden.
Die Zeitspanne, in der das Medikament z. B. von 3 mg auf 1,5 mg abnimmt, beträgt auch ungefähr 2,4 Tage.
Dies gilt auch für andere Halbierungen.

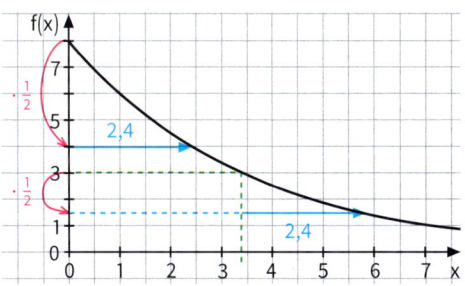

Information

(1) Exponentielle Abnahme

Im Sachverhalt von Aufgabe 1 kann man auch andere Zeitspannen wählen und untersuchen, mit welchem Faktor man multiplizieren muss. Wählt man z. B. eine Zeitspanne von 2 Tagen, so wird die Medikamentenmasse zweimal mit $\frac{3}{4}$ multipliziert, also insgesamt mit $\frac{9}{16}$.
Für eine Zeitspanne von einem halben Tag muss für den Faktor x gelten: $x \cdot x = \frac{3}{4}$.

Man muss also die Medikamentenmasse mit $\sqrt{\frac{3}{4}}$ multiplizieren, um zu bestimmen, wie viel nach einem halben Tag vorhanden ist.

Exponentielle Abnahme

Vergrößert man die x-Werte um c, so werden die Funktionswerte immer mit dem gleichen Faktor d multipliziert. Der Faktor d liegt zwischen 0 und 1.
Dies nennt man *exponentielle Abnahme*.
Exponentielle Abnahme wird durch die Formel $f(x) = a \cdot b^x$ beschrieben, wobei die Basis b zwischen 0 und 1 liegt.

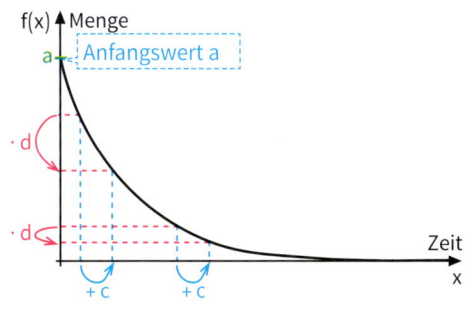

b ist der Faktor zur Zeitspanne c = 1.

Da zu gleichen Zeitspannen gleiche Faktoren gehören, gilt insbesondere:

Bei exponentieller Abnahme ist die Zeitspanne, die zur Halbierung eines Anfangswertes benötigt wird, unabhängig vom Anfangswert. Man nennt sie **Halbwertszeit**.

Negatives Wachstum

(2) Exponentielles Wachstum

Zu exponentieller Abnahme und Zunahme gehören Funktionsterme der Form $f(x) = a \cdot b^x$, wobei bei Abnahmen der Wachstumsfaktor zwischen 0 und 1 liegt, bei Zunahmen ist er größer als 1. Der Oberbegriff zu exponentieller Zunahme und exponentieller Abnahme ist exponentielles Wachstum. Abnahmeprozesse werden auch plakativ als „negatives Wachstum" bezeichnet.

Weiterführende Aufgabe

Radioaktivität
Zerfall instabiler Atomkerne unter Aussendung von Strahlen

Abnahmerate und Abnahmefaktor

2. a) Radioaktives Iod zerfällt so, dass seine Masse um 8 % pro Tag abnimmt. Am Anfang sind 3 mg vorhanden. Wie viel radioaktives Iod ist am 2. Tag, 3. Tag, 4. Tag, 5. Tag noch vorhanden? Stelle auch einen Funktionsterm auf.
   b) Erläutere folgende Regel:

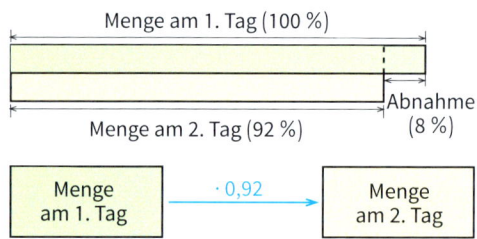

Bei einer Abnahme mit konstanter prozentualer Abnahmerate (Zerfallsrate) p % liegt **exponentielle** Abnahme mit dem **Abnahmefaktor** (*Zerfallsfaktor*) $\left(1 - \frac{p}{100}\right)$ vor.

Übungsaufgaben

3. Radioaktiver Schwefel zerfällt so, dass die Masse jedes Jahr um $\frac{1}{12}$ abnimmt. Es sind anfangs 6 g Schwefel vorhanden.
   a) Wie viel Schwefel sind nach 1; 2; 3; 4; 5; 6 Jahren noch vorhanden?
   b) Zeichne den Fuktionsgraphen und stelle eine Funktionsgleichung auf.
   c) Welcher Anteil ist nach 10 Jahren noch vorhanden?
   d) Ermittle die Halbwertszeit von radioaktivem Schwefel.

Isotop: Atom, das sich von einem anderen desselben chemischen Elements nur in der Masse unterscheidet.

4. Für bestimmte Untersuchungen verwendet man in der Medizin ein radioaktives Iod-Isotop, das schnell zerfällt. Von 1 mg ist nach 1 Stunde jeweils nur noch 0,75 mg im menschlichen Körper vorhanden.
   a) Nach wie viel Stunden ist von 1 mg zum ersten Mal weniger als 0,5 mg vorhanden?
   b) Wie groß ist der Zerfallsfaktor zur Zeitspanne
      (1) 1 Stunde; **(2)** 2 Stunden; **(3)** 3 Stunden; **(4)** 5 Stunden?

5. Alkohol wird von der Leber abgebaut. In der Gerichtsmedizin geht man davon aus, dass der Blutalkoholgehalt um etwa 0,2 Promillepunkte pro Stunde abnimmt.
   a) Ein Partybesucher geht um 3 Uhr nachts mit einem Blutalkoholgehalt von 1,6 Promille schlafen. Wie hoch ist der Blutalkoholgehalt um 8 Uhr morgens?
   b) Wann ist sein Blutalkoholgehalt auf 0 Promille abgesunken?
   c) Vergleiche den Abbau des Alkohols mit dem des radioaktiven Iods (Übungsaufgabe 4).

ppm (engl.) parts per million: $1 : 10^6$

6. Durch Einleiten einer giftigen Chemikalie in einen Stausee ist das Wasser so verunreinigt worden, dass ein Badeverbot erlassen werden musste. Im Stausee wurden 135 ppm der Chemikalie gemessen. Die Verunreinigung nimmt nur langsam um 10 % pro Woche ab. Das Badeverbot kann aufgehoben werden, wenn die Verunreinigung den von den Gesundheitsbehörden festgelegten Grenzwert von 25 ppm unterschritten hat. Nach wie vielen Wochen ist das möglich?

7. Röntgenstrahlen werden durch Bleiplatten abgeschirmt. Bei einer Plattendicke von 1 mm nimmt die Strahlungsstärke um 5 % ab. Wie dick muss die Bleiplatte sein, damit die Strahlung auf
   (1) die Hälfte; **(2)** $\frac{1}{10}$
   der ursprünglichen Stärke vermindert wird?

Im Blickpunkt

Mittelwerte bei Zunahme- und Abnahmeprozessen

1. Ein Hochgeschwindigkeitszug legt einen Teil einer Teststrecke mit konstanter Geschwindigkeit zurück. Nach 30 s ist er beim Streckenkilometer 40, nach 50 s beim Streckenkilometer 43.
   a) An welcher Stelle war er nach 40 s?
   b) Nach t_1 Sekunden soll der Zug an der Stelle a, nach t_2 Sekunden an der Stelle b sein. Berechne einen Term für die Stelle, an der der Zug nach $\frac{t_1+t_2}{2}$ Sekunden ist.

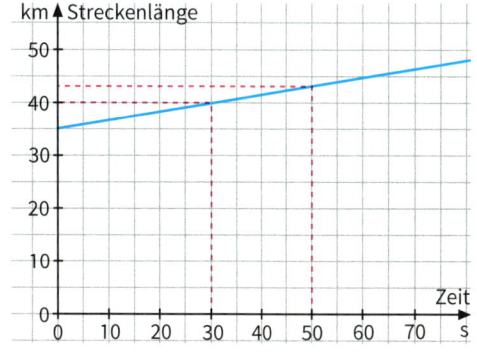

2. Bei einer anderen Testzugfahrt wird eine bestimmte Strecke zurückgelegt. Aus der dafür benötigten Zeit wird die Geschwindigkeit bestimmt.
   Ein Zug, der 30 s benötigt, hat eine Geschwindigkeit von 400 $\frac{km}{h}$, einer, der 50 s benötigt, eine Geschwindigkeit von 240 $\frac{km}{h}$.
   a) Welche Geschwindigkeit hat der Zug, der 40 s benötigt?
   b) Ein Zug, der t_1 Sekunden benötigt, hat die Geschwindigkeit a, einer, der t_2 Sekunden benötigt, die Geschwindigkeit b.
   Berechne einen Term für die Geschwindigkeit eines Zuges, der $\frac{t_1+t_2}{2}$ Sekunden benötigt.

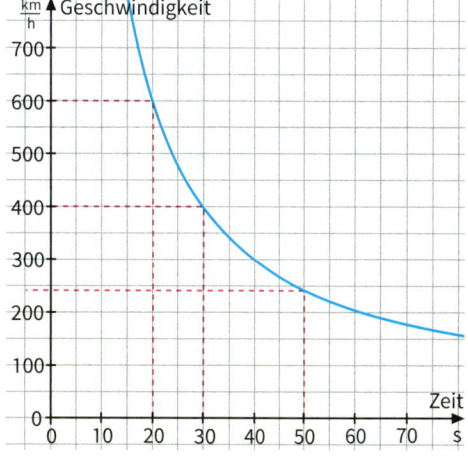

3. Eine Algenart wächst exponentiell an. 30 Tage nach Beobachtungsbeginn sind 40 m² bedeckt, nach 50 Tagen 90 m².
   a) Wie groß war die Fläche, die nach 40 Tagen bedeckt war?
   b) Nach t_1 Tagen sollen a Quadratmeter, nach t_2 Tagen b Quadratmeter bedeckt sein. Berechne einen Term für die Größe der nach $\frac{t_1+t_2}{2}$ Tagen bedeckten Fläche.

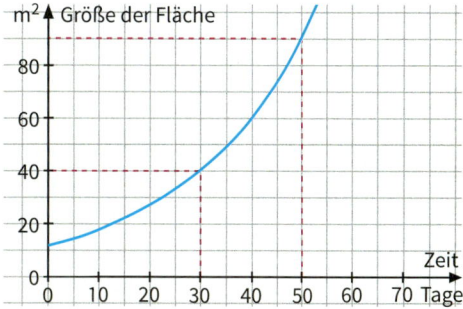

Im Blickpunkt

4. Katharina entdeckt in einem Lexikon, dass es zu zwei gegebenen Werten a und b verschiedene Mittelwerte gibt:

Arithmetisches Mittel $m = \frac{1}{2}(a+b)$	Harmonisches Mittel $\frac{1}{h} = \frac{1}{2}\left(\frac{1}{a} + \frac{1}{b}\right)$	Geometrisches Mittel $g = \sqrt{a \cdot b}$

a) Felix bemerkt, dass die drei Formeln mit den ersten drei Aufgaben zusammenhängen. Erläutere.
b) Untersuche an einem selbst gewählten Beispiel, welcher der obigen Mittelwerte bei einem linearen Abnahmeprozess, welcher bei einem exponentiellen Abnahmeprozess anzuwenden ist.
c) Begründe Folgendes:

> (1) Verändert sich eine Größe linear, so gehört zum arithmetischen Mittel zweier Ausgangswerte das arithmetische Mittel der zugehörigen Werte.
> (2) Verändert sich eine Größe exponentiell, so gehört zum arithmetischen Mittel zweier Ausgangswerte das geometrische Mittel der zugehörigen Werte.
> (3) Verändert sich eine Größe antiproportional, so gehört zum arithmetischen Mittel zweier Ausgangswerte das harmonische Mittel der zugehörigen Werte.

5. Überlege, welcher Mittelwert der angemessene ist.
   (1) Nicole fährt eine Stunde mit dem Fahrrad. Die Hälfte der Zeit fährt sie mit $18\,\frac{km}{h}$, die andere Hälfte mit $12\,\frac{km}{h}$. Wie groß ist ihre Durchschnittsgeschwindigkeit?
   (2) Niklas fährt 12 km mit dem Fahrrad. Die ersten 6 km mit $18\,\frac{km}{h}$, die zweiten 6 km mit $12\,\frac{km}{h}$. Wie groß ist seine Durchschnittsgeschwindigkeit?
   (3) Jessica und Tina fahren Tandem. Der Preis für ihr Tandem-Modell erhöht sich im ersten Jahr von 500 € um 30 %, dann im zweiten Jahr um 10 %. Wie groß ist ihre durchschnittliche prozentuale Erhöhung pro Jahr?

6. Erfindet je eine Aufgabe zur Mittelwertberechnung, bei der das arithmetische Mittel, das harmonische Mittel und das geometrische Mittel berechnet werden muss.

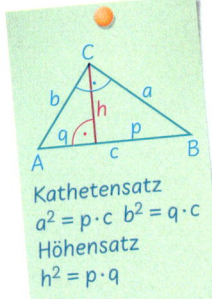

7. Aus der Zeichnung rechts kann man einen Größenvergleich von arithmetischem, geometrischem und harmonischem Mittel für positive Werte a und b herleiten.
   (1) Begründe, dass |MC| das arithmetische Mittel von a und b ist.
   (2) Begründe mithilfe des Höhensatzes für das Dreieck ABC, dass |HC| das geometrische Mittel von a und b ist.
   (3) Begründe mithilfe des Kathetensatzes für das Dreieck HMC, dass |LC| das harmonische Mittel von a und b ist.
   (4) Folgere daraus eine Größenreihenfolge der drei Mittelwerte.

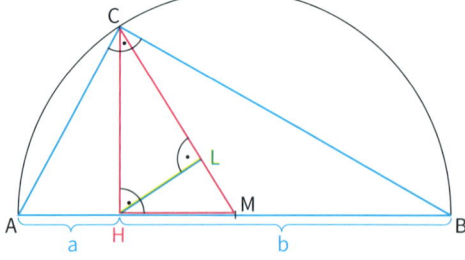

3.2 Exponentialfunktionen und ihre Eigenschaften

3.2.1 Die Exponentialfunktionen mit $y = b^x$ mit $b > 0$; $b \neq 1$

Einstieg Zeichnet für verschiedene Werte von b die Graphen von Exponentialfunktionen mit $f(x) = b^x$ in ein gemeinsames Koordinatensystem. Wie ändert sich der Graph, wenn man die Basis b ändert? Ihr könnt auch einen Rechner verwenden. Nennt gemeinsame Eigenschaften und Unterschiede der Graphen. Vergleicht in der Klasse.

Aufgabe 1 **Die Exponentialfunktion zur Basis 2**
a) Zeichne den Graphen der Exponentialfunktion f mit $f(x) = 2^x$ im Bereich $-3 \leq x \leq 3$.
b) Gib Eigenschaften des Graphen an.
c) Wie ändert sich der Funktionswert, wenn x um 1 bzw. um 3 erhöht wird? Begründe.
d) Wie ändert sich der Funktionswert, wenn x um s erhöht wird? Begründe.

Lösung

a) *Wertetabelle:*

x	2^x
−3	0,125
−2,5	0,177
−2	0,25
−1,5	0,354
−1	0,5
−0,5	0,707
0	1
0,5	1,414
1	2
1,5	2,828
2	4
2,5	5,657
3	8

Graph:

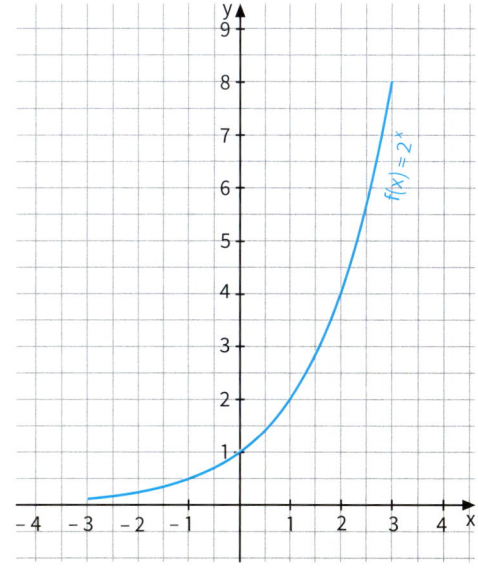

b) Der Graph der Funktion steigt (von links nach rechts) immer an; mit wachsendem x werden die Funktionswerte größer. Er verläuft vom 2. Quadranten durch den Punkt P(0|1) der y-Achse in den 1. Quadranten. Der Graph nähert sich im 2. Quadranten der x-Achse immer mehr an, je kleiner (niedriger) die Werte für x werden.

c) An der Wertetabelle oder am Graphen erkennst du:
Wenn man x um 1 erhöht, verdoppelt sich der Funktionswert, denn:
$f(x + 1) = 2^{x+1} = 2^x \cdot 2 = f(x) \cdot 2$
Wenn man x um 3 erhöht, verachtfacht sich der Funktionswert, denn:
$f(x + 3) = 2^{x+3} = 2^x \cdot 2^3 = f(x) \cdot 8$

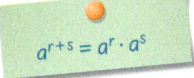

d) Wenn man x um s erhöht, wird der Funktionswert 2^x mit 2^s multipliziert.
Das kann man auch mit einem Potenzgesetz begründen:
$f(x + s) = 2^{x+s} = 2^x \cdot 2^s = f(x) \cdot 2^s$

Aufgabe 2

Die Exponentialfunktion zur Basis $\frac{1}{2}$

Zeichne den Graphen zur Exponentialfunktion f mit $f(x) = \left(\frac{1}{2}\right)^x$ im Bereich $-4 \leq x \leq 4$.
Zeichne in dasselbe Koordinatensystem den Graphen der Exponentialfunktion g mit $g(x) = 2^x$.
Vergleiche die beiden Graphen. Was fällt auf? Begründe.

Lösung

Wertetabelle:

x	$\left(\frac{1}{2}\right)^x$	2^x
−4	16	0,06
−3,5	11,31	0,09
−3	8	0,13
−2,5	5,66	0,18
−2	4	0,25
−1,5	2,83	0,35
−1	2	0,5
−0,5	1,41	0,71
0	1	1
0,5	0,71	1,41
1	0,5	2
1,5	0,35	2,83
2	0,25	4
2,5	0,18	5,66
3	0,13	8
3,5	0,09	11,31
4	0,06	16

Graph:

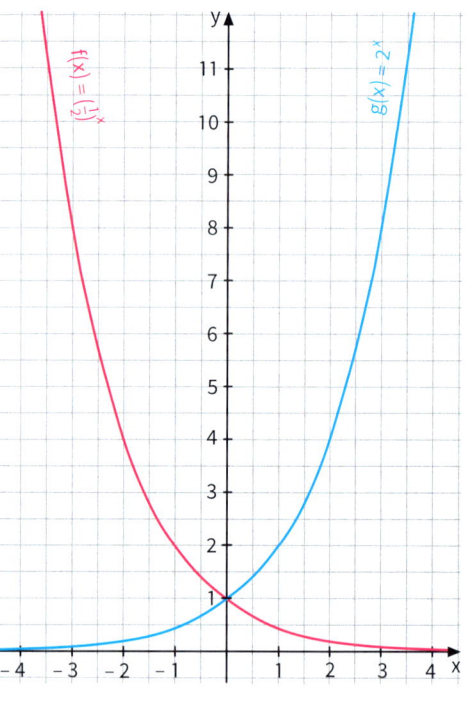

Der Graph zu $f(x) = \left(\frac{1}{2}\right)^x$ geht aus dem Graphen zu $g(x) = 2^x$ durch Spiegelung an der y-Achse hervor und umgekehrt.

Begründung: Ersetzt man in dem einen Funktionsterm x durch −x, so ergibt sich der andere Funktionsterm:

$g(-x) = 2^{-x} = \frac{1}{2^x} = \frac{1^x}{2^x} = \left(\frac{1}{2}\right)^x = f(x)$ bzw. $f(-x) = \left(\frac{1}{2}\right)^{-x} = \frac{1}{\left(\frac{1}{2}\right)^x} = \frac{1}{\frac{1^x}{2^x}} = \frac{1}{\frac{1}{2^x}} = 2^x = g(x)$

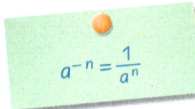

$a^{-n} = \frac{1}{a^n}$

Information

Definition
Eine Funktion mit der Gleichung $y = b^x$, wobei $b > 0$, $b \neq 1$, heißt **Exponentialfunktion zur Basis b**.

Weiterführende Aufgabe

Eigenschaften der Exponentialfunktion zu $y = b^x$

3. a) In den Aufgaben 1 und 2 hast du die Exponentialfunktionen zu den Basen 2 und $\frac{1}{2}$ betrachtet. Zeichne Graphen von Exponentialfunktionen auch für andere Basen.
   Nenne Eigenschaften der Graphen.
   Welche Gemeinsamkeiten bestehen, welche Unterschiede?
   b) Was ergibt sich im Fall $b = 1$?
   Warum wird dieser Fall wohl ausgeschlossen?
   Warum wird der Fall $b = 0$ für die Basis ausgeschlossen?
   Warum darf für die Basis b keine negative Zahl genommen werden?

3.2 Exponentialfunktionen und ihre Eigenschaften

Information

Wir fassen die Ergebnisse der Aufgaben 1 bis 3 noch einmal zusammen.

> **Eigenschaften der Exponentialfunktionen**
> Für jede Exponentialfunktion zu $y = b^x$ mit $x \in \mathbb{R}$ und beliebiger positiver Basis $b \neq 1$ gilt:
> - Der Graph
>   - steigt für $b > 1$;
>   - fällt für $0 < b < 1$.
> - Der Graph liegt oberhalb der x-Achse.
>   Jede positive reelle Zahl kommt als Funktionswert vor, also ist die Wertemenge $\mathbb{R}_+^*$.
> - Der Graph schmiegt sich
>   - für $b > 1$ dem negativen Teil der x-Achse an;
>   - für $0 < b < 1$ dem positiven Teil der x-Achse an.
> - Jedes Mal, wenn x um s wächst, wird der Funktionswert b^x mit dem Faktor b^s multipliziert (*Grundeigenschaft der Exponentialfunktion*).
> - Alle Graphen haben den Punkt $P(0|1)$ und nur diesen Punkt gemeinsam (Schnittpunkt mit der y-Achse).
> - Die Graphen der Exponentialfunktionen zu $y = b^x$ und $y = \left(\frac{1}{b}\right)^x$ gehen durch Spiegelung an der y-Achse auseinander hervor.
>   Statt $y = \left(\frac{1}{b}\right)^x$ kann man auch $y = b^{-x}$ schreiben.

$\mathbb{R}_+^* = \mathbb{R}_+ \setminus \{0\}$

Übungsaufgaben

4. a) Lies an den Graphen in der Information Näherungswerte ab für folgende Potenzen:
   $2^{1,2}$; $2^{-2,5}$; $1,5^{3,4}$; $3^{1,5}$; $3^{-0,6}$

   b) Lies am Graphen zu $y = 2^x$ Näherungswerte für die Stellen ab, zu denen folgende Funktionswerte gehören: 1,2; 3; −0,8; 4,2

5. Wie ändert sich jedes Mal der Funktionswert der Exponentialfunktion f mit dem Funktionsterm $f(x) = 2^x$, wenn man x
   a) um 2 vergrößert;
   b) um 2 verkleinert;
   c) um 3 vergrößert;
   d) um 3 verkleinert;
   e) um 0,5 vergrößert;
   f) um 0,5 verkleinert;
   g) verdoppelt;
   h) verdreifacht;
   i) halbiert?

1024 ≈ 1000

6. a) Wie viel Mal so groß wird der Funktionswert der Exponentialfunktion f mit dem Funktionsterm $f(x) = 2^x$,
   (1) wenn x um 10 größer wird;
   (2) wenn x um 10 kleiner wird?
   Formuliere eine Faustformel.

   b) Um wie viel muss man x vermehren, damit sich der Funktionswert 4^x vertausendfacht?

7. Wie verändert sich jeweils der Funktionswert der Exponentialfunktion f mit dem Funktionsterm $f(x) = \left(\frac{1}{2}\right)^x$, wenn man x
   a) um 2 vergrößert;
   b) um 4 vergrößert;
   c) um 10 vergrößert;
   d) um 1 verkleinert;
   e) um 0,5 vergrößert;
   f) verdoppelt?

8. Zeichne den Graphen der Exponentialfunktion zur angegebenen Basis.
   Beschreibe Eigenschaften des Graphen. Wähle die Schrittweite 0,5 und veranschauliche die
   Grundeigenschaften der Exponentialfunktion am Graphen für $-2 \leq x \leq 2$.
   a) Basis 2,5   b) Basis 1,3   c) Basis 3,4

9. Der Graph einer Funktion steigt von links nach rechts und liegt oberhalb der x-Achse.
   Er schmiegt sich dem negativen Teil der x-Achse an und geht durch die Punkte P(0|1)
   und Q(1|5). Skizziere einen derartigen Graphen und überlege, ob er zu einer Exponential-
   funktion gehört.

10. Ordne einander begründet zu. Ergänze die fehlende Tabelle.

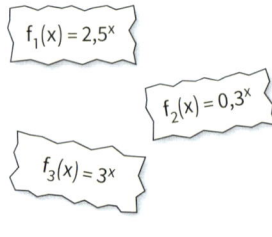
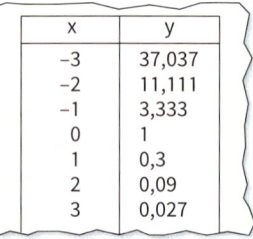

x	y
-3	0,064
-2	0,16
-1	0,4
0	1
1	2,5
2	6,25
3	15,625

x	y
-3	37,037
-2	11,111
-1	3,333
0	1
1	0,3
2	0,09
3	0,027

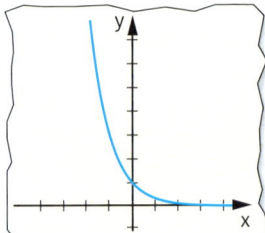
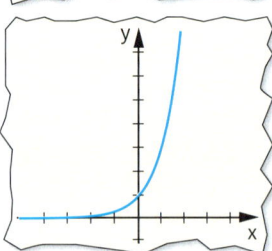
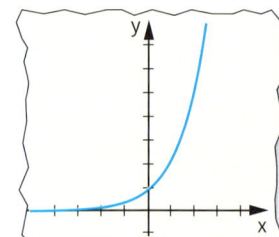

11. Das Wachstum einer Hefekultur wird durch folgende
    Tabelle von Messwerten beschrieben.

Zeit (in h)	0	0,5	0,75	1	1,4	-0,5	-1
Volumen (in cm³)	1	1,4	1,7	2	2,65	0,7	0,5

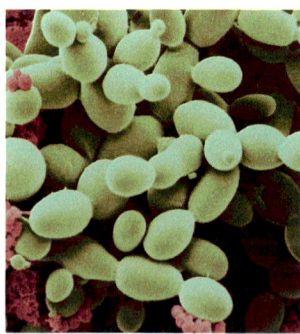

a) Bestätige: Nach x Stunden hat die Hefekultur ein
   Volumen von ungefähr 2^x cm³.
b) Welches Volumen würde sie
   (1) nach 2; (3) nach 10;
   (2) nach 5; (4) nach 20 Stunden einnehmen?

12. Eine Algenkultur ist folgendermaßen angewachsen:

Zeit (in h)	0	0,5	1	1,5	2	3	3,5	4	10	20	-1
Größe der Algenfläche (in m²)	1	1,58	2,5	3,95	6,25	15,625					

a) Bestätige: Das Wachstum der Algenkultur lässt sich annähernd durch eine
   Exponentialfunktion modellieren. Überlege verschiedene Nachweismöglichkeiten.
   Ergänze damit die Tabelle im Heft.
b) Bewerte Tims Behauptung: „Nach 5 Stunden ist die Algenkultur 32 m² groß."

3.2 Exponentialfunktionen und ihre Eigenschaften

13. Zeichne den Graphen der Exponentialfunktion g mit $g(x) = (\sqrt{3})^x$.
    Ermittle am Graphen Näherungswerte für die Lösungen der folgenden Gleichungen.
    (1) $g(2) = y$; (2) $g(-2,5) = z$; (3) $g(x) = 4,3$; (4) $g(r) = -0,01$; (5) $g(x) = 0,5$

14. In dem Koordinatensystem rechts sind die Einheiten nicht eingetragen.
    Trotzdem kann man den Graphen je einen der folgenden Funktionsterme richtig zuordnen. Begründe.
    (1) $2,7^x$ (3) $0,8x + 1$ (5) $3,4^x$
    (2) $1,8^x$ (4) $2,8x + 1$ (6) $2x + 2$

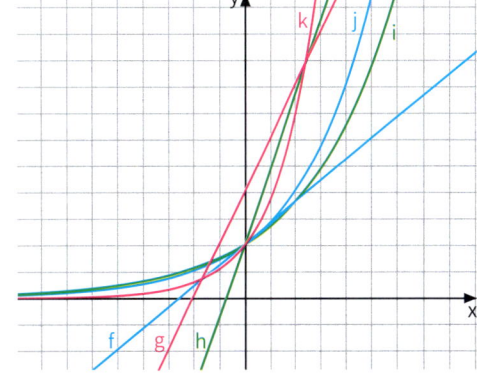

15. Zeichne den Graphen der Exponentialfunktion zur angegebenen Basis. Gib Eigenschaften an.
    a) Basis 0,7   b) Basis 0,3

16. Zeichne den Graphen von f mit $f(t) = \left(\frac{1}{4}\right)^t$ im Bereich $-2 \leq t \leq 2$.
    a) Lies, soweit möglich, am Graphen Näherungswerte ab für die Werte von a, die folgende Gleichung erfüllen: $f(-0,8) = a$; $f(1,9) = a$; $f(a) = 1$; $f(a) = 3$; $f(a) = 0$; $f(a) = -3$
    b) Wie verändert sich jeweils der Funktionswert, wenn man t
       (1) um 1 vergrößert; (3) um 0,5 vergrößert; (5) verdoppelt;
       (2) um 1 verkleinert; (4) um 0,5 verkleinert; (6) halbiert?

17. In dem Koordinatensystem rechts sind die Einheiten nicht eingetragen.
    Trotzdem kann man den Graphen je einen der folgenden Funktionsterme richtig zuordnen. Begründe.
    a) $0,3^x$ c) $-x + 1$ e) $1 - \frac{8}{5}x$
    b) $\left(-\frac{1}{4}\right)^x$ d) $0,9^x$ f) $2 - 0,9x$

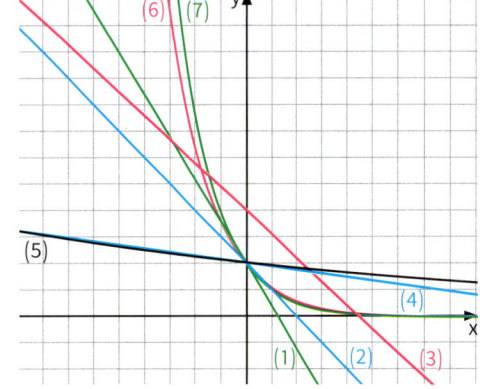

18. Zeichne die Graphen zu $y = 3^x$ und $y = \left(\frac{1}{3}\right)^x$ in ein gemeinsames Koordinatensystem. Zeige rechnerisch, dass sie durch Spiegeln an der y-Achse auseinander hervorgehen.

19. Bilde Paare von Funktionstermen, deren Graphen beim Spiegeln an der y-Achse auseinander hervorgehen: $\left(\frac{3}{4}\right)^x$; 10^x; $1,2^x$; $\left(\frac{4}{3}\right)^x$; $1,4^x$; $\left(\frac{5}{6}\right)^x$; $\left(\frac{5}{7}\right)^x$

20. Der Graph einer Exponentialfunktion mit $y = b^x$ geht durch den Punkt P. Bestimme die Basis b wie im Beispiel.
    a) $P(2|25)$ d) $P(-3|0,125)$ g) $P(3|0,343)$
    b) $P(-1|0,25)$ e) $P(-4|0,25)$ h) $P(-4|256)$
    c) $P\left(\frac{1}{2}\middle|\frac{1}{2}\sqrt{2}\right)$ f) $P(-1|6)$ i) $P\left(-0,5\middle|\frac{1}{3}\right)$

    $P\left(\frac{3}{2}\middle|8\right)$
    $b^{\frac{3}{2}} = 8 \quad |(\ )^{\frac{2}{3}}$
    $b = 8^{\frac{2}{3}} = \sqrt[3]{8^2}$
    $b = 4$

21. Kann man in Übungsaufgabe 20 an den Koordinaten von P erkennen, ob die Basis b größer oder kleiner als 1 ist? Formuliere eine Regel. Begründe sie.

3.2.2 Potenzen mit irrationalen Exponenten

Einstieg Zunächst waren Potenzen nur für natürliche Zahlen als Exponenten definiert. Schrittweise wurde der Potenzbegriff auf ganze Zahlen und auf rationale Zahlen erweitert. Stellt die Überlegungen und Definitionen dafür zusammen.
Zu den reellen Zahlen gehören auch irrationale Zahlen wie z. B. $\sqrt{2}$. Die Exponentialfunktion zu $f(x) = 3^x$ hat an der Stelle $\sqrt{2}$ den Funktionswert $3^{\sqrt{2}}$.
Überlegt, wie man Potenzen mit irrationalen Exponenten, z. B. $3^{\sqrt{2}}$, definieren könnte.

Aufgabe 1 Wir haben die Graphen von Exponentialfunktionen stillschweigend lückenlos gezeichnet, obwohl wir die Funktionswerte an irrationalen Stellen noch nicht definiert haben. Ermittle eine Intervallschachtelung für $2^{\sqrt{3}}$, indem du ausgehst von einer Intervallschachtelung für $\sqrt{3}$:

$1 \quad < \sqrt{3} < 2$
$1{,}5 \quad < \sqrt{3} < 2$
$1{,}7 \quad < \sqrt{3} < 1{,}8$
$1{,}73 < \sqrt{3} < 1{,}74$
$\vdots \quad \vdots \quad \vdots$

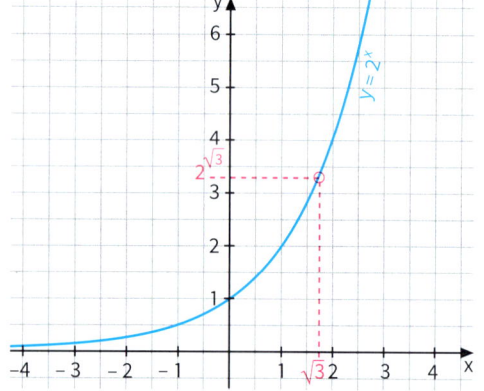

Lösung Die angegebenen Intervallgrenzen sind rationale Zahlen, daher können wir Potenzen mit ihnen als Exponenten berechnen.
Aus $1 < \sqrt{3} < 2$ folgt $2^1 < 2^{\sqrt{3}} < 2^2$, also $2 < 2^{\sqrt{3}} < 4$.
Aus $1{,}5 < \sqrt{3} < 2$ folgt $2^{1{,}5} < 2^{\sqrt{3}} < 2^2$. Für $2^{1{,}5}$ wissen wir $2^{1{,}5} = 2^{\frac{3}{2}} = \sqrt{2^3} = \sqrt{8} = 2{,}828\ldots$
Also gilt: $2{,}828\ldots < 2^{\sqrt{3}} < 4$
Wir stellen die Ergebnisse in einer Tabelle zusammen.
Je genauer man $\sqrt{3}$ einschachtelt, desto genauer erhält man die Potenz $2^{\sqrt{3}}$.

Intervall für $\sqrt{3}$	Intervall für $2^{\sqrt{3}}$
$1 \quad < \sqrt{3} < 2$	$2^1 \quad < 2^{\sqrt{3}} < 2^2$, also $2 < 2^{\sqrt{3}} < 4$
$1{,}5 \quad < \sqrt{3} < 2$	$2{,}828\ldots < 2^{\sqrt{3}} < 4$
$1{,}7 \quad < \sqrt{3} < 1{,}8$	$3{,}249\ldots < 2^{\sqrt{3}} < 3{,}482\ldots$
$1{,}73 < \sqrt{3} < 1{,}74$	$3{,}317\ldots < 2^{\sqrt{3}} < 3{,}340\ldots$
$\vdots$	$\vdots$

Information

(1) Definition von Potenzen mit irrationalen Exponenten

Um eine Potenz mit irrationalen Exponenten zu definieren, nähert man die irrationale Zahl mit rationalen Zahlen an. Die Potenzen mit diesen rationalen Exponenten nähern die gesuchte Potenz mit irrationalen Exponenten an.
Grafisch gesehen ist die Potenz

Intervall für $\sqrt{6}$	Intervall für $2^{\sqrt{6}}$
$2 \quad < \sqrt{6} < 3$	$2^2 = 4 \quad < 2^{\sqrt{6}} < 2^3 = 8$
$2{,}4 \quad < \sqrt{6} < 2{,}5$	$5{,}278\ldots < 2^{\sqrt{6}} < 5{,}656\ldots$
$2{,}44 \quad < \sqrt{6} < 2{,}45$	$5{,}426\ldots < 2^{\sqrt{6}} < 5{,}464\ldots$
$2{,}449 \quad < \sqrt{6} < 2{,}450$	$5{,}460\ldots < 2^{\sqrt{6}} < 5{,}464\ldots$
$2{,}4494 < \sqrt{6} < 2{,}4495$	$5{,}461\ldots < 2^{\sqrt{6}} < 5{,}462\ldots$
$\vdots$	$\vdots$

mit irrationalen Exponenten der Wert, der die Lücke bei dem Graphen der entsprechenden Exponentialfunktion mit rationalen Exponenten schließt.

(2) Potenzgesetze für reelle Exponenten

Alle Potenzgesetze gelten nicht nur für rationale Exponenten, sondern sogar für beliebige reelle Exponenten.
Wir verzichten auf einen Beweis.

Satz
Für beliebige reelle r und s als Exponenten und positive reelle Zahlen a > 0, b > 0 als Basen gilt:

Potenzgesetze *Beispiele*

(P1) $a^r \cdot a^s = a^{r+s}$ $\qquad 2^{\sqrt{3}} \cdot 2^{\sqrt{5}} = 2^{\sqrt{3}+\sqrt{5}}$

(P1*) $a^r : a^s = a^{r-s}$ $\qquad 2^{\sqrt{5}} : 2^{\sqrt{3}} = 2^{\sqrt{5}-\sqrt{3}}$

(P2) $a^r \cdot b^r = (a \cdot b)^r$ $\qquad 2^{\sqrt{5}} \cdot 3^{\sqrt{5}} = (2 \cdot 3)^{\sqrt{5}} = 6^{\sqrt{5}}$

(P2*) $a^r : b^r = (a : b)^r$ $\qquad 6^{\sqrt{5}} : 3^{\sqrt{5}} = (6 : 3)^{\sqrt{5}} = 2^{\sqrt{5}}$

(P3) $(a^r)^s = a^{r \cdot s}$ $\qquad (2^{\sqrt{8}})^{\sqrt{2}} = 2^{\sqrt{8} \cdot \sqrt{2}} = 2^{\sqrt{16}} = 2^4$

Übungsaufgaben

2. Ermittle die Werte der folgenden Potenzen mit einer Genauigkeit von 4 Nachkommastellen.
a) $3^{\sqrt{2}}$
b) $4^{\sqrt{5}}$
c) 3^{π}
d) $11^{\sqrt{6}}$

3. Vereinfache mithilfe der Potenzgesetze.
a) $\dfrac{5^{\sqrt{2}}}{10^{\sqrt{2}}}$
b) $\dfrac{4^{\sqrt{3}}}{2^{\sqrt{3}}}$
c) $\dfrac{3^{-\sqrt{2}}}{9}$
d) $\dfrac{3^{\sqrt{3}}}{3^{\pi}}$

4. Berechne mithilfe der Potenzgesetze.
a) $\left(3^{\sqrt{2}}\right)^{\sqrt{2}}$
b) $\left(4^{\sqrt{2}}\right)^{\sqrt{8}}$
c) $\left(7^{-1}\right)^{\sqrt{7}}$
d) $\left(\left(\dfrac{1}{2}\right)^{\sqrt{2}}\right)^2$

5. Welche der folgenden Terme sind wertgleich zueinander? Begründe.
(1) $\left(3^{\sqrt{5}}\right)^2$
(3) $\left(3^2\right)^{\sqrt{5}}$
(5) $3^{\sqrt{2}} \cdot 3^{\sqrt{2}}$
(7) $\left(3^{\sqrt{2}}\right)^2$
(2) $3^{(2 \cdot \sqrt{5})}$
(4) $3^{\left((\sqrt{2})^2\right)}$
(6) $3^{\sqrt{5}} \cdot 3^{\sqrt{5}}$
(8) $3^{\sqrt{2}+2}$

Das kann ich noch!

A) Untersuche, welche der folgenden Figuren ähnlich zueinander sind.

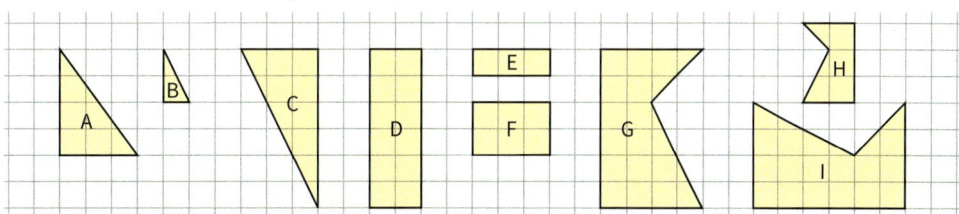

B) Berechne die Länge der Strecke $\overline{CD}$.

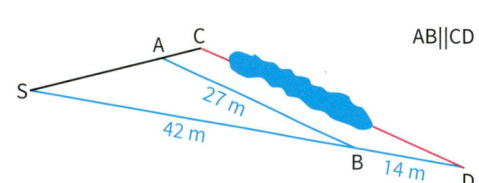

AB∥CD

3.3 Verschieben und Strecken der Graphen der Exponentialfunktionen

Ziel

Wir haben exponentielle Prozesse mit Funktionen vom Typ mit $f(x) = a \cdot b^x$ ($a > 0$) beschrieben. Hier erzeugst du die Graphen dieser und anderer Funktionen aus dem der Exponentialfunktion.

Zum Bearbeiten

Strecken des Graphen parallel zur y-Achse

Zeichne die Graphen jeder Teilaufgabe in ein gemeinsames Koordinatensystem.

a) $f(x) = 1{,}5^x$, $g(x) = 3 \cdot 1{,}5^x$ und $h(x) = -3 \cdot 1{,}5^x$

b) $f(x) = \left(\frac{1}{4}\right)^x$, $g(x) = 2 \cdot \left(\frac{1}{4}\right)^x$ und $h(x) = -2 \cdot \left(\frac{1}{4}\right)^x$

c) Wie entsteht jeweils der Graph zu g bzw. h aus dem Graphen zu f?

→ Du erhältst folgende Graphen:

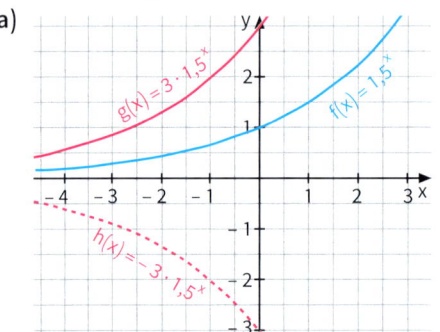
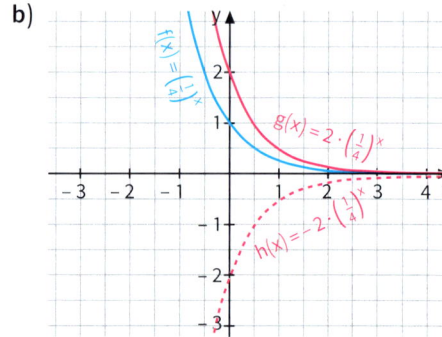

c) Wird der Funktionswert $f(x)$ mit 3 bzw. 2 multipliziert, so wird die y-Koordinate jedes Punktes verdreifacht bzw. verdoppelt.
Dies entspricht einer Streckung des Graphen parallel zur y-Achse.
Ist der Streckfaktor negativ, so wird der Graph zusätzlich an der x-Achse gespiegelt.

Man erhält den Graphen zu $g(x) = a \cdot b^x$ aus dem Graphen zu $f(x) = b^x$ durch Strecken mit dem Faktor a parallel zur y-Achse.

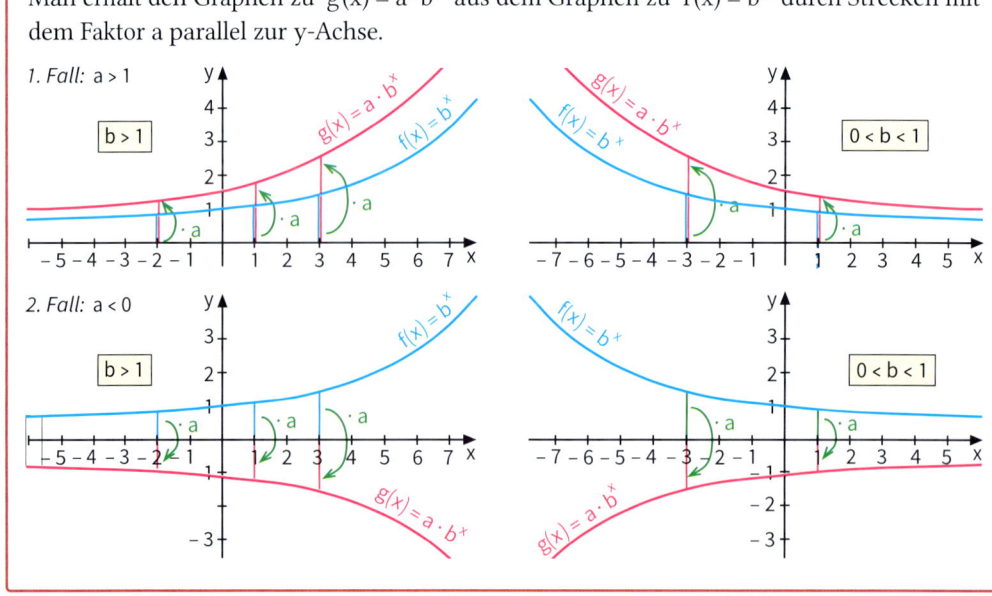

3.3 Verschieben und Strecken der Graphen der Exponentialfunktionen

Verschieben der Graphen parallel zur x-Achse

Zeichne den Graphen der Exponentialfunktion zu $f(x) = 2^x$ und verschiebe ihn um 1 Einheit nach rechts. Zeichne in ein weiteres Koordinatensystem den Graphen der Exponentialfunktion zu $g(x) = \left(\frac{1}{3}\right)^x$ und verschiebe ihn um 2 Einheiten nach links.

Erstelle die Funktionsterme der beiden verschobenen Graphen. Formuliere Gemeinsamkeiten und Unterschiede.

→ Bezeichne die Funktion zu dem nach rechts verschobenen Graphen mit u.   Bezeichne die Funktion zu dem nach links verschobenen Graphen mit v.

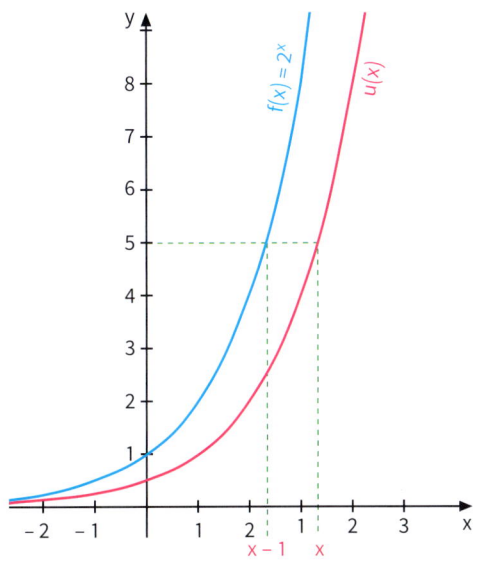
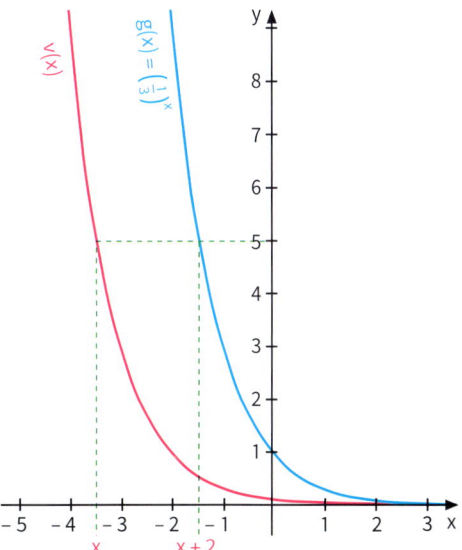

Betrachte die Wertetabellen der Funktionen:

x	−3	−2	−1	0	1	2	3
$f(x) = 2^x$	$\frac{1}{8}$	$\frac{1}{4}$	$\frac{1}{2}$	1	2	4	8
u(x)		$\frac{1}{8}$	$\frac{1}{4}$	$\frac{1}{2}$	1	2	4

x	−3	−2	−1	0	1	2	3
$g(x) = \left(\frac{1}{3}\right)^x$	27	9	3	1	$\frac{1}{3}$	$\frac{1}{9}$	$\frac{1}{27}$
v(x)	3	1	$\frac{1}{3}$	$\frac{1}{9}$	$\frac{1}{27}$	$\frac{1}{81}$	$\frac{1}{243}$

Das kenne ich schon von den Potenzfunktionen.

Der Funktionswert u(x) des um 1 nach rechts verschobenen Graphen an der Stelle x ist gleich dem Funktionswert der Funktion f an der um 1 weiter links liegenden Stelle x − 1.
Also gilt:
$u(x) = f(x − 1) = 2^{x−1}$

Der Funktionswert v(x) des um 2 nach links verschobenen Graphen an der Stelle x ist gleich dem Funktionswert der Funktion g an der um 2 weiter nach rechts liegenden Stelle x + 2.
Also gilt:
$v(x) = g(x + 2) = \left(\frac{1}{3}\right)^{x+2}$

Das Verschieben des Graphen wird in beiden Fällen durch eine Veränderung des Exponenten im Funktionsterm bewirkt. Eine Addition einer positiven Zahl bewirkt eine Verschiebung nach links, eine Subtraktion einer positiven Zahl (bzw. Addition einer negativen Zahl) bewirkt eine Verschiebung nach rechts.

Allgemein gilt:
Die Verschiebung der Graphen dieser Exponentialfunktionen parallel zur x-Achse führt zu einem Ersetzen des Exponenten x durch eine Summe x + c, wobei c positiv, aber auch negativ sein kann.

Man erhält den Graphen von $g(x) = b^{x+c}$ aus dem Graphen von $f(x) = b^x$ durch Verschieben parallel zur x-Achse um $|c|$ Einheiten, und zwar

nach links, falls $c > 0$; nach rechts, falls $c < 0$.

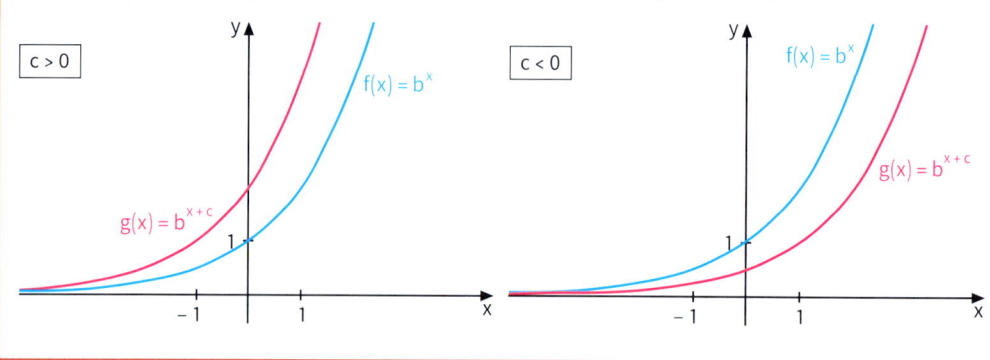

 Ersetzen einer Verschiebung durch eine Streckung

Zeichne den Graphen zu $g(x) = 2^{x+3}$. Finde zwei verschiedene Möglichkeiten, wie man ihn aus dem Graphen zu $f(x) = 2^x$ erhalten kann.

→ Aus dem Term erkennt man unmittelbar, dass man den Graphen zu $f(x) = 2^x$ um 3 Einheiten nach links verschieben kann, um den Graphen zu $g(x) = 2^{x+3}$ zu erhalten. Andererseits kann man den Graphen aber auch mit dem Faktor 2^3, also 8, parallel zur y-Achse strecken, um den Graphen zu $g(x)$ zu erhalten. Dies lässt sich durch eine Umformung des Funktionstermes begründen:

$g(x) = 2^{x+3}$
$ = 2^x \cdot 2^3$
$ = 8 \cdot 2^x$

Potenzgesetz
$a^n \cdot a^m = a^{n+m}$

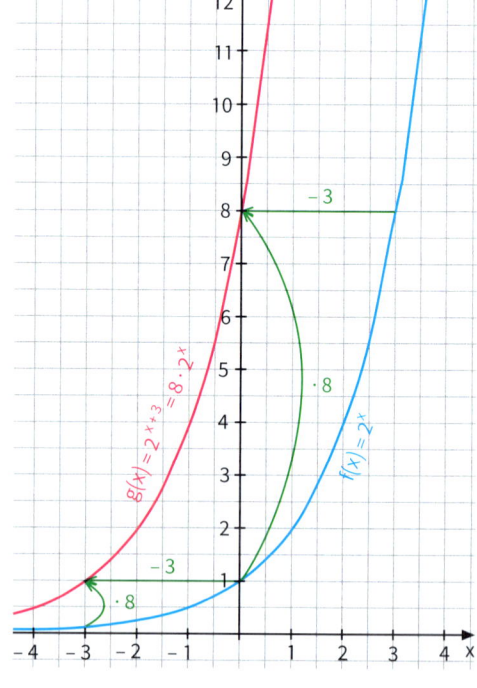

Das Verschieben nach rechts ist gleichbedeutend mit einem Strecken nach oben.

Der Graph zu $g(x) = b^{x+c}$ kann auf zwei verschiedene Weisen aus dem zu $f(x) = b^x$ entstehen:
(1) durch Verschieben parallel zur x-Achse um c Einheiten;
(2) durch Strecken parallel zur y-Achse mit dem Faktor b^c,
   denn $g(x) = b^{x+c} = b^x \cdot b^c = b^c \cdot b^x$.

3.3 Verschieben und Strecken der Graphen der Exponentialfunktionen

Verschieben des Graphen parallel zur y-Achse

Zeichne den Graphen der Exponentialfunktion zu $f(x) = 2^x$ und verschiebe ihn
a) um 1 Einheit nach oben.   b) um 3 Einheiten nach unten.

Erstelle die Funktionsterme der verschobenen Graphen. Formuliere anschließend ein allgemeines Ergebnis zum Verschieben des Graphen einer Exponentialfunktion parallel zur y-Achse.

→ Der Funktionswert $u(x)$ des um 1 Einheit nach oben verschobenen Graphen an der Stelle x ist um 1 größer als der Funktionswert $f(x)$.
Also gilt: $u(x) = f(x) + 1 = 2^x + 1$
Entsprechend ist der Funktionswert $v(x)$ des um 3 Einheiten nach unten verschobenen Graphen an jeder Stelle um 3 kleiner als der Funktionswert $f(x)$.
Also gilt: $v(x) = f(x) - 3 = 2^x - 3$

$2^x - 3 = 2^x + (-3)$

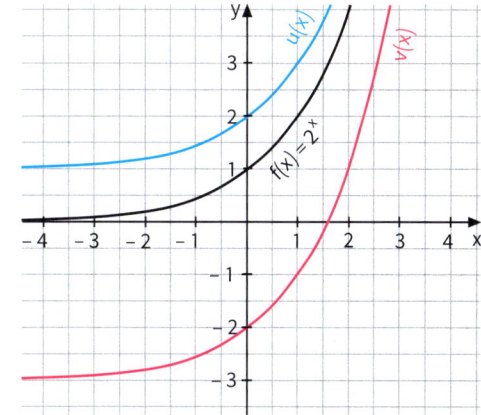

Verschieben parallel zur y-Achse
Man erhält den Graphen zu $g(x) = b^x + c$ aus den Graphen zu $f(x) = b^x$ durch Verschieben parallel zur y-Achse um $|c|$ Einheiten, und zwar
nach oben, falls $c > 0$;
nach unten, falls $c < 0$.

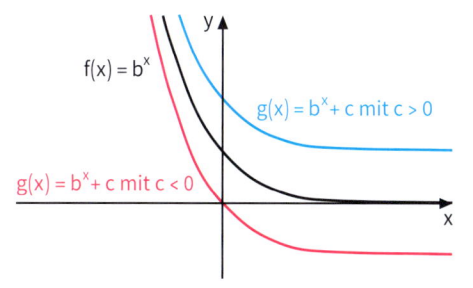

Zum Üben

1. Zeichne den Graphen zu $y = 2^x$. Zeichne in dasselbe Koordinatensystem die Graphen zu:
   (1) $y = 0{,}4 \cdot 2^x$ (2) $y = 1{,}5 \cdot 2^x$ (3) $y = -2^x$ (4) $y = -0{,}3 \cdot 2^x$ (5) $y = -1{,}2 \cdot 2^x$
   Beschreibe, wie diese Graphen aus dem der Exponentialfunktion zu $y = 2^x$ entstehen.

2. Schreibe eine kleine Zusammenfassung: Wie sieht der Graph einer Funktion mit $g(x) = a \cdot b^x$ im Vergleich zu dem der Exponentialfunktion mit $y = b^x$ aus? Beachte verschiedene Fälle.

3. Zeichne den Graphen zur angegebenen Funktionsgleichung und nenne seine Eigenschaften. Wie verändert sich der Funktionswert, wenn x um 2 [um 0,5; um 1,5] anwächst?
   a) $y = -\frac{1}{3} \cdot 5^x$ b) $y = -\frac{2}{3} \cdot 2^x$ c) $y = -3 \cdot \left(\frac{1}{2}\right)^x$
   Gib Eigenschaften der Graphen an.

4. Zeichne die Graphen zu $y = 2^{x+c}$ für $c = -2; -1; 0; 1; 2$.
   Wie verändern sich die Graphen, wenn c größer oder kleiner wird?

5. Zeichne die Graphen der Exponentialfunktionen f und g mit $f(x) = \left(\frac{3}{2}\right)^{x+1}$ bzw. $g(x) = \left(\frac{3}{2}\right)^{x-2}$.
   Durch welche Verschiebung geht der Graph von g aus dem Graphen von f hervor?

Zum Selbstlernen Wachstumsprozesse – Exponentialfunktionen

6. Ordne zu jedem Funktionsterm den passenden Graphen zu.
   $f_1(x) = 2 \cdot 1{,}2^x$ $\quad$ $f_5(x) = 2 \cdot 0{,}4^x$
   $f_2(x) = 3 \cdot 1{,}4^x$ $\quad$ $f_6(x) = -1{,}8^x$
   $f_3(x) = 3 \cdot \left(\frac{3}{4}\right)^x$ $\quad$ $f_7(x) = -2 \cdot 0{,}25^x$
   $f_4(x) = 2 \cdot 1{,}6^x$ $\quad$ $f_8(x) = -2 \cdot 1{,}5^x$

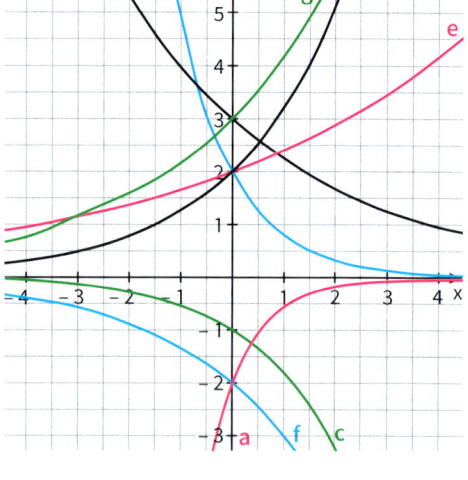

Parameter (griech.)
Math.: konstante oder unbestimmt gelassene Hilfsvariable

7. Beschreibt die Veränderungen der Graphen,
   a) wenn in der Gleichung $y = 1{,}5^{x+c}$ der Parameter c verändert wird;
   b) wenn in der Gleichung $y = a \cdot 1{,}5^x$ der Parameter a verändert wird.
   Fasst eure Überlegungen übersichtlich auf einer Folie zusammen.

8. Ordne jedem Funktionsterm den passenden Graphen zu.
   $f_1(x) = 2^{x+1}$ $\quad$ $f_4(x) = \left(\frac{2}{3}\right)^{x+1}$
   $f_2(x) = \left(\frac{1}{2}\right)^{x-2}$ $\quad$ $f_5(x) = 3^{x-1}$
   $f_3(x) = 1{,}5^{x+2}$ $\quad$ $f_6(x) = 0{,}2^{x-2}$

9. Bestimme c so, dass die Graphen zu den Funktionen mit den Gleichungen $y = 4 \cdot \left(\frac{1}{2}\right)^x$ und $y = \left(\frac{1}{2}\right)^{x+c}$ übereinstimmen.

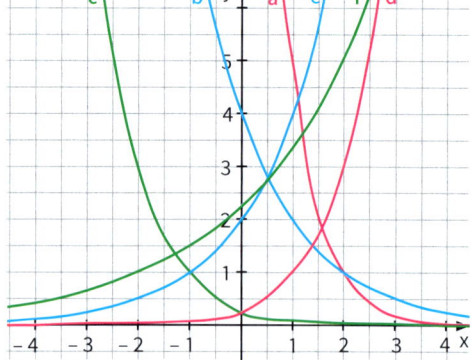

10. a) Stelle $y = 4^{x+3}$ in der Form $y = a \cdot 4^x$ dar. Durch welche Abbildung kann der Graph aus dem zu $y = 4^x$ gehörenden Graphen hervorgehen?
    b) Stelle den Funktionsterm $y = 2 \cdot 8^x$ in der Form $y = 8^{x+c}$ dar.
    Gib Abbildungen an, durch die der Graph zu $y = 2 \cdot 8^x$ aus dem $y = 8^x$ hervorgeht.

11. Begründe, dass sich die Graphen zu $y = b^{x+c}$ und $y = b^{x+d}$ für $c \neq d$ nicht schneiden.

12. Zeichne mit einem Rechner den Graphen für verschiedene Werte von c. Was fällt dir auf? Begründe.
    a) $f(x) = \left(-\frac{1}{2}\right)^x + c$ $\quad\quad$ b) $f(x) = 1{,}2^x + c$

13. Bestimme die Funktionsgleichung: Der Graph der Exponentialfunktion zur Basis 2 wird
    a) an der (1) x-Achse; (2) y-Achse gespiegelt,
    b) um 3 Einheiten parallel zur x-Achse (1) nach links; (2) nach rechts verschoben,
    c) um 1 Einheit parallel zur y-Achse (1) nach oben; (2) nach unten verschoben,
    d) an der (1) x-Achse; (2) y-Achse gespiegelt und dann um 1 Einheit nach links und um 3 Einheiten nach oben verschoben.

14. Beschreibe den Verlauf des Graphen.
    a) $y = -2 \cdot 3^x$ $\quad$ b) $y = \frac{1}{2} \cdot 1{,}5^{x-2}$ $\quad$ c) $y = 3 \cdot 0{,}5^x - 3$ $\quad$ d) $y = -0{,}25 \cdot \left(\frac{1}{4}\right)^{x+0{,}5} + 2$

3.4 Bestimmen von Exponentialfunktionen in Anwendungen

Einstieg

Beschreibt die Entwicklung der Bevölkerungsanzahlen von 2000 an durch Exponentialfunktionen. Zeichnet deren Graphen und ermittelt die für das Jahr 2050 erwarteten Anzahlen.

Ein Platz an der Sonne für alle

Im Juli 2015 veröffentlichte die Stiftung Weltbevölkerung die neueste Prognose der Vereinten Nationen: statt jetzt 7,3 Milliarden Menschen werden im Jahr 2100 auf der Erde 10,9 Milliarden Menschen leben. Dieses Bevölkerungswachstum findet fast ausschließlich in den Entwicklungsländern statt: Die Bevölkerung in Afrika wird sich von heute von 1,2 Milliarden auf 4,4 Milliarden Menschen zur Jahrhundertwende fast vervierfachen. In Europa dagegen wird die Anzahl der Menschen von 738 Millionen Menschen auf 646 Millionen leicht abnehmen.

Aufgabe 1

Eine Joghurt-Kultur weist nach einer halben Stunde Reifung 6 Millionen Bakterien pro Gramm auf, nach 2 Stunden 48 Millionen. Reichen $2\frac{1}{2}$ Stunden Reifungszeit, um den geforderten Mindestgehalt von 100 Millionen Bakterien zu erreichen? Ermittle dazu auch eine Exponentialfunktion, die die Abhängigkeit Anzahl der Bakterien von der Zeit nach Reifungsbeginn beschreibt.

Joghurt

Joghurt entsteht durch Versetzen von Milch mit besonderen Bakterien, z. B. Lactobacillus bulgaricus und Streptococcus thermophilus. Diese Bakterien erzeugen beim Vergären Milchsäure, die den typischen Joghurt-Geschmack ausmacht. Diese Mikroorganismen vermehren sich näherungsweise exponentiell. Bei der Joghurt-Herstellung wird Milch mit Bakterien-Kulturen versetzt und 2-3 Stunden bei ca 40°C temperiert. Das schweizerische Lebensmittelgesetz legt fest: In Joghurt müssen mindestens 100 Millionen koloniebildende Einheiten der Mikroorganismen je Gramm vorhanden sein, sonst darf das Produkt nur „Sauermilch" heißen.

Lösung

Wir beschreiben die Anzahl f(t) der Bakterien (in Millionen) nach t Stunden mithilfe einer Exponentialfunktion f mit einem Funktionsterm der Form $f(t) = a \cdot b^t$. Für diese gilt:
$f\left(\frac{1}{2}\right) = 6$, d. h. $a \cdot b^{\frac{1}{2}} = 6$ und $f(2) = 48$, d. h. $a \cdot b^2 = 48$.

Dividieren wir die zweite Gleichung durch die erste, so erhalten wir eine Gleichung, in der die Variable a nicht mehr vorkommt: $\frac{48}{6} = \frac{a \cdot b^2}{a \cdot b^{\frac{1}{2}}}$, also: $8 = b^{\frac{3}{2}}$

Durch Potenzieren beider Seiten mit $\frac{2}{3}$ ergibt sich: $8^{\frac{2}{3}} = \left(b^{\frac{3}{2}}\right)^{\frac{2}{3}}$, also $4 = b$.

Durch Einsetzen dieses Wertes für b in die zweite Gleichung erhalten wir:
$a \cdot 4^2 = 48$, also $a \cdot 16 = 48$, folglich $a = 3$.

Die Anzahl der Mikroorganismen wird somit beschrieben durch die Exponentialfunktion mit dem Funktionsterm $f(t) = 3 \cdot 4^t$.

Nach $2\frac{1}{2}$ Stunden beträgt die Anzahl der Mikroorganismen (in Millionen):

$f\left(2\frac{1}{2}\right) = 3 \cdot 4^{2\frac{1}{2}} = 96$, d. h. etwas weniger als der geforderten 100 Millionen Mikroorganismen.

Der Joghurt muss also noch etwas länger als $2\frac{1}{2}$ Stunden temperiert werden.

Information

Ermitteln einer Exponentialfunktion zu zwei gegebenen Punkten

Zum Ermitteln einer Exponentialfunktion mit dem Term $f(x) = a \cdot b^x$, deren Graph durch zwei vorgegebene Punkte verlaufen soll, geht man folgendermaßen vor:

(1) Man setzt die Koordinaten beider Punkte in die Funktionsgleichung ein und erhält zwei Gleichungen mit den Variablen a und b.

(2) Man dividiert beide Gleichungen durcheinander und erhält eine Gleichung, die nur noch die Variable b enthält und löst diese nach b auf.

(3) Den erhaltenen Wert für b setzt man in eine der beiden Gleichungen aus (1) und erhält damit dann den Wert für die Variable a.

Übungsaufgaben

2. Beschreibe das Wachstum einer Alge, die nach 2 Wochen 20 cm und nach 4 Wochen 80 cm hoch ist, mithilfe einer Exponentialfunktion. Welche Höhe erwartet man nach $5\frac{1}{2}$ Wochen?

Iod-Gewinnung aus dem Meerwasser

Das seltene Element Iod kommt im Meerwasser vor: 0,05 mg pro Liter. Spezielle Algen reichern es in ihrem Organismus bis zu 20 g je kg Trockenmasse an. Daher züchtet man sie zur Iod-Gewinnung in 30 m Tiefe. Das Höhenwachstum der Algen erfolgt in den ersten Wochen exponentiell.

3. Ein Patient hat eine Woche nach der Untersuchung noch eine Menge von 0,8 mg radioaktivem ^{131}I im Körper, nach 5 Wochen noch 0,05 mg. Erstelle eine Exponentialfunktion zur Beschreibung der radioaktiven Iod-Menge in seinem Körper. Berechne damit die Iod-Menge nach 8 Wochen.

Iod in der Szintigraphie

Zur Untersuchung von Tumoren erhält ein Patient intravenös ein Medikament mit radioaktivem Iod. Dieses reichert sich im kranken und gesunden Gewebe unterschiedlich stark an, sodass mit der von ihm ausgesandten radioaktiven Strahlung Lage und Größe von Tumoren erkannt werden kann.
Das verwendete radioaktive Iod-Isotop ^{131}I zerfällt nur langsam: wöchentlich halbiert sich seine Menge.

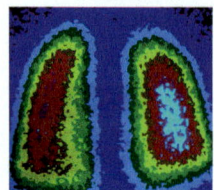

4. Der Graph einer Exponentialfunktion soll durch die Punkte $P(1|1)$ und $Q(2|3)$ verlaufen. Die Rechnung rechts von Tobias ist fehlerhaft. Korrigiere sie.

$1 = a \cdot b^1$
$2 = a \cdot b^3 = a \cdot b \cdot b^2$ | *Einsetzen*

$2 = 1 \cdot b^2$
$b = \sqrt{2}$
$a = \dfrac{1}{\sqrt{2}}$

$y = \dfrac{1}{\sqrt{2}} \cdot \sqrt{2}^x = \sqrt{2}^{x-1}$ *(Funktionsgleichung)*

3.4 Bestimmen von Exponentialfunktionen in Anwendungen

5. Der Graph der Exponentialfunktion mit $y = a \cdot b^x$ geht durch die Punkte P und Q. Bestimme a und b. Gib auch die Funktionsgleichung an.
a) P(1|6), Q(2|18)
b) P(−1|0,3), Q(2|37,5)
c) P(4|12,5), Q(1|0,8)
d) P(−12|3), Q(2|18)
e) P(−2|40), Q(−4|160)
f) P(2|1,875), Q(6,5|5,118)
g) P(0|r), Q(1|t)
h) P(0|r), Q(t|1)
i) P(0|r), Q(s|t)

6. Eine Bakterienart vermehrt sich so, dass sie sich alle 4 Tage verdreifacht. Am Anfang sind 60 Bakterien vorhanden.
a) Gib die prozentuale Wachstumsrate pro Tag an.
b) Wie viele Bakterien sind nach 8 Tagen, 10 Tagen, 3 Wochen vorhanden?

7. Eine Bakterienart vermehrt sich so, dass sie alle 3 Wochen auf das 2,8-fache anwächst. Zu Beginn sind 20 Bakterien vorhanden.
a) Julian rundet den Wachstumsfaktor pro Woche auf 2 Stellen nach dem Komma, Ann-Kathrin auf 4. Vergleiche ihre Werte für die Bakterienanzahl nach 5 Wochen, 10 Wochen und 20 Wochen.
b) Berechne die Werte aus Teilaufgabe a) nach einer eigenen Rundungsregel. Verändere auch den Anfangswert.

8. Die Anzahl der Ameisen in einem Ameisenhaufen kann durch Zählen der Nestöffnungen geschätzt werden, da die beiden Anzahlen proportional zueinander sind.
Bei einem Ameisenhaufen wurde die Anzahl der Nestöffnungen alle 2 Monate gezählt:

Zeit (in Monaten)	2	4	6	8	10
Anzahl der Öffnungen	32	48	72	108	162

a) Überlege, welche Anzahl nach 2 Jahren zu erwarten ist. Erstelle eine Funktionsgleichung.
b) Welchen langfristigen Verlauf erwartest du?

9. Ergänze die Lücken im Heft.

Beschreibung des Prozesses	Anfangsbestand	Zeiteinheit	Wachstumsfaktor pro Zeiteinheit	prozentuale Wachstumsrate pro Zeiteinheit	Bestand nach x Zeiteinheiten
Vergrößerung einer Länge auf das 2,3-fache alle 7 Wochen	350 cm	1 Woche	$\sqrt[7]{2,3} = 1{,}1264$	$\sqrt[7]{2,3} - 1 \approx 0{,}1264 = 12{,}64\%$	$350 \text{ cm} \cdot 1{,}1264^x$
Zunahme pro Jahr	600 €			3 %	
		1 Minute			$30 \text{ g} \cdot \left(\sqrt[6]{2,3}\right)^x$

10. Ermittle eine Funktionsgleichung für den Prozess.
a) Ein Anfangsbestand von 30 vervierfacht sich alle drei Tage.
b) Ein Anfangsbestand von 2 drittelt sich alle 5 Stunden.
c) Ein Anfangsbestand von 0,65 vermehrt sich alle 2,5 Minuten auf das 1,5-fache.
d) Ein Anfangsbestand von 400 verringert sich jeweils in einem halben Jahr um 12 %.
e) Ein Anfangsbestand von 32 vermehrt sich jeweils in 3 Sekunden um 5 %.
f) Ein Anfangsbestand von 4 wächst stündlich um 0,3.
g) Ein Anfangsbestand von 13,7 fällt alle vier Tage um 5.

3.5 Wachstum modellieren – Regression

Einstieg

Die Tabelle zeigt die Weltrekordzeiten der Frauen im Eisschnelllauf.
Betrachtet die Funktion
Streckenlänge → zugehörige Weltrekordzeit.
a) Begründet, dass hier weder lineares noch exponentielles Wachstum vorliegt.
b) Ermittelt die Funktionsgleichung einer Potenzfunktion, die diese Werte gut annähert.
c) Welche Rekordzeit müsste man für eine 15 000-m-Strecke erwarten, welche für eine Marathonstrecke von ca. 42 km, wenn es sie denn gäbe? Bewertet eure Prognosen.

Weltrekord der Frauen im Eisschnelllauf Stand 1.1.2008

100 Meter	10,22 Sekunden	Jenny Wolf (Deutschland)	16.12.2007 Erfurt
500 Meter	37,02 Sekunden	Jenny Wolf (Deutschland)	16.11.2007 Calgary
1 000 Meter	1 : 13,11 Minuten	Cindy Klassen (Kanada)	25.03.2006 Calgary
1 500 Meter	1 : 51,79 Minuten	Cindy Klassen (Kanada)	20.11.2005 Salt Lake City
3 000 Meter	3 : 53,34 Minuten	Cindy Klassen (Kanada)	18.03.2006 Calgary
5 000 Meter	6 : 45,61 Minuten	Martina Sáblíková (Tschechische Republik)	11.03.2007 Salt Lake City
10 000 Meter	13 : 48,33 Minuten	Martina Sáblíková (Tschechische Republik)	15.03.2007 Calgary

Aufgabe 1

Sport-Physiologen haben versucht, die Entwicklung sportlicher Rekorde zu prognostizieren.

Rekorde auf der Aschenbahn

Keine der derzeitigen Weltrekordhalterinnen kann zur Zeit mit der männlichen Konkurrenz mithalten. Das wird sich im Laufe der nächsten Jahrzehnte ändern, vermuten die Physiologen Brain J. Whipp und Susan A. Ward von der University of California anhand ihrer Analyse der Entwicklung der Laufgeschwindigkeiten der Vergangenheit. Spätestens 2050 sollen die Frauen auf der 200-Meter-Strecke mit den Männern gleichziehen, bei einer Zeit von 18,6 Sekunden.

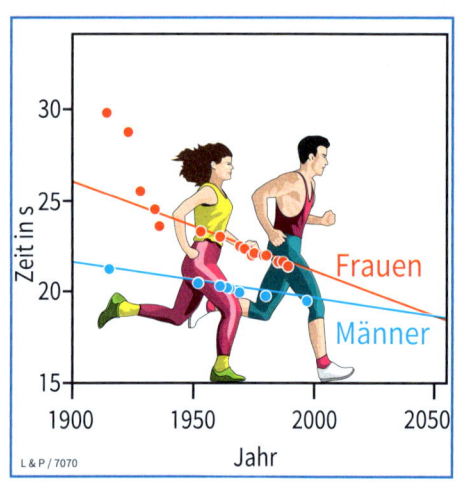

Der Weltrekord der Männer auf der 200-Meter-Laufstrecke hat sich seit 1900 so entwickelt:

Jahr	1914	1951	1960	1963	1964	1968	1979	1996
Zeit (in s)	21,2	20,6	20,5	20,3	20,2	20,0	19,72	19,32

Bei den Frauen sah die Entwicklung folgendermaßen aus:

Jahr	1927	1933	1935	1952	1960	1968	1970	1973	1978	1979	1984	1988
Zeit (in s)	25,4	24,6	23,6	23,4	22,9	22,5	22,4	22,1	22,06	22,02	21,71	21,34

a) Passe den Daten mithilfe des GTR lineare Funktionen, Potenz- und Exponentialfunktionen an und kontrolliere damit die im obigen Artikel aufgestellte Behauptung.
b) Bewerte die Eignung dieser drei Funktionstypen zur Beschreibung der obigen Daten.

3.5 Wachstum modellieren – Regression

Lösung

a) Die Daten werden in Listen eingegeben, dann werden mithilfe des Regressions-Befehls die zugehörigen Funktionen ermittelt und schließlich deren Schnittpunkt ermittelt.

Lineare Regression | Potenz-Regression | Exponentielle Regression

Mit dem Modell der linearen Regression, das im Artikel abgebildet ist, ergibt sich, dass die Frauen schon im Jahr 2042 ebenso wie die Männer die 200-m-Strecke in 18,3 s bewältigen sollten. Bei den anderen Modellen ergeben sich davon abweichende Jahre und Laufzeiten. Keines der Ergebnisse stimmt genau mit denen im Artikel überein, was z. B. an der Auswahl der Daten (hier ab dem Jahr 1900) oder dem verwendeten Regressionsmodell liegen könnte.

b) Alle drei Regressionsmodelle können die Daten über längere Zeiträume nicht zutreffend beschreiben: Beim linearen Modell ergeben sich in ferner Zukunft negative Laufzeiten, da die Geraden fallend sind. Beim potenziellen und exponentiellen Modell findet eine asymptotische Annäherung an die Laufzeit 0 statt.

Information

> Beim Modellieren von Wachstumsprozessen mit Funktionen hängen die Ergebnisse für Prognosen stark von dem verwendeten Funktionstyp ab. Eine Entscheidung für einen Funktionstyp kann sich aus dem Sachverhalt oder mithilfe der Betrachtung des Graphenverlaufs über längere Zeiträume ergeben. In manchen Situationen sind solche Entscheidungskriterien nicht verfügbar.

Übungsaufgaben

2. Die Tabelle zeigt die im Jahr 2008 gültigen Weltrekordzeiten der Männer auf Laufstrecken.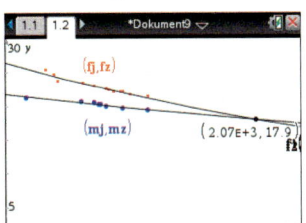

   a) Zeige, dass die Funktion *Laufstrecke (in m)* → *Weltrekordzeit (in s)* näherungsweise durch eine Potenzfunktion beschrieben werden kann. Ermittle die Funktionsvorschrift.

   b) Welche Zeiten ergeben sich nach der Zuordnungsvorschrift für die 5 000-m-Strecke, 10 000-m-Strecke und die Marathonstrecke? Vergleiche mit den gültigen Weltrekorden.

3. Das Bild links zeigt den Zieleinlauf des 100-m-Endlaufs der Frauen bei den Olympischen Sommerspielen in London. Die Entwicklung der Siegerzeiten bei den Olympischen Sommerspielen seit 1960 bei den Frauen zeigt die folgende Tabelle:

Jahr	1960	1964	1968	1972	1976	1980	1984	1988	1992	1996	2000	2004
Zeiten Frauen	11,03	11,40	11,00	11,07	11,01	11,06	10,97	10,54	10,82	10,94	10,75	10,93

Ermittle eine zu den Messdaten passende Funktion.

4. Im Jahr 2002 erschien die Grafik rechts.
   a) Zeige, dass die Behauptung exponentiellen Anstiegs zutrifft und bestimme die Funktionsgleichung einer Funktion, die die Anzahl der Viren in Abhängigkeit von der Zeit beschreibt.
   b) Am Jahresende 2006 gab es 410 000 Computerviren, am Ende von 2007 sogar 1 120 000. Prüfe, ob man diese Anzahlen im Jahre 2002 durch eine Prognose vorhergesagt hätte.

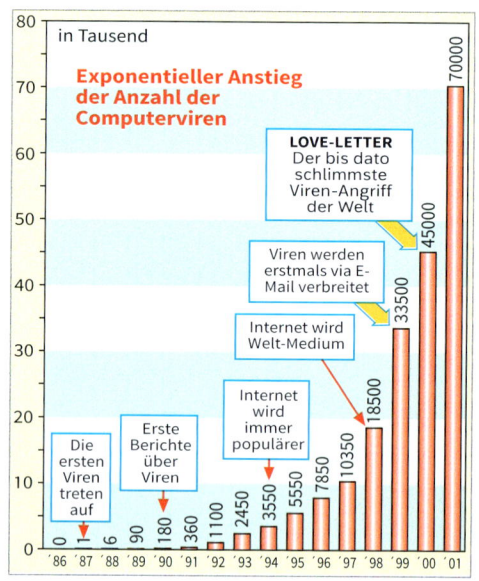

5. Kohlendioxid (CO_2) wird für den Treibhauseffekt und damit für die globale Erwärmung verantwortlich gemacht. In Mauna Loa auf Hawaii wird seit 1958 an jedem 15. eines Monats der CO_2-Gehalt in der Atmosphäre gemessen. Die Tabellen enthalten die Daten jeweils für den Monat Mai.
   a) Passe den Daten eine möglichst gute Funktion an.
   b) Welche Prognosen kannst du damit vornehmen?
   c) Bewerte die Prognosen.

Jahr	CO_2-Gehalt (in ppm)	Jahr	CO_2-Gehalt (in ppm)
1958	317,50	1995	363,62
1960	320,03	2000	371,32
1970	328,07	2005	382,45
1980	341,47	2006	384,94
1990	357,08	2007	386,54

6. ### Tankstellenzahl weiter gefallen

Zum 1. Juli 2007 ermittelte der Hamburger Erdölinformationsdienst (EID) 14 975 Stationen und damit nur 61 weniger als Anfang des Jahres. Damit ist die Zahl der Tankstellen in Deutschland erstmals unter 15 000 gesunken. Wie in den vorangegangenen Jahren hat die Zahl der Anlagen allerdings weiterhin nur mäßig abgenommen. Die jährliche Rückgangsrate hat sich von 200 bis 300 Anfang des Jahrzehnts auf 100 bis 200 verringert. Nur mit großer Disziplin dürfte deshalb ein Preiskampf bei immer rückläufiger Nachfrage nach Kraftstoff zu vermeiden sein, hieß es.

Jahr	Anzahl der Tankstellen
1970	46 091
1975	34 804
1980	27 528
1985	19 781
1990	19 317
1995	17 957
1999	16 617
2001	16 324
2003	15 971
2005	15 428

a) Welche Anzahl von Tankstellen kann man aufgrund der bisherigen Entwicklung für das Jahr 2020 vorhersagen?
b) Warum ist ein lineares Modell zur Prognose nicht geeignet?
c) Überlege, welches Modell zur Beschreibung angemessener erscheint. Bestimme mithilfe eines Rechners eine „passende" Funktion und korrigiere die Vorhersage aus Teilaufgabe a).

3.6 Logarithmen – Exponentialgleichungen

3.6.1 Logarithmen

Einstieg

Bestimmt jeweils die Zahl für x.

a) $2^x = 16$ c) $4^x = 1$ e) $2^x = \frac{1}{16}$ g) $5^x = \sqrt{5}$
b) $3^x = 9$ d) $3^x = \frac{1}{9}$ f) $6^x = \frac{1}{6}$ h) $2^x = \sqrt[3]{8} = 8^{\frac{1}{3}}$

Aufgabe 1

Bestimmen des Exponenten
1 000 € werden zu 2 % Zinsen angelegt. Wann sind mindestens 1 400 € auf dem Konto?
Nach x Jahren beträgt der Kontostand $1\,000 \cdot 1{,}02^x$. Du musst also die Ungleichung $1\,000 \cdot 1{,}02^x > 1\,400$ mit der Variablen im Exponenten lösen. Durch Probieren mit dem Taschenrechner findest du x = 17. Nach 17 Jahren sind also erstmals mindestens 1 400 € vorhanden.
Bei folgenden Gleichungen kannst du den gesuchten Exponenten sogar im Kopf bestimmen.

a) $2^x = 8$; $2^x = \frac{1}{4}$; $2^x = \sqrt{2}$
b) $3^x = 3$; $3^x = \frac{1}{3}$; $3^x = 81^{\frac{1}{3}} = \sqrt[3]{81}$
c) $10^x = 1$; $10^x = 0{,}01$; $10^x = 100 \cdot \sqrt{10}$

Lösung

a) Um die Lösung zu finden, stellt man die rechte Seite der Gleichung als Potenz von 2 dar:
$8 = 2^3$. Also gilt $2^x = 2^3$ und somit x = 3.
Ebenso gilt: $2^x = \frac{1}{4} = \frac{1}{2^2} = 2^{-2}$, also x = –2; $2^x = \sqrt{2} = 2^{\frac{1}{2}}$, also $x = \frac{1}{2}$

b) $3^x = 3 = 3^1$, also x = 1
$3^x = \frac{1}{3} = 3^{-1}$, also x = –1
$3^x = \sqrt[3]{81} = 81^{\frac{1}{3}} = (3^4)^{\frac{1}{3}} = 3^{\frac{4}{3}}$, also $x = \frac{4}{3}$

c) $10^x = 1 = 10^0$, also x = 0
$10^x = 0{,}01 = \frac{1}{100} = 10^{-2}$, also x = –2
$10^x = 100 \cdot \sqrt{10} = 10^2 \cdot 10^{\frac{1}{2}} = 10^{2{,}5}$, also x = 2,5

Information

(1) Begriff des Logarithmus

> *Beim Logarithmieren sucht man Exponenten.*

Definition
Gegeben sind zwei positive Zahlen y und b (b ≠ 1).
Unter dem **Logarithmus von y zur Basis b** verstehen wir diejenige Zahl x, mit der man b potenzieren muss, um y zu erhalten. Für die Zahl x gilt also $b^x = y$.
Dafür schreibt man $\log_b(y)$. Die Zahl y hinter dem $\log_b$-Symbol heißt **Numerus**.
Das Bestimmen des Logarithmus von y zur Basis b heißt **Logarithmieren**.

Beispiel: „Bestimme $\log_3(81)$" bedeutet:
Suche den Exponenten x, sodass 3^x die Zahl 81 ergibt:
$\log_3(81) = 4$, denn $3^4 = 81$.

Weitere Beispiele: $\log_{10}\left(\frac{1}{1\,000}\right) = -3$, denn $10^{-3} = \frac{1}{1\,000}$ $\log_{\frac{1}{4}}(2) = -\frac{1}{2}$, denn $\left(\frac{1}{4}\right)^{-\frac{1}{2}} = 2$

Beachte:

(a) Logarithmuswerte kann man nur von positiven Zahlen bestimmen, da Potenzen b^x für $b > 0$ stets positiv sind.

(b) Beim Logarithmieren zur Basis 10 wollen wir die Basis in der Schreibweise weglassen:
$\log_{10}(15) = \log(15) = 1{,}176\ldots$

(c) Gelegentlich lässt man Klammern bei Logarithmen weg, wenn durch ihr Fehlen keine Missverständnisse entstehen, z. B. $\log 15$ statt $\log(15)$.

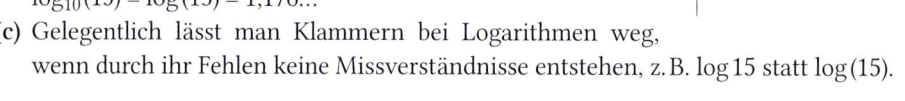

Für den Logarithmus zur Basis 10 schreibt man auch nur log oder lg.

(2) Zusammenhang zwischen Potenzieren, Logarithmieren und Wurzelziehen

Das Bilden einer Potenz b^x nennt man auch Potenzieren. Man erhält dann als Ergebnis den Potenzwert $b^x = y$.

Für das Potenzieren gibt es zwei Umkehrungen:

(a) *Wurzelziehen (Radizieren)*

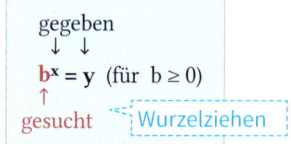

(b) *Logarithmieren*

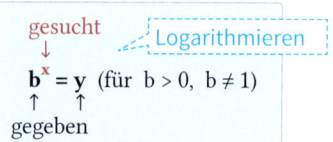

Sind in der Gleichung $b^x = y$ der Exponent x und der Potenzwert y gegeben und ist die Basis b gesucht, so erhält man diese durch Wurzelziehen *(Radizieren)*.
Es gilt dann: $b = \sqrt[x]{y} = y^{\frac{1}{x}}$

Beispiel: $b^4 = 81$; $b = \sqrt[4]{81} = 81^{\frac{1}{4}} = 3$

Sind in der Gleichung $b^x = y$ die Basis b und der Potenzwert y gegeben und ist der Exponent x gesucht, so erhält man diesen durch Logarithmieren.
Man schreibt dann: $x = \log_b(y)$

Beispiel: $2^x = 256$; $x = \log_2(256) = 8$

Nützlich ist häufig die folgende Merkregel:

> $\log_b(y) = x$ bedeutet dasselbe wie $b^x = y$

(3) Zur Geschichte der Logarithmen

Logarithmus (griech.)
Kunstwort aus den griechischen Wörtern
logos
das Berechnen, Verhältnis
arithmos
Zahl

Ursprünglich sind die Logarithmen aus dem Bedürfnis heraus entstanden, die Genauigkeit von Berechnungen zu erhöhen, z. B. in der Astronomie. Man hat dabei z. B. den Verhältnissen $\left(\frac{a}{b}\right)^1$, $\left(\frac{a}{b}\right)^2$, $\left(\frac{a}{b}\right)^3$, ... die Exponenten 1, 2, 3, ... gegenübergestellt.
Bedeutende Werke mit Tabellen solcher Gegenüberstellungen stammen vom Schotten John Napier (1614) und dem Engländer Henry Briggs (1617). Erst 1748 wurde vom Schweizer Leonard Euler die Bedeutung von Logarithmen bei Exponentialgleichungen erkannt. Von Euler stammt auch die Sprechweise „Logarithmus zur Basis …".

Weiterführende Aufgaben

Ausschluss der Basis 1

2. Überlege, warum bei der Definition des Logarithmus die Basis 1 ausgeschlossen wird.

3.6 Logarithmen – Exponentialgleichungen

Logarithmieren und Potenzieren heben sich gegenseitig auf

3. a) Bilde zuerst den Logarithmus zur Basis 2 von 8; 16; $\frac{1}{2}$; $\sqrt{2}$; $8\sqrt{2}$
Potenziere dann 2 mit jedem Ergebnis:

b) Potenziere zuerst 2 mit 4; 5; –2; $\frac{3}{2}$; –0,5
Bilde dann von jedem Ergebnis den Logarithmus zur Basis 2:

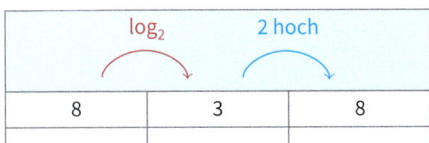
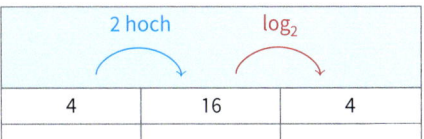

Vervollständige die Tabellen. Vergleiche jeweils die erste und dritte Spalte.

(1) Das Potenzieren zur Basis b ist die Umkehrung des Logarithmierens zur Basis b:

$$x \xrightarrow[\text{b hoch}]{\log_b} \log_b(x)$$

$b^{\log_b(x)} = x$ (für alle $x > 0$, $b > 0$, $b \neq 1$)

(2) Das Logarithmieren zur Basis b ist die Umkehrung des Potenzierens zur Basis b:

$$x \xrightarrow[\log_b]{\text{b hoch}} b^x$$

$\log_b(b^x) = x$ (für alle $x \in \mathbb{R}$, $b > 0$, $b \neq 1$)

Übungsaufgaben

4. Bestimme ohne Taschenrechner.
   a) $\log_2(64)$; $\log_2(1024)$; $\log_2(1)$; $\log_2\left(\frac{1}{8}\right)$; $\log_2\left(\frac{1}{16}\right)$; $\log_2\left(\frac{1}{128}\right)$; $\log_2(\sqrt{2})$; $\log_2(2^{13})$
   b) $\log_3(9)$; $\log_3(1)$; $\log_3(243)$; $\log_3\left(\frac{1}{81}\right)$; $\log_3\left(\frac{1}{9}\right)$; $\log_3(3^7)$; $\log_3(\sqrt{3})$; $\log_3(\sqrt{3^3})$
   c) $\log_4(4)$; $\log_4(16)$; $\log_4(1)$; $\log_4(256)$; $\log_4(4^5)$; $\log_4(0,25)$; $\log_4(0,0625)$; $\log_4(2)$

5. a) $\log_2(512)$; $\log_4(1024)$; $\log_3(729)$; $\log_6(36)$; $\log_8(64)$; $\log_{12}(12)$; $\log_7(1)$
   b) $\log_2\left(\frac{1}{256}\right)$; $\log_2(0,125)$; $\log_3\left(\frac{1}{243}\right)$; $\log_7\left(\frac{1}{49}\right)$; $\log_8\left(\frac{1}{8}\right)$; $\log_8\left(\frac{1}{512}\right)$; $\log_6(6^5)$

6. Berechne im Kopf, zwischen welchen ganzen Zahlen der Logarithmus liegt. Argumentiere.
   a) $\log_2(3)$
   b) $\log_2(5)$
   c) $\log_2\left(\frac{1}{3}\right)$
   d) $\log_3(2)$
   e) $\log_4(13)$;
   f) $\log_5(36)$
   g) $\log_6(99)$
   h) $\log_{0,5}(0,1)$

7. Berechne im Kopf.
   a) $\log_2\left(16^{\frac{1}{3}}\right)$; $\log_2\left(128^{\frac{1}{5}}\right)$; $\log_2\left(8^{\frac{1}{4}}\right)$; $\log_2(\sqrt{0,25})$; $\log_2\left(\frac{1}{16^{\frac{1}{3}}}\right)$; $\log_2\left(2^{\frac{4}{7}}\right)$; $\log_2\left(2^{-\frac{2}{3}}\right)$
   b) $\log_5\left(5^{\frac{1}{3}}\right)$; $\log_4\left(\frac{1}{16^{\frac{1}{3}}}\right)$; $\log\left(10^{\frac{2}{3}}\right)$; $\log_3\left(\frac{1}{27}\right)^{\frac{1}{5}}$; $\log(\sqrt{0,1})$; $\log_5(\sqrt{0,2})$; $\log_7\left(49^{\frac{1}{3}}\right)$

8. a) $\log_2(2^m)$
   b) $\log_5\left(\frac{1}{5^m}\right)$
   c) $\log_3\left(3^{\frac{1}{n}}\right)$
   d) $\log_4\left(\frac{1}{4^{\frac{1}{n}}}\right)$
   e) $\log_b(b)$
   f) $\log_b(1)$
   g) $\log_b\left(\frac{1}{b}\right)$
   h) $\log_b(b^2)$
   i) $\log_b\left(\frac{1}{b^2}\right)$
   j) $\log_a(a^n)$
   k) $\log_c(\sqrt{c})$
   l) $\log_c\left(\frac{1}{\sqrt{c}}\right)$
   m) $\log_a\left(a^{\frac{1}{n}}\right)$
   n) $\log_a\left(a^{\frac{m}{n}}\right)$
   o) $\log_a\left(\frac{1}{a^{\frac{3}{5}}}\right)$

9. Folgende Aufgaben haben ein ganz einfaches Ergebnis. Begründe.
   a) $2^{\log_2(7)}$
   b) $2^{\log_2(u^2)}$
   c) $3^{\log_3(\sqrt{12})}$
   d) $10^{\log(2)}$
   e) $\log_5(5^9)$
   f) $\log_3(3^{\sqrt{2}})$
   g) $\log(10^{-7})$
   h) $10^{\log(7,2)}$

10. Bestimme die Zahl für y.

a) $\log_2(y) = 5$
b) $\log_2(y) = \frac{2}{3}$
c) $\log(y) = 6$
d) $\log_4(y) = \frac{2}{3}$
e) $\log_3(y) = 2{,}5$
f) $\log_2(y) = -5$
g) $\log_4(y) = \frac{1}{2}$
h) $\log_4(y) = -\frac{1}{2}$
i) $\log(y) = 1$
j) $\log(y) = -\frac{3}{4}$

11. Die Lösungen sind fehlerhaft. Korrigiere.

a) $x^4 = 25$
$x = \log_4(25)$

b) $3^x = 101$
$x = 101^{\frac{1}{3}}$

c) $3x - 7 = 20$
$x = -1$

d) $x^6 = -12$
$x = -12^{\frac{1}{6}}$

e) $2^x = -13$
$x = -\log_2(13)$

12. Für welche Basis b ist die Gleichung erfüllt?

a) $\log_b(9) = 2$
b) $\log_b(\sqrt{2}) = \frac{1}{2}$
c) $\log_b\left(\frac{1}{9}\right) = -2$
d) $\log_b(5) = 1$
e) $\log_b(125) = 3$
f) $\log_b(256) = 4$
g) $\log_b(\sqrt{8}) = \frac{3}{4}$
h) $\log_b(\sqrt{729}) = \frac{3}{2}$

13. a) Beweise, dass $\log_2(3)$ keine rationale Zahl ist.
    Anleitung: Nimm das Gegenteil an, d. h. $\log_2(3) = \frac{m}{n}$ mit $m \in \mathbb{N}^*$ und $n \in \mathbb{N}^*$; folgere hieraus dann $2^m = 3^n$ und widerlege dies.
    b) Marc fragt sich: „Auf diese Weise kann man doch auch beweisen, dass $\log_9(3)$ eine irrationale Zahl ist, oder?" Kontrolliere dies und begründe deine Meinung.

3.6.2 Lösen von Exponentialgleichungen

Einstieg Es gibt Algen, die ihre Höhe jede Woche verdoppeln können. Wie viele Wochen dauert es, bis eine 60 cm große Alge an die Oberfläche des 6,30 m tiefen Sees gelangt?

Aufgabe 1

Aufstellen und Lösen einer Exponentialgleichung
Eine Patientin erhält bei einer Operation ein Betäubungsmittel. Zu Beginn befinden sich 270 mg davon im Blut. Pro Stunde werden 16 % aus dem Blut ausgeschieden.
Nach welcher Zeit befinden sich nur noch 30 mg des Betäubungsmittels im Blut?

Lösung

Nach einer Stunde befindet sich 16 % weniger Betäubungsmittel im Blut, das heißt es ist noch 84 % vorhanden.
Nach der nächsten Stunde sind davon wiederum nur noch 84 % vorhanden. Nach x Stunden lässt sich die Menge des Betäubungsmittels im Blut in mg daher durch den Funktionsterm $f(x) = 270 \cdot 0{,}84^x$ beschreiben.
Um zu bestimmen, wann nur noch 30 mg vorhanden sind, müssen wir die Zeit x bestimmen, für die $270 \cdot 0{,}84^x = 30$ gilt.
Wir lösen die Gleichung nach x auf.
Nach 12,6 Stunden, also ungefähr einem halben Tag, beträgt die Betäubungsmittelmenge nur noch 30 mg.

$$270 \cdot 0{,}84^x = 30 \quad |:270$$
$$0{,}84^x = \frac{1}{9}$$
$$x = \log_{0{,}84}\left(\frac{1}{9}\right)$$
$$x \approx 12{,}6$$

3.6 Logarithmen – Exponentialgleichungen

Information

Die Umformungsschritte der Aufgabe 1 lassen sich genauso allgemein durchführen.

> Gleichungen, bei denen die Variable im Exponenten einer Potenz steht, nennt man **Exponentialgleichungen**.
> Häufig kommen einfache Exponentialgleichungen der Form $a \cdot b^x = c$ mit $a, b, c > 0$ vor. Diese haben genau eine Lösung, wie man am Graphen erkennt.
>
>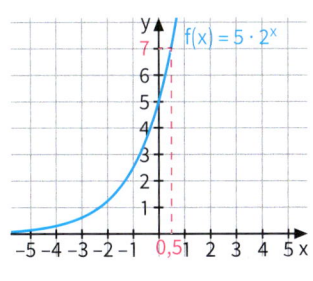
>
> *Beispiel:*
> $5 \cdot 2^x = 7$ |:5 Isolieren der Potenz
> $2^x = 1{,}4$ |Logarithmieren beider Seiten
> $x = \log_2(1{,}4)$
> $x \approx 0{,}485$

Weiterführende Aufgabe

Bestimmen der Halbwertszeit mit Logarithmen

2. Bei exponentiellen Zerfallsprozessen kann man ermitteln, innerhalb welcher Zeitspanne sich der Bestand jeweils halbiert hat. Diese Zeitspanne heißt **Halbwertszeit**.
   a) Begründe, warum die Halbwertszeit nur von der Basis der Exponentialfunktion $y = a \cdot b^x$ abhängt, aber nicht vom Anfangsbestand a.
   b) Begründe den Ansatz zur Bestimmung der Halbwertszeit s und die Umformungsschritte. Ermittle die Halbwertszeit des Prozesses mit dem Term $f(t) = 5{,}5 \cdot 0{,}63^t$.
   c) Ermittle eine Formel, die den Bestand von Blei ^{210}Pb nach t Jahren beschreibt, wenn anfangs 3,2 g vorhanden waren.

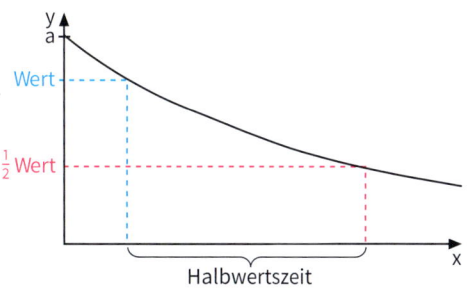

> $\frac{1}{2} \cdot a \cdot b^x = a \cdot b^{x+s}$ |:(a · b^x)
> $0{,}5 = b^s$
> $s = \log_b(0{,}5)$

Das Blei-Isotop ^{210}Pb kommt als Zerfallsprodukt des Uran-Isotops ^{238}U in Bleierzen vor. Radioaktiver β-Strahler, der zu Bismut zerfällt. Blei ^{210}Pb hat eine Halbwertszeit von 22 Jahren.

Übungsaufgaben

3. Bestimme x. Runde das Ergebnis auf Tausendstel.
   a) $5^x = 7$
   b) $1{,}2^x = 5$
   c) $0{,}5^x = 0{,}1$
   d) $0{,}7^x = 1$
   e) $3^x = 2$
   f) $4{,}2^x = 0{,}9$
   g) $6 \cdot 8^x = 12$
   h) $0{,}4 \cdot 0{,}7^x = 1{,}1$

4. Ein Kapital von 4000 € wird mit 4,5 % jährlich verzinst. Nach wie viel Jahren hat es sich **(1)** verdoppelt; **(2)** verdreifacht; **(3)** vervierfacht?

5. Wassermelonen wachsen anfangs so schnell, dass sich ihre Masse täglich um 13 % vermehrt. Nach wie viel Tagen hat eine ursprünglich 1,3 kg schwere Melone die Masse 4,6 kg?

6. Eine Bakterienart vermehrt sich so, dass sie alle 3 Tage auf das 1,5-fache anwächst. Nach welcher Zeit sind aus 10 Bakterien 45 geworden?

7. Berechne die Halbwertszeit für das exponentielle Wachstum mit folgender Vorschrift:
   a) $y = 3 \cdot \left(\frac{1}{8}\right)^x$ c) Basis: $\frac{3}{5}$ e) Anfangsbestand: 8; Abnahmerate: 6 % pro Tag
   b) $y = 10 \cdot 0{,}7^x$ d) Basis: 0,9   f) Anfangsbestand: a; Abnahmefaktor: 0,65 pro Stunde

8. a) Ein radioaktives Präparat zerfällt so, dass die vorhandene Substanz nach jeweils 5 Tagen auf ein Drittel zurückgeht. Zu Beginn der Messung sind 12 mg vorhanden. Welche Funktion liegt dem Zerfallsprozess zugrunde? Wie groß ist die Halbwertszeit?
   b) Ein radioaktives Präparat zerfällt so, dass es jeweils in 6 Stunden um 15 % abnimmt. Ermittle die Halbwertszeit.
   c) Im Bild rechts ist der Zerfall von 30 g radioaktivem Iod dargestellt. Ermittle die Halbwertszeit. Nach welcher Zeit sind nur noch 3 g vorhanden?
   d) Radioaktives Cäsium 137 hat eine Halbwertszeit von ca. 30 Jahren. Welcher Anteil der anfangs vorhandenen Menge Cäsium ist nach 10 Jahren, nach 40 Jahren noch vorhanden?

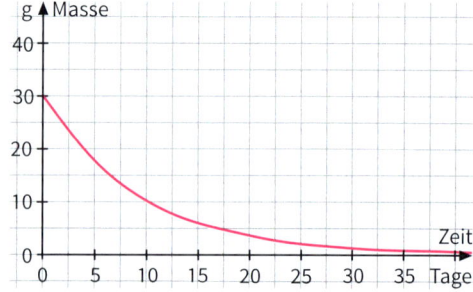

9. Bei gewissen Untersuchungen wird Patienten radioaktives Iod gegeben, das so zerfällt, dass die vorhandene Menge nach jeweils (etwa) 8 Tagen auf die Hälfte zurückgeht.
   Nach wie viel Tagen sind noch
   (1) 10 %;   (2) 1 %;   (3) 2 ‰;
   der Anfangsdosis vorhanden?

10. Ein Kapital von 2 500 € ist in 4 Jahren auf 2 868,80 € angewachsen. Nach wie vielen Jahren wären bei gleich bleibender Bedingungen 5 000 € auf dem Konto, wann 10 000 €?

11. Die Strahlung von Cäsium 137 wird durch 3,5 cm dicke Aluminiumschichten, die von Cobalt 60 erst durch 5,3 cm dicke Schichten um die Hälfte geschwächt.
    a) Wie viele 2 cm dicke Platten benötigt man, wenn man die jeweilige Strahlung auf 5 % reduzieren will?
    b) Die Dichte von Aluminium beträgt 2,7 $\frac{g}{cm^3}$. Welche Masse hat die jeweilige Abschirmung, wenn die Platten quadratisch mit einer Seitenlänge von 5 cm sind?

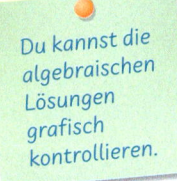

Du kannst die algebraischen Lösungen grafisch kontrollieren.

12. In welchem Punkt schneiden sich die Graphen der beiden Exponentialfunktionen?
    a) $f(x) = 80 \cdot 2^x$ und $g(x) = 5 \cdot 4^x$
    b) $f(x) = \left(\frac{1}{9}\right)^x$ und $g(x) = 81 \cdot 3^{-x}$
    c) $f(x) = 5 \cdot 2^x$ und $g(x) = 6 \cdot 0{,}3^x$
    d) $f(x) = 3 \cdot 2^{-x}$ und $g(x) = 6 \cdot \left(\frac{8}{5}\right)^x$

13. In den beiden Graphen rechts sind Exponentialfunktionen dargestellt. Bestimme die Koordinaten des Schnittpunktes.

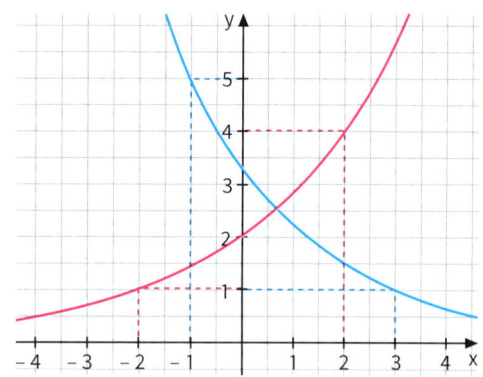

3.6.3 Logarithmengesetze

Einstieg Für das Multiplizieren, Dividieren und Potenzieren von Potenzen kennt ihr die Potenzgesetze. Untersucht, ob es auch für das Logarithmieren Gesetze gibt.

> **Potenzgesetze**
> $a^n \cdot a^m = a^{n+m}$; $\dfrac{a^n}{a^m} = a^{n-m}$; $(a^n)^m = a^{n \cdot m}$

Aufgabe 1 **Finden der Logarithmusgesetze**
Stelle eine Wertetabelle für die Logarithmen zur Basis 10 im Bereich von 1 bis 10 auf und versuche, Gesetzmäßigkeiten zu entdecken.

Lösung

x	1	2	3	4	5	6	7	8	9	10
log(x)	0	0,301	0,477	0,602	0,699	0,778	0,845	0,903	0,954	1

Du erkennst z. B.

(1) $\log(6) = \log(2) + \log(3)$
$\log(10) = \log(2) + \log(5)$

(2) $\log(5) = \log(10) - \log(2)$
$\log(1) = \log(7) - \log(7)$

(3) $\log(4) = 2 \cdot \log(2)$
$\log(8) = 3 \cdot \log(2)$

Es gilt also vermutlich:

(1) $\log(a \cdot b) = \log(a) + \log(b)$
(2) $\log\left(\dfrac{a}{b}\right) = \log(a) - \log(b)$
(3) $\log(a^n) = n \cdot \log(a)$

Information Die Lösung der Aufgabe 1 legt folgende Gesetze nahe.

> **Satz** *(Logarithmengesetze)*
> Für $b > 0$, $b \neq 1$, $u > 0$, $v > 0$, $r \in \mathbb{R}$ gilt:
> **(L1):** $\log_b(u \cdot v) = \log_b(u) + \log_b(v)$ statt Multiplizieren Addieren
> **(L2):** $\log_b\left(\dfrac{u}{v}\right) = \log_b(u) - \log_b(v)$ statt Dividieren Subtrahieren
> **(L3):** $\log_b(u^r) = r \cdot \log_b(u)$ statt Potenzieren Multiplizieren

Beispiele:
$\log_4(16 \cdot 4^a) = \log_4(16) + \log_4(4^a) = 2 + a$
$\log\left(\dfrac{1\,000}{x}\right) = \log(1\,000) - \log(x) = 3 - \log(x)$
$\log\left(\sqrt[10]{100}\right) = \log\left(100^{\frac{1}{10}}\right) = \dfrac{1}{10} \log(100) = \dfrac{1}{10} \cdot 2 = 0{,}2$

Beweis der Logarithmengesetze:
Wir beschränken uns auf die Basis 10, weil dadurch die Schreibweise übersichtlicher ist.
(L1) $\log(u \cdot v) = \log(u) + \log(v)$ gilt, falls $10^{\log(u) + \log(v)}$ gleich dem Produkt $u \cdot v$ ist.
Mit einem Potenzgesetz ergibt sich:
$10^{\log(u) + \log(v)} = 10^{\log(u)} \cdot 10^{\log(v)} = u \cdot v$.

(L2) $\log\left(\dfrac{u}{v}\right) = \log(u) - \log(v)$ gilt, falls $10^{\log(u) - \log(v)}$ gleich dem Quotienten $\dfrac{u}{v}$ ist.
Mit einem Potenzgesetz ergibt sich:
$10^{\log(u) - \log(v)} = \dfrac{10^{\log(u)}}{10^{\log(v)}} = \dfrac{u}{v}$.

(L3) $\log(u^r) = r \cdot \log(u)$ gilt, falls $10^{r \cdot \log(u)}$ gleich der Potenz u^r ist.
Mit einem Potenzgesetz ergibt sich:
$10^{r \cdot \log(u)} = 10^{\log(u) \cdot r} = (10^{\log(u)})^r = u^r$.

Weiterführende Aufgabe

Sonderfälle der Logarithmengesetze

2. Für das Logarithmengesetz (L1) lassen sich in Sonderfällen weitere Regeln aufstellen. Kontrolliere die beiden Regeln rechts mit Zahlenbeispielen. Beweise sie anschließend.

> Für $u = 1$ gilt: $\log_b\left(\frac{1}{v}\right) = -\log_b(v)$
> Für $u = b$ gilt: $\log_b(b \cdot v) = 1 + \log_b(v)$

Übungsaufgaben

3. Vereinfache durch Zusammenfassen der Logarithmenterme.
   a) $\log(8) + \log(5) + \log(25)$
   b) $\log(150) + \log(2) - \log(3)$
   c) $\log(60) - \log(2) - \log(3)$
   d) $\log_2(10) + \log_2\left(\frac{3}{5}\right) + \log_2\left(\frac{1}{3}\right)$
   e) $\log_2(7) + \log_2(12) - \log_2\left(\frac{21}{4}\right)$
   f) $\log_3(4) + \log_3\left(\frac{2}{3}\right) + \log_3\left(\frac{1}{8}\right)$

> $\log(4) + \log(25)$
> $= \log(4 \cdot 25)$
> $= \log(100) = 2$

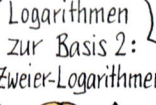

4. Es ist $\log_2(3) \approx 1{,}6$. Bestimme ohne Taschenrechner die Logarithmen zur Basis 2 von:
   a) 9
   b) 27
   c) 36
   d) 12
   e) $\sqrt{3}$
   f) $\frac{1}{3}$
   g) $\frac{2}{3}$
   h) $\frac{1}{9}$

> $\log_2(1{,}5)$
> $= \log_2\left(\frac{3}{2}\right)$
> $= \log_2(3) - \log_2(2)$
> $\approx 1{,}6 - 1 = 0{,}6$

5. Wende Logarithmengesetze an. Beachte einschränkende Bedingungen.
   a) $\log_b(4x)$
   b) $\log_b(r \cdot s)$
   c) $\log_b\left(\frac{3}{z}\right)$
   d) $\log_b(a \cdot b \cdot c)$
   e) $\log_b(x(y+z))$
   f) $\log_b\left(\frac{2a}{3b}\right)$
   g) $\log_b\left(\frac{1}{4b}\right)$
   h) $\log_b\left(\frac{xyz}{5b}\right)$
   i) $\log_b\left(\frac{b}{3a}\right)$

> $\log_b\left(\frac{x \cdot y}{z}\right) = \log_b(x \cdot y) - \log_b(z)$
> $= \log_b(x) + \log_b(y) - \log_b(z)$
> (für $x > 0$, $y > 0$, $z > 0$, $b > 0$, $b \neq 1$)

6. a) $\log_b(x^5)$
   b) $\log_b\left(r^{\frac{4}{5}}\right)$
   c) $\log_a(a^{-2})$
   d) $\log_b\left(z^{-\frac{2}{3}}\right)$
   e) $\log_b\left(\frac{1}{x^3}\right)$
   f) $\log_b\left(\frac{1}{a^{\frac{1}{3}}}\right)$

> $\log_b \sqrt[3]{x^2} = \log_b\left(x^{\frac{2}{3}}\right) = \frac{2}{3}\log_b(x)$; $x > 0$

7. Bestimme die Lösungsmenge der Gleichung.
   a) $\log_2(x) + \log_2(3) = \log_2(5)$
   b) $\log(5) + \log(z) = 1$
   c) $\log_2(y) - 2\log_2(25) = 2$

8. a) Begründe, warum im Allgemeinen gilt:
   (1) $\log(x + y) \neq \log(x) + \log(y)$;
   (2) $\log(r - s) \neq \log(r) - \log(s)$.
   b) Untersuche, ob es Sonderfälle gibt, in denen diese Formeln richtig sind.

9. a) Wie viele Stellen hat die Zahl (1) 10^3; (2) 10^9; (3) 10^{100}?
   b) Wie viele Stellen vor dem Komma hat die Zahl
   (1) $10^{1,5}$; (2) $10^{6,3}$; (3) $10^{21,1}$?
   c) Björn behauptet:
   „Die Zahl 4^{13} hat im Dezimalsystem 8 Stellen."
   Erläutere seine Rechnung rechts.
   Kontrolliere den Wert, indem du 4^{13} mit dem Taschenrechner berechnest.

> (1) $\log(4^{13}) = 13 \cdot \log(4)$
> $= 7{,}826...$
> (2) $4^{13} = 10^{7,826...}$
> (3) 4^{13} hat 8 Stellen.

   d) Ermittle mit dem Verfahren von Björn die Stellenzahl von
   (1) 5^5; (2) $(5^5)^5$; (3) $5^{(5^5)}$ im Dezimalsystem.
   e) Daniela behauptet, dass die größte Zahl, die man im Dezimalsystem mit drei Ziffern schreiben kann, ungefähr 370 Millionen Stellen hat. Überprüfe diese Behauptung.

3.7 Logarithmusfunktionen

Einstieg Zeichnet für verschiedene Werte von b die Graphen von Logarithmusfunktionen mit der Gleichung $y = \log_b(x)$ in ein gemeinsames Koordinatensystem. Wie ändert sich der Graph, wenn man die Basis b ändert? Nennt gemeinsame Eigenschaften und Unterschiede der Graphen. Untersucht einen Zusammenhang von Graphen der Logarithmusfunktionen mit $y = \log_b(x)$ und von Exponentialfunktionen mit $y = b^x$. Wählt gleiche Skalierung auf den beiden Koordinatenachsen.

Aufgabe 1
a) Zeichne den Graphen der Logarithmusfunktion zur Basis 2 mit der Gleichung $y = \log_2(x)$, wobei $x > 0$. Verwende auf beiden Koordinatenachsen die gleiche Skalierung.
b) Gib Eigenschaften des Graphen an.
c) Zeichne in dasselbe Koordinatensystem den Graphen der Exponentialfunktion zur Basis 2 mit der Gleichung $y = 2^x$ mit $x \in \mathbb{R}$. Wie hängen die beiden Graphen zusammen?

Lösung

a)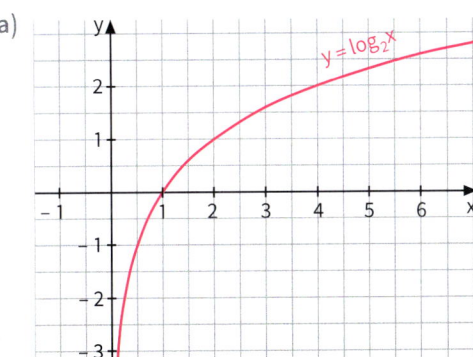

b) Der Graph der Logarithmusfunktion mit der Gleichung $y = \log_2(x)$ steigt an.
Der Graph verläuft im 4. und 1. Quadranten.
Jede reelle Zahl kommt als Funktionswert vor.
Der Graph schmiegt sich dem negativen Teil der y-Achse an.

c) Der Graph der Logarithmusfunktion mit der Gleichung $y = \log_2(x)$ geht aus dem Graphen der Exponentialfunktion mit der Gleichung $y = 2^x$ durch Spiegeln an der Hauptwinkelhalbierenden w hervor, wenn beide Koordinatenachsen die gleiche Skalierung haben.

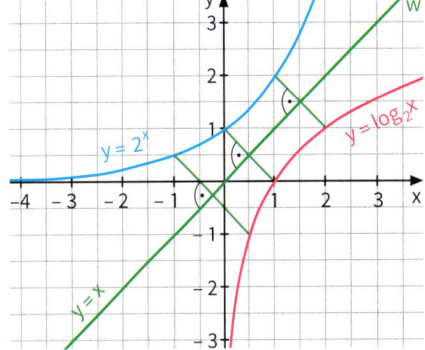

Information

(1) **Definition der Logarithmusfunktionen**

> **Definition**
> Die Funktion mit der Gleichung $y = \log_b(x)$ mit $x > 0$ heißt **Logarithmusfunktion** zur Basis b, wobei $b > 0$, $b \neq 1$.
>
>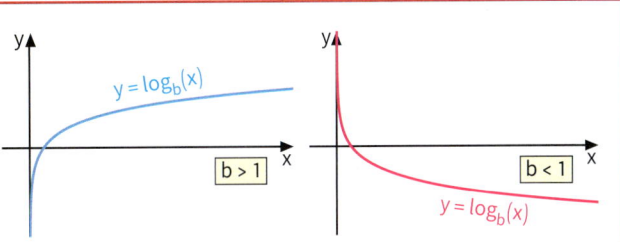

(2) Zusammenhang zwischen Logarithmusfunktionen und Exponentialfunktionen

Satz
Für $b > 0$ und $b \neq 1$ gilt:
Den Graphen zu $y = \log_b(x)$ mit $x > 0$ erhält man durch Spiegeln des Graphen zu $y = b^x$ mit $x \in \mathbb{R}$ an der Hauptwinkelhalbierenden w des Koordinatensystems und umgekehrt, wenn beide Koordinatenachsen die gleiche Skalierung haben.
Die Funktion zu $y = \log_b(x)$ ist die Umkehrfunktion zur Exponentialfunktion mit der Gleichung $y = b^x$.

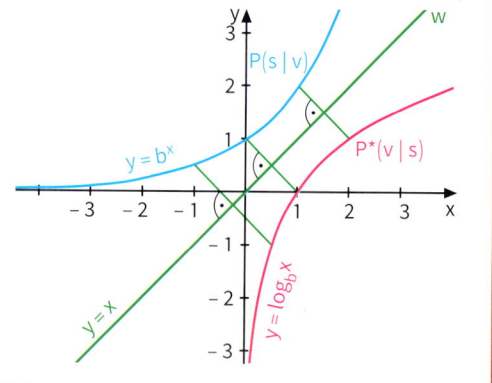

Begründung: Der Punkt $P(s|v)$ geht beim Spiegeln an w über in den Punkt $P^*(v|s)$. Wenn nun $P(s|v)$ auf dem Graphen der Funktion zu $y = b^x$ liegt, so gilt $v = b^s$. Daraus folgt $s = \log_b(v)$. Also ist s der Funktionswert der Logarithmusfunktion an der Stelle v. P^* hat also die Koordinaten $(v|\log_b(v))$. Somit liegt P^* auf dem Graphen der Funktion zu $y = \log_b(x)$.

(3) Eigenschaften der Logarithmusfunktionen
Wegen des Zusammenhangs der Graphen der Exponentialfunktionen mit denen der entsprechenden Logarithmusfunktionen ergeben sich unmittelbar folgende Eigenschaften.

Satz: *(Eigenschaften der Logarithmusfunktionen)*
Für jede Logarithmusfunktion zu $y = \log_b(x)$
mit $x > 0$, $b > 0$, $b \neq 1$ gilt:
(1) Der Graph der Funktion
  – steigt für $b > 1$;
  – fällt für $0 < b < 1$.
(2) Der Graph der Funktion liegt rechts von der y-Achse. Jede reelle Zahl kommt als Funktionswert vor: Wertemenge $\mathbb{R}$.
Es gilt
  • für $b > 1$:
    $\log_b(x) < 0$, falls $0 < x < 1$
    $\log_b(x) = 0$, falls $x = 1$
    $\log_b(x) > 0$, falls $x > 1$
  • für $0 < b < 1$:
    $\log_b(x) > 0$, falls $0 < x < 1$
    $\log_b(x) = 0$, falls $x = 1$
    $\log_b(x) < 0$, falls $x > 1$

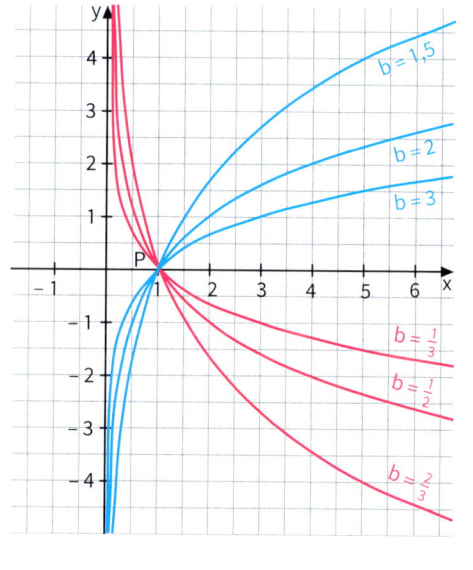

(3) Der Graph schmiegt sich
  – dem negativen Teil der y-Achse an für $b > 1$;
  – dem positiven Teil der y-Achse an für $0 < b < 1$.
(4) Jedes Mal, wenn x mit s multipliziert wird, wird zu dem Funktionswert $\log_b(x)$ der Summand $\log_b(s)$ addiert *(Grundeigenschaft)*.
(5) Alle Graphen haben den Punkt $P(1|0)$ und nur diesen Punkt gemeinsam.

3.7 Logarithmusfunktionen

Übungsaufgaben

2. Zeichne den Graphen der Logarithmusfunktion mit $y = \log_3(x)$ im Bereich $0 < x \leq 8$.

3. Zeichne den Graphen zu $y = \log_{0,3}(x)$. Nenne Eigenschaften dieses Graphen. Begründe die Eigenschaften mithilfe der Eigenschaften der zugehörigen Exponentialfunktion.

4. Begründe den Zusammenhang der Graphen zu $y = \log_4(x)$ und $y = \log_{0,25}(x)$, indem du die Eigenschaften der Exponentialfunktionen zu $y = 4^x$ und $y = 0,25^x$ benutzt.

5. Bestimme die Logarithmusfunktion mit $\log_b(x)$, deren Graph durch P verläuft.
   a) $P(8|3)$ b) $P(3|8)$ c) $P(0,5|-1)$ d) $P(1|0)$ e) $P\left(\frac{1}{3}\Big|3\right)$

6. Ordne den Graphen einen Funktionsterm zu.
   (1) $\log_2(x)$ (3) $\log_{1,26}(x)$
   (2) $\log_{2,5}(x)$ (4) $\log_{0,5}(x)$

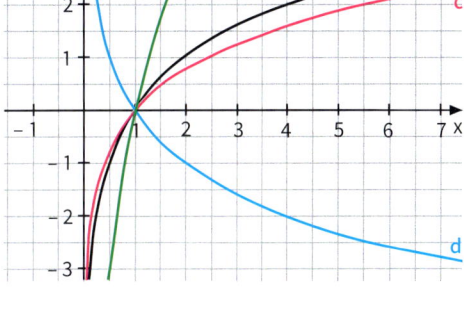

7. a) Begründe die Grundeigenschaft der Logarithmusfunktionen:
   Jedes Mal, wenn x mit s multipliziert wird, wird zum Funktionswert $f(x)$ ein konstanter Summand addiert.
   Erläutere diese auch am Graphen.
   b) Formuliere weitere Eigenschaften für Logarithmusfunktionen; begründe sie.

8. Tim hat den Graphen der Logarithmusfunktion mit $y = \log_2(x)$ in ein Koordinatensystem mit der Einheit 1 cm auf ein DIN-A4-Blatt gezeichnet, einmal im Hochformat, einmal im Querformat.

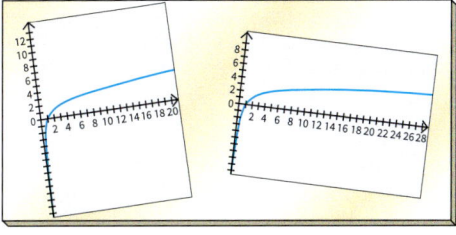

   a) Wie viele DIN-A4-Blätter müsste Tim anlegen, damit auf dem letzten Blatt der Graph an den oberen Rand stößt?
   b) Wie viel wiegt der Papierstapel, wenn Tim den Graphen der Funktion mit $y = \log(x)$ zeichnet und 1 000 Blätter 5 kg wiegen?

9. Zeichne den Graphen der Funktion *ASA-Wert → DIN-Wert*. Gib die Funktionsgleichung an.

Der ISO-5800-Standard

definiert die Lichtempfindlichkeiten von Filmmaterial.
Die vor der ISO-5800-Norm geltende ASA- und DIN-Norm sind in die ISO-Norm eingeflossen. Die ISO-Norm gibt also für jede Lichtempfindlichkeit zwei Werte, nämlich den linearen ASA-Wert und den logarithmischen DIN-Wert an.
Für beide Skalierungen gilt: je höher die Zahl, desto lichtempfindlicher der Film.
Für die lineare ASA-Skalierung gilt: ein doppelter Wert entspricht der doppelten Empfindlichkeit. In der logarithmischen DIN-Skalierung entspricht eine Erhöhung um 3° einer Verdoppelung.
Die gängigsten ISO-5800-Werte sind 25/15°, 50/18°, 100/21°, 200/24°, 400/27°, 800/30°, 1600/33° und 3200/36° – dabei bezeichnet die erste Angabe den ASA-Wert und die zweite den DIN-Wert.
In der Digitalfotografie wird – trotz Fehlens des Filmmaterials – ebenfalls der ISO-Wert als Angabe der einstellbaren Empfindlichkeit verwendet. Die Werte entsprechen denen des Filmmaterials.

3.8 Aufgaben zur Vertiefung

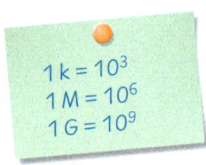

1. **a)** Überprüfe die Behauptung in der Anzeige.
   b) Welcher Zinssatz würde sich ergeben, wenn man sogar halbmonatlich verzinsen würde?
   c) Welche Zinssätze ergäben sich für wöchentliche, tägliche, stündliche, minütliche bzw. sekündliche Verzinsung?
   d) Kann man auf diese Weise einen beliebig hohen Zinssatz erreichen?

Ihr Konto im Internet

mehr Zinsen
So viel Zinsen bekommen Sie im Internet
Sie erhalten mindestens 2,9 % Zinsen p. a.
Je nach Einzahlung steigt Ihr Zinssatz auf bis zu 3,8 % p. a. an (Stand 01/2007). Die Zinsen werden monatlich gutgeschrieben. Die effektive Verzinsung liegt durch den Zinseszins sogar bei 3,56 % p. a.

2. Berechne den Term $\dfrac{p \cdot \log(2)}{\log\left(1 + \dfrac{p}{100}\right)}$ für verschiedene Werte von p zwischen 1 und 10.
   Stelle einen Zusammenhang mit der Faustformel für die Verdopplungszeit her.

$1\,k = 10^3$
$1\,M = 10^6$
$1\,G = 10^9$

3. Verändern sich Größen sehr stark, so wird in Diagrammen die nach oben gerichtete Achse häufig nicht linear unterteilt:

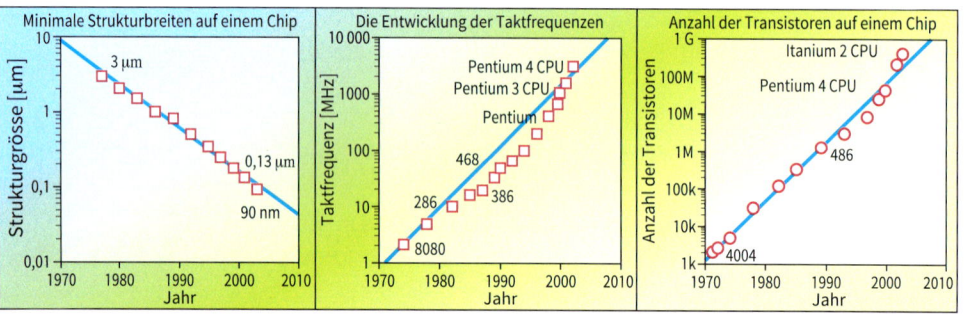

Auch mit manchen Computerprogrammen kann man derartige Darstellungen erzeugen. In solchen so genannten logarithmischen Achseneinteilungen erreicht man, dass z. B. einer Verzehnfachung der Werte auf der Achse immer eine gleichlange Strecke auf der Achse entspricht. Entsprechendes gilt für jeden anderen Multiplikator.
   a) Erläutere dies an der nebenstehenden Abbildung.
   b) In der nebenstehenden Abbildung ist die nach oben gerichtete Achse logarithmisch geteilt, die waagerechte Achse linear. Zeige, dass die Punkte der Geraden auf dem Graphen einer Exponentialfunktion liegen, wenn man beide Achsen wie gewöhnlich linear teilt. Ermittle die Funktionsgleichung.

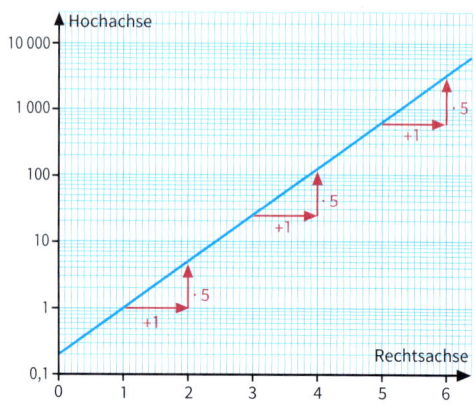

4. Sucht selbst in Zeitungen, Lexika, ... solche Darstellungen, bei denen die Achsen nicht linear, sondern logarithmisch geteilt sind.

Das Wichtigste auf einen Blick

Eigenschaften der Exponentialfunktionen

Eine Funktion mit der Gleichung $y = b^x$ mit $b > 0$, $b \neq 1$ heißt Exponentialfunktion zur Basis b.
Für jede Exponentialfunktion mit $y = b^x$ gilt:
Die Wertemenge ist $\mathbb{R}^*$. Der Graph:
- verläuft oberhalb der x-Achse und durch $P(0|1)$;
- steigt für $b > 1$ und fällt für $0 < b < 1$;
- schmiegt sich für $b > 1$ dem negativen Teil und für $0 < b < 1$ dem positiven Teil der x-Achse an.
- Jedes Mal, wenn x um s wächst, wird der Funktionswert b^x mit dem Faktor b^s multipliziert.
- Die Graphen von $y = b^x$ und $y = \left(\frac{1}{b}\right)^x$ gehen durch Spiegelung an der y-Achse auseinander hervor.

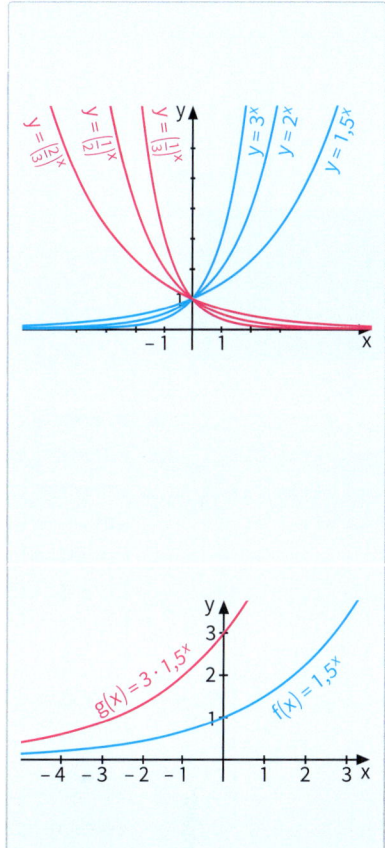

Verschieben und Strecken einer Exponentialfunktion

Den Graphen der Funktion g mit $g(x) = a b^x$ erhält man aus dem Graphen von f mit $f(x) = b^x$ durch Strecken mit dem Faktor a parallel zur y-Achse.
Den Graphen der Funktion g mit $g(x) = b^{x+c}$ erhält man aus dem Graphen von f mit $f(x) = b^x$ durch:
- Verschieben parallel zur x-Achse um $|c|$ Einheiten;
oder durch:
- durch Strecken mit dem Faktor b^c parallel zur y-Achse.

Logarithmus

Unter dem Logarithmus von y zur Basis b versteht man diejenige Zahl x mit der man b potenzieren muss, um y zu erhalten. Es gilt: $x = \log_b(y)$ ist dasselbe wie $b^x = y$.

Beispiel:
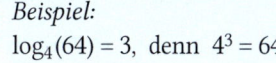
$\log_4(64) = 3$, denn $4^3 = 64$

Logarithmusfunktion

Die Funktion mit der Gleichung $y = \log_b(x)$ mit $x > 0$ heißt Logarithmusfunktion zur Basis b, wobei $b > 0$, $b \neq 1$.

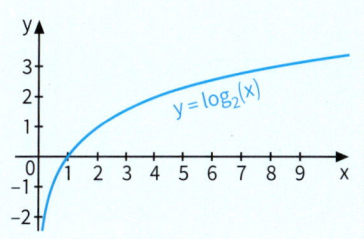

Bist du fit?

1. a) Ein Anfangsbestand von 20 g verdreifacht sich alle 7 Tage.
   Wie groß ist der Bestand nach 5 Tagen?
   b) Eine chemische Substanz zerfällt so, dass nach jeweils einem Tag 10 % weniger als am Vortag vorhanden ist.
   Wie viel g sind nach 2 Wochen zu erwarten, wenn anfangs 30 g vorhanden waren?

2. Radioaktives Chlor ³⁹Cl zerfällt so schnell, dass die vorhandene Menge sich jede Stunde halbiert. Zu Beginn sollen 10 mg vorhanden sein.
   a) Zeichne den Graphen der Funktion *Zeit (in Stunden) → Menge (in mg)*; beschreibe ihn.
   b) Erstelle die Funktionsgleichung. Welche Bedeutung hat das Einsetzen negativer Werte?
   c) Berechne, wie viel 20 Minuten nach Beobachtungsbeginn noch vorhanden ist.

3. Eine rasch wachsende Algenpflanze vergrößert ihre Höhe unter bestimmten Bedingungen täglich um 10 %. Am Anfang ist sie 5 cm hoch.
   a) Zeichne den Graphen der Funktion *Zeit (in Tagen) → Höhe (in cm)* und beschreibe ihn.
   b) Erstelle die Funktionsgleichung. Wie hoch ist die Pflanze nach 30 Tagen?
   c) Wann hat sie ihre Anfangshöhe verdoppelt?

4. In dem Bild rechts sind die Graphen der Funktionen zu $y = x^2 + 2$; $y = 2 \cdot 1{,}4^x$; $y = 3 \cdot x^{0,5}$ und $y = 2 \cdot 0{,}3^x$ gezeichnet. Zeichne es ab und ordne die obigen Funktionsgleichungen den Graphen zu. Ergänze die Zeichnung dann um die Graphen der Funktionen zu $y = 2 \cdot 1{,}8^x$; $y = x^3$; $y = 2 \cdot 0{,}5^x$; $y = 0{,}8 \cdot 1{,}4^x$ und $y = 3 \cdot x^{0,3}$ ohne Wertetabelle und Rechner qualitativ richtig.

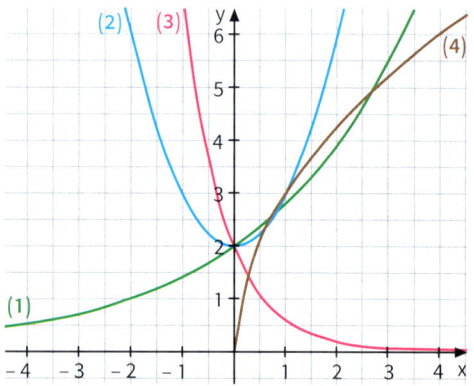

5. Von einem exponentiellen Prozess ist bekannt, dass nach 3 Tagen 1 cm² und nach 5 Tagen 4 cm² bedeckt waren. Wie viel cm² sind nach 8 Tagen bedeckt? Nach wie vielen Tagen sind 6 cm² bedeckt?

6. Skizziere den Graphen der Funktion und beschreibe, wie er aus dem Graphen der zugehörigen Exponentialfunktion entsteht.
   a) $f(x) = 3 \cdot 1{,}5^x$
   b) $f(x) = -2 \cdot 0{,}7^x$
   c) $f(x) = 1{,}5^{x+3}$
   d) $f(x) = 0{,}7^{x-2}$
   e) $f(x) = 1{,}5^x + 3$
   f) $f(x) = 0{,}7^x - 2$
   g) $f(x) = \frac{1}{5} \cdot 2^x + 1$
   h) $f(x) = 3 \cdot \left(\frac{1}{2}\right)^x - 4$
   i) $f(x) = 2^{x-1} - 3$

7. Skizziere die Graphen der Funktionen zu $y = 3 \cdot 0{,}4^x$ und $y = 2 \cdot 1{,}3^x$. Bestimme die Koordinaten des Schnittpunktes auf Hundertstel genau.

8. Gib eine lineare Funktion, eine Exponentialfunktion und eine Potenzfunktion an, deren Graph durch die Punkte P(2|3) und Q(3|2) verläuft. Welche Funktionswerte ergeben sich in der „Mitte" bei x = 2,5?

9. Bestimme folgende Logarithmen.
   a) $\log_2(64)$
   b) $\log_2\left(\frac{1}{4}\right)$
   c) $\log_5(\sqrt{5})$
   d) $\log_b(b^n)$
   e) $\log_b(1)$
   f) $\log_c\left(\frac{1}{c^4}\right)$

10. Löse die Gleichung nach x auf und erläutere die Lösung auch an einem Graphen.
    a) $2 \cdot 3^x = 12$
    b) $4 \cdot 0{,}8^x = 5{,}6$

11. Auf einem Konto mit gleich bleibendem Zinssatz ist ein Guthaben von 2 000 € in drei Jahren auf 2 153,78 € angewachsen. Bestimme den jährlichen Zinssatz.

Bleib fit im ...
Umgang mit Wahrscheinlichkeiten

Zum Aufwärmen

1. Beschrifte zunächst einen Lego-Achter wie rechts abgebildet.
   Ergänze dann die anderen Augenzahlen so, dass gegenüberliegende Augensummen 7 sind.
   a) Schätze die Wahrscheinlichkeiten der sechs Augenzahlen beim Lego-Achter.
      Erläutere deine Überlegungen.
   b) Überprüfe deine Schätzung, indem du 100-mal mit dem Lego-Achter würfelst.

2. In einer Lostrommel liegen 60 Lose, die von 1 bis 60 nummeriert sind.
   Bestimme die Wahrscheinlichkeiten für das Eintreten der folgenden Ereignisse:
   Die Zahl auf dem Los
   a) ist durch 4 teilbar;
   b) ist durch 12 teilbar;
   c) endet auf 0 oder 5;
   d) hat zwei gleiche Ziffern;
   e) ist nicht durch 2 teilbar;
   f) ist weder durch 4 noch durch 6 teilbar.

Zum Erinnern

(1) Wahrscheinlichkeiten von Ergebnissen bei einstufigen Zufallsexperimenten

Man kann zwei Typen von Zufallsexperimenten unterscheiden:
- Bei **Laplace-Experimenten** wird ein Zufallsgerät benutzt, bei dem kein Grund ersichtlich ist, warum eines der möglichen Ergebnisse eine größere Chance als ein anderes hat aufzutreten.
  Besitzt ein solches Zufallsexperiment n mögliche Ergebnisse, so beträgt die Wahrscheinlichkeit für das Auftreten eines bestimmten Ergebnisses $\frac{1}{n}$.
  Beispiele: Werfen einer Münze, Werfen eines Würfels, Drehen eines Glücksrades mit gleich großen Sektoren, Ziehen von gleichartigen Kugeln aus einer Urne.
- Bei **Nicht-Laplace-Experimenten** lassen sich die Wahrscheinlichkeiten für die einzelnen möglichen Ergebnisse nicht durch Symmetrieüberlegungen (oder Ähnliches) bestimmen.
  Beispiel: Reißnägel unterscheiden sich durch unterschiedliche Druckflächen und unterschiedliche Längen der Nägel; man kann nicht vorhersagen, wie oft ein Reißnagel beim Werfen auf der Seite liegen bleibt oder mit der Spitze nach oben zeigt.
  Weitere Beispiele: Werfen eines LEGO-Würfels oder eines Kronkorkens.
  Aufgrund von langen Versuchsreihen kann man jedoch Schätzwerte für die zugrunde liegenden Wahrscheinlichkeiten bestimmen.

Beispiel: Lego-Vierer

Ergebnis	1	2	3	4	5	6
Wahrscheinlichkeit	0,48	0,06	0,06	0,28	0,06	0,06

Das **empirische Gesetz der Großen Zahlen** besagt, dass bei wiederholten Durchführungen die *relativen Häufigkeiten*, mit denen das betrachtete Ergebnis eines Zufallsexperiments auftritt, mit zunehmender Versuchsanzahl in der Regel immer weniger um die Wahrscheinlichkeit schwanken.

(2) Wahrscheinlichkeiten von Ereignissen bei einstufigen Zufallsexperimenten

Ergebnisse eines Zufallsexperiments kann man zu *Ereignissen* zusammenfassen.
Beispiel: Beim Werfen eines Würfels gehören zum Ereignis *gerade Augenzahl* die Ergebnisse 2, 4 und 6. Dieses Ereignis wird durch die Menge {2; 4; 6} angegeben.

> Die *Wahrscheinlichkeit eines Ereignisses* erhält man als Summe der Wahrscheinlichkeiten der zugehörigen Ergebnisse (*Summenregel*).

Bei Laplace-Experimenten verwendet man speziell die **Laplace-Regel**:

Wahrscheinlichkeit
(engl.) probability
(franz.) probabilité
(lat.) probabilitas

> Für die Wahrscheinlichkeit eines Ereignisses E bei einem Laplace-Experiment gilt:
> $$P(E) = \frac{\text{Anzahl der zu E gehörenden Ergebnisse}}{\text{Anzahl aller möglichen Ergebnisse}}$$
> *Beispiel:* Werfen eines Würfels $P(\text{gerade Augenzahl}) = \frac{3}{6} = \frac{1}{2}$

Zum Trainieren

Primzahlen haben genau zwei Teiler

3. Bei einem Geburtstag werden kleine Gewinne mit einem Würfelspiel verteilt.
Worauf würdest du setzen?
(1) Erscheinen einer Primzahl beim Werfen des Oktaeders
(2) Erscheinen einer geraden Zahl beim Werfen eines gewöhnlichen Würfels

4. Marc spielt mit seinen Großeltern Skat. Er denkt, dass die erste Karte, die er erhält, ein Glücks- oder Unglückszeichen ist.
Bestimme die Wahrscheinlichkeit dafür, dass die 1. Karte
a) der Kreuz-Bube ist;
b) ein Bube ist;
c) eine Kreuz-Karte ist;
d) eine rote Karte ist;
e) eine Karte ohne Bild ist.

5. Bestimme für einen Lego-Vierer mithilfe der auf Seite 157 angegebenen Wahrscheinlichkeitsverteilung die Wahrscheinlichkeit für das Werfen
a) einer geraden Augenzahl;
b) einer ungeraden Augenzahl;
c) einer Augenzahl von höchstens 3;
d) einer Augenzahl von mindestens 2;
e) einer durch 7 teilbaren Augenzahl;
f) einer kleineren Augenzahl als 7.

6. *Super 6* ist eine Zusatzlotterie zum gewöhnlichen Lottospiel. Bei jeder Ziehung wird eine sechsstellige Gewinnzahl von 000 000 bis 999 999 gezogen, die mit der Spielschein-Nummer verglichen wird. Die Teilnahme kostet 1,25 €.
Bestimme für jede Gewinnhöhe die Wahrscheinlichkeit.

Klasse	Anzahl der richtigen Endziffern	(Mindest) Gewinnsumme
6	1	2,50 Euro
5	2	6,00 Euro
4	3	66,00 Euro
3	4	666,00 Euro
2	5	6.666,00 Euro
1	6	100.000,00 Euro

4. Mehrstufige Zufallsexperimente

Beim Ziehen von Glückskeksen hängt es vom Zufall ab, welchen Spruch man erhält. Bei mehrfachem Ziehen kommt diese Zufallsentscheidung mehrfach vor.

In einer Klasse mit 14 Jungen und 17 Mädchen sollen zwei Personen ausgewählt werden, die in der nächsten Zeit den Klassendienst erledigen sollen; ihre Aufgabe wird sein, groben Müll zu entsorgen, die Tafel zu reinigen, die Blumen im Klassenraum regelmäßig zu gießen usw. Dazu werden die Namen der Schülerinnen und Schüler auf Zettel geschrieben und in einen großen Briefumschlag gelegt. Aus diesem Umschlag werden dann zwei Zettel nacheinander gezogen. Dabei hängt es vom Zufall ab, ob jeweils ein Jungenname oder ein Mädchenname gezogen wird. Hier liegt also ein zweistufiges Zufallsexperiment vor.

→ Was wird eher eintreten:
   Zwei Mädchen werden für den Klassendienst gezogen
   oder
   Ein Junge und ein Mädchen werden für den Klassendienst gezogen?

→ Schätze, wie wahrscheinlich es ist, dass zwei Jungen für den Klassendienst gezogen werden.

*In diesem Kapitel ...
lernst du, mehrstufige Zufallsexperimente übersichtlich darzustellen
und Wahrscheinlichkeiten dafür zu berechnen. Ferner stellst du Daten
übersichtlich in Vierfeldertafeln dar.*

Lernfeld: Ein Zufall nach dem anderen

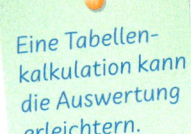

Eine Tabellenkalkulation kann die Auswertung erleichtern.

Junge oder Mädchen?

In Deutschland beträgt die Wahrscheinlichkeit dafür, dass ein Neugeborenes ein Junge ist, etwa 51,4 %. Viele Eltern wünschen sich mit dem zweiten Kind ein Pärchen zu erhalten.

→ Überlegt in Gruppenarbeit, welche „Typen" von Zwei-Kind-Familien es gibt und wie hoch der Anteil dieser Familien sein müsste.

→ Führt in eurer Schule eine Umfrage durch, um eure Vermutung zu überprüfen.

→ Wird euer Befragungsergebnis verfälscht, wenn ihr in eurer Erhebung Familien mit zwei Kindern doppelt erfasst, weil ihr beide Geschwister fragt?

→ Überlegt entsprechend: Welche Typen von Drei-Kind-Familien gibt es? Wie hoch müsste deren Anteil sein?

Leistungen mit Noten bewerten

Bei vielen sportlichen Wettbewerben wie z. B. in der Leichtathletik geht es um „schneller – höher – weiter". Die erzielten Leistungen können ganz genau in Meter oder Sekunde gemessen werden. In anderen Disziplinen erhalten Teilnehmer eines Wettbewerbs Bewertungen durch eine Jury, z. B. Haltungsnoten oder Noten für die Gestaltung beim Eiskunstlaufen. Bei einigen dieser Wettbewerbe addiert man die von den Juroren erteilten Noten, bei anderen lässt man zunächst die schlechteste und die beste Bewertung weg.

Citius, altius, fortius
(lateinisch)

deutsch: Schneller, Höher, Stärker
ist das heutige Motto der Olympischen Spiele.
Es wurde vorgeschlagen von Pierre de Coubertin nach einer Idee des französischen Dominikanerpaters Henri Didon, der diese Formulierung zuerst auf einem Schulsportfest in Arcueil verwendete, bei dem Coubertin als Wettkampfleiter anwesend war. 1894 schlug Coubertin auf der Schlusssitzung des Gründungskongresses des IOC diese drei Worte als Devise vor. Offiziell wurde diese Devise zum ersten Mal während der Olympischen Sommerspiele 1924 in Paris zitiert.

→ Überlegt, warum ein solches Verfahren sinnvoll sein kann.

→ Probiert es aus: Welche Auswirkungen hat es, wenn man eine ganzzahlige Notenskala von 1 bis 6 benutzt oder eine von 1 bis 10? Führt dazu einen klasseninternen Wettbewerb durch. Bestimmt eine Jury aus 5 bis 7 Personen und einigt euch auf den Klassenwettbewerb. Hier einige Vorschläge:

(1) Wer hat die schönste Schrift? Die Schülerinnen und Schüler, die nicht zur Jury gehören, schreiben den gleichen Satz an die Tafel.

(2) Wer kann den Inhalt eines Zeitungsartikels am besten wiedergeben? Die Teilnehmer am Wettbewerb treten einzeln vor die Jury und tragen vor.

(3) Wer liest einen fremden (fremdsprachigen) Text am besten vor?

4.1 Mehrstufige Zufallsexperimente – Baumdiagramme

Einstieg

Eier-Kennzeichnungen

In der EU werden Hühnereier nach der Vermarktungsnorm in zwei Güteklassen, A und B, unterteilt. Außerdem unterscheidet man Hühnereier auch nach Gewichtsklassen. Hier gibt es vier verschiedene.

Cuticula
dünne Haut auf der Außenseite der Eischale, die das Ei vor Austrocknung und Mikroorganismen schützt.

Güteklassen	Gewichtsklassen
Güteklasse A In der Regel werden nur diese Eier im Einzelhandel verkauft. Die Schale und Cuticula müssen unbeschädigt sein und eine normale Form aufweisen. **Güteklasse B** Eier, die nicht den Kriterien der Güteklasse A entsprechen, werden der Güteklasse B zugeordnet. Diese Eier gelten als nicht zum Verzehr geeignet.	**Gewichtsklasse XL:** sehr große Eier, mit einem Mindestgewicht von 73 g. **Gewichtsklasse L:** große Eier, mit einem Mindestgewicht von 63 g, aber unter 73 g. **Gewichtsklasse M:** mittlere Eier, mit einem Mindestgewicht von 53 g, aber unter 63 g. **Gewichtsklasse S:** kleine Eier, mit einem Gewicht unter 53 g.

Stellt übersichtlich dar, welche Kombinationsmöglichkeiten der Güte- und Gewichtsklassen auftreten können.

Aufgabe 1

Baumdiagramm

Bei einem Schulfest kann man an einem Stand mit zwei Glücksrädern spielen.
Gewinner ist, wer für beide Glücksräder richtig vorhersagt, auf welchen Feldern die Zeiger stehen bleiben werden.
Beim linken Glücksrad ist $\frac{1}{4}$ der Fläche rot und $\frac{3}{4}$ blau gefärbt.
Beim rechten Glücksrad gibt es gleich große Felder, die die Nummern 1, 2 oder 3 tragen.
Im Bild rechts ist der Zeiger des linken Glücksrades auf „Rot", der Zeiger des rechten Glücksrades ist auf „1" stehen geblieben. Wir notieren dieses Ergebnis als Paar (Rot|1) oder kurz auch als (R|1).

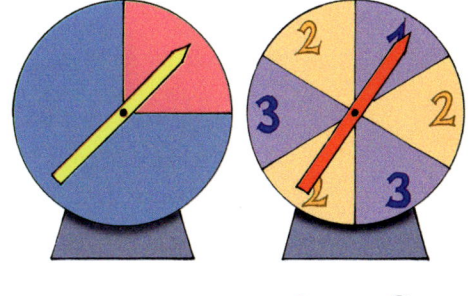

a) Welche anderen Ergebnisse sind möglich?
b) Die möglichen Ergebnisse beim Drehen der beiden Glücksräder kann man in einem **Baumdiagramm** darstellen.
   Dem Ergebnis (R|1) entspricht der rote Pfad im Baumdiagramm. Ergänze das Diagramm. Schreibe an die einzelnen Teile des Pfades die zugehörigen Wahrscheinlichkeiten und notiere am Ende eines jeden Pfades das Ergebnis des Zufallsexperiments.

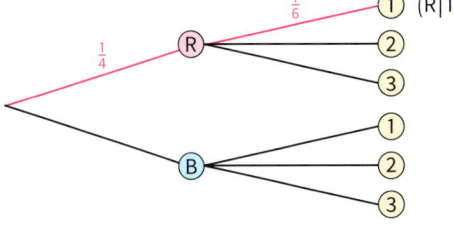

Lösung

a) Bleibt das linke Glücksrad auf dem roten Feld stehen, so sind beim rechten Glücksrad noch drei Ergebnisse möglich. Ebenso sind beim rechten Glücksrad drei Ergebnisse möglich, wenn das linke Glücksrad auf dem blauen Feld stoppt. Insgesamt sind dies zwei mal drei mögliche Ergebnisse, also sechs Ergebnisse des zweistufigen Zufallsexperiments:
(R|1), (R|2), (R|3), (B|1), (B|2), (B|3).

b) Die möglichen Ergebnisse des Zufallsexperiments sind durch die 6 Pfade im Baumdiagramm dargestellt.
Da beim linken Glücksrad $\frac{1}{4}$ der Fläche rot und $\frac{3}{4}$ blau gefärbt ist, gehen wir davon aus, dass die Wahrscheinlichkeit für das Stoppen des Zeigers auf „Rot" $\frac{1}{4}$ und auf „Blau" $\frac{3}{4}$ beträgt.

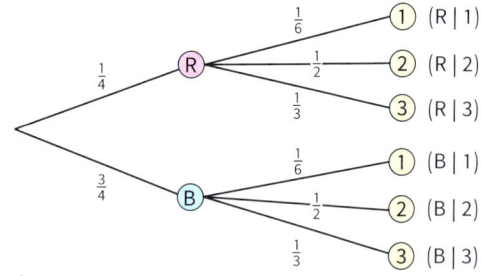

Das rechte Glücksrad hat 6 gleich große Felder, davon trägt ein Feld die Nummer „1".
Die Wahrscheinlichkeit, dass der Zeiger auf „1" stehen bleibt, ist somit $\frac{1}{6}$.
Drei von 6 Feldern tragen die Nummer „2".
Die Wahrscheinlichkeit, dass der Zeiger auf „2" stehen bleibt, beträgt also $\frac{3}{6} = \frac{1}{2}$.
Für „3" beträgt die Wahrscheinlichkeit entsprechend $\frac{2}{6} = \frac{1}{3}$.

Information

(1) Mehrstufige Zufallsexperimente

Manche Zufallsexperimente werden in mehreren Schritten *nacheinander* durchgeführt.
Beispiele:
- Jemand wirft zweimal hintereinander eine Münze.
- Eine zweistellige Glückszahl wird so bestimmt, dass ein Glücksrad mit den Sektoren 0, 1, 2, ..., 9 zweimal hintereinander gedreht wird.
- Jemand würfelt dreimal hintereinander.

Man nennt solche Zufallsexperimente **mehrstufig**; die Ergebnisse werden als Paare wie z.B. (2|3), als Tripel wie z. B. (W|Z|Z), ... notiert.

(2) Baumdiagramme – Pfad in einem Baumdiagramm

Mehrstufige Zufallsexperimente lassen sich in Form von Baumdiagrammen darstellen, um einen Überblick über alle möglichen Ergebnisse zu erhalten. Zu jedem der möglichen Ergebnisse des Zufallsexperiments gehört ein so genannter **Pfad** im Baumdiagramm. Er beginnt an der Wurzel des Baums (links), verläuft über die Verzweigungen und endet mit der letzten Stufe (rechts).
Am Pfad werden die Wahrscheinlichkeiten der beiden Stufen des Zufallexperiments notiert.
Jedes Ergebnis des Zufalls kann man als Tripel notieren: (W|Z|Z) bedeutet, erst Wappen, dann Zahl und danach wieder Zahl zu werfen.

Beispiel: Dreifacher Münzwurf

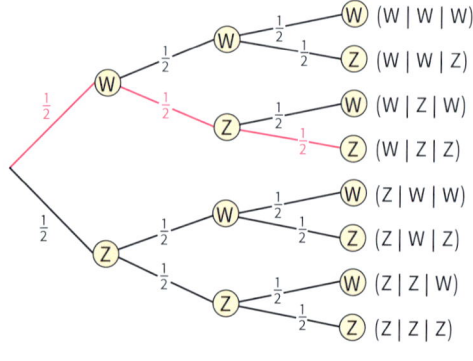

Der rote Pfad gehört zum Ergebnis (W|Z|Z).

4.1 Mehrstufige Zufallsexperimente – Baumdiagramme

Weiterführende Aufgaben

Veränderte Anordnung der Stufen eines Baumdiagramms

2. Bei der Aufgabe 1 (Seite 161) ist nicht beschrieben, ob zunächst das linke und dann das rechte Glücksrad gedreht wird. Deshalb ist es auch möglich, das Zufallsexperiment durch ein Baumdiagramm zu beschreiben, bei dem zunächst die möglichen Ergebnisse des rechten Glücksrades und dann die des linken Glücksrades erfasst werden. Zeichne ein solches Baumdiagramm.

Doppelter Münzwurf – nacheinander bzw. gleichzeitig

3. a) Eine Münze wird zweimal geworfen. Stelle die möglichen Ergebnisse des Zufallsexperiments in einem Baumdiagramm dar.
   b) Eine 5-Cent- und eine 10-Cent-Münze werden gleichzeitig geworfen. Überlege, wie sich auch dieses Zufallsexperiment in einem Baumdiagramm darstellen lässt.
   c) Zwei gleichartige Münzen werden **(1)** gleichzeitig, **(2)** nacheinander geworfen. Zeichne Baumdiagramme. Vergleiche mit den Baumdiagrammen aus den Teilaufgaben a) und b).

Information

(1) Summenprobe im Baumdiagramm

Trägt man in ein vollständig gezeichnetes Baumdiagramm an den einzelnen Strecken alle Wahrscheinlichkeiten ein, so ist *immer* eine Kontrolle möglich:
Die Summe der Wahrscheinlichkeiten nach jeder Verzweigung bis zur nächsten Stufe ist immer 1 (*Summenprobe*).

(2) Deutung gleichzeitig durchgeführter Zufallsexperimente als mehrstufige Zufallsexperimente

Oft kann man Zufallsexperimente, bei denen Vorgänge *gleichzeitig* erfolgen, als mehrstufig auffassen. Hier spielt es dann keine Rolle, welchen Teilvorgang man als 1. oder 2. Stufe ansieht.
Beispiele:
- Ein roter und ein blauer Würfel werden gleichzeitig geworfen.
- Drei unterschiedliche Münzen werden gleichzeitig geworfen.
- Mehrere Lose werden gleichzeitig aus einer Lostrommel gezogen.

Übungsaufgaben

4. In einem Gefäß sind eine rote, zwei blaue und drei grüne Kugeln. Nacheinander werden zwei Kugeln gezogen (und nicht wieder zurückgelegt).
   Stelle das Zufallsexperiment in einem Baumdiagramm dar.

5. Bei einem Tetraeder kann man die gewürfelte Zahl in der Spitze ablesen. Ein Tetraeder wird zweimal geworfen. Welche Ergebnisse gehören zu den Ereignissen? Berechne auch die Wahrscheinlichkeit dieser Ereignisse.
   E_1: Mindestens einmal Augenzahl 1. E_4: Nur ungerade Augenzahlen.
   E_2: Beim zweiten Wurf Augenzahl 1. E_5: Eine gerade, eine ungerade Augenzahl.
   E_3: Nur beim zweiten Wurf Augenzahl 1. E_6: Augensumme 3.

6. Eine Münze und ein Würfel werden nacheinander geworfen.
   a) Stellt das Zufallsexperiment in einem Baumdiagramm dar. Welche Ergebnisse sind möglich?
   b) Welche Baumdiagramme könnt ihr zeichnen, wenn Münze und Würfel gleichzeitig geworfen werden?

7. a) Zwei Glücksräder werden gedreht.
    Stelle das Zufallsexperiment in einem
    Baumdiagramm dar.
    Welche der Pfade gehören zum Ereignis
    Zweimal dieselbe Farbe?
    Welchem Ergebnis wird man die größte
    Wahrscheinlichkeit zuordnen?
   b) Zwei Glücksräder werden gedreht.
    Ergänze das Baumdiagramm.
    Gib an, wie groß die verschiedenen
    Sektoren der beiden Glücksräder sind.
    Welchem Ergebnis wird man die kleinste
    Wahrscheinlichkeit zuordnen?

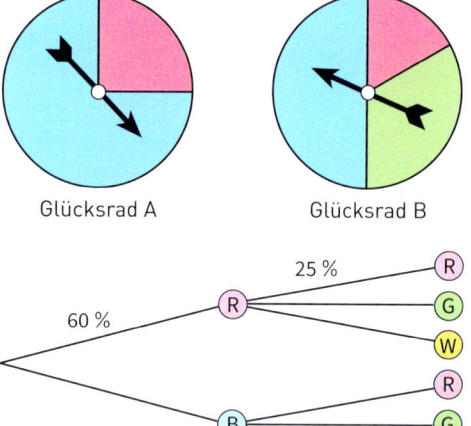

8. Eine Münze wird zweimal geworfen.
   Beschreibe die Ereignisse mit Worten.
   $E_1 = \{(W\,|\,W); (W\,|\,Z); (Z\,|\,W)\}$ $E_2 = \{(W\,|\,W); (Z\,|\,Z)\}$ $E_3 = \{(W\,|\,Z); (Z\,|\,W)\}$

9. In einem Gefäß liegen 3 rote und 3 blaue Kugeln. Nacheinander werden drei Kugeln gezogen. Gezogene Kugeln werden nicht wieder zurückgelegt.
   Zeichne ein passendes Baumdiagramm. Wie viele Ergebnisse sind möglich?

10. Gib ein Zufallsexperiment an, das durch das folgende Baumdiagramm beschrieben wird.
    Ergänze die fehlenden Wahrscheinlichkeiten.
    a)   b)

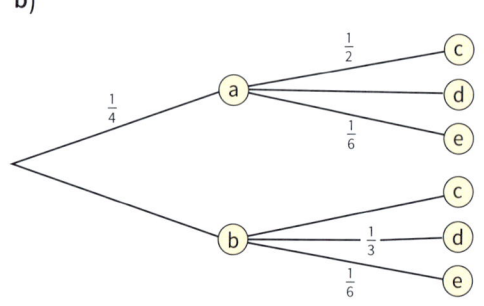

11. In einer Klasse mit 30 Schülerinnen und
    Schülern wird eine Erhebung durchgeführt.
    Die Ergebnisse der Erhebung sind durch das
    nebenstehende Baumdiagramm dargestellt. Ergänze die fehlenden Wahrscheinlichkeiten.
    Gib eine Erhebung an, die zu dem Baumdiagramm passen könnte.

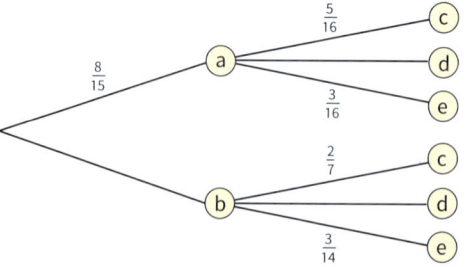

Das kann ich noch!

A) Herr Meier hat für einen Autokauf einen einjährigen Kredit über 15 000 € aufgenommen. Der Zinssatz beträgt 6 %. Wie viel Zinsen muss er zahlen?

B) Frau Müller hat 6 500 € auf dem Sparbuch und erhält dafür 97,50 € Zinsen. Wie hoch ist der Zinssatz?

4.2 Pfadregeln

Einstieg

In einer Fabrik wird Porzellangeschirr hergestellt. Dies wird bei einer Qualitätskontrolle anschließend sowohl auf Form als auch auf Glasur hin überprüft. 95 % aller Becher haben eine gute Form, 4 % eine mittelmäßige und 1 % eine schlechte Form. 90 % aller Becher haben eine gleichmäßige Glasur, 10 % eine ungleichmäßige.

a) Zeichnet ein Baumdiagramm für diese doppelte Kontrolle.
b) Bestimmt die Wahrscheinlichkeit, dass ein Becher
   (1) eine gute Form und eine gleichmäßige Glasur hat (1. Wahl);
   (2) eine mittelmäßige Form und eine gleichmäßige Glasur hat (2. Wahl).

Aufgabe 1

Gleiche Wahrscheinlichkeit auf beiden Stufen
Das Glücksrad rechts hat drei verschieden große Felder.
Das blaue Feld ist doppelt so groß wie das rote Feld; das grüne Feld hat die dreifache Größe des roten Feldes.

a) Das Glücksrad wird einmal gedreht. Ordne den Einzelergebnissen *Grün*, *Rot*, *Blau* Wahrscheinlichkeiten zu.
b) Das Glücksrad wird zweimal hintereinander gedreht.
   (1) Stelle dieses Zufallsexperiment durch ein Baumdiagramm dar und trage die zugehörigen Wahrscheinlichkeiten ein.
   (2) Das Zufallsexperiment *Zweifaches Drehen des Glücksrades* wird 600-mal durchgeführt. Wie oft kann man dabei das Ergebnis (Rot | Grün) erwarten?
   (3) Welche Wahrscheinlichkeit kann man dem Ergebnis (Rot | Grün) zuordnen? Wie kann man diese Wahrscheinlichkeit direkt aus den Wahrscheinlichkeiten längs des Pfades bestimmen?
   (4) Welche Wahrscheinlichkeit hat das Ereignis *Beide Male dieselbe Farbe*?
c) Das Glücksrad wird dreimal hintereinander gedreht.
   (1) Welche Wahrscheinlichkeit hat das Ereignis *Dreimal dieselbe Farbe*?
   (2) Ist es günstiger, auf das Ereignis *Dreimal dieselbe Farbe* oder auf das Ergebnis *Drei verschiedene Farben* zu wetten?

Lösung

a) Das grüne Feld nimmt die Hälfte der gesamten Fläche ein:
P(Grün) = $\frac{1}{2}$. Abgekürzt schreiben wir P(G) = $\frac{1}{2}$.
Das rote Feld ist ein Drittel des grünen Feldes, also ein Sechstel der gesamten Fläche:
P(Rot) = $\frac{1}{6}$.
Die blaue Fläche ist doppelt so groß wie die rote Fläche, also $\frac{1}{3}$ der gesamten Fläche:
P(Blau) = $\frac{1}{3}$.

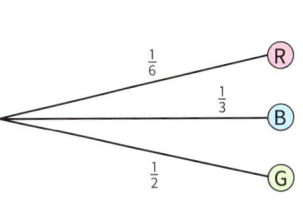

b) (1)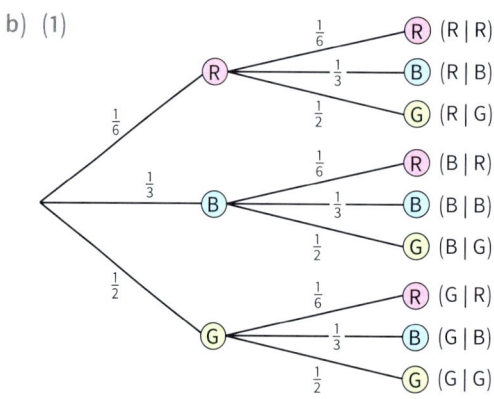

(2) Bei ungefähr $\frac{1}{6}$ aller Drehungen des Glücksrades bleibt der Zeiger auf *Rot* stehen, d. h. bei ungefähr 100 der 600 Versuchsdurchführungen. Bei ungefähr der Hälfte aller Drehungen des Glücksrades hält der Zeiger auf dem *grünen* Feld an; also auch bei der Hälfte der 100 Zufallsexperimente, bei denen er zuvor auf *Rot* stehen blieb.

Das Ergebnis (*Rot* | *Grün*) wird also bei ungefähr 50 der 600 Doppeldrehungen vorkommen.

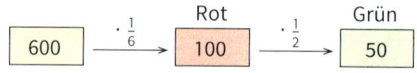

(3) Die Wahrscheinlichkeit für das Ergebnis (*Rot* | *Grün*) ist $\frac{50}{600}$, also $\frac{1}{12}$.
Die Wahrscheinlichkeit für das Ergebnis (*Rot* | *Grün*) kann man auch als Produkt aus den Wahrscheinlichkeiten für *Rot* $\left(\frac{1}{6}\right)$ und für *Grün* $\left(\frac{1}{2}\right)$ berechnen, denn bei einem Sechstel der Versuchsdurchführungen erscheint Rot, bei der Hälfte davon Grün.
Die Hälfte von einem Sechstel ist ein Zwölftel: $\frac{1}{6} \cdot \frac{1}{2} = \frac{1}{12}$.

(4) Zum Ereignis *Beide Male dieselbe Farbe* gehören die Ergebnisse (R | R), (B | B) und (G | G). Damit ergibt sich nach der Summenregel
P(*Beide Male dieselbe Farbe*)
= P(R | R) + P(B | B) + P(G | G)
= $\frac{1}{36} + \frac{1}{9} + \frac{1}{4} = \frac{1}{36} + \frac{4}{36} + \frac{9}{36} = \frac{14}{36} = \frac{7}{18}$.

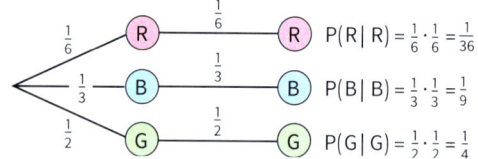

c) (1) Bei dem dreistufigen Zufallsexperiment würden sich die 9 Pfade des zweistufigen Experiments nochmals jeweils dreimal verzweigen. Es interessieren aber nur die drei Pfade, die zu den Ergebnissen (Rot | Rot | Rot), (Blau | Blau | Blau), (Grün | Grün | Grün), also zum Ereignis *Dreimal dieselbe Farbe* führen.

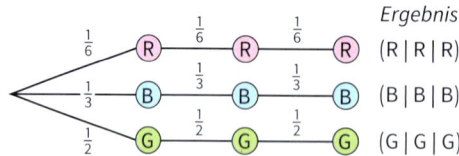

Die Wahrscheinlichkeiten für die einzelnen Pfade können jeweils wieder als Produkt der Wahrscheinlichkeiten längs des betreffenden Pfades berechnet werden:

$P(R|R|R) = \frac{1}{6} \cdot \frac{1}{6} \cdot \frac{1}{6} = \frac{1}{216}$

$P(B|B|B) = \frac{1}{3} \cdot \frac{1}{3} \cdot \frac{1}{3} = \frac{1}{27} = \frac{8}{216}$

$P(G|G|G) = \frac{1}{2} \cdot \frac{1}{2} \cdot \frac{1}{2} = \frac{1}{8} = \frac{27}{216}$

Das Ereignis *Dreimal dieselbe Farbe* besteht aus diesen drei Ergebnissen.
Die Wahrscheinlichkeit für dieses Ereignis ist dann:
P(*Dreimal dieselbe Farbe*)
= P(R|R|R) + P(B|B|B) + P(G|G|G) = $\frac{1}{216} + \frac{8}{216} + \frac{27}{216} = \frac{36}{216} = \frac{1}{6}$

(2) Zum Ereignis *Drei verschiedene Farben* führen von 27 möglichen Pfaden sechs Pfade. Wieder kann man längs der Pfade die Wahrscheinlichkeit des zugehörigen Ergebnisses durch Multiplikation längs des Pfades berechnen. Dabei treten in

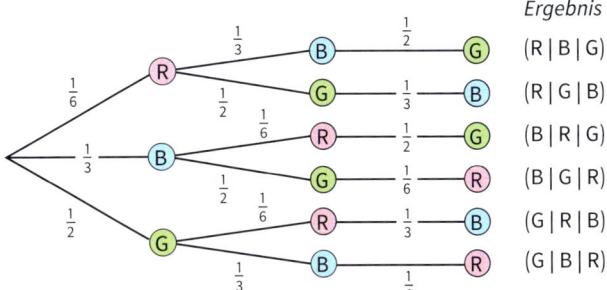

jedem Fall die Faktoren $\frac{1}{6}$, $\frac{1}{3}$ und $\frac{1}{2}$ auf, wenn auch in verschiedenen Reihenfolgen. Daraus ergibt sich:

$P(R|B|G) = \frac{1}{6} \cdot \frac{1}{3} \cdot \frac{1}{2} = \frac{1}{36}$ sowie
$P(R|G|B) = P(B|R|G) = P(B|G|R) = P(G|R|B) = P(G|B|R) = \frac{1}{36}$.

Für die Wahrscheinlichkeit des Ereignisses *Drei verschiedene Farben* folgt also:

$P(\text{Drei verschiedene Farben}) = 6 \cdot \frac{1}{36} = \frac{1}{6}$.

Die beiden Ereignisse *Dreimal dieselbe Farbe* und *Drei verschiedene Farben* haben die gleiche Wahrscheinlichkeit, also hat man beim Wetten bei beiden Ereignissen die gleiche Chance zu gewinnen.

Information

(1) **Pfadmultiplikationsregel**
Bei einem mehrstufigen Zufallsexperiment erhält man die Wahrscheinlichkeit eines Ergebnisses, das durch einen Pfad in einem Baumdiagramm dargestellt ist, folgendermaßen:

> **Pfadmultiplikationsregel**
> Die Wahrscheinlichkeit eines Pfades ist gleich dem Produkt der Wahrscheinlichkeiten längs des Pfades.
> *Beispiel:* $\xrightarrow{\frac{1}{6}}$ R $\xrightarrow{\frac{1}{2}}$ G $\xrightarrow{\frac{1}{3}}$ B   (R|G|B) $P(R|G|B) = \frac{1}{6} \cdot \frac{1}{2} \cdot \frac{1}{3} = \frac{1}{36}$

(2) **Pfadadditionsregel**
Die Wahrscheinlichkeit eines Ereignisses wird als Summe der Wahrscheinlichkeiten der zugehörigen Ergebnisse berechnet (*Summenregel*). Da jedes Ergebnis eines mehrstufigen Zufallsexperiments mithilfe eines Pfades in einem Baumdiagramm dargestellt werden kann, gilt:

> **Pfadadditionsregel**
> Gehören zu einem Ereignis mehrere Pfade in einem Baumdiagramm, dann erhält man die Wahrscheinlichkeit des Ereignisses, indem man die Pfadwahrscheinlichkeiten der einzelnen zu dem Ereignis gehörenden Ergebnisse addiert.

(3) **Vereinfachtes Baumdiagramm**
Bei der Lösung der Teilaufgabe b) (4) haben wir nicht die Wahrscheinlichkeiten aller Pfade des Baumdiagramms berechnet, sondern nur die der Pfade mit identischen Farben bei der 1. und 2. Stufe. Will man bei einem mehrstufigen Zufallsexperiment nur die Wahrscheinlichkeit *eines* Ereignisses bestimmen, dann genügt es, ein *vereinfachtes* Baumdiagramm zu zeichnen, das nur die interessierenden Pfade enthält. Es entfällt dann aber die Möglichkeit der Summenprobe.

Aufgabe 2   **Verschiedene Wahrscheinlichkeiten auf beiden Stufen**

Julia schlägt Marie das folgende Spiel vor: „Du darfst aus dem Gefäß zwei Kugeln nacheinander ziehen, ohne die erste zurückzulegen.
Du gewinnst, wenn sie die gleichen Farben haben, sonst gewinne ich." Stelle dieses Zufallsexperiment durch ein Baumdiagramm dar.
Wie groß ist die Wahrscheinlichkeit, dass Marie gewinnt?
Wie groß die Wahrscheinlichkeit, dass Julia gewinnt?

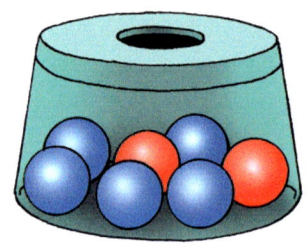

Lösung

Die Wahrscheinlichkeit, dass Marie mit dem ersten Griff eine rote Kugel zieht, beträgt: $P(R) = \frac{2}{7}$, da drei der sieben Kugeln rot sind.
Entsprechend gilt $P(B) = \frac{5}{7}$.
Beim Ziehen der zweiten Kugel hängen die Pfadwahrscheinlichkeiten von dem ersten Ergebnis ab. Zieht Marie mit dem ersten Griff eine rote Kugel, beträgt die Wahrscheinlichkeit, dass Marie mit dem zweiten Griff eine weitere rote Kugel zieht, $\frac{1}{6}$. Denn es sind nur noch sechs Kugeln im Gefäß, von denen nur noch eine rot ist.

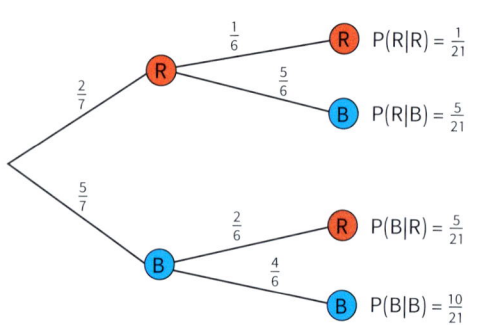

Zum Ereignis *Marie gewinnt* gehören die Ergebnisse (R|R) und (B|B). Damit ergibt sich nach der Summenregel: $P(\text{Marie gewinnt}) = P(R|R) + P(B|B) = \frac{1}{21} + \frac{10}{21} = \frac{11}{21}$.
Da es bei dem Spiel auf jeden Fall einen Gewinner gibt, muss gelten:
$P(\text{Julia gewinnt}) = 1 - P(\text{Marie gewinnt}) = 1 - \frac{11}{21} = \frac{10}{21}$.

Information

(1) Ziehen mit Zurücklegen – Ziehen ohne Zurücklegen

Viele Zufallsexperimente können als Ziehung von Kugeln aus einem Gefäß ausgelegt werden. Legt man die gezogene Kugel wieder in das Gefäß zurück, bevor man das zweite Mal zieht, so stimmen die Wahrscheinlichkeiten der Ergebnisse der zweiten Stufe des Baumdiagramms mit denen der ersten Stufe überein. Beim Ziehen mit Zurücklegen ist also das Ziehen auf der 2. Stufe **unabhängig** von dem Ziehen auf der 1. Stufe.
Legt man dagegen die zuerst gezogene Kugel nicht in das Gefäß zurück, so hat sich der Gefäßinhalt geändert und die Wahrscheinlichkeiten beim zweiten Ziehen hängen davon ab, welche Kugel man zuerst gezogen hat. Beim Ziehen ohne Zurücklegen ist also das Ziehen auf der 2. Stufe **abhängig** von dem Ziehen auf der 1. Stufe.

(2) Komplementärregel – Wiederholung

Besteht ein Ereignis aus mehreren Ergebnissen, so kann es sinnvoll sein, seine Wahrscheinlichkeit mithilfe der Wahrscheinlichkeit des Gegenereignisses zu berechnen.

Komplementärregel
Die Wahrscheinlichkeit $P(E)$ eines Ereignisses E und die Wahrscheinlichkeit $P(\overline{E})$ des zugehörigen Gegenereignisses $\overline{E}$ ergänzen sich zu 1:
$P(E) + P(\overline{E}) = 1$

4.2 Pfadregeln

Übungsaufgaben

3. Ein Glücksrad wird zweimal gedreht. Zeichne das zugehörige Baumdiagramm.

(1) 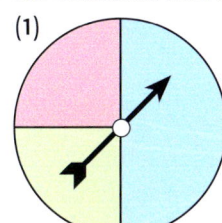 (2) 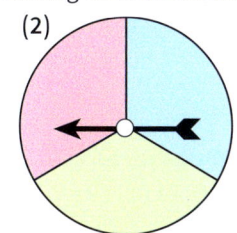 (3) 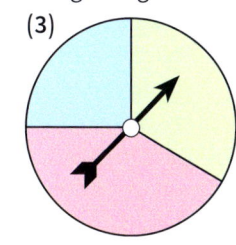 (4)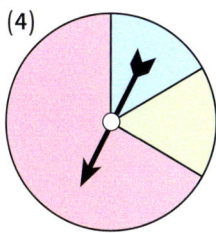

   a) Welche Wahrscheinlichkeit hat das Ereignis (Rot | Grün)?
   b) Welche Wahrscheinlichkeit hat das Ereignis *Zweimal dieselbe Farbe*?
   c) Bei welchem Glücksrad ist es günstig, auf *Zweimal dieselbe Farbe* zu setzen?

4. Bevor ein Buch gedruckt wird, werden die probeweise gedruckten Seiten auf Fehler durchgesehen.
   Der erste Kontrolleur findet erfahrungsgemäß 70 % der Fehler und korrigiert sie.
   Bei der nächsten Kontrolle werden 50 % der übrig bleibenden Fehler entdeckt.
   Mit welcher Wahrscheinlichkeit ist ein Fehler, der ursprünglich in einem Drucktext vorhanden war, auch nach diesen beiden Kontrollen noch nicht entdeckt?

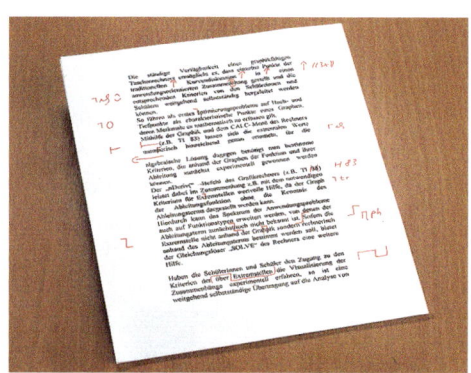

5. Max schlägt Tim das folgende Spiel vor:
   „Du darfst aus dem Becher 2 Kugeln nacheinander ziehen, ohne die erste zurückzulegen. Du gewinnst, wenn sie die gleichen Farben haben, sonst gewinne ich."
   a) Sollte Tim sich auf das Spiel einlassen,
      (1) wenn 3 rote und 4 blaue Kugeln in dem Becher sind;
      (2) wenn 3 rote und 3 blaue Kugeln in dem Becher sind;
      (3) wenn 6 rote und 3 blaue Kugeln in dem Becher sind?
   b) Jetzt soll die erste gezogene Kugel nach dem Ziehen zurückgelegt werden. Welche der Spielsituationen (1) bis (3) sind nun günstig für Tim, welche für Max?

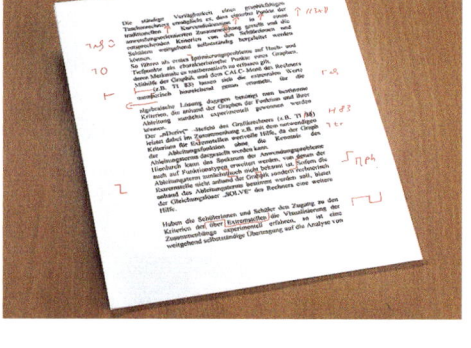

6. Zum Geburtstag bringt Clara ihren 25 Mitschülern Kaugummis in verschiedenen Geschmacksrichtungen mit: Erdbeere (insgesamt 14 Päckchen), Kirsch (10 Päckchen), Orange (7 Päckchen) und Cola (19 Päckchen). Nacheinander darf jeder zwei Päckchen blind aus einem Beutel ziehen. Lasse zieht als erster zweimal hintereinander.
   a) Stelle dieses Zufallsexperiment in einem Baumdiagramm dar und trage die zugehörigen Wahrscheinlichkeiten ein.
   b) Bestimme die Wahrscheinlichkeit, dass Lasse seine beiden Lieblingssorten Kirsch und Cola zieht.
   c) Bestimme die Wahrscheinlichkeit dafür, dass Lasse zwei gleiche Päckchen aus dem Beutel holt.
   d) Bestimme die Wahrscheinlichkeit dafür, dass Lasse kein Cola-Päckchen zieht.
   e) Nachdem Lasse ein Päckchen Cola und ein Päckchen Orange gezogen hat, ist Lotta an der Reihe. Bestimme die Wahrscheinlichkeit, dass sie Erdbeere und Orange zieht.

7. a) Ein Glücksrad wird dreimal gedreht.
Stelle das Zufallsexperiment in einem Baumdiagramm dar.
Welche Wahrscheinlichkeit hat das Ereignis
   (1) dreimal Rot;   (3) zweimal Rot;
   (2) dreimal dieselbe Farbe;   (4) öfter Rot als Blau?

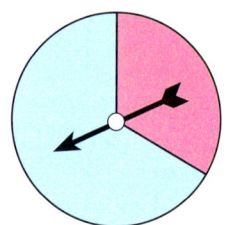

b) Bastelt ein solches Glücksrad. Führt das Zufallsexperiment mehrfach durch. Vergleicht mit den Wahrscheinlichkeiten.

8. Eine Münze wird dreimal nacheinander geworfen. Stelle das Zufallsexperiment in einem Baumdiagramm dar.
Bestimme für das angegebene Ereignis die Wahrscheinlichkeit seines Eintretens.
   (1) zuerst Wappen, dann zweimal Zahl   (6) gleich oft Wappen und Zahl
   (2) nicht dreimal Wappen   (7) Pasch (d. h. drei gleiche Ergebnisse)
   (3) der letzte Wurf ist Zahl   (8) höchstens zweimal Zahl
   (4) mindestens einmal Wappen   (9) der erste Wurf ist Wappen
   (5) mehr Wappen als Zahl   (10) der zweite Wurf ist Zahl

9. Robin und Verena beginnen ein „Mensch-ärgere-dich-nicht"-Spiel mit einem üblichen Spielwürfel. Als Robin an die Reihe kommt, hat er nach drei Würfen noch keine einzige Sechs erzielt und ist enttäuscht.

   a) Spielt das dreifache Würfeln mehrfach nach.
      Wie oft erhaltet ihr keine Sechs in drei Würfen?
   b) Verena stellt das dreistufige Zufallsexperiment mit den Einzel-Ergebnissen *Sechs* und *Keine Sechs* mit einem geeigneten Baumdiagramm dar. Zeichne es und erkläre damit Robin, dass noch kein Grund für eine Enttäuschung vorliegt.

10. a) Ein Würfel wird dreimal geworfen. Welche Wahrscheinlichkeit hat das Ereignis *Höchstens zweimal Augenzahl 6*?
    b) Das Glücksrad aus Aufgabe 1 auf Seite 165 wird fünfmal gedreht.
       Welche Wahrscheinlichkeit hat das Ereignis *Weniger als fünfmal Rot*?
    c) Eine Münze wird viermal geworfen. Welche Wahrscheinlichkeit hat das Ereignis *Mindestens einmal Zahl*?

11. Peter und Paul würfeln abwechselnd solange, bis die Augenzahl 1 gefallen ist; jeder wirft jedoch höchstens dreimal. Peter beginnt. Gewinnt Peter auf lange Sicht öfter als Paul oder haben beide gleiche Gewinnchancen?

    a) Stellt Vermutungen auf; ihr könnt das Spiel auch selbst einige Male durchführen, bevor ihr eine Vermutung aufstellt.
    b) Berechnet die Wahrscheinlichkeit dafür, dass Peter gewinnt.
    c) Wie groß ist die Wahrscheinlichkeit, dass es bei einer Spielrunde keinen Gewinner gibt? Wie viele von 100 Spielen müssen wiederholt werden, weil es keinen Sieger gibt?

12. Bei einem Fernsehquiz mit hohen Gewinnmöglichkeiten müssen die 10 Kandidaten zunächst unter Zeitdruck vier Begriffe in die richtige Reihenfolge bringen. Der Moderator behauptet, dass bei einer zufällig getippten Reihenfolge eine Wahrscheinlichkeit von $\frac{1}{24}$ vorliegt, die richtige Reihenfolge erwischt zu haben. Hat er Recht?

4.2 Pfadregeln

13. Ein Skatspiel besteht aus 32 Karten, jeweils 8 Kreuzkarten, 8 Pikkarten, 8 Herzkarten und 8 Karokarten. Beim Austeilen erhält jeder Spieler 10 Karten, 2 Karten werden verdeckt als Skat auf den Tisch gelegt. Bestimme die Wahrscheinlichkeit, dass im Skat
   a) zwei Herzkarten liegen;
   b) zwei gleichfarbige Karten liegen;
   c) eine Herzkarte und eine Karokarte liegen.

14. Auf dem Tisch liegen verdeckt 8 Zahlkärtchen. Davon werden zwei Kärtchen gezogen und aus den Ziffern eine zweistellige Zahl gebildet.

   a) Das erste gezogene Kärtchen stellt die Zehnerziffer dar. Dann wird das Kärtchen wieder zurückgelegt und nach dem Mischen wird ein zweites Kärtchen gezogen.
      Dies stellt die Einerziffer dar.
      (1) Wie viele Ergebnisse sind möglich?
      (2) Begründe, dass es sich um ein Laplace-Experiment handelt.
      (3) Wie groß ist die Wahrscheinlichkeit, dass bei diesem Ziehen eine Zahl unter 20 entsteht?
   b) Das erste gezogene Kärtchen stellt die Zehnerziffer dar. Es wird nicht zurückgelegt. Dann wird ein zweites Kärtchen gezogen. Die zweite Ziffer stellt die Einerziffer dar.
      (1) Wie viele Ergebnisse sind möglich?
      (2) Handelt es sich bei diesem Experiment um ein Laplace-Experiment? Begründe.
      (3) Wie groß ist die Wahrscheinlichkeit, dass beim Ziehen eine Zahl unter 20 entsteht?
   c) Die beiden Kärtchen werden gleichzeitig gezogen und so angeordnet, dass eine möglichst hohe Zahl entsteht. Bestimme die Wahrscheinlichkeit, dass bei diesem Ziehvorgang eine Zahl unter 30 entsteht.

15. Ein Reißnagel einer bestimmten Sorte wird geworfen; dabei tritt Lage „Kopf: Spitze nach oben" mit Wahrscheinlichkeit 0,4 und Lage: „Seite: Spitze zur Seite" mit Wahrscheinlichkeit 0,6 auf. Dieser Reißnagel wird dreimal geworfen.
Zeichne ein Baumdiagramm und bestimme die Wahrscheinlichkeit aller Ergebnisse.
   a) Mit welcher Wahrscheinlichkeit tritt das Ereignis (Kopf|Seite|Seite) auf?
   b) Welche Wahrscheinlichkeit hat das Ereignis *Kopf kommt öfter als Seite*?
   c) Welche Wahrscheinlichkeit hat das Ereignis *nur Kopf* oder *nur Seite*?

16. Beim Fußball-Landesentscheid des Wettbewerbs „Jugend trainiert für Olympia" werden vor dem Start der Spiele die beiden Gruppen ausgelost. Dabei wird erst eine Kugel gezogen, in der sich der Name der Gruppe befindet, und dann eine zweite Kugel, in der sich der Platz in dieser Gruppe befindet. Als nächstes wird die Platzierung des Heinrich-Heine-Gymnasiums aus Kaiserslautern ausgelost. Die Auslosung hat bislang folgendes Bild ergeben:

Gruppe A	
Platz 1	Siebenpfeiffer-Gymnasium Kusel
Platz 2	
Platz 3	
Platz 4	Theodissa RealschulePlus Diez

Gruppe B	
Platz 1	Helmholtz-Gymnasium Zweibrücken
Platz 2	
Platz 3	
Platz 4	

   a) Bestimme die Wahrscheinlichkeit für das Ereignis *Heinrich-Heine-Gymnasium wird an die Stelle A2 gelost*.
   b) Wie groß ist die Wahrscheinlichkeit, dass das Heinrich-Heine-Gymnasium an die Stelle B4 gelost wird?

17. Zu Annas Schulweg gehören 3 Kreuzungen mit Fußgängerampeln. Häufig, wenn sie es eilig hat, zeigen die drei Ampeln Rot. An anderen Tagen kommt es auch vor, dass alle drei Ampeln gerade Grün zeigen, wenn sie kommt. Zur genaueren Untersuchung dieses Sachverhalts stoppt Anna die Rot- und Grünzeiten der Ampeln.

Nimm an, dass die Ampeln nicht auf „Grüne Welle" geschaltet sind, d. h. es ist an jeder Ampel zufällig, ob man sie bei Rot oder Grün antrifft.

	Ampel 1	Ampel 2	Ampel 3
Rotzeit	60 s	60 s	40 s
Grünzeit	30 s	20 s	60 s

a) Berechne zunächst für jede Ampel einzeln die Wahrscheinlichkeit dafür, dass sie bei Annas Ankunft Rot bzw. Grün zeigt.
Zeichne dann ein Baumdiagramm.
b) Wie groß ist die Wahrscheinlichkeit, dass alle drei Ampeln bei Annas Ankunft Rot zeigen?
c) Wie groß ist die Wahrscheinlichkeit dafür, dass alle drei Ampeln Grün zeigen?
d) Wie groß ist die Wahrscheinlichkeit dafür, dass mindestens eine Ampel Rot zeigt?
e) Wie groß ist die Wahrscheinlichkeit dafür, dass genau eine Ampel Rot zeigt?

18. Beim Roulette bleibt die Kugel in einem der Felder mit den Nummern 0, 1, …, 36 liegen. Davon sind 18 Felder rot markiert. Luiz hat noch zwei Chips, von denen er je einen in zwei aufeinander folgenden Spielen auf „Rot" setzen will. Bleibt die Kugel in einem roten Feld liegen, so erhält er seinen Einsatz und einen gleich hohen Gewinn zurück. Sonst ist der Einsatz verloren.

a) Wie viele Chips kann Luiz nach zwei Spielen besitzen?
b) Berechne für jede Möglichkeit die Wahrscheinlichkeit.
c) Warum heißt es in Spielerkreisen:
„Auf Dauer gewinnt immer die Bank"?

Dränage (franz.)
Entwässerungsleitung im Boden;
med.: Ableitung von Wundflüssigkeiten.

19. In einen Schacht wird Wasser aus einer Dränage geleitet. Steht es dort zu hoch, kann es in den Keller eines Gebäudes eindringen. Daher wird das Wasser automatisch ab einem gewissen Wasserstand abgepumpt. Zur Sicherheit befinden sich im Schacht zwei unabhängig voneinander arbeitende Pumpen, damit ein Abpumpen auch dann noch erfolgt, wenn eine der beiden Pumpen versagt. Nach Werksangaben wird für die Pumpe garantiert, dass sie zu jedem Zeitpunkt mit einer Wahrscheinlichkeit von 99,9 % funktioniert.
a) Mit welcher Wahrscheinlichkeit fallen beide Pumpen zur gleichen Zeit aus?
b) Wie groß ist die Wahrscheinlichkeit für das korrekte Abpumpen?
c) Eine der beiden Pumpen soll durch eine teurere ersetzt werden, die in 99,99 % aller Fälle funktioniert. Auf welchen Wert steigt dadurch die Wahrscheinlichkeit für die einwandfreie Funktion?

 **Im Blickpunkt**

Klassische Probleme aus der Geschichte der Wahrscheinlichkeitsrechnung

1. Warum lohnt es sich, beim 4-fachen Würfeln darauf zu wetten, dass mindestens eine Sechs fällt, aber nicht darauf, dass beim 24-fachen Würfeln mit zwei Würfeln mindestens ein Sechser-Pasch auftritt? Betrachte zur Lösung das Ereignis
   E_1: *Beim 4-fachen Würfeln fällt keine Sechs* bzw.
   E_2: *Beim 24-fachen Würfeln mit zwei Würfeln fällt keine Doppelsechs* und jeweils das zugehörige Gegenereignis. Vergleiche die berechneten Wahrscheinlichkeiten.

Blaise Pascal (1623–1662) und Pierre de Fermat (1607–1665) korrespondierten 1654 über die Lösung dieses Problems des Chevalier de Méré – dies gilt als die „Geburtsstunde" der Wahrscheinlichkeitsrechnung.

Diese Aussage findet man im Buch „*Liber de ludo aleae*" (Über das Glücksspiel) von Geronimo Cardano (1501–1576).

2. Die Wahrscheinlichkeit für eine Sechs ist $\frac{1}{6}$; also lohnt es sich darauf zu wetten, dass eine Sechs in drei Würfen auftritt. Überprüfe diese Behauptung.

3. Bei einem fairen Glücksspiel, das aus mehreren Runden besteht, gewinnt derjenige von zwei Mitspielern den gesamten Spieleinsatz, der als erster 6 Punkte erreicht. Das Spiel muss bei einem Zwischenstand von 5 : 2 abgebrochen werden. Wie ist die gerechte Aufteilung des Spieleinsatzes?

Dieses so genannte *Problème des partis* findet sich im Buch „*Della Summa de Arithmetica Geometria Proportioni et Proportionalita*" von Luca Pacioli (1445–1514). Pacioli gab eine Lösung an, die von Geronimo Cardano (1501–1576) und von Niccolo Tartaglia (1449–1557) kritisiert wurde. Pierre de Fermat und Blaise Pascal lösten das Problem 1654 mithilfe eines Baumdiagramms.

Der holländische Mathematiker Christian Huygens (1629–1695) nahm 1657 verschiedene bekannte Probleme in das erste große Lehrbuch der Wahrscheinlichkeitsrechnung „*Van reeckening in spelen von geluck*" (lateinisch: „*De ratiociniis in ludo aleae*") auf. Huygens löste viele Aufgaben, indem er Gewinnerwartungen berechnete.

a) Zeichne ein Baumdiagramm für die ausstehenden Runden und bestimme die Wahrscheinlichkeit dafür, dass der führende Spieler gewinnt.
b) Wir betrachten das in Teilaufgabe a) beschriebene Spiel. Pascal und Fermat sahen es als gerecht an, wenn die ausgefallenen Runden des abgebrochenen Spiels durch Münzwurf ersetzt werden. Wie oft muss man im Mittel noch die Münze werfen, um das unterbrochene Spiel zu Ende zu bringen?

 Im Blickpunkt

4. Beim Würfeln mit zwei Würfeln tritt die Augensumme 11 genauso häufig auf wie Augensumme 12. Beide Augensummen kommen dreimal so häufig vor wie Augensumme 7.
Überprüfe dies. Bestimme dazu allgemein die Wahrscheinlichkeit für die Augensummen 2, 3, 4, …, 12 beim zweifachen Würfeln.

Dem großen Mathematiker Gottfried Wilhelm Leibniz (1646–1716) werden diese Behauptungen nachgesagt.

5. Erhält man beim Werfen mit drei Würfeln Augensumme 10 häufiger als Augensumme 9?

Galileo Galilei (1564–1642) wurde diese Aufgabe von seinem Fürsten vorgelegt.

6. Aus einem Kartenspiel mit 32 Karten werden zufällig 4 Karten ohne Zurücklegen gezogen. A wettet mit B, dass dies 4 Karten mit verschiedenen Symbolen sind (Kreuz, Pik, Herz, Karo).
Bei welchem Wetteinsatz ist dies eine faire Wette?

Aufgaben dieser Art schickte Pierre de Fermat (1607–1665) an Christian Huygens (1629–1695).

7. 13 Karten werden gut gemischt und eine Karte nach der anderen abgehoben. Stimmt kein Kartenwert mit der Ziehungsnummer überein, so gewinnt der Spieler, andernfalls die Bank.
Löse dieses Problem für ein Kartenspiel mit 3 Karten [4 Karten]. Mit welcher Wahrscheinlichkeit stimmt bei keiner Karte der Kartenwert mit der Nummer überein [bei einer Karte; bei zwei Karten; bei drei Karten; bei vier Karten]?
Hinweis: Nimm für das Ass den Kartenwert 1.

Dieses *Problem* findet sich zum ersten Mal im *„Essai d'Analyse sur les Jeux de Hazard"* von Pierre Rémond de Montmort (1678-1719). Seit einer Arbeit von Leonhard Euler (1707-1783) wird das Problem als *Rencontre-Problem* bezeichnet (*„Calcul de la probabilité dans le jeu de rencontre"*, 1751).

Aufgaben dieser Art findet man im Buch „Ars conjectandi" („Mutmaßungskunst") des Schweizer Mathematikers Jacob Bernoulli (1655–1705).

8. A und B spielen mit einem Würfel.
Derjenige von beiden hat gewonnen, der als Erster eine Sechs wirft. Welche Chancen hat A zu gewinnen?
(1) A beginnt; dann würfelt B; danach ist A wieder an der Reihe usw.
(2) A beginnt und wirft einmal; dann folgt B; anschließend darf A zweimal würfeln, dann B zweimal usw.
(3) A beginnt und wirft einmal; dann würfelt B zweimal; anschließend darf A dreimal würfeln, dann B viermal usw.
Berechne die Wahrscheinlichkeiten für einen Gewinn von A bzw. innerhalb der ersten 10 Runden.

4.3 Bestimmen von Wahrscheinlichkeiten durch Simulation

Einstieg

Mara, Leo und Lukas benötigen für ein besonderes Würfelspiel ein Dodekaeder. Das ist ein völlig regelmäßiger Körper mit 12 fünfeckigen Seitenflächen. Da sie kein Dodekaeder haben, wollen sie sich behelfen. Was haltet ihr von folgenden Vorschlägen:
Leo: „Wir nehmen zwei gewöhnliche Würfel und bilden die Augensumme."
Mara: „Wir basteln uns ein Glücksrad mit 12 Sektoren."
Lukas: „Wir würfeln mit einer Münze und einem gewöhnlichen Würfel. Erscheint Zahl, wird das Würfelergebnis verdoppelt, sonst nicht."

dodeka (griech.) zwölf

Einführung

In einer Gruppe sind 10 Jungen und Mädchen. Zum Weihnachtsfest wird vereinbart, dass jeder ein kleines Geschenk bastelt und eingepackt in einen Sack legt. Bei einer Weihnachtsfeier soll sich dann jeder ein Geschenk blind aus dem Sack herausgreifen. Maria befürchtet, dass bei diesem Verfahren einige Kinder das Geschenk erhalten könnten, das sie selbst gebastelt haben.
Kannst du abschätzen, ob die Wahrscheinlichkeit für das Ereignis, dass ein Kind sein eigenes Geschenk erhält, groß oder klein ist?

Es ist schwierig, diese Wahrscheinlichkeit zu berechnen. Man kann sich dann damit behelfen,

dass man das Zufallsexperiment sehr oft simuliert, d. h. nachspielt, um wenigstens näherungsweise herauszufinden, wie groß die gesuchte Wahrscheinlichkeit ist.

Wir vereinfachen das Simulieren des Zufallsexperiments schrittweise:

1. Schritt: Statt Geschenke zu nehmen, könnte jeder seinen Namen auf einen Zettel schreiben und diesen in einen Behälter legen. Dann könnten alle nacheinander einen Zettel herausgreifen und nachschauen, was auf dem Zettel steht.

2. Schritt: Dies könnte auch einer alleine machen: Man nimmt eine Namensliste aus der Gruppe und schreibt jeweils hinter den Namen auf, welcher Name auf dem gezogenen Zettel steht (siehe Tabelle rechts).

3. Schritt: Statt der Namen kann man auch Nummern auf Zettel schreiben. In einer Tabelle notiert man, welche Nummer bei welcher Ziehung gezogen wurde. Das geht schneller und ist übersichtlicher.

Gruppenliste	Namen auf den gezogenen Zetteln	
	1. Simulation	2. Simulation
1. Alexander	Laura	Katharina
2. Anna	Maria	Lukas
3. Leon	Anna	Leon STOP
4. Laura	Tim	
5. Katharina	Lukas	
6. Lukas	Alexander	
7. Maria	Leon	
8. Maximilian	Sophie	
9. Sophie	Katharina	
10. Tim	Maximilian	

Hier sind die Ergebnisse von acht Simulationen:

Nummern auf den gezogenen Zetteln								
Ziehung Nr.	1. Simulation	2. Simulation	3. Simulation	4. Simulation	5. Simulation	6. Simulation	7. Simulation	8. Simulation
1	9	2	10	6	5	2	9	6
2	2	6	3	1	1	6	3	10
3		8	1	7	8	4	4	2
4		1	9	3	9	7	5	1
5		4	4	10	2	10	2	8
6		9	7	2	10	3	10	7
7		7	5	8	7	1	8	4
8			6	5		8	7	9
9			8	9			6	5
10			2				1	3

Bei 5 von 8 Simulationen gab es übereinstimmende Nummern; man kann bei dieser geringen Anzahl von Simulationen noch nicht entscheiden, ob es eher wahrscheinlich ist, dass irgendjemand sein eigenes Geschenk erhält. Simuliert man das Zufallsexperiment 100-mal, dann stellt man fest, dass ungefähr 63-mal der Fall „Es gibt mindestens eine Übereinstimmung" vorliegt.

Ergebnis: Die Wahrscheinlichkeit für das betrachtete Ereignis ist also ungefähr 63 %.

Weiterführende Aufgabe

Simulation mithilfe von Zufallszahlen bei einem Rechner

1. Für ein Fantasy-Spiel wird ein Oktaeder als Würfel benötigt. Du kannst ersatzweise auch einen Rechner verwenden. Der Rechner verfügt über den Befehl **randInt**, den man mit den alphabetischen Tasten eingeben oder aus dem Befehlskatalog im Menü Wahrscheinlichkeit unter Zufallszahl: Ganzzahl aufrufen kann.
   Erzeuge mit dem grafikfähigen Taschenrechner 100 Zufallszahlen zwischen 1 und 8.
   Zähle dann aus, wie viele Einsen, Zweien, …, Achten du erhalten hast. Vergleiche mit deinem Nachbarn.

Information

(1) Simulation von Zufallsexperimenten

Zufallsexperimente kann man mit geeigneten Zufallsgeräten simulieren (nachspielen). Die Simulation eines Zufallsexperiments kann weniger aufwändig sein; oft spart man bei der Simulation auch Zeit. Es kann auch vorkommen, dass der betrachtete Vorgang so kompliziert ist, dass eine einfache Berechnung von Wahrscheinlichkeiten nicht gelingt. Dann ist eine Simulation von Zufallsexperimenten besonders sinnvoll.

Man führt das (simulierte) Zufallsexperiment oft durch und schätzt dann aus der berechneten relativen Häufigkeit, wie groß die gesamte Wahrscheinlichkeit ist.

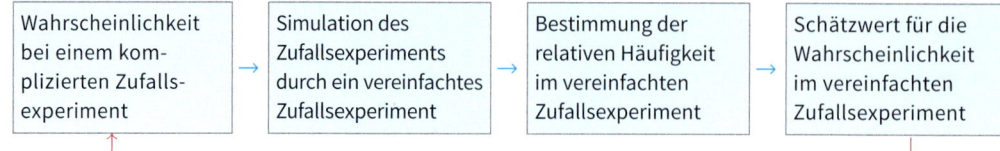

(2) Simulation mithilfe von Zufallszahlen bei einer Tabellenkalkulation

Viele Taschenrechner erzeugen auf Knopfdruck so genannte Zufallszahlen. Auch Tabellenkalkulationsprogramme können Zufallszahlen erzeugen. Der Befehl ZUFALLSBEREICH (1;6) liefert eine zufällig gewählte natürliche Zahl zwischen 1 und 6.

Eine andere Möglichkeit ist es, den Befehl ZUFALLSZAHL() zu verwenden. Dieser Befehl liefert einen Dezimalbruch zwischen 0 und 1. Multipliziert man diese Zahl mit 6, so erhält man entsprechend einen Dezimalbruch zwischen 0 und 6. Mit dem Befehl GANZZAHL (6* ZUFALLSZAHL()) werden die Stellen hinter dem Komma abgeschnitten, man erhält also eine der natürlichen Zahlen 0, 1, 2, 3, 4, 5. Addiert man noch die Zahl 1, dann sieht das Ergebnis so aus wie beim Würfeln eines Würfels.

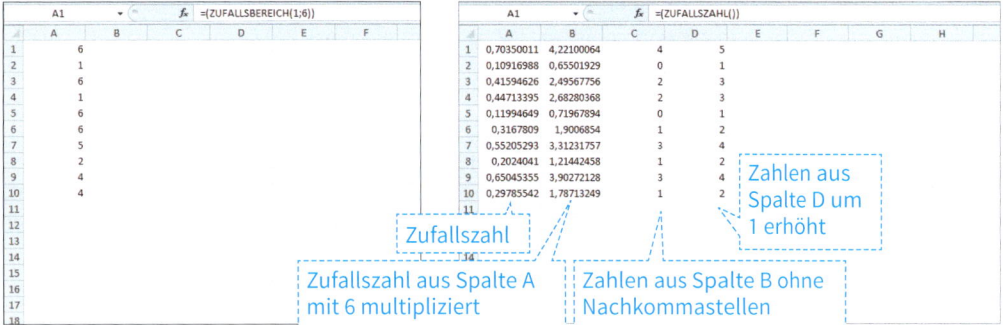

Auch die Auswertung, wie oft ein bestimmtes Ergebnis aufgetreten ist, kann man vom Tabellenkalkulationsprogramm durchführen lassen. Mithilfe des Befehls ZÄHLENWENN kann man auszählen, wie oft eine bestimmte Zahl in einem Bereich des Tabellenblattes steht.

Zum Beispiel liefert ZÄHLENWENN (D1:D10; 3) wie oft die Zahl 3 in den Zellen D1 bis D10 vorkommt.

Übungsaufgaben

2. Für ein Spiel soll mit einem Tetraeder (Vierflächner) gewürfelt werden. Du hast kein Tetraeder zur Hand, aber einen grafikfähigen Taschenrechner.
Wie kannst du dir helfen?

3. Wie kannst du vorgehen, um die Güte der Zufälligkeit der Zufallszahlen deines Rechners zu überprüfen? Diskutiere deine Ideen mit deinem Partner. Tragt eure gemeinsamen Ideen eurer Klasse vor.

4. Mit dem Glücksrad rechts sollten Gewinne bei einem Klassenfest ausgelost werden.
Da es defekt ist, soll die Auslosung mit einem anderen Zufallsgerät erfolgen. Nenne mehrere Möglichkeiten.

5. Zu einer Serie von Sammelbildern in Cornflakes-Packungen gehören 8 verschiedene Bilder. Jede Packung enthält ein Sammelbild. Anna will 12 Cornflakes-Packungen kaufen, um möglichst viele verschiedene Bilder zu haben.
Simuliere dieses Zufallsexperiment. Nimm dazu 12 Zufallszahlen und zähle, wie viele verschiedene Zahlen dabei sind. Führe die Simulation insgesamt 10-mal durch.

4.4 Simulation bei mehrstufigen Zufallsexperimenten

Ziel
In diesem Abschnitt bestimmst du Wahrscheinlichkeiten durch Simulation und vergleichst die so bestimmten Näherungswerte mit den exakten Werten.

Zum Erarbeiten
Simulation eines mehrstufigen Zufallsexperiments

Beim „Mensch-ärgere-dich-nicht"-Spiel darf man den ersten Stein setzen, wenn man eine Sechs gewürfelt hat. Dazu hat man drei Versuche. Mit welcher Wahrscheinlichkeit erhält man bei drei Würfen eine Sechs?

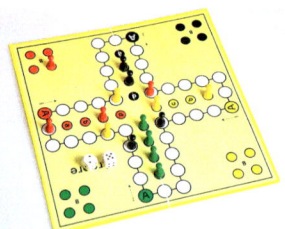

→ Mit dem grafikfähigen Taschenrechner erzeugen wir mithilfe des Befehls **randInt(1,6,3)** drei ganze Zufallszahlen aus dem Bereich von 1 bis 6. Das Ergebnis rechts steht für eine Fünf im ersten, eine Sechs im zweiten und eine Vier im dritten Wurf. Die ersten 20 Versuche liefern folgende Ergebnisse:
{5,6,4}, {6,6,1}, {4,3,5}, {1,3,6}, {2,5,6}, {2,3,1}, {6,1,1}, {4,6,6}, {2,2,1}, {1,5,1}, {3,2,6}, {1,6,4}, {2,6,5}, {2,2,6}, {6,1,1}, {2,1,6}, {2,3,1}, {2,6,3}, {4,4,1}, {1,1,5}
Unter diesen 20 Versuchsergebnissen sind 7 ohne eine Sechs. Damit erhalten wir als Näherungswert für die gesuchte Wahrscheinlichkeit

$P(\text{keine 6 in drei Würfen}) \approx \frac{7}{20} = 0{,}35 = 35\,\%$

Berechnen der Wahrscheinlichkeit mit einem Baumdiagramm

Zeichne ein Baumdiagramm für das dreimal Würfeln. Unterscheide dabei nur zwei Ergebnisse: Sechs gewürfelt, keine Sechs gewürfelt. Berechne die gesuchte Wahrscheinlichkeit und vergleiche mit dem durch Simulation bestimmten Näherungswert.

→ An dem Baumdiagramm findest du folgende Wahrscheinlichkeiten für eine Sechs.
Eine Sechs beim 1. Wurf: $\frac{1}{6}$
Eine Sechs erst beim 2. Wurf: $\frac{5}{6} \cdot \frac{1}{6} = \frac{5}{36}$
Eine Sechs erst beim 3. Wurf: $\frac{5}{6} \cdot \frac{5}{6} \cdot \frac{1}{6} = \frac{25}{216}$

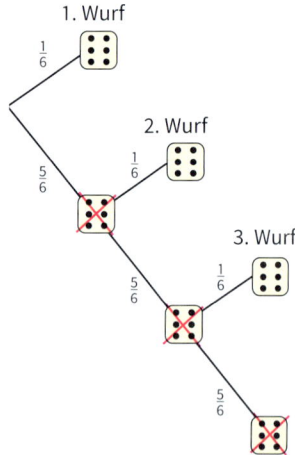

Die Wahrscheinlichkeit, dass sich unter den drei Würfen eine Sechs befindet, erhältst du nun nach der Summenregel: $\frac{1}{6} + \frac{5}{36} + \frac{25}{216} = \frac{91}{216} \approx 0{,}421 = 42{,}1\,\%$

Der durch Simulation bestimmte Näherungswert von 35 % weicht doch stark ab von dem exakten Wert. Du kannst auch mit den Ergebnissen deiner Mitschüler vergleichen und häufiger simulieren, um bessere Näherungswerte zu erhalten.

Information
Durch Simulieren mit einem grafikfähigen Taschenrechner oder einer Tabellenkalkulation kann man Näherungswerte für Wahrscheinlichkeiten erhalten. Bei kleinen Anzahlen von Simulationen können diese stark voneinander abweichen. Erst bei größeren Anzahlen erhält man gut übereinstimmende Werte.

Zum Selbstlernen 4.4 Simulation bei mehrstufigen Zufallsexperimenten

Zum Üben

1. Betrachtet den fünfstufigen Zufallsversuch: Eine Münze wird fünfmal geworfen. Bestimmt mithilfe des GTR näherungsweise die Wahrscheinlichkeit für folgende Ereignisse:
   a) fünfmal Zahl   d) zweimal Zahl   e) einmal Zahl
   b) viermal Zahl   c) dreimal Zahl   f) keinmal Zahl
   Führt in Gruppen 600 Simulationen durch.

2. Fünf Würfel werden gleichzeitig geworfen. Bestimmt durch 300 Simulationen mit Zufallszahlen die Wahrscheinlichkeit für folgende Ereignisse:
   a) Genau einer der fünf Würfel zeigt die Augenzahl Sechs.
   b) Genau drei der fünf Würfel zeigen die Augenzahl Sechs.
   c) Mehr als drei der fünf Würfel zeigen die Augenzahl Sechs.
   d) Alle fünf Würfel zeigen verschiedene Augenzahlen.
   e) Mindestens einer der fünf Würfel zeigt die Augenzahl 1.
   f) Keiner der fünf Würfel zeigt die Augenzahl 3.

3. *Das „3-Türen-Problem"*
   In der amerikanischen Spielshow „Let's make a deal" winkt dem Gewinner als Hauptpreis ein Auto. Der Kandidat sieht drei verschlossene Tore. Hinter einem dieser Tore befindet sich das Auto, hinter den anderen beiden Toren jeweils ein für den Kandidaten wertloser Preis, z. B. eine Ziege. In der ersten Runde entscheidet sich der Kandidat für eines der

   drei Tore, z. B für Tor 2. Daraufhin öffnet der wissende Moderator eines der beiden anderen Tore, zum Beispiel Tor 3, und eine Ziege schaut ins Publikum. In der zweiten Runde hat der Kandidat nun die Möglichkeit, sich für das andere verschlossene Tor (hier Tor 1) zu entscheiden oder bei seiner ursprünglichen Wahl zu bleiben (hier Tor 2). Was soll der Kandidat machen: Wechseln oder bei seiner Entscheidung bleiben?
   Diese Frage wurde in der amerikanischen Zeitschrift „Parade" heiß diskutiert.

   Argumentation von Marylin vos Savant (Parade):   Argumentation der meisten Leser:

   ### Der Kandidat sollte in jedem Fall wechseln!

   Die Wahrscheinlichkeit, dass sich das Auto hinter Tor 1 befindet, ist $\frac{1}{3}$. Die Wahrscheinlichkeit, dass sich das Auto hinter einem der beiden anderen Tore befindet, ist somit $\frac{2}{3}$. Mindestens hinter einem dieser beiden Tore steht eine Ziege. Öffnet der Moderator eines dieser Tore, so steht das Tor fest, hinter welchem das Auto mit der Wahrscheinlichkeit $\frac{2}{3}$ steht. Also empfiehlt es sich, das Tor zu wechseln. Die Chance auf den Hauptgewinn verdoppelt sich.

   ### Wechseln ändert an den Erfolgschancen gar nichts!

   Die Wahrscheinlichkeit, dass sich das Auto hinter Tor 1 befindet, ist $\frac{1}{3}$, genauso wie für jede der beiden anderen Tore.
   Öffnet der Moderator zum Beispiel Tor 3, so scheidet dieses Tor als mögliches Auto aus. Die Wahrscheinlichkeit, dass sich das Auto hinter Tor 1 befindet, beträgt jetzt $\frac{1}{2}$, genauso wie für Tor 2. Es gibt also keinen Grund die Tür zu wechseln. Die Gewinnchance ist für beide Tore gleich.

   a) Spielt die Situation aus „Let's make a deal" z. B. mit drei umgedrehten Tassen und einer Münze als Hauptgewinn mehrfach durch. Lässt sich eine Tendenz ableiten?
   b) Überprüft die Vermutung durch 200-fache Simulation mithilfe von Zufallszahlen.
   c) Entwickelt mithilfe eines Baumdiagramms eine schlüssige Argumentation.

4.5 Darstellen von Daten in Vierfeldertafeln

Einstieg Welche weiteren Angaben lassen sich aus dem Zeitungsartikel rechts erschließen?
Stellt die Daten übersichtlich zusammen, z. B. in einer Tabelle.

Raser unterwegs
Bei der gestrigen Geschwindigkeitskontrolle an der Willy-Brandt-Allee wurde festgestellt, dass 14 der 101 überprüften Männer die Geschwindigkeit überschritten, bei den Frauen waren es 3 von 36.

Aufgabe 1   Quoten in Vierfeldertafeln

Haben Schüler ohne deutsche Staatsbürgerschaft faire Chancen?
Mainz. Obwohl knapp ein Fünfzehntel der rheinland-pfälzischen Schüler ab Klasse 5 nicht die deutsche Staatsbürgerschaft hat (27 425 von 415 535 Schülern), ist deren Anteil an Gymnasien erheblich geringer: 127 168 Schüler an rheinland-pfälzischen Gymnasien haben eine deutsche Staatsbürgerschaft und nur 4 612 Schüler haben eine andere Staatsbürgerschaft.

Lege eine Tabelle mit drei Spalten für die Schulform Gymnasium, andere Schulform, Gesamtzahl und drei Zeilen für deutsche Staatsbürgerschaft, andere Staatsbürgerschaft, Gesamtzahl an. Notiere in ihr die Angaben aus dem Zeitungsartikel und berechne anschließend weitere Zahlenangaben um die Tabelle zu vervollständigen. Erläutere das Ergebnis.

Lösung   Im 1. Schritt entnehmen wir aus dem Zeitungstext die folgenden Daten:

Rheinland-Pfalz		besuchte Schulform		gesamt
		Gymnasium	andere Schulform	
Staatsbürgerschaft	deutsch	127 168		
	andere	4 612		27 425
gesamt				415 535

In einem 2. Schritt können wir weitere Zahlen in die Tabelle eintragen:
Gesamtzahl der Schüler an Gymnasien: 127 168 + 4 612 = 131 780
Gesamtzahl der Schüler mit deutscher Staatsbürgerschaft: 415 535 − 27 425 = 388 110
Wir können nun auch die Zahlen für die anderen Schulformen bestimmen:
Gesamtzahl der Schüler an einer anderen Schulform: 415 535 − 131 780 = 283 755
Anzahl der deutschen Schüler an einer anderen Schulform: 388 110 − 127 168 = 260 942
Anzahl der nicht deutschen Schüler an einer anderen Schulform: 283 755 − 260 942 = 22 813
Wir ergänzen dann die Vierfeldertafel um die berechneten Werte:

Rheinland-Pfalz		besuchte Schulform		gesamt
		Gymnasium	andere Schulform	
Staatsbürgerschaft	deutsch	127 168	260 942	388 110
	andere	4 612	22 813	27 425
gesamt		131 780	283 755	415 535

Wir erkennen: Von den Schülern mit deutscher Staatsangehörigkeit besucht etwa ein Drittel ein Gymnasium, von denen mit anderer Staatsbürgerschaft nur etwa ein Sechstel.

4.5 Darstellen von Daten in Vierfeldertafeln

Information

Vierfeldertafel

In Aufgabe 1 auf Seite 180 haben wir statistische Daten über zwei Merkmale mit je zwei Möglichkeiten in einer Tabelle mit *vier inneren Feldern*, einer so genannten **Vierfeldertafel** notiert.

Merkmal A:	besuchte Schulform	Merkmal B:	Staatsbürgerschaft
Ausprägung a_1:	Gymnasium	Möglichkeit b_1:	deutsch
Ausprägung a_2:	andere Schulform	Möglichkeit b_2:	andere Staatsbürgerschaft

In die inneren Felder der Vierfeldertafel wird eingetragen, wie oft bestimmte Kombinationen von Möglichkeiten vorkommen.
Für die einzelnen Merkmalsausprägungen kann man Summen bilden, die in die so genannten *Randfelder* eingetragen werden. Schließlich wird in das Randfeld unten rechts die Gesamtzahl notiert.

		Merkmal B		gesamt
		b_1	b_2	
Merkmal A	a_1	r	s	r + s — Gesamtzahl bei Möglichkeit a_1
	a_2	t	u	t + u — Gesamtzahl bei Möglichkeit a_2
gesamt		r + t	s + u	r + s + t + u — Gesamtzahl

Gesamtzahl bei Möglichkeit b_1 — Gesamtzahl bei Möglichkeit b_2

Durch die Angaben in den inneren Feldern ist eine Vierfeldertafel eindeutig festgelegt, d. h. alle anderen Felder (also: die Randfelder) lassen sich hieraus eindeutig berechnen.

Weiterführende Aufgabe

Vierfeldertafel mit relativen Häufigkeiten

2. Statt der absoluten Häufigkeiten kann man in einer Vierfeldertafel auch relative Häufigkeiten notieren. Bestimme eine solche Tabelle für die Daten aus Aufgabe 1 auf Seite 180.

Rheinland-Pfalz		Staatsbürgerschaft		gesamt
		deutsch	andere	
Schulform	Gymnasium			
	andere			
gesamt				100 %

Übungsaufgaben

3. Zu Schuljahresbeginn werden in einer Schule statistische Daten erhoben.
Von den 333 Mädchen wohnen 167 im Schulort, von den 378 Jungen wohnen 159 im Schulort.
Welche weiteren Angaben lassen sich erschließen?
Stelle die Daten in Form einer Vierfeldertafel zusammen.

4. Eine Firma stellt Isolierglasscheiben sowohl mit einer Silberbeschichtung als auch mit einer Goldbeschichtung her. Diese Metallbeschichtung erhöht die Wärmereflexion und führt somit zu einer besseren Isolation.
Im Rahmen einer Qualitätskontrolle wurde festgestellt, dass 15 von 232 Glasscheiben mit Silberbeschichtung nicht in Ordnung waren. Bei den 167 mit Gold beschichteten Scheiben waren 9 fehlerhaft.
Erstelle mit diesen Daten eine Vierfeldertafel.

5. Für eine Schülerzeitung wurde eine Umfrage unter den 1 180 Schülerinnen und Schülern einer Schule durchgeführt.

Ernährungsverhalten in einer Schule		vegetarisch		gesamt
		ja	nein	
Geschlecht	männlich	1,1 %	50,9 %	52,0 %
	weiblich	2,9 %	45,1 %	48,0 %
gesamt		4,0 %	96,0 %	100 %

a) Bestimme die zugehörige Vierfeldertafel mit absoluten Häufigkeiten.
b) Stellt euch abwechselnd gegenseitig Fragen zu Wahrscheinlichkeiten, die der Partner jeweils beantwortet.
c) Führt an eurer Schule eine ähnliche Umfrage durch. Wertet sie aus und vergleicht mit den obenstehenden Daten.

6. Die folgenden Vierfeldertafeln enthalten Informationen zur Zusammensetzung verschiedener Abteilungen eines Sportvereins nach Geschlecht (**m**ännlich, **w**eiblich) und Altersgruppe (**J**ugendliche, **E**rwachsene). Vervollständige die Vierfeldertafel, sofern möglich.

(1)
Schwimmen	m	w	gesamt
J		12	
E			34
gesamt	17		63

(3)
Tennis	m	w	gesamt
J		0,12	0,38
E			
gesamt	0,24		1

(2)
Rudern	m	w	gesamt
J		14	45
E		21	
gesamt	38		

(4)
Fußball	m	w	gesamt
J	55 %		63 %
E			37 %
gesamt			100 %

7. Wie viele Angaben sind in den mit einem Fragezeichen gekennzeichneten Feldern mindestens notwendig, um die Daten in der Vierfeldertafel vervollständigen zu können?

a)
		Merkmal B		gesamt
		b_1	b_2	
Merkmal A	a_1	?	?	
	a_2	?	?	
gesamt				145

b)
		Merkmal B		gesamt
		b_1	b_2	
Merkmal A	a_1	25 %		?
	a_2			?
gesamt		?	?	?

8. Erschließe die Vierfeldertafel mit absoluten Häufigkeiten.
a) Im Jahr 2014 waren 13,9 % der 4,01 Mio. Einwohner in Rheinland-Pfalz unter 16 Jahre alt. Die Jungen unter 16 Jahren hatten einen Anteil von 14,6 % unter allen männlichen Einwohnern in Rheinland-Pfalz, die Mädchen einen Anteil von 13,3 % unter den Frauen.
b) Im Jahre 2011 besaßen von den 3,99 Mio. Einwohnern in Rheinland-Pfalz 6,8 % eine ausländische Staatsangehörigkeit. 48,9 % aller Einwohner waren Männer. Unter den Frauen hatten 93,3 % deutsche Staatsangehörigkeit.

4.6 Vierfeldertafeln und Zufallsexperimente

Einstieg

KBA = Kraftfahrt-bundesamt

Im zentralen Fahreignungsregister (FAER) des Kraftfahrt-Bundesamtes (KBA) in Flensburg werden Ordnungswidrigkeiten im Straßenverkehr in Form von „Punkten" festgehalten. Die Tabelle enthält Angaben über die Eintragungen des Jahres 2014.

Geschwindigkeitsüberschreitungen in geschlossenen Ortschaften			
Überschreitung	Bußgeld	Punkte	Fahrverbot
21-25 km/h	80 €	1	nein
26-30 km/h	100 €	1	u. U.
31-40 km/h	160 €	2	ja
41-50 km/h	200 €	2	ja
51-60 km/h	280 €	2	ja
61-70 km/h	480 €	2	ja
> 70 km/h	680 €	2	ja

Punkte in Flensburg

		männlich	weiblich	gesamt
Alter	bis 24	7,0 %	2,4 %	9,4 %
	ab 25	70,2 %	20,4 %	90,6 %
gesamt		77,2 %	22,8 %	100 %

Eine im letzten Jahr im zentralen Fahreignungsregister eingetragene Person wird zufällig ausgewählt. Die Vierfeldertafel liefert Wahrscheinlichkeiten für zwei zweistufige Zufallsexperimente:
(1) Zunächst wird das Alter bestimmt und dann das Geschlecht.
(2) Zunächst wird das Geschlecht bestimmt und dann das Alter.
Zeichnet für beide Zufallsexperimente das zugehörige Baumdiagramm. Gebt die darin enthaltenen Informationen mit Worten wieder.

Aufgabe 1

Mathematische Kompetenz nicht nur an Gymnasien
Unter den 15-jährigen Schülern in Deutschland, die kein Gymnasium besuchen, sind mehr leistungsstarke Mathematiker als erwartet. Dieses Ergebnis weist die 2009 durchgeführte PISA-Studie aus.

15-jährige Schüler, die an der Erhebung zu PISA 2009 teilnahmen	an Gymnasien	an anderen Schulformen	insgesamt
eher leistungsschwach in Mathematik (PISA-Kompetenzstufen I – III)	424	2 413	2 837
eher leistungsstark in Mathematik (PISA-Kompetenzstufen IV – VI)	1 470	672	2 142
gesamt	1 894	3 085	4 979

a) Aus den Daten der PISA-Studie soll auf andere 15-jährige Schüler geschlossen werden. Es wird dazu ein 15-jähriger Schüler zufällig ausgewählt.
Mache eine Prognose, mit welcher Wahrscheinlichkeit der ausgewählte Schüler
(1) eine andere Schulform als das Gymnasium besucht,
(2) eher leistungsstark ist,
(3) eher leistungsschwach ist und ein Gymnasium besucht.
b) Betrachtet man einen zufällig ausgewählten Schüler, so kann man z. B. zuerst feststellen, ob er ein Gymnasium besucht, und dann, wie leistungsstark er im Fach Mathematik ist. Man kann aber auch in der anderen Reihenfolge vorgehen und erst feststellen, wie leistungsstark er im Fach Mathematik ist, und dann, ob er ein Gymnasium besucht.
Die Daten aus der Vierfeldertafel mit relativen Häufigkeiten lassen sich daher auf zwei Arten in Form von Baumdiagrammen darstellen. Zeichne beide Baumdiagramme einschließlich aller Wahrscheinlichkeiten.

Lösung

a) Mithilfe der Laplace-Regel bestimmen wir den Anteil der Merkmalsträger mit der interessierenden Eigenschaft:

(1) Da der Anteil der 15-jährigen Schüler bei der PISA-Studie, die kein Gymnasium besuchen, $\frac{3085}{4979} \approx 62{,}0\,\%$ beträgt, stellen wir die Prognose auf, dass ein zufällig ausgewählter 15-jähriger Schüler mit einer Wahrscheinlichkeit von 62,0 % kein Gymnasium besucht.

(2) Analog zu (1) ergibt sich als Wahrscheinlichkeit dafür, dass ein zufällig ausgewählter 15-jähriger Schüler eher leistungsstark ist, ein Wert von $\frac{2142}{4979} \approx 43{,}0\,\%$.

(3) Die Wahrscheinlichkeit dafür, dass ein zufällig ausgewählter 15-jähriger Schüler eher leistungsschwach in Mathematik ist und ein Gymnasium besucht, beträgt $\frac{424}{4979} \approx 8{,}5\,\%$.

b)

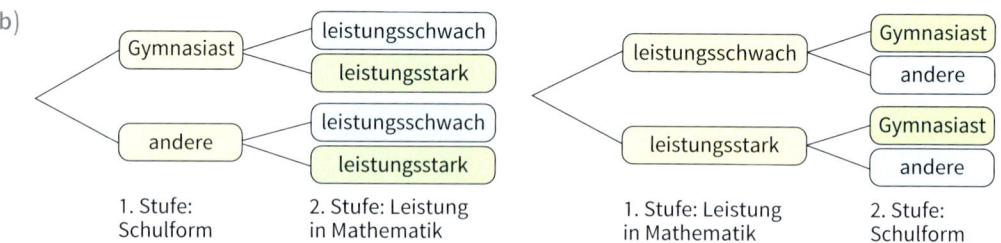

Die Tabelle enthält Informationen zu den Merkmalen *Schulform* (Gymnasiast oder andere) und *Mathematikleistung* (leistungsschwach oder leistungsstark). Man kann erst das eine, dann das andere Merkmal auf den beiden Stufen des Baumdiagramms betrachten.

Die *Pfadwahrscheinlichkeiten* kann man unmittelbar den inneren Feldern der Tabelle entnehmen, z. B.:

P (Gymnasiast und leistungsschwach) = 8,5 % = 0,085.

Die Wahrscheinlichkeit *längs* der Pfade lesen wir für die 1. Stufe in den Randfeldern der Tabelle ab, z. B. für das Baumdiagramm oben:

P (Gymnasiast) = 38,0 %.

Für die Wahrscheinlichkeiten der 2. Stufe des Baumdiagramms, müssen wir beachten, dass sich durch die 1. Stufe eine neue Grundgesamtheit ergibt.

Wählt man als Ergebnis auf der 1. Stufe, dass ein Schüler ein Gymnasium besucht, so muss z. B. auf der 2. Stufe die Wahrscheinlichkeit dafür berechnet werden, dass ein solcher Schüler leistungsschwach ist. Dafür gibt es zwei Wege:

1. Weg: Berechnung mit den absoluten Häufigkeiten

424 von 1 894 Gymnasialschülern sind leistungsschwach. Ihr Anteil beträgt $\frac{424}{1894} \approx 22{,}4\,\%$.

2. Weg: Berechnung mit den relativen Häufigkeiten

38,0% der betrachteten Schüler besuchten ein Gymnasium; 8,5 % besuchten ein Gymnasium und waren eher leistungsschwach in Mathematik. Dies entspricht einem Anteil von $\frac{8{,}5\,\%}{38{,}0\,\%} \approx 0{,}224$.

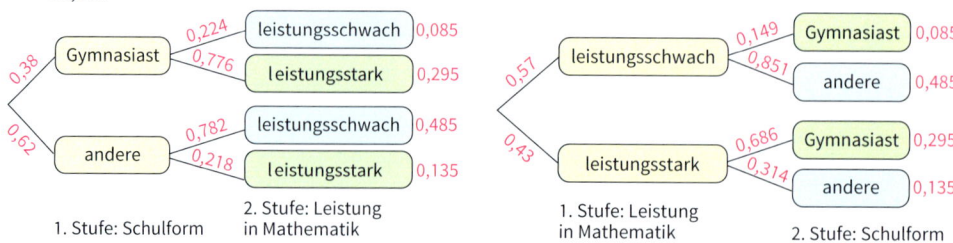

Entsprechend erhält man die übrigen Wahrscheinlichkeiten der 2. Stufe in beiden Baumdiagrammen. Wir verwenden dabei die direkt aus den absoluten Häufigkeiten berechneten Werte, da diese in der Regel nicht gerundet, also genauer sind.

4.6 Vierfeldertafeln und Zufallsexperimente

Information

Vierfeldertafeln und Baumdiagramme

In Vierfeldertafeln werden statistische Daten über zwei Merkmale mit je zwei Ausprägungen festgehalten. Die Anteile, die sich aus diesen Daten ergeben, liefern Wahrscheinlichkeiten für Prognosen bezüglich der zufälligen Auswahl eines Merkmalsträgers aus der Gesamtheit.

Zu jeder Vierfeldertafel kann man zwei zweistufige Zufallsexperimente angeben.

Auf der 1. Stufe untersuchen wir, mit welcher Wahrscheinlichkeit die eine bzw. die andere Ausprägung des zuerst betrachteten Merkmals auftreten wird.

Auf der 2. Stufe wird dann dargestellt, mit welcher Wahrscheinlichkeit die Ausprägungen des anderen Merkmals auftreten.

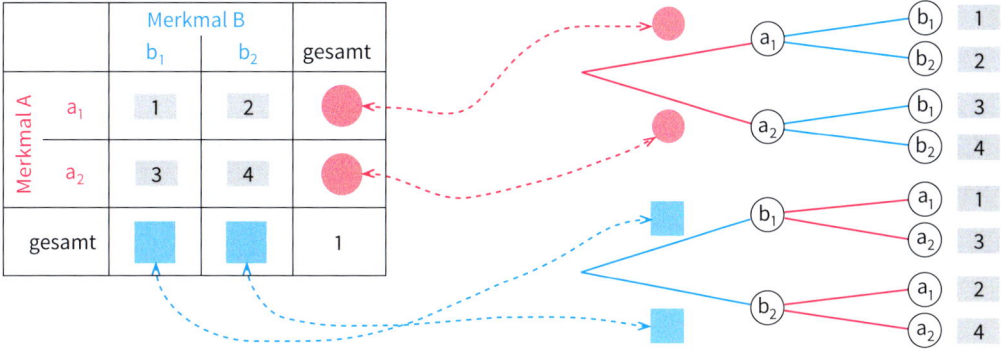

Die Pfadwahrscheinlichkeiten kann man den inneren Feldern der Vierfeldertafel mit relativen Häufigkeiten entnehmen. Nach Pfadmultiplikationsregel ergeben sie sich auch als Produkt der Wahrscheinlichkeiten längs eines Pfades.

Übungsaufgaben

2. a) Zeichne die beiden Baumdiagramme, die zu der Vierfeldertafel gehören.
   b) Entnimm den Baumdiagrammen Aussagen, die du zu einem Zeitungsartikel zusammenstellst.

Teilzeit im Vormarsch

Immer mehr Berufstätige in Deutschland haben einen Teilzeitjob. Ein Blick in die Statistik zeigt, dass Teilzeitarbeit nach wie vor eine Frauendomäne ist.

		weiblich	männlich	gesamt
Beschäftigung	Vollzeit	21,9 %	44,0 %	65,9 %
	Teilzeit	23,4 %	10,7 %	34,1 %
gesamt		45,3 %	54,7 %	100,0 %

3. Im Baumdiagramm unten ist die Aufteilung der Lehrerschaft nach dem Geschlecht (**m**ännlich, **w**eiblich) und nach dem Alter (unter 55 Jahren; mindestens 55 Jahre) angegeben. Erstelle die zugehörige Vierfeldertafel.

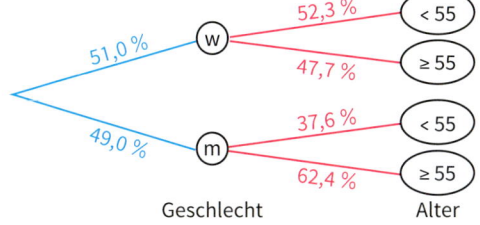

Immer mehr Lehrerinnen am Gymnasium

Der Anteil der Frauen im Lehrpersonal der Gymnasien hat kontinuierlich zugenommen. Mittlerweile sind auch in der Schulform Gymnasium mehr Frauen als Männer tätig.

4. Zeige, dass die beiden Artikel auf denselben statistischen Daten beruhen. Auf welche Veränderungen wollten die Autoren der beiden Artikel besonders aufmerksam machen?

Abiturientenzahlen steigen

32 % der jungen Erwachsenen, die ihre Schulzeit beendet haben, erreichen heutzutage die allgemeine Hochschulreife. Bei 45 % dieser Jugendlichen hatte auch mindestens ein Elternteil diesen Schulabschluss. Unter den übrigen Jugendlichen hatten 10 % mindestens ein Elternteil, welches das Abitur geschafft hatte.

Unterschiedliche Bildungschancen

67 % der Kinder, bei denen mindestens ein Elternteil die allgemeine Hochschulreife erreicht hatte, schaffen selbst das Abitur. 78 % der Kinder, deren Eltern ohne diesen höchsten schulischen Abschluss waren, erreichten diesen ebenfalls nicht. Die Abiturientenquote in der Elterngeneration betrug 21 %.

5. Lies die beiden Zeitungsartikel zur theoretischen Führerscheinprüfung.
   Zeige dann, dass beide Zeitungsartikel auf Daten beruhen, die zur selben Vierfeldertafel gehören.

Anmeldung zur theoretischen Führerscheinprüfung

75 % der Anmeldungen zur theoretischen Führerscheinprüfung erfolgen als Erstmeldungen.
Von diesen Prüfungen gehen 73 % erfolgreich aus, während 43 % der Kandidaten, die zur Wiederholungsprüfung antreten, auch bei dieser Prüfung durchfallen.

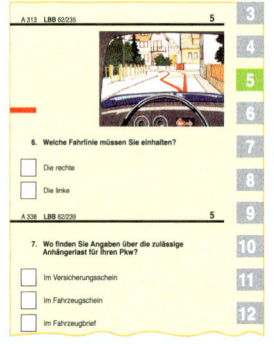

31 % der Prüflinge fallen durch die theoretische Führerscheinprüfung

31 % der Prüflinge bestehen die theoretische Führerscheinprüfung nicht; von diesen hatten es 34 % schon vorher mindestens einmal vergeblich versucht. Unter den erfolgreichen Kandidaten sind immerhin 20 %, die vorher schon einmal durchgefallen waren.

6. Das Kraftfahrt-Bundesamt veröffentlicht regelmäßig Daten über die Kraftfahrzeuge in Deutschland.
   Berechne die Wahrscheinlichkeit dafür, dass von den neu zugelassenen Kraftfahrzeugen

Kfz-Neuzulassungen im Jahr 2015	Euro 5	Euro 6
Benzin-Motor	384 720	1 223 877
Diesel-Motor	445 414	1 091 096
Gesamt	830 134	2 314 973

a) ein zufällig ausgewähltes einen Benzin-Motor mit Euro-6-Norm hat;
b) ein zufällig ausgewähltes einen Benzin-Motor hat;
c) ein zufällig aus den Fahrzeugen mit Benzin-Motor ausgewähltes der Euro-6-Norm genügt;
d) ein zufällig aus den Euro-6-Fahrzeugen ausgewähltes einen Benzin-Motor hat.

4.7 Umkehren von Baumdiagrammen

Einstieg

Seit vielen Jahren ist es üblich, Wählerinnen und Wähler beim Verlassen des Wahllokals zu befragen. Auch werden in einigen – repräsentativ ausgewählten – Wahlbezirken verschiedene Wählergruppen unterschiedlich gefärbte Wahlzettel ausgegeben, um nach Auszählung der Stimmen Aussagen über einzelne Wählergruppen machen zu können.
Nach der Bundestagswahl 2009 wurde folgende Wahlanalyse abgedruckt:

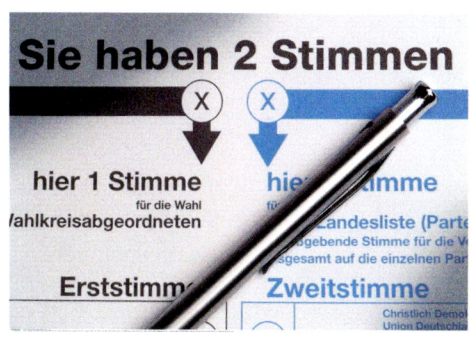

Dass die CDU/CSU die meisten Stimmen bei der Bundestagswahl 2009 erhielt (33,8 %), verdankt sie wieder überwiegend den Frauen: 54,9 % der CDU/CSU-Stimmen kamen von weiblichen Wählern. Bei den Stimmen der übrigen Parteien hatten die Frauen nur einen Anteil von 50,2 %.

a) Übertrage die Daten des Textes in ein Baumdiagramm.
b) Bestimme die zugehörige Vierfeldertafel.
c) Welche Aussagen lassen sich aus dem zweiten Baumdiagramm gewinnen, das zu der Vierfeldertafel in Teilaufgabe b) gehört?

Aufgabe 1

Umkehren eines Baumdiagrammes

Diabetes (mellitus), umgangssprachlich Zuckerkrankheit, ist eine chronische Stoffwechselkrankheit, bei der zu wenig Insulin in der Bauchspeicheldrüse produziert wird. Dies führt zu einer Störung des Kohlehydrat-, aber auch des Fett- und Eiweißstoffwechsels. Zur Untersuchung, ob jemand an Diabetes erkrankt ist, wird ein so genannter Glukosetoleranztest durchgeführt. Der Arzt gibt dem Patienten eine genau bemessene Zuckerwassermenge zu trinken und prüft damit nach einer kurzen Wartezeit die Blutzuckerwerte. Aufgrund von umfangreichen Untersuchungen hat man folgende Erfahrungswerte gefunden:

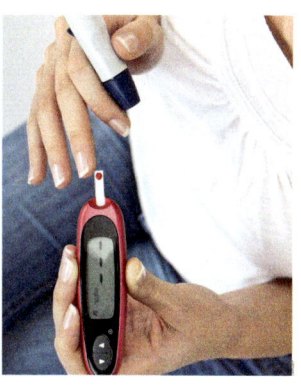

Sensitivität (lat.)
(Über)- Empfindlichkeit
Spezifität
Eigentümlichkeit, Besonderheit

- Bei Personen, die an Diabetes erkrankt sind, reagiert der Test in 72 % der Fälle („positiv"). Man sagt auch: Die *Sensitivität* dieses Tests beträgt 72 %.
- Bei Personen, die nicht an Diabetes erkrankt sind, zeigt sich in 73 % der Fälle keine Reaktion („negativ"). Man sagt dafür auch: Die *Spezifität* des Tests beträgt 73 %.
- Eine Person, die schon weiß, dass sie an Diabetes erkrankt ist, wird den Glukosetoleranztest nicht durchführen. Betrachtet man nur die Personen, die nicht wissen, ob sie an Diabetes erkrankt sind oder nicht, so schätzt man, dass darunter 1 % Diabetiker sind.

a) Was bedeutet es, wenn bei einer Vorsorgeuntersuchung ein „positiver" Befund festgestellt wird? Mit welcher Wahrscheinlichkeit ist diese Person tatsächlich an Diabetes erkrankt? Wie brauchbar ist der Glukosetoleranztest überhaupt?
Stelle zunächst die gegebenen Informationen in Form eines Baumdiagramms dar, um diese Frage zu beantworten. Entwickle dann hieraus die zugehörige Vierfeldertafel und das zweite mögliche Baumdiagramm.
b) Erkläre, warum das Rechenergebnis im zweiten Baumdiagramm paradox erscheint.

Lösung

a) Wir erstellen dann ein Baumdiagramm. Sensitivität und Spezifität geben Informationen zum Testverfahren, wenn bekannt ist, ob eine Person an Diabetes erkrankt ist bzw. nicht erkrankt ist.
Daher können diese Informationen erst auf der 2. Stufe des Baumdiagramms verwendet werden.
Auf der 1. Stufe tragen wir ein, dass 1 % der Testteilnehmer an der Krankheit leidet (also 99 % nicht).

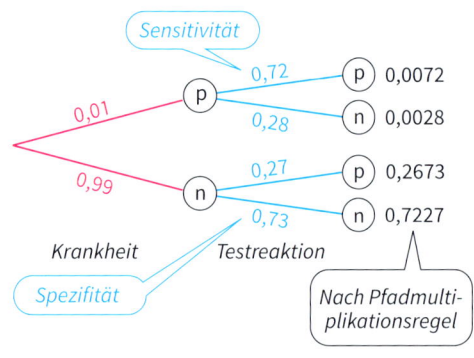

Die Pfadwahrscheinlichkeiten tragen wir in die inneren Felder der nebenstehenden Vierfeldertafel ein.

Diabetestest		Testreaktion		gesamt
		positiv	negativ	
Krankheit	ja	0,0072	0,0028	0,01
	nein	0,2673	0,7227	0,99
gesamt		0,2745	0,7255	1

Zur Beantwortung der Fragen erstellen wir das zweite Baumdiagramm mit der vertauschten Reihenfolge der Stufen.
Wir lesen ab:
Die Wahrscheinlichkeit dafür, dass ein Patient tatsächlich an Diabetes erkrankt ist, nachdem das Testergebnis *positiv* war, beträgt nur rund 2,6 %!
Immerhin liegt die Wahrscheinlichkeit dafür, dass ein Patient nicht erkrankt ist, nachdem das Testergebnis negativ war, bei 99,6 %, also bei fast 100 %.
Das Testverfahren scheint also dazu geeignet zu sein, eine Diabeteserkrankung auszuschließen.

b) Die berechnete Wahrscheinlichkeit von 2,6 % steht nur im scheinbaren Widerspruch zur Sensitivität von 72 %, wie an der Vierfeldertafel mit absoluten Häufigkeiten bei einer Gesamtheit von 10 000 zufällig ausgewählten Patienten abzulesen ist:

Bei 2 745 von 10 000 Patienten ist eine positive Testreaktion zu erwarten, davon sind nur etwa 72 tatsächlich erkrankt.
Die fast 27 % falschen Reaktionen bei nichterkrankten Personen bewirken, dass selbst eine positive Reaktion des Tests nicht zur Beunruhigung der Patienten führen sollte.

		Testreaktion		gesamt
		positiv	negativ	
Krankheit	ja	72	28	100
	nein	2 673	7 227	9 900
gesamt		2 745	7 255	10 000

4.7 Umkehren von Baumdiagrammen

Weiterführende Aufgabe

Gefahr der Verwechslung von Wahrscheinlichkeiten

2. Bei einer Wahl wurde Partei A vor allem von jüngeren Wählern gewählt. Eine repräsentative Befragung am Wahltag ergab die nebenstehenden Daten. Welche Schlagzeile für eine Zeitungsmeldung ist richtig?

Diabetestest		Wähler von		gesamt
		Partei A	sonstigen Parteien	
Altersgruppe	Unter 30 Jahren	4,5 %	13,5 %	18,0 %
	30 Jahre und älter	7,5 %	74,5 %	82,0 %
gesamt		12,0 %	88,0 %	100,0 %

(1) Jeder vierte Wähler der Partei A ist unter 30.

(2) Jeder vierte Wähler unter 30 entscheidet sich für Partei A.

Information

(1) Umkehren eines Baumdiagramms

In Aufgabe 1 war die Wahrscheinlichkeit dafür, dass eine erkrankte Person ein positives Testergebnis hat, bekannt. Zu bestimmen war jedoch umgekehrt die für einen Patienten bedeutsamere Wahrscheinlichkeit, dass jemand mit einem positiven Testergebnis tatsächlich an Diabetes erkrankt ist.

Zur Berechnung dieser Wahrscheinlichkeit haben wir zu dem durch die Informationen zur Testgüte gegebenen Baumdiagramm das Baumdiagramm mit vertauschten Stufen gezeichnet. Man bezeichnet diesen Übergang von einem ursprünglich gegebenen Baumdiagramm zu einem Baumdiagramm mit vertauschten Stufen als **Umkehrung eines Baumdiagramms**. Hierbei erweist es sich als nützlich, zunächst zu einem gegebenen Baumdiagramm eine Vierfeldertafel aufzustellen, aus der man dann die benötigten Wahrscheinlichkeiten für das umgekehrte Baumdiagramm bestimmen kann.

(2) Wahrscheinlichkeiten, die sich auf verschiedene Gesamtheiten beziehen

Beim Ablesen von Wahrscheinlichkeiten aus Vierfeldertafeln muss man genau aufpassen, dass man den richtigen Bezug zur interessierenden Gesamtheit herstellt.
In Aufgabe 1 auf Seite 187 müssen wir z. B. unterscheiden:
- Die Wahrscheinlichkeit, dass eine beliebig aus der Gesamtheit der Testteilnehmer herausgegriffene Person an Diabetes erkrankt ist, beträgt 1 %.
- Die Wahrscheinlichkeit, dass eine aus der Teilgesamtheit der Personen mit positivem Testergebnis herausgegriffene Person an Diabetes erkrankt ist, beträgt ungefähr 2,6 %.
- Die Wahrscheinlichkeit, dass eine aus der Teilgesamtheit der Personen mit negativem Testergebnis herausgegriffene Person an Diabetes erkrankt ist, beträgt ungefähr 0,4 %.

Je nach Fragestellung betrachtet man die ganze Grundgesamtheit oder nur Teilgesamtheiten.
Auf welche Bezugsgruppe sich ein Text bezieht, muss deutlich aus der Formulierung hervorgehen.
In der Stochastik nennt man solche Wahrscheinlichkeiten, bei denen durch Angabe einer Bedingung der Bezug zu einer besonderen Gruppe hergestellt wird, **bedingte Wahrscheinlichkeiten**. Bedingte Wahrscheinlichkeiten werden als Quotienten von absoluten oder relativen Häufigkeiten bzw. Wahrscheinlichkeiten aus der Vierfeldertafel analog zur Laplace-Regel berechnet:

> Die Wahrscheinlichkeit für das Eintreten eines Ereignisses unter der Voraussetzung einer bestimmten Bedingung („möglich für das Ereignis") beträgt:
> $$\frac{P(\text{„günstig für das Ereignis"})}{P(\text{„möglich für das Ereignis"})}$$

Beispiel (zu Aufgabe 1 auf Seite 187): Die Wahrscheinlichkeit dafür, dass eine Person an Diabetes erkrankt ist, wenn der Glukosetoleranztest positive Reaktion gezeigt hat, beträgt:

$$\frac{P(\text{Person ist erkrankt und hat positives Testergebnis})}{P(\text{Person hat positives Testergebnis})} = \frac{0{,}0072}{0{,}2745} \approx 0{,}026 \approx 2{,}6\,\%$$

Diese Regel wird nach dem englischen Mathematiker Thomas Bayes auch als Bayes-Regel bezeichnet. Wahrscheinlichkeiten aus umgekehrten Baumdiagrammen können oft paradox erscheinende Werte haben, weil man falsche Vorstellungen hat, wenn man nur das ursprüngliche Baumdiagramm betrachtet. Um vollständige Informationen über einen Vorgang zu erhalten, sollte man also stets beide Baumdiagramme aufstellen.

Übungsaufgaben

3. Über die Zusammensetzung der Schülerschaft der Jahrgangsstufe 9 eines Gymnasiums ist bekannt: 54 % der Stufe sind Mädchen. Von den Jungen haben 35 % eine 3. Fremdsprache gewählt; bei den Mädchen beträgt der Anteil 60 %.
   a) Stelle die Daten in einem Baumdiagramm und einer Vierfeldertafel zusammen.
   b) (1) Wie groß ist die Wahrscheinlichkeit, dass ein Teilnehmer am Unterricht in einer 3. Fremdsprache ein Junge [ein Mädchen] ist?
   (2) Wie groß ist die Wahrscheinlichkeit, dass jemand, der keine 3. Fremdsprache lernt, ein Junge [ein Mädchen] ist?

4. **Tuberkulose**

   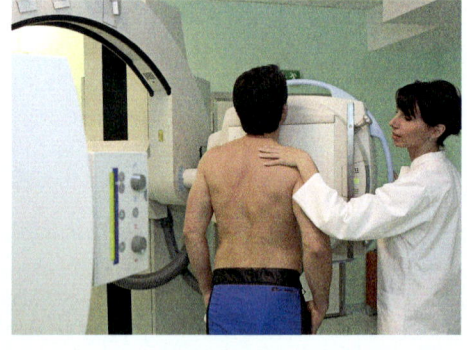

   Tuberkulose (kurz TBC) ist weltweit immer noch eine der gefährlichsten Infektionskrankheiten. Bis in die 90er Jahre wurden in Deutschland Röntgen-Reihenuntersuchungen durchgeführt. Dabei wurde festgestellt, ob Schatten auf der Lunge zu sehen waren. Als der Anteil der Erkrankten aber auf unter 0,2 % gesunken war und die Gefährdung durch zu häufige Belastung des Körpers durch Röntgenstrahlungen in den Blick geriet, wurde die flächendeckende Reihenuntersuchung eingestellt. Ein weiterer Gesichtspunkt war in diesem Zusammenhang der sehr hohe Anteil von 30 % falsch-negativer Befunde und der nicht zu übersehende Anteil von 2 % falsch-positiver Befunde.

   a) Erläutere, was mit „falsch-negativen" und „falsch-positiven" Befunden gemeint ist.
   b) Stelle für einen Anteil von 0,2 % Tuberkulose-Kranken unter den Testteilnehmern die Informationen in einem Baumdiagramm dar.
   c) Welche Informationen kann man dem umgekehrten Baumdiagramm entnehmen?

5. Die Wahrscheinlichkeit, dass Eltern oder Kinder von Diabeteskranken selbst an Diabetes erkranken, ist mit 10 % vergleichsweise hoch (siehe Aufgabe 1 auf Seite 187).
   Welche Aussagen sind möglich, wenn bei einem Glukosetoleranztest eine positive bzw. eine negative Reaktion erfolgt?

6. Die Testverfahren zum Nachweis der HIV-Infektion haben mittlerweile eine hohe Sicherheit: Bei 99,9 % der tatsächlich Infizierten erfolgt eine positive Testreaktion (d. h. nur bei 0,1 % der Infizierten versagt der Test). Allerdings zeigt der Test auch irrtümlich eine positive Reaktion bei 0,2 % der Nichtinfizierten.
   a) Man schätzt, dass 0,1 % der Testteilnehmer in Deutschland HIV-infiziert sind. Wie groß wäre die Wahrscheinlichkeit für eine Infektion, wenn der Test bei einer Person positiv ausgeht?
   Wie sicher können sich Personen mit negativem Testergebnis fühlen?
   b) Wenn ein HIV-Test positiv verlaufen ist, wird der Test bei der betreffenden Person noch einmal durchgeführt.
   Was bedeutet es nun, wenn zweimal hintereinander eine positive Testreaktion erfolgte (Ereignis „pp")? Vervollständige das nebenstehende Baumdiagramm.
   Gib das Rechenergebnis in Worten wieder.

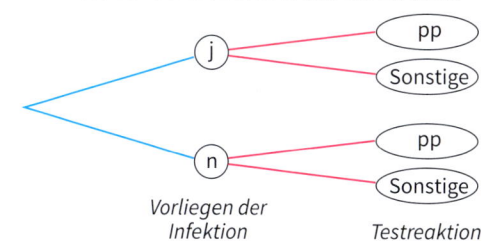

Mikrozensus (griech.; lat.) statistische Repräsentativerhebung der Bevölkerung und des Erwerbslebens

7. Der Mikrozensus ist eine vierteljährlich vom Statistischen Bundesamt durchgeführte statistische Erhebung.
   An einer repräsentativen Stichprobe der Bevölkerung wurden nebenstehende Daten zum Rauchverhalten von Personen über 18 Jahren erhoben.

		Rauchverhalten		
		Nichtraucher	früherer Raucher	Raucher
Geschlecht	m	1270	696	933
	w	1959	431	690

   a) Eine Person aus der Stichprobe wird zufällig ausgewählt. Wie groß ist die Wahrscheinlichkeit, dass die Person
   (1) ein Mann ist;
   (2) ein Mann ist, der raucht;
   (3) ein Mann ist, wenn bekannt ist, dass es sich um einen Raucher handelt;
   (4) ein Raucher ist, wenn bekannt ist, dass es sich um einen Mann handelt;
   (5) Raucher ist?
   b) 58 % der erwachsenen deutschen Männer haben Übergewicht, unter den Nichtrauchern sind es 55 %, unter den früheren Rauchern 70 %, unter den Rauchern 51 %.
   (1) Folgt hieraus, dass das Rauchen eher vor Übergewicht bewahrt?
   (2) Wie groß ist der Anteil der Raucher unter den erwachsenen Männern mit Übergewicht?
   c) Trotz aller Warnungen vor den gesundheitlichen Gefahren des Rauchens hat der Anteil der jugendlichen Raucher in den letzten Jahren zugenommen.
   Bestimme diese Anteile für verschiedene Altersgruppen aus der folgenden Notiz:

> 22,4 % aller Frauen über 18 Jahren rauchen; 46,4 % der Raucherinnen sind zwischen 18 und 40 Jahre alt, 46,4 % zwischen 40 und 65 Jahre alt. Die Altersverteilung unter den Nichtrauchern ist: 18 bis 40 Jahre: 31,1 %; 40 bis 65 Jahre: 37,5 %.

4.8 Aufgaben zur Vertiefung

1. Bei der Lottoziehung *6 aus 49* werden nacheinander 6 Kugeln aus einer gläsernen Kugel mit 49 nummerierten Kugeln ohne Zurücklegen gezogen. Für diese 6 gezogenen Zahlen kann man auf einem Spielschein eine Tipp abgeben. Zusätzlich wird aus einer anderen Glaskugel, die Kugeln mit den Ziffern 0 bis 9 enthält, eine Ziffer (Superzahl) gezogen. Diese wird mit der Endnummer des Spielscheins verglichen.

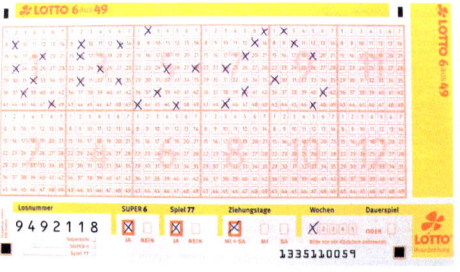

   a) Begründe: Die Wahrscheinlichkeit, alle 6 Zahlen richtig vorherzusagen, beträgt:
   $\frac{6}{49} \cdot \frac{5}{48} \cdot \frac{4}{47} \cdot \frac{3}{46} \cdot \frac{2}{45} \cdot \frac{1}{44} = \frac{1}{13\,983\,816}$

   b) Begründe: Die Wahrscheinlichkeit, keine der 6 Zahlen richtig vorherzusagen, beträgt: $\frac{43}{49} \cdot \frac{42}{48} \cdot \frac{41}{47} \cdot \frac{40}{46} \cdot \frac{39}{45} \cdot \frac{38}{44}$

   c) Den höchsten Gewinn erhält, wer alle 6 Kugeln richtig getippt hat und dessen Spielschein-Nummer die gezogene Endziffer hat (Gewinnklasse I).
   Für Gewinnklasse II müssen die 6 Zahlen richtig, auf einem Spielschein mit falscher Endziffer, getippt sein.
   Berechne die Wahrscheinlichkeit für einen Gewinn in Gewinnklasse I sowie II.

   d) Jede Woche werden ungefähr 100 Millionen Tipps abgegeben.
   Wie viele Tipps mit **(1)** 6 Richtigen und Superzahl **(2)** 6 Richtigen ohne Superzahl;
   (3) 0 Richtigen werden etwa dabei sein?

   e) Kontrolliere dein Ergebnis durch Recherche der letzten Wochenziehungen im Internet.

2. a) Sechs Freunde sitzen zusammen und feiern den Geburtstag von Leon. Dabei fällt ihnen auf, dass jeder von ihnen in einem anderen Monat Geburtstag hat. „Mich wundert das nicht", sagt Pascal, „schließlich gibt es doch 12 Monate und wir sind sechs!"

   (1) Schätze zunächst, wie häufig es vorkommt, dass 6 zufällig ausgewählte Personen in lauter verschiedenen Monaten Geburtstag haben.

   (2) Begründe dazu, warum die gesuchte Wahrscheinlichkeit gleich
   $P(E) = \frac{12}{12} \cdot \frac{11}{12} \cdot \frac{10}{12} \cdot \frac{9}{12} \cdot \frac{8}{12} \cdot \frac{7}{12}$ ist, und berechne den Term.

   (3) Welche Wahrscheinlichkeit hat also das Ereignis $\overline{E}$: *Mindestens zwei von sechs zufällig ausgewählten Personen haben im gleichen Monat Geburtstag?*

   b) **(1)** Wie groß ist die Wahrscheinlichkeit, dass von 10 zufällig ausgewählten Personen mindestens zwei am gleichen Tag Geburtstag haben?

   (2) Berechne die gesuchte Wahrscheinlichkeit auch für 15, 20, 25 Personen.

Das Wichtigste auf einen Blick

Baumdiagramm

Zweistufige Zufallsexperimente kann man mithilfe von **Baumdiagrammen** darstellen.
Zu jedem der möglichen Ergebnisse des Zufallsexperiments gehört ein **Pfad**.

Beispiel:
Ziehen von zwei Kugeln ohne Zurücklegen aus einer Urne mit drei blauen und vier grünen Kugeln.

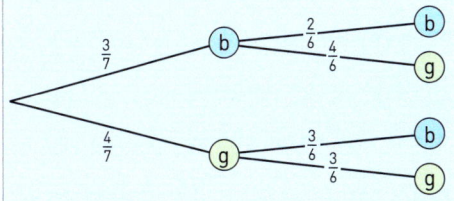

Ein Pfad gehört z. B. zum Ergebnis (blau | grün).

Pfadregeln

Pfadmultiplikationsregel: Die Wahrscheinlichkeit eines Pfades ist gleich dem Produkt der Wahrscheinlichkeiten längs des Pfades.

Pfadadditionsregel: Gehören zu einem Ereignis mehrere Pfade, dann ist die Wahrscheinlichkeit des Ereignisses, die Summe der Pfadwahrscheinlichkeiten, die zu den einzelnen Ereignissen gehören.

Beispiel:
$P(\text{blau} | \text{grün}) = \frac{3}{7} \cdot \frac{4}{6} = \frac{2}{7} \approx 28{,}6\%$

$P(\text{grün} | \text{blau}) = \frac{4}{7} \cdot \frac{3}{6} = \frac{2}{7} \approx 28{,}6\%$

$P(\text{beide Farben sind unterschiedlich})$
$= P(\text{blau} | \text{grün}) + P(\text{grün} | \text{blau})$
$= \frac{2}{7} + \frac{2}{7} = \frac{4}{7} \approx 57{,}1\%$

Vierfeldertafel - Umkehren von Baumdiagrammen

Daten, bei denen zwei **Merkmale** mit jeweils zwei Möglichkeiten betrachtet werden, können auch in **Vierfeldertafeln** übersichtlich dargestellt werden.

Beispiel: Mitglieder eines Schwimmvereins

	männlich	weiblich	gesamt
Jugendliche	17	12	29
Erwachsene	0	34	34
gesamt	17	46	63

Zu jeder **Vierfeldertafel** kann man zwei zweistufige Zufallsexperimente angeben, die sich durch die Reihenfolge der betrachteten Merkmale auf den beiden Stufen unterscheiden.
Auf der 1. Stufe wird untersucht, mit welcher Wahrscheinlichkeit die eine bzw. die andere Möglichkeit des zuerst betrachteten Merkmals auftreten wird.
Auf der 2. Stufe wird dann dargestellt, mit welcher Wahrscheinlichkeit die Möglichkeiten des anderen Merkmals auftreten.
Das zweite Baumdiagramm ist die Umkehrung des ersten Baumdiagramms.

Man kann zu dem Beispiel der Vierfeldertafel zuerst fragen, mit welcher Wahrscheinlichkeit ein zufällig ausgewähltes Mitglied des Sportvereins männlich bzw. weiblich ist, und anschließend nach der Altersgruppe fragen, oder umgekehrt:

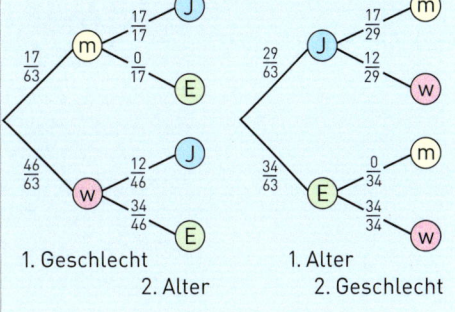

1. Geschlecht   1. Alter
     2. Alter   2. Geschlecht

Bist du fit?

1. a) Das abgebildete Glücksrad wird zweimal gedreht.
      Bestimme die Wahrscheinlichkeit für das Ereignis:
      E_1: Zweimal die gleiche Farbe E_2: Zwei verschiedene Farben
   b) In einer Urne befinden sich 12 gleichartige Kugeln, davon
      5 rote, 4 blaue, 2 grüne und 1 gelbe. Zwei Kugeln werden ohne
      Zurücklegen gezogen. Bestimme die Wahrscheinlichkeiten der
      Ereignisse E_1 und E_2 aus Teilaufgabe a).

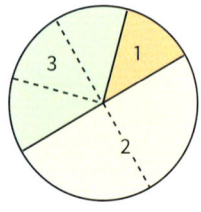

2. Für das Bestimmen einer Glückszahl dreht man das Glücksrad links. Anließend wird eine
   Münze geworfen; bei Zahl wird die Glücksradzahl verdoppelt, ansonsten bleibt sie unverändert. Bestimme die Wahrscheinlichkeiten der möglichen Glückszahlen.

3. Das Büro einer Firma ist mit einer Sicherung an der Haupttür und einem Bewegungsmelder
   im Kassenraum gegen Einbruch gesichert. Nach Werksangaben wird garantiert, dass die
   Türsicherung in 99,5 %, der Bewegungsmelder in 98,5 % aller Störungen funktioniert.
   a) Berechne die Wahrscheinlichkeit für das gleichzeitige Funktionieren der Systeme.
   b) Bestimme die Wahrscheinlichkeit, dass beide Sicherungen versagen können.
   c) Die Firma möchte einen anderen Bewegungsmelder installieren, sodass die Wahrscheinlichkeit für ein ungehindertes Eindringen bei höchstens 1 : 100 000 liegt. Mit
      welcher Wahrscheinlichkeit müsste dann das Funktionieren des Melders garantiert sein?

4. Ein Marktforschungsinstitut hat die
   Verbreitung von Handys bei Jugendlichen
   untersucht. Unten siehst du die Ergebnisse
   der Befragung dargestellt.
   a) Stelle die Daten in einer geeigneten
      Vierfeldertafel zusammen.
   b) Einer der befragten Jugendlicher wird
      zufällig ausgewählt.
      Schätze mithilfe der Daten die Wahrscheinlichkeit, dass
      (1) ein Jugendlicher ein Smartphone besitzt;
      (2) ein Mädchen kein Smartphone besitzt;
      (3) ein jugendlicher Smartphonebesitzer ein Mädchen ist;
      (4) ein Jugendlicher, der kein Smartphone besitzt, ein Junge ist.

5. ## Gastmannschaften im Nachteil
   Fußballstatistiker haben festgestellt: In der Fußball-Bundesliga fallen 43,7 % der Tore in der
   1. Halbzeit, von denen 58,7 % durch die Heimmannschaft erzielt werden. Auch bei den Toren in der 2. Halbzeit haben die Gastgeber einen Vorsprung: 61,8 % gehen auf deren Konto.

   Stelle die in der Zeitungsmeldung enthaltenen Daten in einem Baumdiagramm zusammen.
   Bestimme die zugehörige Vierfeldertafel und das zweite Baumdiagramm. Schreibe einen
   Zeitungsartikel zu diesem Baumdiagramm.

5. Trigonometrie

Zum Festlegen von Grundstücksgrenzen und zur Planung von Bauwerken ist es nötig, im Gelände Messungen durchzuführen und Messpunkte zu markieren.

Der berühmte Mathematiker Carl Friedrich Gauß (1777–1855) hat für den König von Hannover dessen Königreich zwischen 1818 und 1827 jeden Sommer vermessen. Dazu hat er ein Messgerät entwickelt, den Heliotrop, mit dem das Sonnenlicht durch einen Spiegel von einem Messpunkt über weite Entfernungen zu einem anderen Messpunkt gesendet werden kann. Dieses Licht erscheint selbst am Tag wie ein heller Stern. Die Messpunkte waren die Eckpunkte von Dreiecken, die zusammen ein großes Netz bildeten. Diese Eckpunkte heißen trigonometrische Punkte und werden im Gelände als Granitblöcke mit der Aufschrift TP gesetzt.

τρίγωνου Dreieck
μέτρησις Messung

→ Überlege, warum Gauß Dreiecke und nicht Vierecke oder andere Vielecke benutzt hat.
→ Die mathematischen Grundlagen zur Berechnung von Streckenlängen und Winkeln zu den gemessenen Daten sind Inhalt der Trigonometrie. Überlege, warum man wohl diese Bezeichnung gewählt hat.

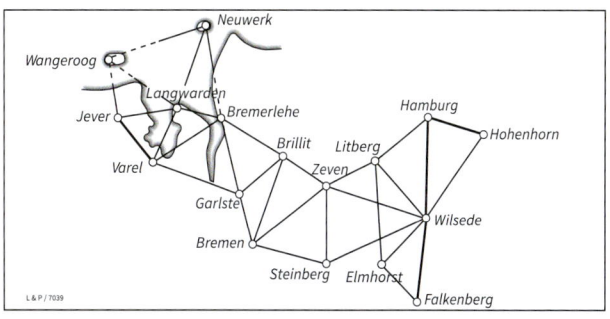

*In diesem Kapitel ...
lernst du, wie man z.B. im Dreieck Längen und Winkel berechnen kann.*

Lernfeld: Alles über Dreiecke

Behindertengerechte Planung

Barrierefreie Stadtbücherei

In der Stadtbücherei gibt es viele Barrieren, die so nicht sein müssen. Eine davon wurde erst in der jüngsten Vergangenheit geschaffen. Für den Zugang zur Hörbuchabteilung wurde eine Rampe zur Überbrückung von drei Stufen geschaffen. Diese wurde konsequent am Benutzer vorbeigeplant: Die Rampe weist eine Steigung von 60 % auf.

→ Schätze geeignete Streckenlängen anhand des Bildes oben und überprüfe die Angabe 60 %. Welcher Steigungswinkel wäre zu überwinden?

Gesetzliche Verordnung für öffentliche Rampen

Rampen im öffentlichen Bereich sind immer nach DIN 18024 mit max. 6 % auszuführen.

Aus der Forderung einer maximalen Steigung von 6 % ergeben sich sehr große Rampenlängen.

Beispiel: Für eine zu überwindende Stufenhöhe von 36 cm ergibt sich eine Rampenlänge von 600 cm. Meist steht aber kein ausreichender Platz für eine solche große Rampe zur Verfügung. Unter der Voraussetzung, dass der Rollstuhl von einer Begleitperson geschoben wird, oder dass ein Elektroantrieb zur Verfügung steht, kann die Rampe im privaten Bereich auch steiler ausgeführt werden. Dadurch lässt sich die Länge der Rampe verkürzen. Die Rampenbreite kann ebenfalls angepasst werden.
Im privaten Bereich haben sich in der Praxis folgende Werte für die Steigung als geeignet herausgestellt:
- Selbstfahrer: 6 %
- kräftige Selbstfahrer: 6 % – 10 %
- es wird von einer schwachen Person geschoben: max. 12 %
- es wird von einer kräftigen Person geschoben: 12 % – 20 %
- Elektroantrieb (Steigung laut Bedienungsanleitung): bis ca. 20 %

→ Ermittle für die in der gesetzlichen Verordnung angegebenen Steigungen die zugehörigen Steigungswinkel.
Zeichne den Graphen der Zuordnung *Steigung (in %) → Steigungswinkel (in °)*. Was vermutest du? Überprüfe deine Vermutung, indem du auch größere Steigungen untersuchst.

→ Vergleicht eure Werte in der Klasse. Zeichnet den Graphen für die Zuordnung *Steigung (in %) → Steigungswinkel (in °)* für Werte von 0 % bis 900 %.

→ Überlegt gemeinsam, wo große Steigungen in eurer Umwelt vorkommen. Eventuell könnt ihr euch auch noch im Internet informieren. Verwendet den im vorigen Auftrag gezeichneten Graphen, um die zugehörigen Steigungswinkel zu ermitteln.

5.1 Sinus, Kosinus und Tangens

Einstieg

Info: Gleitzahl
Segelflugzeuge gleiten. Je weiter sie bei einem Gleitflug aus einer bestimmten Höhe kommen, um so besser sind sie. Ein Maß für die Güte eines Segelflugzeugs ist die Gleitzahl. Diese ist das Verhältnis aus dem Höhenverlust und der Länge der dabei überwundenen Entfernung. Moderne Segelflugzeuge besitzen eine Gleitzahl zwischen 1 : 30 und 1 : 70.

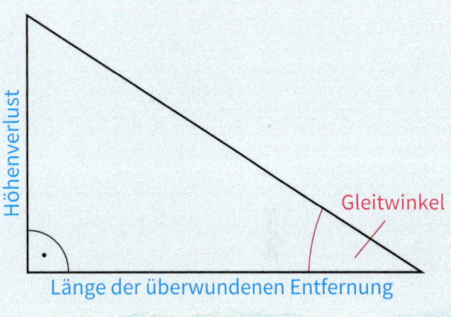

Ein Segelflugzeug hat die Gleitzahl 1 : 34.
Wie viel Höhe verliert es, wenn es **(1)** 10 m, **(2)** 20 m Flugstrecke zurücklegt?
Gebt jeweils die Größe des Gleitwinkels an. Was stellt ihr fest? Begründet.

Aufgabe 1

Die Abbildung zeigt die Oberkasseler Rheinbrücke in Düsseldorf. Die Tragseile, die die Fahrbahn mit dem 100 m hohen Pylon verbinden, verlaufen parallel zueinander.

Pylon: turmartiger Teil von Hängebrücken, der die Seile an den höchsten Punkten trägt

a) Das obere Tragseil ist in einer Höhe von 96 m am Pylon befestigt und hat von dort eine Länge von 228 m bis zur Fahrbahn.
Wie lang muss das zweite Seil sein, das am Pylon eine Höhe von 72 m erreicht?
b) Welchen Winkel schließen die Tragseile mit der Fahrbahn ein?

Lösung

a) Da die Seile parallel zueinander sind, bilden sie mit Pylon und Fahrbahn zueinander ähnliche, rechtwinklige Dreiecke. Die Längenverhältnisse einander entsprechender Seiten bei den Dreiecken stimmen also überein:
$\frac{s}{72\,m} = \frac{228\,m}{96\,m}$, also $s = \frac{228 \cdot 72}{96}$ m = 171 m
Das zweite Seil hat eine Länge von 171 m.

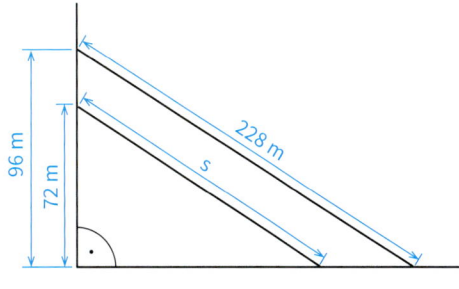

b) Diese Teilaufgabe können wir bisher nur zeichnerisch lösen. Im Maßstab 1 : 4000 erhalten wir das abgebildete Dreieck. Der Winkel zwischen Fahrbahn und Seil beträgt also etwa 25°.

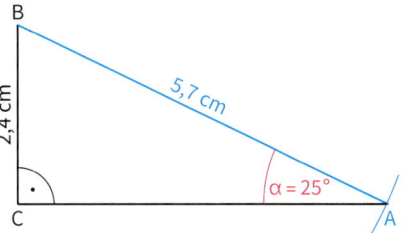

Information

(1) Zielsetzung

In rechtwinkligen Dreiecken können wir nach dem Satz des Pythagoras Seitenlängen berechnen. Unser Ziel ist es nun, Verfahren zu erarbeiten, mit deren Hilfe man auch die Winkel aus gegebenen Stücken *berechnen* kann.

(2) Gleiche Längenverhältnisse bei rechtwinkligen Dreiecken

Wir betrachten zwei rechtwinklige Dreiecke ABC und A'B'C', die in der Größe eines spitzen Winkels, z.B. in der Größe von α, übereinstimmen. Dann stimmen aber nach dem Winkelsummensatz beide Dreiecke in der Größe aller Winkel überein.

Nach dem Ähnlichkeitssatz für Dreiecke sind dann die beiden Dreiecke ABC und A'B'C' ähnlich zueinander. Folglich stimmt das Längenverhältnis je zweier Seiten des Dreiecks ABC mit dem entsprechender Seiten des Dreiecks A'B'C' überein; also gilt: $\frac{b}{c} = \frac{b'}{c'}$; $\frac{a}{c} = \frac{a'}{c'}$; $\frac{b}{a} = \frac{b'}{a'}$

> Längenverhältnis: Quotient zweier Längen

Wir erhalten also: Alle rechtwinkligen Dreiecke, die in einem weiteren Winkel und damit in allen Winkeln übereinstimmen, besitzen dieselben Längenverhältnisse entsprechender Seiten.

(3) Sinus, Kosinus und Tangens in rechtwinkligen Dreiecken

Die Figur rechts macht deutlich, dass die unter (2) betrachteten Längenverhältnisse in rechtwinkligen Dreiecken jedoch von der Größe des Winkels bei A abhängen.

Für $\alpha < \alpha'$ gilt offenbar z.B.: $\frac{|BC|}{|AC|} < \frac{|B'C'|}{|AC|}$ und $\frac{|AC|}{|AB|} > \frac{|AC|}{|AB'|}$

Definition

In jedem rechtwinkligen Dreieck ist die **Gegenkathete** eines Winkels, die Kathete, die ihm gegenüber liegt. Die **Ankathete** eines spitzen Winkels ist die an ihm liegende Kathete.

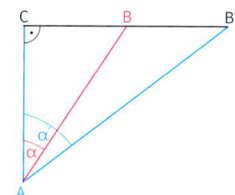

(1) Das Verhältnis aus der Länge der Gegenkathete eines spitzen Winkels und der Länge der Hypotenuse nennt man den Sinus dieses Winkels:

Sinus eines Winkels = $\frac{\text{Länge der Gegenkathete des Winkels}}{\text{Länge der Hypotenuse}}$

Beispiel: Für das Dreieck ABC mit γ = 90° gilt: $\sin(\alpha) = \frac{a}{c}$; $\sin(\beta) = \frac{b}{c}$

> Sinus (lat): Krümmung, übertragen auch Strecken

(2) Das Verhältnis aus der Länge der Ankathete eines spitzen Winkels und der Länge der Hypotenuse nennt man **Kosinus** dieses Winkels.

Kosinus eines Winkels = $\frac{\text{Länge der Ankathete des Winkels}}{\text{Länge der Hypotenuse}}$

Beispiel: Für das Dreieck ABC mit γ = 90° gilt: $\cos(\alpha) = \frac{b}{c}$; $\cos(\beta) = \frac{a}{c}$

(3) Das Verhältnis aus der Länge der Gegenkathete und der Länge der Ankathete eines spitzen Winkels nennt man **Tangens** dieses Winkels.

Tangens eines Winkels = $\frac{\text{Länge der Gegenkathete des Winkels}}{\text{Länge der Ankathete des Winkels}}$

Beispiel: Für das Dreieck ABC mit γ = 90° gilt: $\tan(\alpha) = \frac{a}{b}$; $\tan(\beta) = \frac{b}{a}$

5.1 Sinus, Kosinus und Tangens

Beispiel für Sinus, Kosinus und Tangens eines Winkels:

$\sin(\alpha) = \frac{3\,\text{cm}}{5\,\text{cm}} = 0{,}6$

$\cos(\alpha) = \frac{4\,\text{cm}}{5\,\text{cm}} = 0{,}8$

$\tan(\alpha) = \frac{3\,\text{cm}}{4\,\text{cm}} = 0{,}75$

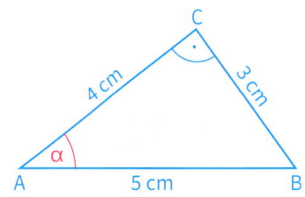

(4) Vereinbarung zum Einsparen von Klammern
Gelegentlich verzichtet man auf das Setzen von Klammern, wenn durch ihr Fehlen keine Missverständnisse entstehen; man schreibt also $\sin\alpha$ statt $\sin(\alpha)$ oder $\cos 37°$ statt $\cos(37°)$.
Allerdings sind bei $\tan(37° \cdot 2)$ die Klammern nötig, denn $\tan(37° \cdot 2) = \tan(74°) \neq (\tan 37°) \cdot 2$.

Übungsaufgaben

2. Zeichne mehrere verschieden große rechtwinklige Dreiecke mit
   (1) $\alpha = 30°$;   (2) $\alpha = 44°$.
   Zeichne dabei die Gegenkathete zu α in Rot, die Ankathete zu α in Blau und die Hypotenuse in Grün. Miss jeweils alle Seitenlängen und berechne $\sin(\alpha)$, $\cos(\alpha)$ und $\tan(\alpha)$. Dein Partner kontrolliert anschließend die Aufgaben.

3. Skizziere das Dreieck zunächst zweimal im Heft und markiere zu jedem Winkel die Gegenkathete in Rot, die Ankathete in Blau und die Hypotenuse in Grün. Gib dann den Sinus, den Kosinus und den Tangens der beiden spitzen Winkel jeweils als Längenverhältnis an.

a) 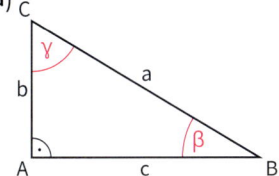   b) 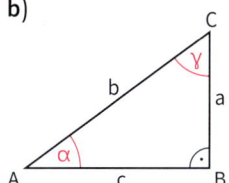   c)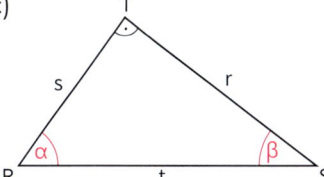

4. Berechne Sinus, Kosinus und Tangens des angegebenen Winkels.

a) 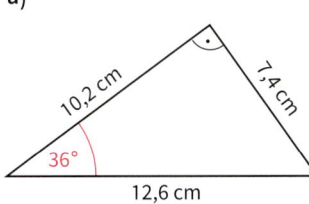   b) 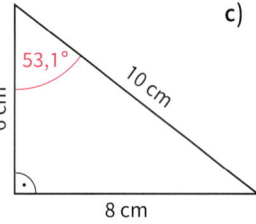   c)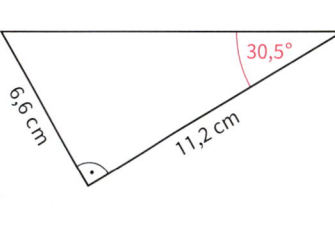

5. Berechne $\sin(\alpha)$, $\cos(\alpha)$, $\tan(\alpha)$, $\sin(\beta)$, $\cos(\beta)$ und $\tan(\beta)$.

Denke an den Satz des Pythagoras.

a) 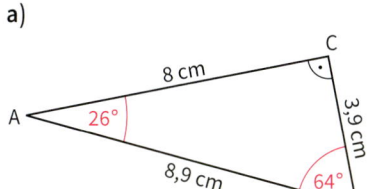   b) 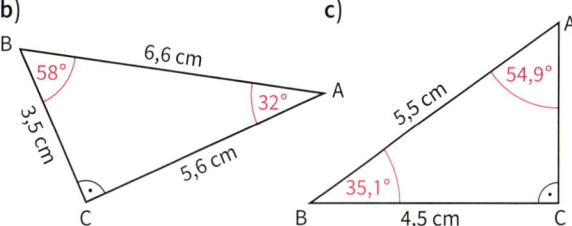   c)

6. Kontrolliere Vanessas Hausaufgaben.

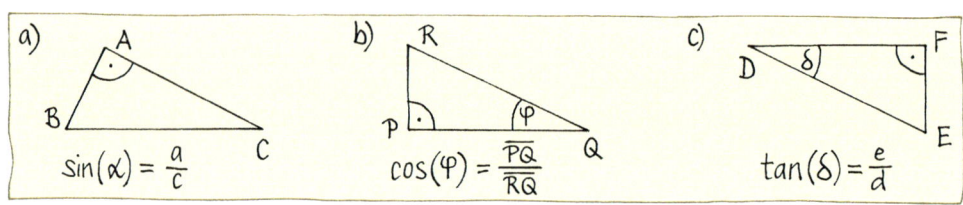

a) $\sin(\alpha) = \dfrac{a}{c}$ b) $\cos(\varphi) = \dfrac{PQ}{RQ}$ c) $\tan(\delta) = \dfrac{e}{d}$

7. Konstruiere das Dreieck ABC. Berechne bzw. miss die fehlenden Stücke. Berechne dann in dem rechtwinkligen Dreieck Sinus, Kosinus und Tangens der beiden spitzen Winkel.
   a) $\gamma = 90°$; $\beta = 38°$; $c = 9\,\text{cm}$ c) $\beta = 90°$; $a = 5\,\text{cm}$; $\gamma = 58°$
   b) $\alpha = 90°$; $\gamma = 48°$; $b = 8\,\text{cm}$ d) $\beta = 90°$; $\alpha = 28°$; $c = 13\,\text{cm}$

8. Gib die Größe des Winkels α an. Zeichne dazu ein geeignetes rechtwinkliges Dreieck ABC.
   a) $\sin(\alpha) = \dfrac{2}{3}$ c) $\tan(\alpha) = \dfrac{4}{5}$ e) $\sin(\alpha) = \dfrac{7}{10}$ g) $\sin(\alpha) = 0{,}8$ i) $\cos(\alpha) = 0{,}8$
   b) $\cos(\alpha) = \dfrac{4}{5}$ d) $\tan(\alpha) = \dfrac{5}{4}$ f) $\sin(\alpha) = 0{,}5$ h) $\cos(\alpha) = 0{,}3$ j) $\tan(\alpha) = 4$

9. Konstruiere ein rechtwinkliges Dreieck ABC mit $\alpha = 55°$, $\beta = 35°$ und $\gamma = 90°$. Miss die Seitenlängen. Berechne $\sin(\alpha)$, $\cos(\alpha)$, $\sin(\beta)$ und $\cos(\beta)$. Was kannst du entdecken?

10. a) Untersuche, ob der Sinus eines Winkels proportional zur Winkelgröße ist. Du kannst dazu geeignete Dreiecke zeichnen.
    b) Untersuche entsprechend, ob $\cos(\alpha)$ und $\tan(\alpha)$ proportional zu α sind.

11. ## Steilste Zahnradbahn der Welt

    Vorbei an saftig blühenden Alpenwiesen, schäumend klaren Bergbächen und faszinierenden Felsklippen bahnt sich die seit 1889 steilste Zahnradbahn der Welt ihren Weg von Alpnachstad nach Pilatus Kulm in der Schweiz.

    Da bei dieser Steigung bei herkömmlichen Zahnstangen mit vertikalem Eingriff die Gefahr des Aufkletterns des Zahnrades aus der Zahnstange bestünde, entwickelte der Schweizer Ingenieur Eduard Locher speziell für diese Bahn eine Zahnstange mit seitlichem Eingriff (Zahnradsystem Locher).

    Technische Daten:

Betriebszeit	Mai bis November
Höhendifferenz	1 635 m
Länge der Bahn	4 628 m
Fahrgeschwindigkeit	bergwärts 12 km/h, talwärts 9 km/h
Fahrzeit	bergwärts 30 min, talwärts 40 min

    a) Bestimme aus einer maßstabsgetreuen Zeichnung
       (1) die horizontale Luftlinienentfernung der Strecke;
       (2) die Steigung und den Steigungswinkel der Strecke.
    b) Erläutere die Bedeutung von Sinus, Kosinus und Tangens in diesem Sachverhalt.

5.2 Bestimmen von Werten für Sinus, Kosinus und Tangens – Zusammenhänge

Um Berechnungen an rechtwinkligen Dreiecken durchführen zu können, benötigen wir für jeden spitzen Winkel die Werte für Sinus, Kosinus und Tangens.

Einstieg

Zeichnet mit einem dynamischen Geometrie-System eine Strecke $\overline{AC}$ und eine dazu orthogonale Gerade durch C. Erzeugt dann auf der Orthogonalen einen Punkt B und verbindet ihn mit Punkt A. Messt in dem rechtwinkligen Dreieck ABC den Winkel α und die Strecken a, b und c.

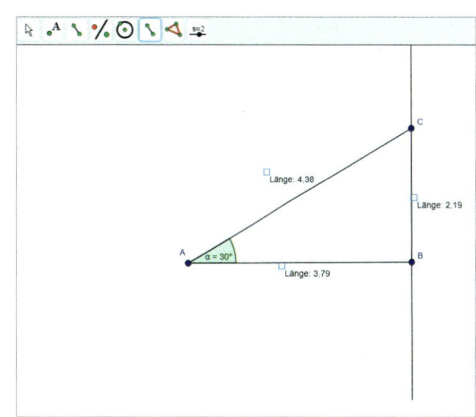

a) Bildet den Quotienten der Streckenlängen a und c. Verändert durch Bewegung von Punkt B den Winkel und notiert so eine Wertetabelle für Sinuswerte in eurem Heft.
b) Erstellt entsprechend eine Wertetabelle
   (1) für Kosinuswerte; (2) für Tangenswerte.

Aufgabe 1

Zeichnerisches Bestimmen von Näherungswerten

Bestimme zeichnerisch Näherungswerte von sin(α), cos(α) und tan(α) für α = 10°, 20°, 30°, 40°, 50°, 60°, 70°, 80°. Lege eine Wertetabelle an.

Geschicktes Vorgehen erspart Rechenarbeit.

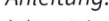

Anleitung:
(1) Zeichne dazu einen Viertelkreis mit dem Radius 1 dm.
(2) Zeichne in ihm rechtwinklige Dreiecke mit den Winkelgrößen 10°, 20°, ..., 80°. Die Hypotenuse ist jeweils ein Kreisradius; der Scheitelpunkt ist der Kreismittelpunkt.
(3) Lies aus der Zeichnung die Werte für sin(α) und cos(α) ab. Erstelle eine Wertetabelle.
(4) Berechne die Werte für tan(α).
(5) Kontrolliere deine Werte mit der Sinus-, Kosinus- und Tangenstaste des Taschenrechners.

Lösung

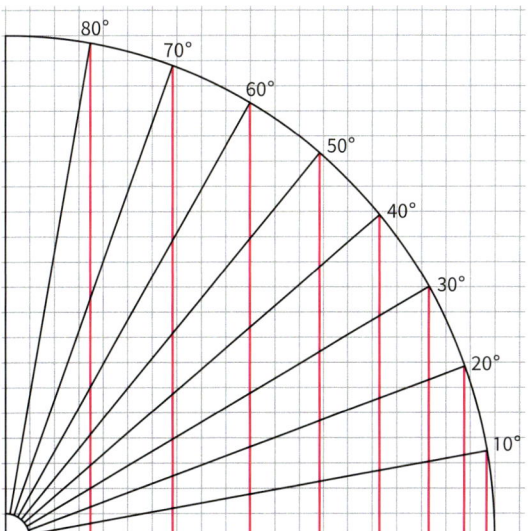

α	sin(α)	cos(α)	tan(α)
10°	0,17	0,98	0,18
20°	0,34	0,94	0,36
30°	0,50	0,87	0,58
40°	0,64	0,77	0,84
50°	0,77	0,64	1,19
60°	0,87	0,50	1,73
70°	0,94	0,34	2,75
80°	0,98	0,17	5,67

Näherungswerte für

Aufgabe 2 Sinus, Kosinus und Tangens für spezielle Winkelgrößen
Für einige spezielle Winkelgrößen kann man die genauen Werte für Sinus, Kosinus und Tangens bestimmen.
- **a)** Zeichne ein geeignetes rechtwinkliges Dreieck und berechne $\sin(45°)$, $\cos(45°)$ und $\tan(45°)$.
- **b)** Berechne Sinus, Kosinus und Tangens für 30° und 60°. Wähle dazu ein geeignetes Dreieck.

Lösung

a) Ein Winkel der Größe 45° tritt als Basiswinkel in einem rechtwinklig-gleichschenkligen Dreieck auf. Zur Schenkellänge a berechnen wir die Hypotenusenlänge c:

Satz des Pythagoras

$c^2 = a^2 + a^2 = 2a^2$, also $c = \sqrt{2a^2} = a\sqrt{2}$

$\sin(45°) = \cos(45°) = \dfrac{a}{c} = \dfrac{a}{a\sqrt{2}} = \dfrac{1}{\sqrt{2}} = \dfrac{1 \cdot \sqrt{2}}{\sqrt{2} \cdot \sqrt{2}} = \dfrac{1}{2}\sqrt{2}$

$\tan(45°) = \dfrac{a}{a} = 1$ *Nenner rational machen*

b) In jedem gleichseitigen Dreieck sind alle Winkel 60° groß. Die Höhe einer Seite im gleichseitigen Dreieck halbiert auch den gegenüberliegenden Winkel. In jedem der beiden rechtwinkligen Teildreiecke kommen daher Winkel der Größe 30° und 60° vor.
Nach dem Satz des Pythagoras gilt:

$h^2 = a^2 - \left(\dfrac{a}{2}\right)^2 = \dfrac{3}{4}a^2$, also $h = \sqrt{\dfrac{3}{4}a^2} = \dfrac{a}{2}\sqrt{3}$

Teilweises Wurzelziehen

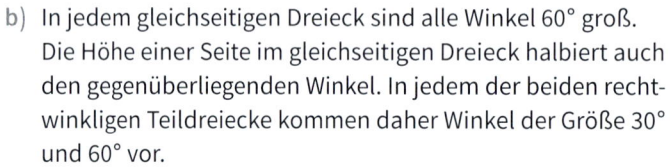

$\sin(30°) = \cos(60°) = \dfrac{\frac{a}{2}}{a} = \dfrac{1}{2}$ $\tan(30°) = \dfrac{\frac{a}{2}}{h} = \dfrac{\frac{a}{2}}{\frac{a}{2}\sqrt{3}} = \dfrac{1}{\sqrt{3}} = \dfrac{1 \cdot \sqrt{3}}{\sqrt{3} \cdot \sqrt{3}} = \dfrac{1}{3}\sqrt{3}$

$\sin(60°) = \cos(30°) = \dfrac{h}{a} = \dfrac{\frac{a}{2}\sqrt{3}}{a} = \dfrac{1}{2}\sqrt{3}$ $\tan(60°) = \dfrac{h}{\frac{a}{2}} = \dfrac{\frac{a}{2}\sqrt{3}}{\frac{a}{2}} = \sqrt{3}$

Information Zusammenstellung von Sinus-, Kosinus- und Tangenswerten für spezielle Winkel
Nur für wenige Winkelgrößen lassen sich Sinus, Kosinus und Tangens auf einfache Weise genau bestimmen. Diese speziellen Werte sind auch in Formelsammlungen notiert.

Formelsammlung

α	30°	45°	60°
$\sin\alpha$	$\dfrac{1}{2}$	$\dfrac{1}{2}\sqrt{2}$	$\dfrac{1}{2}\sqrt{3}$
$\cos\alpha$	$\dfrac{1}{2}\sqrt{3}$	$\dfrac{1}{2}\sqrt{2}$	$\dfrac{1}{2}$
$\tan\alpha$	$\dfrac{1}{3}\sqrt{3}$	1	$\sqrt{3}$

Merke: $\dfrac{1}{2}\sqrt{a}$ für $a = 1, 2, 3$

Weiterführende Aufgaben Zusammenhänge zwischen $\sin(\alpha)$, $\cos(\alpha)$ und $\tan(\alpha)$

3. a) Anhand der Tabelle in Aufgabe 1 erkennst du: $\sin(10°) = \cos(80°) = \cos(90° - 10°)$.
Bestätige anhand der Tabelle $\sin(\alpha) = \cos(90° - \alpha)$ und $\cos(\alpha) = \sin(90° - \alpha)$.
Begründe dies mithilfe der Definitionen.
b) Begründe: $(\sin(\alpha))^2 + (\cos(\alpha))^2 = 1$
c) An der Berechnung von $\tan(\alpha)$ in Aufgabe 1 erkennst du: $\tan(\alpha) = \dfrac{\sin(\alpha)}{\cos(\alpha)}$. Begründe.

5.2 Bestimmen von Werten für Sinus, Kosinus und Tangens – Zusammenhänge

Deutung von Sinus, Kosinus und Tangens am Einheitskreis

4. Die Lösung der Aufgabe 2 führt uns zu einer weiteren Deutung von Sinus, Kosinus und Tangens eines spitzen Winkels. Wir zeichnen in den 1. Quadranten eines Koordinatensystems einen Viertelkreis mit dem Radius 1. Einen Kreis mit dem Radius 1 um den Koordinatenursprung O nennt man *Einheitskreis*.

   a) Betrachte die rechtwinkligen Dreiecke OAP und OTQ. Begründe: $|OA| = \cos(\alpha)$; $|AP| = \sin(\alpha)$; $|TQ| = \tan(\alpha)$

   b) Erläutere die Bezeichnung „Tangens".

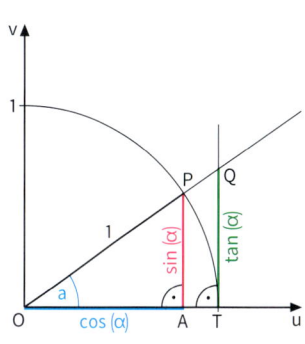

Information

> Statt $((\sin(\alpha))^2$ schreibt man auch $\sin^2(\alpha)$ gelesen: Sinus Quadrat α.

Beziehungen zwischen Sinus, Kosinus und Tangens für $0° < \alpha < 90°$

(a) $\cos(\alpha) = \sin(90° - \alpha)$

(b) $\sin(\alpha) = \cos(90° - \alpha)$

(c) $\tan(\alpha) = \dfrac{\sin(\alpha)}{\cos(\alpha)}$

(d) $(\sin(\alpha))^2 + (\cos(\alpha))^2 = 1$

Anmerkung: Die Beziehung (a) zwischen Sinus und Kosinus ist die Basis für die Namensgebung „Kosinus": Kosinus kommt von: Komplimenti sinus; der Kosinus eines Winkels α ist der Sinus des Komplementwinkels zu α, also des Ergänzungswinkels von α zu 90°.

Übungsaufgaben

5. Taschenrechner haben Tasten zur Berechnung der Werte von Sinus, Kosinus und Tangens. Achte darauf, dass der Taschenrechner im Modus *Grad* (englisch: Degree) anzeigt. Gegebenenfalls musst du auch Klammern um die Winkelgröße setzen. Probiere das mit deinem Rechner aus.
   Gib mit dem Taschenrechner auf drei Stellen nach dem Komma gerundet an.

   a) $\sin(16°)$ b) $\cos(24°)$ c) $\tan(38°)$ d) $\sin(49{,}7°)$ e) $\sin(51{,}2°)$ f) $\tan(68{,}5°)$
   $\cos(16°)$ $\sin(24°)$ $\sin(38°)$ $\cos(49{,}7°)$ $\cos(51{,}2°)$ $\sin(68{,}5°)$
   $\tan(16°)$ $\tan(24°)$ $\cos(38°)$ $\tan(49{,}7°)$ $\tan(51{,}2°)$ $\cos(68{,}5°)$

6. a) Bestimme die Werte mit dem Taschenrechner. Was fällt dir auf?
   $\tan(89°)$; $\tan(89{,}9°)$; $\tan(89{,}99°)$; $\tan(89{,}999°)$; $\tan(89{,}9999°)$; $\tan(89{,}999999°)$
   Führe das entsprechend für $\sin(\alpha)$ und $\cos(\alpha)$ durch.

   b) Bestimme die Werte mit dem Taschenrechner. Was fällt dir auf?
   $\tan(1°)$; $\tan(0{,}1°)$; $\tan(0{,}01°)$; $\tan(0{,}001°)$; $\tan(0{,}0001°)$
   Führe das entsprechend für $\sin(\alpha)$ und $\cos(\alpha)$ durch.

   c) Vergleiche $\sin(\alpha)$ und $\tan(\alpha)$ für folgende Winkelgrößen α: 1°; 0,9°; 0,8°; 0,7°.
   Was stellst du fest? Erläutere den Sachverhalt am Einheitskreis.

7. Die drei Gleichungen sind durchgestrichen. Zeige anhand von Gegenbeispielen, dass sie nicht gelten. Nutze dazu die Tabelle von Seite 201 oder deinen Rechner.

   (1) ~~$\sin(\alpha + \beta) = \sin\alpha + \sin\beta$~~
   (2) ~~$\cos(\alpha + \beta) = \cos\alpha + \cos\beta$~~
   (3) ~~$\tan(\alpha + \beta) = \tan\alpha + \tan\beta$~~

5.3 Berechnungen in rechtwinkligen Dreiecken

Einstieg

Ein Sendemast soll mit vier Seilen von je 40 m Länge gehalten werden. Der Neigungswinkel α der Seile zur Horizontalen soll jeweils 55° groß sein.
In welcher Höhe müssen die Seile befestigt werden?
Wie weit vom unteren Ende des Mastes müssen die Seile befestigt werden?

Aufgabe 1

Anwenden des Sinus und Kosinus

a) Eine Leiter von 6 m Länge soll an eine Hauswand gelehnt werden. Damit sie nicht abrutscht oder umkippt, muss nach Sicherheitsvorschriften der Neigungswinkel, den sie mit dem waagerechten Erdboden bildet, mindestens 68°, aber höchstens 75° betragen.
In welchem Abstand muss das Fußende der Leiter von der Hauswand aufgestellt werden, damit der Neigungswinkel 70° beträgt? Wie hoch reicht die Leiter dann?

b) Eine 7 m lange Leiter soll an einer Wand 6,70 m hoch reichen. Ist dann der Neigungswinkel nach den Sicherheitsvorschriften noch eingehalten?

Lösung

a) In dem rechtwinkligen Dreieck rechts bedeuten:
- $d = 6\,m$ Länge der Leiter
- $\alpha = 70°$ Größe des Neigungswinkels der Leiter
- a gesuchter Abstand von der Hauswand
- h gesuchte Höhe an der Hauswand

Der Skizze entnehmen wir: $\cos(\alpha) = \frac{a}{d}$ und $\sin(\alpha) = \frac{h}{d}$.

Wir isolieren die Variable a und die Variable h und setzen ein:

$a = d \cdot \cos(\alpha)$ $h = d \cdot \sin(\alpha)$
$a = 6\,m \cdot \cos(70°)$ $h = 6\,m \cdot \sin(70°)$
$a \approx 2{,}05\,m$ $h \approx 5{,}64\,m$

gerundet auf volle cm

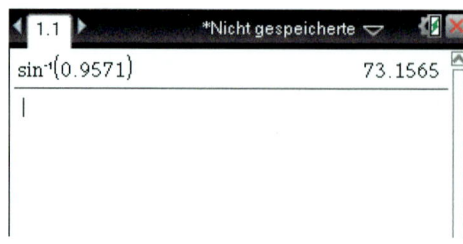

Ergebnis: Das Fußende der Leiter muss unten in einem Abstand von ungefähr 2 m von der Hauswand aufgestellt werden; sie reicht dann etwa 5,60 m hoch.

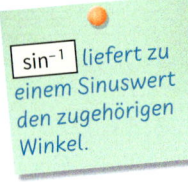
sin⁻¹ liefert zu einem Sinuswert den zugehörigen Winkel.

b) Der Skizze zu a) entnehmen wir: $\sin(\alpha) = \frac{h}{d}$.

Durch Einsetzen erhalten wir:

$\sin(\alpha) = \frac{6{,}70\,m}{7{,}00\,m} \approx 0{,}9571$, also $\alpha \approx 73°$.

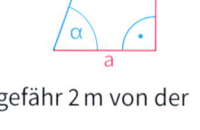

Ergebnis: Die Größe des Neigungswinkels der Leiter beträgt etwa 73°. Die Sicherheitsvorschriften sind also eingehalten.

Anwenden des Sinus und Kosinus

Information

(1) Strategien zum Berechnen von Winkeln und Längen in rechtwinkligen Dreiecken

Bei der Berechnung von Längen oder Winkeln in rechtwinkligen Dreiecken sind in der Regel folgende Lösungsschritte hilfreich:
- Fertige eine geeignete Skizze an.
- Markiere die gegebenen und gesuchten Größen.
- Wähle aus den Gleichungen für Sinus, Kosinus und Tangens diejenige aus, in der die beiden gegebenen und die gesuchte Größe vorkommen.
- Berechne aus dieser Gleichung die gesuchte Größe.

(2) Berechnen von Winkelgrößen aus Sinus-, Kosinus- und Tagenswerten mit dem Rechner

Zu einem gegebenen Sinuswert erhält man mithilfe des Befehls $\sin^{-1}$ die zugehörige Winkelgröße. Entsprechend verfährt man bei Kosinus- und Tangenswerten.

Weiterführende Aufgabe

Anwenden des Tangens

2. a) Mit einem Theodoliten (siehe Foto links) wird die Größe des Höhenwinkels eines 75 m entfernten Turms bestimmt: α = 38°. Der Theodolit befindet sich in 1 m Höhe. Wie hoch ist der Turm?
   b) Wie groß ist der Höhenwinkel in einer Entfernung von 120 m?

Übungsaufgaben

3. Berechne die rot markierte Größe.

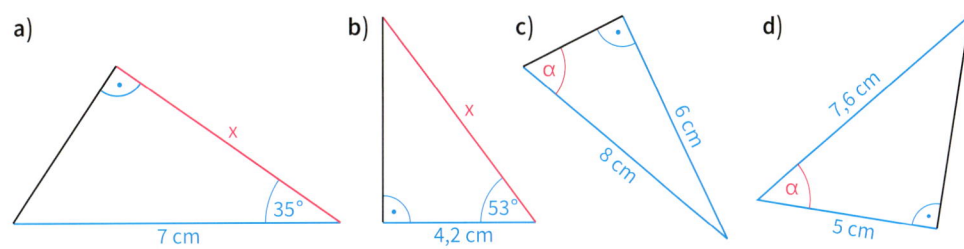

4. Von einem Dreieck ABC mit α = 90° sind außerdem folgende Stücke gegeben:
   a) a = 12,7 cm; c = 5,9 cm
   b) a = 14,1 cm; b = 7,8 cm
   c) b = 21 cm; c = 17 cm

   Berechne jeweils die Größe der beiden fehlenden Winkel sowie die Länge der fehlenden Seiten.

Das kann ich noch!

A) Berechne ohne Rechner.
   1) $\sqrt{16} + \sqrt{9}$
   2) $\sqrt{3} \cdot \sqrt{12}$
   3) $\sqrt{9} - \sqrt{4}$
   4) $\dfrac{\sqrt{27}}{\sqrt{3}}$

5. a) An einer geradlinig verlaufenden Straße zeigt ein Straßenschild ein Gefälle von 14 % an. Das bedeutet: Auf 100 m horizontal gemessener Entfernung beträgt der Höhenunterschied 14 m. Berechne den Neigungswinkel α.
   b) Berechne den Höhenunterschied auf 700 m.
   c) Berechne den Neigungswinkel bei 100 % Gefälle.
   d) Berechne das Gefälle in Prozent bei einem Neigungswinkel von (1) 60°; (2) 85°.

6. a) Eine Rampe für Rollstuhlfahrer ist 4,50 m lang. Der Neigungswinkel beträgt 3,4°. Welche Höhe wird mit der Rampe überwunden?
   b) Die Neigung einer Rampe für Rollstuhlfahrer beträgt laut Bauvorschrift maximal 6 %. Wurde diese Bestimmung in Teilaufgabe a) eingehalten?
   c) Eine Rampe für Rollstuhlfahrer soll höchstens 6 m lang sein. Welche Höhe kann damit maximal erreicht werden?

7. Kontrolliere Dominiks Hausaufgaben.

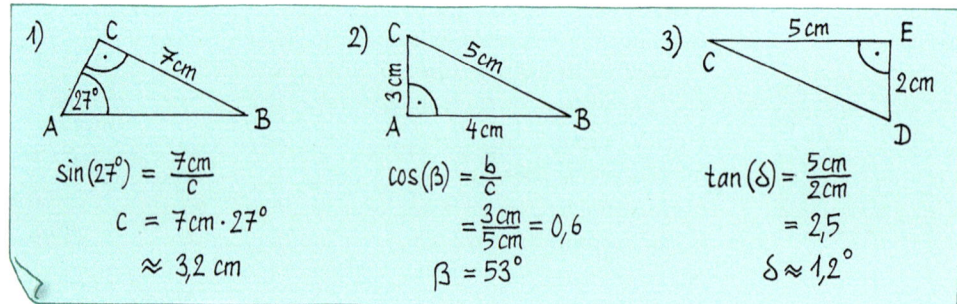

8. Berechne die rot markierte Größe.

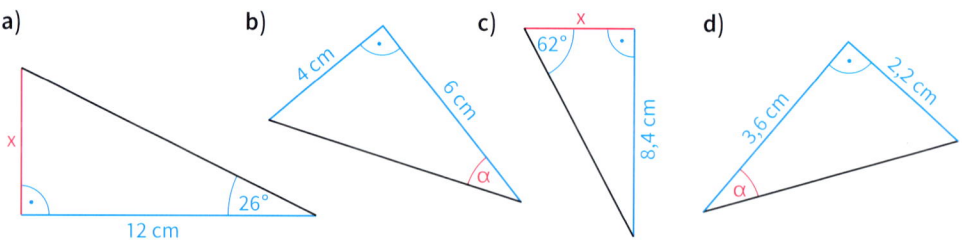

9. Bei Passstraßen ist auf Straßenkarten stets die größte Steigung angegeben:
   Jaufenpass: 12 %   St. Gotthard: 10 %
   Timmelsjoch: 13 %   Julierpass: 11 %
   a) Gib die Größe des zugehörigen Steigungswinkels an.
   b) Welcher Höhenunterschied wird jeweils auf einer 1,2 km langen Strecke mit größter Steigung zurückgelegt?

Anwenden des Sinus und Kosinus

10. Berechne die Größe der fehlenden Winkel sowie die Länge der fehlenden Seiten des Dreiecks.
   a) a = 12,3 cm
      c = 9,4 cm
      β = 90°
   b) b = 23 cm
      c = 16 cm
      α = 90°
   c) a = 4,3 cm
      b = 57 mm
      γ = 90°
   d) a = 5,5 cm
      γ = 90°
      β = 67°
   e) a = 27,4 cm
      γ = 90°
      α = 51°

11. Der Schatten eines 4,50 m hohen Baumes ist 6 m lang. Wie hoch steht die Sonne, d. h. unter welchem Winkel α treffen die Sonnenstrahlen auf den Boden?

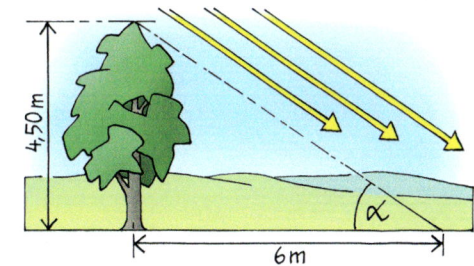

12. Berechne die Steigung (in %) einer Eisenbahnlinie, wenn der Steigungswinkel
   a) 0,7°; b) 1,4°; c) 2,1° groß ist.

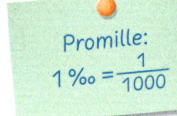

Promille:
$1‰ = \frac{1}{1000}$

13. Die maximal mögliche Steigung ist bei den verschiedenen Bahnen unterschiedlich.
    Reibungsbahnen: 70‰   Standseilbahnen: 750‰
    Zahnradbahnen: 280‰   Seilschwebebahnen: 900‰
    Gib jeweils den maximalen Steigungswinkel an. Berechne auch, welchen Höhenunterschied diese Bahnen auf einer 1,5 km langen Strecke überwinden.

Gleitzahl:
Verhältnis aus Höhenverlust und der Länge der zurückgelegten Entfernung

14. Hochleistungssegelflugzeuge haben eine Gleitzahl von 1:70. Mit einer Seilwinde können Segelflugzeuge auf eine Höhe von 500 m gebracht werden.
    Im Schleppflug kann das Flugzeug auf eine Höhe von 1,2 km gebracht werden.
    Stelle selbst geeignete Aufgaben und löse sie.

15. Eine Firma bietet verschieden lange Anlegeleitern an. Der Neigungswinkel soll 70° betragen. Die erreichbare Arbeitshöhe ist um 1,35 m höher als die Höhe, bis zu der die Leiter reicht.
    a) Stelle selbst geeignete Aufgaben und löse sie.
    b) Prüfe, ob folgende Zuordnungen proportional sind.
       (1) Länge der Leiter → erreichte Höhe
       (2) Länge der Leiter → erreichbare Arbeitshöhe

BAUMARKT
Anlegeleitern

Anzahl der Sprossen	Länge der Leiter
9	2,65 m
12	3,50 m
15	4,35 m
18	5,20 m

16. Das nebenstehende Bild zeigt, wie man die Breite eines Flusses an der Stelle B bestimmen kann. Man misst die Länge einer Strecke $\overline{AB}$ parallel zum Flussufer und den Winkel α.
    Es ist |AB| = 12 m und α = 52,3°.
    Wie breit ist der Fluss?

17. Unter welchem Höhenwinkel α sieht man aus einer Entfernung von 1,5 km die 137 m hohe Cheopspyramide?
    (Der Beobachtungspunkt und der Fußpunkt der Pyramidenhöhe sind in gleicher Höhe.)

18. In welcher waagerechten Entfernung vom Fußpunkt erscheint unter einem Höhenwinkel von 52° die Turmspitze des 143 m hohen Straßburger Münsters?

19. Ein Partner löst die folgenden Textaufgaben für einen Würfel der Kantenlänge 5 cm, der andere für einen Würfel der Kantenlänge 7 cm.
    Vergleicht eure Ergebnisse und verallgemeinert auf eine beliebige Kantenlänge a.
    a) Wie groß ist der Winkel, den die Raumdiagonale des Würfels
       (1) mit einer Kante bildet;
       (2) mit der Diagonalen einer Seitenfläche bildet?
    b) Wie groß ist der Winkel zwischen zwei Raumdiagonalen?

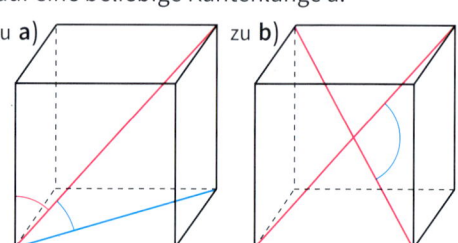

20. Ein Quader besitzt die Kantenlängen
    a = 8,5 cm; b = 4,2 cm; c = 5,9 cm.
    Berechne den Winkel zwischen
    a) den Flächendiagonalen und den Kanten;
    b) einer Raumdiagonalen und den Kanten;
    c) einer Raumdiagonalen und den Flächendiagonalen;
    d) zwei Raumdiagonalen.

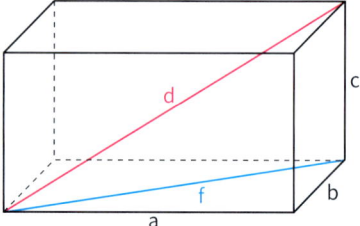

21. Ein Verkehrsflugzeug befindet sich in 10 000 m Höhe. Der Flugkapitän will durch einen Sinkflug geradlinig einen Landeplatz ansteuern. Der Sinkwinkel beträgt in der Regel 3° bis 5°, höchstens jedoch 10°. In welcher horizontalen Entfernung vom Landeplatz muss der Flugkapitän   (1) normalerweise;   (2) spätestens den Sinkflug beginnen?

22. Stellt euch abwechselnd geeignete Aufgaben zur Niesenbahn und löst sie.

 Die Niesenbahn bei Mülenen südwestlich des Thunersees in der Schweiz wurde 1906–1910 erbaut. Sie ist in zwei Abschnitte geteilt und mit 3 499 m die längste Standseilbahn der Welt.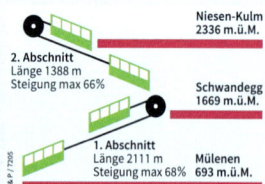

Die für die Wartung der Gleise erstellte Treppe ist mit 11 674 Stufen die längste Treppe der Welt. 1990 wurde ein Niesen-Treppenlauf durchgeführt.
Der schnellste Läufer benötigte 53:26,33 Minuten. Die Bahn benötigt für diese Strecke 28 Minuten.

Zum Selbstlernen 5.4 Berechnungen in gleichschenkligen Dreiecken

5.4 Berechnungen in gleichschenkligen Dreiecken

Ziel

Bisher haben wir nur rechtwinklige Dreiecke berechnet. Wir wollen nun eine Strategie kennen lernen, wie man auch Stücke in nichtrechtwinkligen Dreiecken berechnen kann. In diesem Abschnitt betrachten wir zunächst nur gleichschenklige Dreiecke.

Zum Erarbeiten

Berechnen von Basis und Basiswinkel in gleichschenkligen Dreiecken

In einer Ferienanlage werden Nurdachhäuser gebaut. Der Giebel hat die Form eines gleichschenkligen Dreiecks.
Die Dachsparren sind 6,50 m lang, der Winkel an der Dachspitze beträgt 50°.
Wie breit ist der Giebel am Boden?
Wie groß ist die Dachneigung?

→ Wir skizzieren zunächst das Giebeldreieck und tragen die gegebenen und die gesuchte Größe ein. Da dieses Dreieck nicht rechtwinklig ist, zerlegen wir es durch die Höhe in zwei rechtwinklige Teildreiecke. Da das gleichschenklige Dreieck symmetrisch ist, sind diese beiden Teildreiecke kongruent zueinander. Die Höhe halbiert sowohl den Winkel an der Spitze als auch die Basis.

Somit gilt für die Giebelseite c am Boden:

$$\sin(25°) = \frac{\frac{c}{2}}{6{,}50\,\text{m}}$$

$\frac{c}{2} = 6{,}50\,\text{m} \cdot \sin(25°)$

$c = 13\,\text{m} \cdot \sin(25°)$

$c \approx 5{,}49\,\text{m}$

Ergebnis: Am Boden ist der Giebel 5,49 m breit.
Für den Dachneigungswinkel α folgt aus der Winkelsumme im linken Teildreieck:

$\alpha + 90° + 25° = 180°$

$\alpha = 180° - 90° - 25° = 65°$

Ergebnis: Die Dachneigung beträgt 65°.

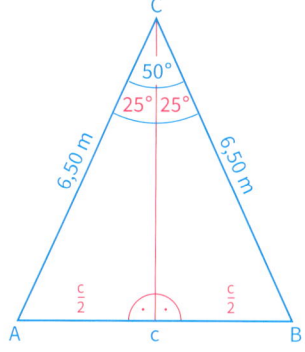

Strategie zum Berechnen gleichschenkliger Dreiecke

Die Berechnung von Stücken in gleichschenkligen Dreiecken kann man auf die von rechtwinkligen Dreiecken zurückführen, indem man das gleichschenklige Dreieck durch eine Symmetrieachse in zwei rechtwinklige Teildreiecke zerlegt.

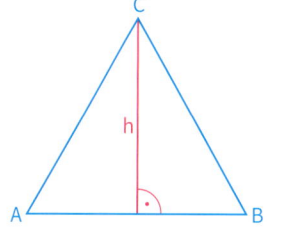

Zum Üben

1. ABC ist ein gleichschenkliges Dreieck mit der Basis $\overline{AB}$. Es ist $a = 5{,}3\,\text{cm}$ und $c = 3{,}7\,\text{cm}$. Berechne die Winkelgrößen α, β und γ.

2. ABC ist ein gleichschenkliges Dreieck mit der Basis $\overline{AB}$. Berechne aus den gegebenen Größen die übrigen sowie die Höhe zur Basis und den Flächeninhalt.
   a) c = 25 m; γ = 72°   b) c = 34 cm; β = 62°   c) b = 112,4 cm; β = 34°

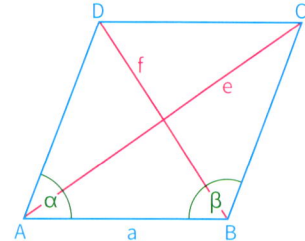

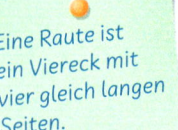

Eine Raute ist ein Viereck mit vier gleich langen Seiten.

3. Von den drei Größen a, e und f einer Raute sind zwei gegeben.
   Berechne die dritte Größe.
   Berechne auch den Flächeninhalt und den Umfang der Raute.
   a) e = 5 cm; f = 7 cm   c) a = 4,8 km; f = 3,1 km
   b) a = 6 mm; e = 9 mm   d) e = 4,7 m; f = 3,3 m

Bei einem Drachenviereck gibt es zu jeder Seite eine benachbarte gleich lange.

4. Das Drachenviereck ABCD hat die Symmetrieachse AC.
   Die Seite $\overline{AB}$ ist 5 cm lang, die Diagonale $\overline{AC}$ ist 9 cm lang und die Diagonale $\overline{BD}$ ist 8 cm lang.
   Wie lang sind die drei Seiten $\overline{BC}$, $\overline{DC}$ und $\overline{DA}$?

5. Von einem gleichschenkligen Dreieck ABC sind gegeben:
   α = β = 65° und Flächeninhalt A = 11,5 cm².
   Wie lang ist die Basis $\overline{AB}$?

6. Ein Haus mit Satteldach ist 10,40 m breit.
   Die Dachsparren sind 6,30 m lang und stehen 30 cm über. Vernachlässige die Dicke der Dachsparren.
   Stelle selbst geeignete Aufgaben und löse sie.

7. Bei einem Kreis mit dem Radius r soll s die Länge der Sehne, die zum Mittelpunktswinkel ε gehört, sein. Außerdem soll d der Abstand des Mittelpunktes von der Sehne sein.
   Leite zunächst alle Formeln her, in denen drei der vier Größen r, d, s und ε vorkommen.

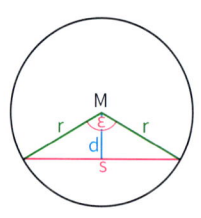

   Berechne damit die fehlenden Größen.
   a) r = 6,5 cm   b) r = 9 cm   c) s = 2,5 cm   d) r = 5,0 cm   e) ε = 116°
      ε = 65°   s = 12 cm   d = 1,4 cm   d = 3,4 cm   s = 6,8 cm

8. Gegeben ist ein regelmäßiges Sechseck ABCDEF mit der Seitenlänge a = 3 cm.
   a) Wie groß ist der Winkel ε?
   b) Berechne den Radius r_a des Umkreises des Sechsecks.
   c) Berechne den Radius ρ des Inkreises des Sechsecks.
   d) Berechen den Flächeninhalt des Sechsecks.

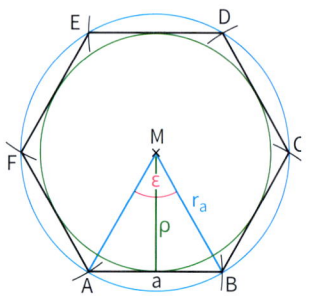

5.5 Berechnungen in beliebigen Dreiecken

5.5.1 Sinussatz

Einstieg

a) Von einem ostwärts fahrenden Schiff sieht man einen Leuchtturm unter einem Winkel von 41°. Nach 8 Seemeilen sieht man unter einem Winkel von 57° zum Leuchtturm zurück.
Berechnet, welche Entfernung das Schiff vom Leuchtturm hat.

b) Ein anderes Schiff sieht den Leuchtturm unter einem Winkel von 47° zur Ostrichtung.

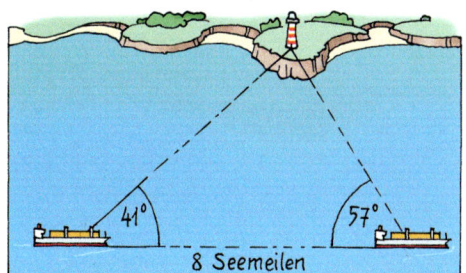

Nach 5 Seemeilen ist dieser immer noch vorne, der Winkel zur Ostrichtung beträgt schon 72°. Welche Entfernung hatte dieses Schiff anfangs vom Leuchtturm?

Aufgabe 1

Berechnen eines Dreiecks im Fall wsw

a) A, B und C sind Kirchtürme, wobei A von B und von C durch einen Fluss getrennt ist. Es soll die Entfernung von A nach C bestimmt werden, ohne diese direkt zu messen.
Man misst die Entfernung von B nach C sowie die Winkel β und γ: |BC| = 5,4 km; β = 44°; γ = 69°
Berechne die Entfernung von A nach C.

b) In einem Dreieck ABC sind gegeben: a = 8,0 cm; β = 115°; γ = 20°. Berechne die Seitenlänge b.

Lösung

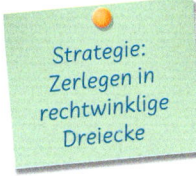

Strategie: Zerlegen in rechtwinklige Dreiecke

a) Bisher haben wir eine solche Aufgabe zeichnerisch gelöst.
Um nun die gesuchte Entfernung zu berechnen, zerlegen wir das Dreieck ABC mit einer Höhe in zwei rechtwinklige Teildreiecke. Dafür gibt es drei Möglichkeiten:

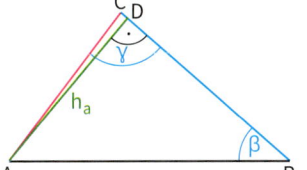 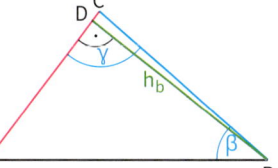 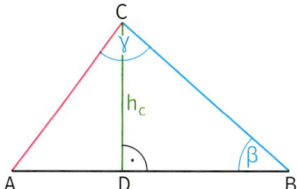

Die Höhe h_a zerlegt die gegebene Seite $\overline{BC}$ in zwei Teile, deren Länge wir nicht kennen. Damit ist keine weitere Berechnung möglich.

Bei dieser Zerlegung kann man zunächst die Seiten im Teildreieck BCD berechnen. Da der Winkel α wegen der Winkelsumme bekannt ist, kann man auch die Seiten im anderen Teildreieck berechnen. Damit sind dann beide Teilstrecken der gesuchten Länge |AC| bekannt.

Im Teildreieck BCD können wir die Höhe h_c mithilfe von $\overline{BC}$ und β berechnen. Anschließend können wir im Teildreieck ADC mithilfe von h_c und α die gesuchte Länge |AC| berechnen.

Die Zerlegung mithilfe der Höhe h_c liefert somit die günstigste Lösungsmöglichkeit.

Zunächst berechnen wir den Winkel α mit dem Winkelsummensatz aus dem Dreieck ABC:
α + β + γ = 180°, α = 180° − β − γ = 180° − 44° − 69° = 67°

Berechnen von h_c im Dreieck DBC
$\frac{h_c}{a} = \sin(\beta)$
$h_c = a \cdot \sin(\beta)$
$h_c = 5{,}4\,\text{km} \cdot \sin(44°)$
$ \approx 3{,}751\,\text{km}$

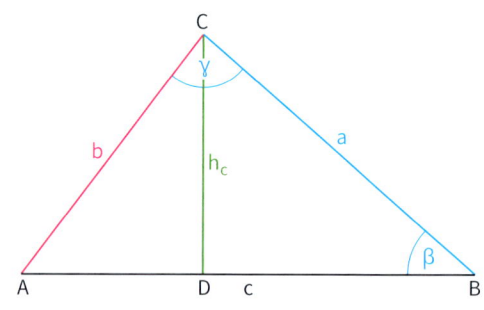

Berechnen von b im Dreieck ADC
$\frac{h_c}{b} = \sin(\alpha)$
$b = \frac{h_c}{\sin(\alpha)}$
$b \approx \frac{3{,}751\,\text{km}}{\sin(67°)}$
$ \approx 4{,}075\,\text{km}$

Ergebnis: Die Entfernung zwischen den Kirchtürmen A und C beträgt ungefähr 4,1 km.

b) Wir ergänzen das stumpfwinklige Dreieck ABC durch die Höhe h_c zur Seite $\overline{AB}$ zu einem rechtwinkligen Dreieck ADC. Im Teildreieck BDC können wir h_c und anschließend im Teildreieck ADC die gesuchte Länge b berechnen. Wir berechnen den Winkel α mithilfe des Winkelsummensatzes aus dem Dreieck ABC:
α + β + γ = 180°; α = 180° − β − γ = 180° − 115° − 20° = 45°

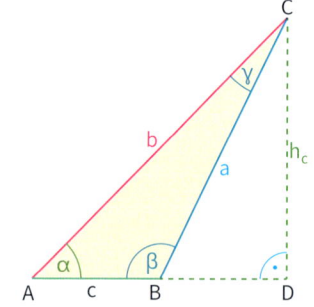

Berechnen von h_c im Dreieck BDC:
$\frac{h_c}{a} = \sin(180° − \beta)$, also
$h_c = a \cdot \sin(180° − \beta)$
$h_c = 8{,}0\,\text{cm} \cdot \sin(180° − 115°)$
$h_c = 8{,}0\,\text{cm} \cdot \sin(65°)$
$h_c \approx 7{,}3\,\text{cm}$

Berechnen von b im Dreieck ADC:
$\frac{h_c}{b} = \sin(\alpha)$, also
$b = \frac{h_c}{\sin(\alpha)}$
Einsetzen ergibt:
$b \approx \frac{7{,}3\,\text{cm}}{\sin(45°)}$
$b \approx 10{,}3\,\text{cm}$

Ergebnis: Die Seite $\overline{AC}$ ist ungefähr 10,3 cm lang.

Information

(1) Berechnen eines Dreiecks im Falle wsw, sww und Ssw
In Aufgabe 1 haben wir ein Dreieck berechnet, in dem eine Seite und die anliegenden Winkel gegeben sind (wsw).

> **Strategie zur Berechnung von Stücken eines beliebigen Dreiecks**
> In einem beliebigen Dreieck kann man aus vorgegebenen Stücken wsw bzw. sww und Ssw die übrigen mithilfe des Sinus und des Winkelsummensatzes berechnen.
> Durch Einzeichnen einer geeigneten Höhe zerlegt man das gegebene Dreieck in rechtwinklige Dreiecke oder ergänzt es zu einem rechtwinkligen Dreieck. Man wählt die Höhe so, dass in einem der beiden Teildreiecke zwei Stücke gegeben sind.

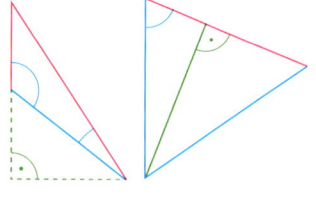

(2) Herleitung des Sinussatzes

Um Berechnungsformeln für die oben genannten Aufgabentypen zu entwickeln, führen wir die Berechnungen im Falle sww allgemein durch.

In einem Dreieck ABC sind die Stücke a, α und β gegeben. Wir wollen nun wie in der Aufgabe 1 die Seitenlänge b allgemein berechnen.

1. Fall: $0° < α < 90°$ und $0° < β < 90°$

Wir zerlegen das Dreieck ABC durch die Höhe h_c in zwei rechtwinklige Teildreiecke ADC und DBC.

Für das Dreieck ADC gilt:
$\sin(α) = \frac{h_c}{b}$, also $h_c = b \cdot \sin(α)$

Für das Dreieck DBC gilt:
$\sin(β) = \frac{h_c}{a}$, also $h_c = a \cdot \sin(β)$

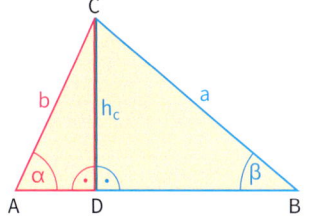

Aus beiden Gleichungen erhalten wir durch Gleichsetzen:
$b \cdot \sin(α) = a \cdot \sin(β)$

Durch Dividieren beider Seiten durch b und durch $\sin(β)$ erhalten wir dann:

$$\frac{\sin(α)}{\sin(β)} = \frac{a}{b} \text{ für } 0° < α < 90° \text{ und } 0° < β < 90°$$

2. Fall: $90° < α < 180°$

Wir ergänzen das stumpfwinklige Dreieck ABC durch die Höhe h_c zu einem rechtwinkligen Dreieck DBC.

Wir entnehmen der nebenstehenden Figur:

Für das Dreieck DAC gilt:
$\frac{h_c}{b} = \sin(180° - α)$, also $h_c = b \cdot \sin(180° - α)$

Für das Dreieck DBC gilt:
$\frac{h_c}{a} = \sin(β)$, also $h_c = a \cdot \sin(β)$

Durch Gleichsetzen ergibt sich:
$a \cdot \sin(β) = b \cdot \sin(180° - α)$

Durch Dividieren beider Seiten durch b und durch $\sin(β)$ erhalten wir:

$$\frac{\sin(180° - α)}{\sin(β)} = \frac{a}{b} \text{ für } 90° < α < 180° \text{ und } 0° < β < 90°$$

(3) Sinuswerte für stumpfe Winkel

Um zu erreichen, dass die Formel $\frac{a}{b} = \frac{\sin(α)}{\sin(β)}$ auch für stumpfe Winkel gilt, definieren wir den Sinus auch für Winkelgrößen zwischen 90° und 180°.

> **Definition**
> Für Winkelgrößen α mit $90° < α < 180°$ soll gelten: $\sin(α) = \sin(180° - α)$

Somit haben der stumpfe Wikel α und der spitze Winkel $180° - α$ denselben Sinuswert. Kennt man umgekehrt einen Sinuswert, so gehören dazu ein spitzer und ein stumpfer Winkel. Bei einem vorgegebenen Sinuswert kann man somit nicht eindeutig folgern, welcher Winkel dazu gehört.

Trigonometrie

> **Sinussatz**
>
> In jedem Dreieck ist das Verhältnis der Längen zweier Dreieckseiten gleich dem Verhältnis der Sinuswerte der gegenüberliegenden Winkel.
>
>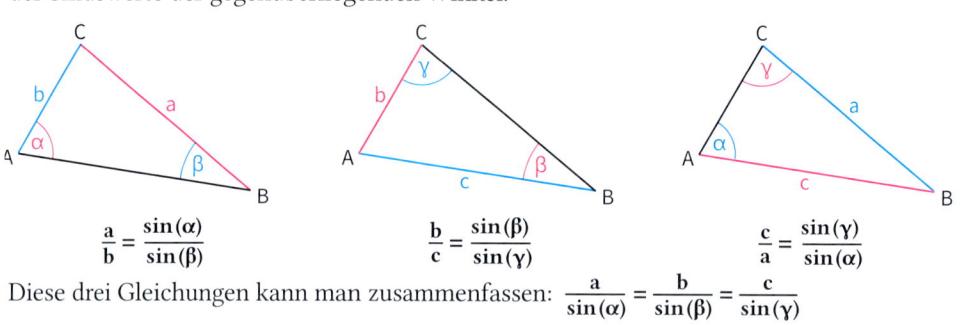
>
> $$\frac{a}{b} = \frac{\sin(\alpha)}{\sin(\beta)} \qquad \frac{b}{c} = \frac{\sin(\beta)}{\sin(\gamma)} \qquad \frac{c}{a} = \frac{\sin(\gamma)}{\sin(\alpha)}$$
>
> Diese drei Gleichungen kann man zusammenfassen: $\frac{a}{\sin(\alpha)} = \frac{b}{\sin(\beta)} = \frac{c}{\sin(\gamma)}$

Sind in einem Dreieck zwei Winkel und eine Seite oder zwei Seiten und ein der Seite gegenüberliegender Winkel gegeben, so kann man die übrigen Stücke mithilfe des Sinussatzes und des Winkelsummensatzes berechnen.

Aufgabe 2   **Berechnen eines Dreiecks mithilfe des Sinussatzes**
Berechne die übrigen Stücke des Dreiecks ABC mit:
a) $b = 4{,}7\,\text{cm}$; $c = 5{,}8\,\text{cm}$; $\beta = 50°$
b) $b = 4{,}7\,\text{cm}$; $c = 5{,}8\,\text{cm}$; $\gamma = 50°$

Lösung

a) Da wir die Seite b, den ihr gegenüberliegenden Winkel β sowie c kennen, können wir mithilfe des Sinussatzes den Winkel γ berechnen:

Beginne mit der gesuchten Größe

$\frac{\sin(\gamma)}{\sin(\beta)} = \frac{c}{b}$, also $\sin(\gamma) = \frac{c}{b} \cdot \sin(\beta)$

$\sin(\gamma) = \frac{5{,}8\,\text{cm}}{4{,}7\,\text{cm}} \cdot \sin(50°) \approx 0{,}945$

Planfigur: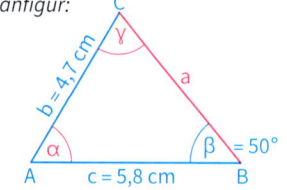

Mithilfe des Befehls $\boxed{\sin^{-1}}$ erhalten wir einen Winkel mit diesem Sinuswert: $\gamma_1 \approx 71°$
Außer diesem spitzen Winkel gibt es einen weiteren stumpfen Winkel mit dem gleichen Sinuswert: $\quad \sin(109°) = \sin(180° - 109°) = \sin(71°)$

$\gamma_2 \approx 180° - 71° = 109°$

Da der gegebene Winkel β der kleineren der beiden gegebenen Seiten gegenüberliegt, kommen beide Winkel infrage.

1. Möglichkeit:
$\alpha_1 = 180° - \beta - \gamma_1 = 180° - 50° - 71° = 59°$
Für die Seite a_1 gilt:

$\frac{a_1}{b} = \frac{\sin(\alpha_1)}{\sin(\beta)}$, also $a_1 = b \cdot \frac{\sin(\alpha_1)}{\sin(\beta)}$

$= 4{,}7\,\text{cm} \cdot \frac{\sin(59°)}{\sin(50°)} \approx 5{,}3\,\text{cm}$

2. Möglichkeit
$\alpha_2 = 180° - \beta - \gamma_2 = 180° - 50° - 109° = 21°$
Für die Seite a_2 gilt:

$\frac{a_2}{b} = \frac{\sin(\alpha_2)}{\sin(\beta)}$, also $a_2 = b \cdot \frac{\sin(\alpha_2)}{\sin(\beta)}$

$= 4{,}7\,\text{cm} \cdot \frac{\sin(21°)}{\sin(50°)} \approx 2{,}2\,\text{cm}$

Somit gibt es zwei nicht zueinander kongruente Dreiecke ABC_1 und ABC_2 mit den geforderten Eigenschaften $b = 4{,}7\,\text{cm}$; $c = 5{,}8\,\text{cm}$ und $\beta = 50°$.

(verkleinerte Zeichnung)

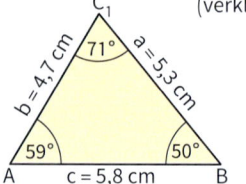
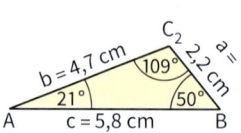

b) Im Gegensatz zu Teilaufgabe a) liegt der gegebene Winkel der größeren der beiden gegebenen Seiten gegenüber. Nach dem Kongruenzsatz Ssw gibt es – bis auf Kongruenz – nur ein einziges Dreieck mit diesen Eigenschaften.
Wir berechnen zunächst den Winkel β:
$\frac{\sin(\beta)}{\sin(\gamma)} = \frac{b}{c}$, also
$\sin(\beta) = \frac{b}{c} \cdot \sin(\gamma) = \frac{4{,}7\,\text{cm}}{5{,}8\,\text{cm}} \cdot \sin(50°) \approx 0{,}620$
Somit ist β = 38° oder β = 180° − 38° = 142°.
Die zweite Möglichkeit können wir mit dem Winkelsummensatz ausschließen, da γ + β = 50° + 142° = 192° > 180°.
Für den Winkel α gilt dann α = 180° − β − γ = 180° − 38° − 50° = 92°.
Für die Seite a gilt: $\frac{a}{b} = \frac{\sin(\alpha)}{\sin(\beta)}$, also $a = b \cdot \frac{\sin(\alpha)}{\sin(\beta)} = 4{,}7\,\text{cm} \cdot \frac{\sin(92°)}{\sin(38°)} \approx 7{,}6\,\text{cm}$

Weiterführende Aufgabe

Sinussatz für rechtwinklige Dreiecke

3. Im rechtwinkligen Dreieck ABC gilt: $\sin(\alpha) = \frac{a}{c}$
Bislang haben wir den Sinussatz für spitzwinklige und stumpfwinklige Dreiecke hergeleitet. Überlege, wie man den Sinus eines rechten Winkels definieren muss, damit der Sinussatz $\frac{\sin(\alpha)}{\sin(\gamma)} = \frac{a}{c}$ auch für rechtwinklige Dreiecke gilt.
Kontrolliere auch mit dem Rechner.

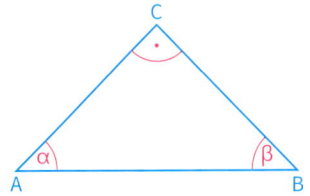

Übungsaufgaben

4. a) Die Entfernung zweier Berggipfel D und E beträgt 36 km. Von D aus sieht man den Gipfel E und einen weiteren Gipfel F unter dem Sehwinkel von 47°. Von E aus sieht man D und F unter dem Sehwinkel von 58°. Wie weit ist der Gipfel F von den Gipfeln D und E entfernt?
   b) In einem Dreieck ABC sind c = 7 cm, α = 115° und β = 30° gegeben. Bestimme die Seitenlängen a und b.

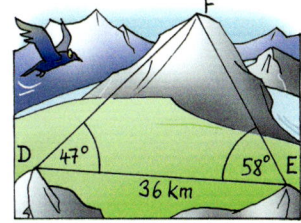

5. a) Bestimme sin(α) mit dem Rechner für folgende Winkelgrößen α:
   (1) 117°; (2) 175°; (3) 95°; (4) 143°; (5) 167,4°; (6) 99,5°.
   b) Für welche Winkelgrößen α zwischen 0° und 180° gilt:
   (1) sin(α) = 0,9945; (2) sin(α) = 0,5978; (3) sin(α) = 0,7384; (4) sin(α) = 0,2345?

6. Berechne die übrigen Stücke des Dreiecks ABC.
   a) a = 7,3 cm; α = 75°; β = 31°
   b) c = 8,4 cm; α = 52°; β = 61°
   c) b = 34 cm; α = 107°; β = 19°
   d) a = 56 m; β = 18°; γ = 44°
   e) a = 73 m; b = 64 m; α = 81°
   f) b = 12 m; c = 8 m; γ = 37°
   g) a = 1,11 m; c = 3,16 m; γ = 98°
   h) a = 19,3 cm; b = 27,1 cm; β = 123°

7. Kontrolliere Jasmins Hausaufgabe.

$\frac{\sin(23°)}{\sin(\varepsilon)} = \frac{5\,\text{cm}}{7\,\text{cm}}$; $\sin(\varepsilon) = \frac{5\,\text{cm}}{7\,\text{cm}} \cdot \sin(23°)$; $\sin(\varepsilon) \approx 0{,}27$; $\varepsilon \approx 16°$

5.5.2 Kosinussatz

Einstieg

Vom Punkt D eines Bergwerks sind zwei Stollen in den Berg getrieben worden. Von E nach F soll nun ein Verbindungsstollen getrieben werden.
a) Wie lang wird dieser? Erstellt zunächst eine Formel.
b) Welche Winkel bildet er mit den bestehenden Stollen?

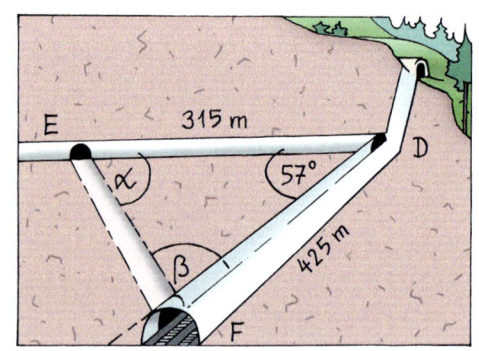

Aufgabe 1

Berechnen eines Dreiecks im Falle sws
a) Ein Straßentunnel soll geradlinig durch einen Berg gebaut werden. Um seine Länge zu bestimmen, werden von einem geeigneten Punkt C aus die Entfernungen a und b zu den Tunneleingängen sowie die Größe des Winkels γ gemessen:
$a = 2{,}851$ km; $b = 4{,}423$ km; $\gamma = 62{,}3°$
Berechne die Länge des Tunnels.
b) In einem Dreieck ABC sind $a = 6$ cm; $b = 8$ cm; $\gamma = 140°$ gegeben. Berechne die Seitenlänge c.

Lösung

a) Bisher haben wir eine solche Aufgabe zeichnerisch gelöst. Um die Länge zu berechnen, zerlegen wir das spitzwinklige Dreieck ABC in zwei rechtwinklige Teildreiecke, indem wir die Höhe h_b zur Seite $\overline{AC}$ einzeichnen. Die Länge der Teilstrecken $\overline{FC}$ und $\overline{FA}$ nennen wir u bzw. v.
Aus den beiden rechtwinkligen Teildreiecken BCF und ABF können wir nun nacheinander h_b, u, v und c berechnen.

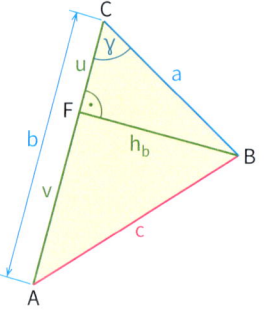

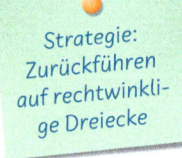
Strategie: Zurückführen auf rechtwinklige Dreiecke

Berechnen von h_b im Dreieck BCF:
$\frac{h_b}{a} = \sin(\gamma)$
$h_b = a \cdot \sin(\gamma)$
$h_b = 2{,}851 \text{ km} \cdot \sin(62{,}3°)$
$h_b \approx 2{,}524$ km

Berechnen von u im Dreieck BCF:
$\frac{u}{a} = \cos(\gamma)$
$u = a \cdot \cos(\gamma)$
$u = 2{,}851 \text{ km} \cdot \cos(62{,}3°)$
$u \approx 1{,}325$ km

Berechnen von v im Dreieck ABF
$u + v = b$
$v = b - u$
$v \approx 4{,}423 \text{ km} - 1{,}325 \text{ km} = 3{,}098 \text{ km}$

Berechnen von c im Dreieck ABF
$c^2 = h_b^2 + v^2$
$c = \sqrt{h_b^2 + v^2}$
$c = \sqrt{(2{,}524 \text{ km})^2 + (3{,}098 \text{ km})^2} \approx 3{,}996$ km

Ergebnis: Die Länge des Tunnels beträgt fast 4 km.

b) Wir ergänzen das stumpfwinklige Dreieck ABC durch die Höhe h_b zu einem rechtwinkligen Dreieck ABF.

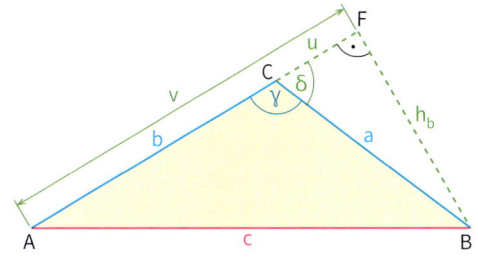

Berechnen von h_b im Dreieck BFC:
$\frac{h_b}{a} = \sin(180° - \gamma)$
$h_b = a \cdot \sin(180° - \gamma)$
$h_b = 6\,cm \cdot \sin(180° - 140°)$
$\quad = 6\,cm \cdot \sin(40°) \approx 3{,}9\,cm$

Berechnen von v im Dreieck ABF
$v = b + u$
$v \approx 8\,cm + 4{,}6\,cm = 12{,}6\,cm$

Berechnen von u im Dreieck BFC:
$\frac{u}{a} = \cos(180° - \gamma)$
$u = a \cdot \cos(180° - \gamma)$
$u = 6\,cm \cdot \cos(180° - 140°)$
$\quad = 6\,cm \cdot \cos(40°) \approx 4{,}6\,cm$

Berechnen von c im Dreieck ABF
$c^2 = h_b^2 + v^2$
$c = \sqrt{h_b^2 + v^2}$
$c \approx \sqrt{(3{,}9\,cm)^2 + (12{,}6\,cm)^2} \approx 13{,}2\,cm$

Ergebnis: Die Seitenlänge c beträgt ungefähr 13,2 cm.

Information

(1) Herleitung des Kosinussatzes

In der Aufgabe 1 haben wir ein Dreieck berechnet, in dem zwei Seitenlängen und die Größe des eingeschlossenen Winkels gegeben sind (sws). Wir führen die Berechnungen im Falle sws allgemein durch.
In einem Dreieck ABC sind die Stücke a, b und γ gegeben. Wir wollen nun wie in der Aufgabe 1 die Seitenlänge c allgemein berechnen.

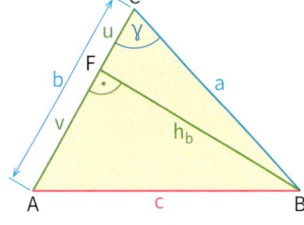

1. Fall: $\gamma < 90°$

Wir zerlegen das Dreieck ABC durch die Höhe h_b in zwei rechtwinklige Dreiecke ABF und FBC.

Berechnen von h_b im Dreieck FBC:	*Berechnen von u im Dreieck FBC:*	*Berechnen von v im Dreieck ABC:*	*Berechnen von c im Dreieck ABF:*
$\frac{h_b}{a} = \sin(\gamma)$	$\frac{u}{a} = \cos(\gamma)$	$u + v = b$	$c^2 = h_b^2 + v^2$
$h_b = a \cdot \sin(\gamma)$	$u = a \cdot \cos(\gamma)$	$v = b - u$	$c = \sqrt{h_b^2 + v^2}$

Durch Einsetzen erhalten wir:
$c^2 = h_b^2 + v^2$
$\quad = h_b^2 + (b - u)^2$
$\quad = h_b^2 + b^2 - 2bu + u^2$
$\quad = a^2 \cdot (\sin(\gamma))^2 + b^2 - 2ba \cdot \cos(\gamma) + a^2 \cdot (\cos(\gamma))^2$
$\quad = a^2 \cdot ((\sin(\gamma))^2 + (\cos(\gamma))^2) + b^2 - 2ab \cdot \cos(\gamma)$

Wegen $(\sin(\gamma))^2 + (\cos(\gamma))^2 = 1$ folgt:

$$c^2 = a^2 + b^2 - 2ab \cdot \cos(\gamma) \quad \text{(für } 0° < \gamma < 90°\text{)}$$

Man nennt diese Gleichung den **Kosinussatz**.

2. Fall: $90° < \gamma < 180°$

Wir ergänzen das stumpfwinklige Dreieck ABC durch die Höhe h_b zu einem rechtwinkligen Dreieck ABF.

Aus der Figur rechts entnehmen wir:

(1) $c^2 = h_b^2 + v^2$ (3) $u = a \cdot \cos(\delta)$
(2) $v = b + u$ (4) $h_b = a \cdot \sin(\delta)$

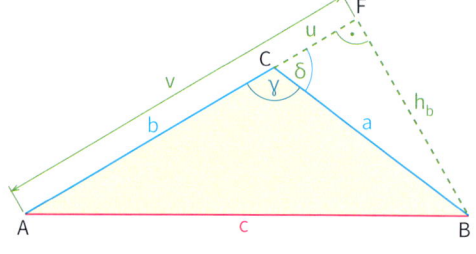

Einsetzen ergibt:

$$c^2 = h_b^2 + v^2$$
$$= h_b^2 + (b + u)^2$$
$$= h_b^2 + b^2 + 2bu + u^2$$
$$= a^2 (\sin(\delta))^2 + b^2 + 2ba \cdot \cos(\delta) + a^2 (\cos(\delta))^2$$
$$= a^2 \left((\sin(\delta))^2 + (\cos(\delta))^2\right) + b^2 + 2ba \cdot \cos(\delta)$$
$$= a^2 + b^2 + 2ab \cdot \cos(\delta)$$

Wegen $\delta = 180° - \gamma$ folgt: $c^2 = a^2 + b^2 + 2ab \cdot \cos(180° - \gamma)$ für $90° < \gamma < 180°$

Um zu erreichen, dass die Formel $c^2 = a^2 + b^2 - 2ab \cdot \cos(\gamma)$ auch für stumpfe Winkel gilt, definieren wir den Kosinus auch für Winkelgrößen zwischen 90° und 180°.

Definition

Für Winkelgrößen α mit $90° < \alpha < 180°$ soll gelten: $\cos(\alpha) = -\cos(180° - \alpha)$

Kosinussatz: In jedem Dreieck ABC gilt:

$a^2 = b^2 + c^2 - 2bc \cdot \cos(\alpha)$
$b^2 = c^2 + a^2 - 2ca \cdot \cos(\beta)$
$c^2 = a^2 + b^2 - 2ab \cdot \cos(\gamma)$

In einem Dreieck ist das Quadrat einer Seitenlänge gleich der Summe der Quadrate der beiden anderen Seitenlängen, vermindert um das doppelte Produkt aus diesen Seitenlängen und dem Kosinus des eingeschlossenen Winkels.

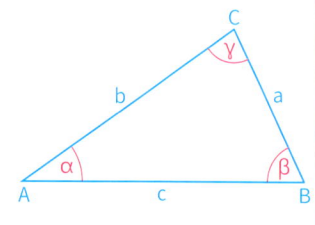

---

(2) Anwenden des Kosinussatzes im Fall sws

In Aufgabe 1 war für das Dreieck ABC bekannt: $a = 2{,}851$ km; $b = 4{,}423$ km; $\gamma = 62{,}3°$
Gesucht war die Länge der Seite c. Mithilfe des Kosinussatzes erhalten wir sofort

$c^2 = a^2 + b^2 - 2ab \cdot \cos(\gamma) = (2{,}851\,\text{km})^2 + (4{,}423\,\text{km})^2 - 2 \cdot (2{,}851\,\text{km}) \cdot (4{,}423\,\text{km}) \cdot \cos(62{,}3°)$
$ = 15{,}968\,\text{km}^2$
$c \approx 4\,\text{km}$

(3) Kosinussatz für rechtwinklige Dreiecke

Für ein rechtwinkliges Dreieck ABC mit $\gamma = 90°$ gilt nach dem Satz des Pythagoras $a^2 + b^2 = c^2$. Damit der Kosinussatz $c^2 = a^2 + b^2 - 2ab \cdot \cos(\gamma)$ auch für diesen Fall gilt, definiert man den Kosinus auch für rechte Winkel: $\cos(90°) = 0$.

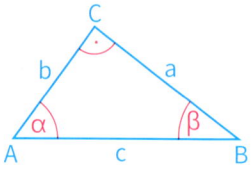

5.5 Berechnungen in beliebigen Dreiecken

Aufgabe 2   **Berechnen eines Dreiecks im Fall sss**
In einem Dreieck ABC sind a = 5 cm; b = 3,5 cm; c = 6,5 cm gegeben. Berechne die drei Winkel.

Lösung   Nach dem Kosinussatz gilt: $c^2 = a^2 + b^2 - 2ab\cos(\gamma)$
Wir isolieren $\cos(\gamma)$:

$$c^2 = a^2 + b^2 - 2ab\cdot\cos(\gamma) \quad |+2ab\cdot\cos(\gamma)\ |-c^2$$
$$2ab\cdot\cos(\gamma) = a^2 + b^2 - c^2 \quad |:(2ab)$$
$$\cos(\gamma) = \frac{a^2 + b^2 - c^2}{2ab}$$

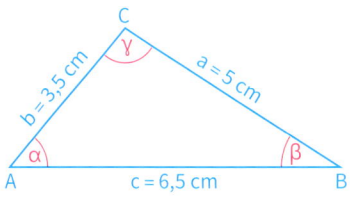

Wir setzen ein: $\cos(\gamma) = \dfrac{(5\,\text{cm})^2 + (3,5\,\text{cm})^2 - (6,5\,\text{cm})^2}{2\cdot 5\,\text{cm}\cdot 3,5\,\text{cm}} = -\dfrac{5\,\text{cm}^2}{35\,\text{cm}^2} \approx -0,143$

Also folgt: $\gamma \approx 98°$

Hier ist nur ein Winkel im Dreieck möglich.

Entsprechend berechnen wir den Winkel α aus dem Kosinussatz in der Form
$$a^2 = b^2 + c^2 - 2bc\cdot\cos(\alpha)$$
$$\cos(\alpha) = \frac{b^2 + c^2 - a^2}{2bc}$$
$$\cos(\alpha) = \frac{(3,5\,\text{cm})^2 + (6,5\,\text{cm})^2 - (5\,\text{cm})^2}{2\cdot 3,5\,\text{cm}\cdot 6,5\,\text{cm}} \approx 0,648$$

Also: $\alpha \approx 50°$

Den Winkel β erhalten wir mithilfe des Winkelsummensatzes:
$\beta = 180° - (\alpha + \gamma)$
$\beta \approx 180° - (50° - 98°) \approx 32°$

Für diese Berechnungen kann man auch den Sinussatz verwenden.

> Kennt man von einem Dreieck zwei Seiten und den eingeschlossenen Winkel (sws) oder drei Seiten (sss), so muss man zur Berechnung den Kosinussatz verwenden.

Übungsaufgaben

3. Die Entfernungen zwischen drei Burgtürmen A, B und C betragen |AB| = 4,1 km, |BC| = 5,7 km und |CA| = 3,2 km. Bestimme die Sehwinkel, unter denen man jeweils von einem der drei Burgtürme die beiden anderen Türme sieht.

4. Um die Entfernung zweier Orte A und B zu bestimmen, die wegen eines dazwischen liegenden Hindernisses nicht direkt gemessen werden kann, werden von einem dritten Punkt C aus die Entfernungen von C nach A und von C nach B gemessen, sowie der Winkel γ, unter dem die Strecke $\overline{AB}$ erscheint: |AC| = 290 m; |BC| = 600 m; γ = 100,3°
Berechne die Entfernung von A nach B.

5. a) Bestimme cos α mit dem Rechner für folgende Winkelgrößen α:
     (1) 117°;   (2) 175°;   (3) 95°;   (4) 143°;   (5) 167,4°;   (6) 99,5°.
 b) Für welche Winkelgrößen α zwischen 0° und 180° gilt:
     (1) cos(α) = –0,2588;   (2) cos(α) = –0,9397;   (3) cos(α) = –0,5461;   (4) cos(α) = –0,1212?

6. Berechne die übrigen Stücke des Dreiecks ABC. Berechne auch den Flächeninhalt.
   a) b = 12 m; c = 9 m; α = 64°
   b) a = 9,4 cm; b = 6,9 cm; γ = 57°
   c) a = 15,4 m; c = 11,3 m; β = 108°
   d) a = 5,3 cm; c = 8,7 cm; β = 124°

7. Kontrolliere Daniels Hausaufgabe.

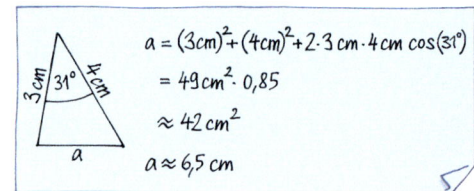

8. Berechne die übrigen Stücke des Dreiecks. Berechne auch den Flächeninhalt.
   a) a = 3,8 cm
      b = 5,1 cm
      c = 4,4 cm
   b) a = 12 cm
      b = 15 cm
      c = 18 cm
   c) a = 7,3 m
      b = 5,8 m
      c = 11,6 m
   d) p = 112 km
      q = 75 km
      r = 52 km
   e) d = 4,8 cm
      e = 4,2 cm
      f = 5,5 cm

9. Die Höhe des Fernsehturmes soll bestimmt werden. Dazu wird eine 50 m lange Standlinie $\overline{AB}$, die auf den Turm zuläuft, abgesteckt. Außerdem werden die Höhenwinkel α = 56,4° und β = 42,1° gemessen. Wie hoch ist der Fernsehturm? Rechne zunächst allgemein.

10. Um die Höhe h einer Felswand zu bestimmen, wird eine waagerechte Standlinie $\overline{AB}$ abgesteckt. In ihren Endpunkten werden die Höhenwinkel γ und δ gemessen. Ferner misst man in der Horizontalebene die Winkel α und β. Bestimme die Höhe h für:
s = 95 m; γ = 21,2°; δ = 25,7°; α = 52,4°; β = 80,5°

11. Die Entfernung der beiden Berggipfel P und Q soll bestimmt werden. Dazu wird eine 2,943 km lange Standlinie $\overline{AB}$ abgesteckt. Von den Endpunkten A und B aus wird der Punkt P angepeilt und die Winkel $α_1$ und $β_1$ werden gemessen:
$α_1$ = 87,7°; $β_1$ = 47,4°
Dann werden auf dieselbe Weise von A und B aus der Punkt Q angepeilt und die Winkel $α_2$ und $β_2$ gemessen:
$α_2$ = 42,3°; $β_2$ = 109,5°
Berechne die Entfernung der Berggipfel P und Q.

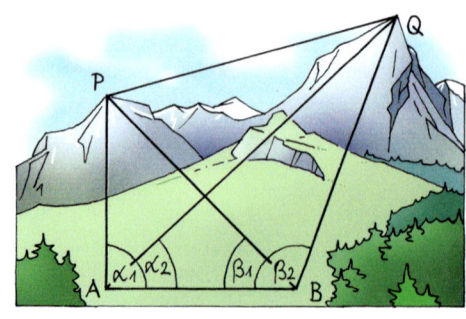

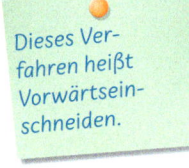

Dieses Verfahren heißt Vorwärtseinschneiden.

5.6 Vermischte Übungen

1. a) Berechne den Flächeninhalt des Dreiecks ABC mit $\alpha = 50°$, $b = 5\,\text{cm}$ und $c = 7\,\text{cm}$, ohne zu messen.
   b) Beweise den folgenden Satz zur Berechnung des Flächeninhalts eines Dreiecks aus zwei Seitenlängen und der Größe des eingeschlossenen Winkels.

   > **Satz**
   > Für den Flächeninhalt A eines beliebigen Dreiecks ABC gilt:
   > $A = \frac{1}{2}ab \cdot \sin(\gamma);\quad A = \frac{1}{2}bc \cdot \sin(\alpha);\quad A = \frac{1}{2}ac \cdot \sin(\beta)$

2. Bestimme den Flächeninhalt des Dreiecks.
   a) $a = 5\,\text{cm}$; $b = 7\,\text{cm}$; $\gamma = 80°$
   b) $b = 3\,\text{cm}$; $c = 8\,\text{cm}$; $\alpha = 112°$
   c) $c = 4\,\text{cm}$; $a = 9\,\text{cm}$; $\beta = 85°$
   d) $a = 8{,}1\,\text{cm}$; $b = 5{,}7\,\text{cm}$; $\gamma = 73{,}5°$

3. Leite aus den in 1b) bewiesenen Formeln den Sinussatz her.

4. Berechne die übrigen Stücke des Dreiecks ABC. Gib auch den Flächeninhalt an.
   a) $\alpha = 115°$; $\gamma = 29°$; $c = 4{,}8\,\text{cm}$
   b) $a = 2{,}7\,\text{cm}$; $b = 3{,}5\,\text{cm}$; $\gamma = 102°$
   c) $\alpha = 35°$; $\gamma = 97°$; $b = 2{,}9\,\text{cm}$
   d) $b = 9{,}1\,\text{cm}$; $c = 6{,}4\,\text{cm}$; $\alpha = 37°$
   e) $\alpha = 57{,}8°$; $\beta = 22{,}3°$; $a = 12\,\text{cm}$
   f) $a = 5{,}3\,\text{cm}$; $b = 3{,}1\,\text{cm}$; $c = 4{,}8\,\text{cm}$
   g) $b = 8{,}5\,\text{cm}$; $c = 3{,}1\,\text{cm}$; $\beta = 111°$
   h) $c = 8{,}4\,\text{cm}$; $\alpha = 52°$; $\beta = 61°$
   i) $a = 4{,}9\,\text{cm}$; $c = 5{,}7\,\text{cm}$; $\gamma = 95°$
   j) $b = 4{,}9\,\text{cm}$; $c = 5{,}1\,\text{cm}$; $\beta = 43°$

5. Berechne von den Stücken a, b, c, α, γ, e eines gleichschenkligen Trapezes ABCD mit $AB \parallel CD$ die fehlenden Stücke.
   a) $a = 5{,}4\,\text{cm}$; $d = 3{,}1\,\text{cm}$; $\beta = 64{,}5°$
   b) $c = 3{,}5\,\text{m}$; $d = 2{,}8\,\text{m}$; $\gamma = 125{,}7°$
   c) $a = 6{,}1\,\text{km}$; $c = 2{,}9\,\text{km}$; $\beta = 68{,}8°$
   d) $c = 4{,}8\,\text{cm}$; $b = 2{,}4\,\text{cm}$; $e = 5{,}6\,\text{cm}$

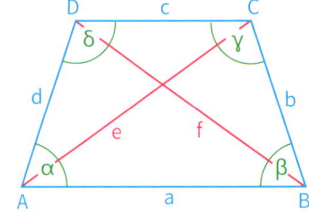

6. Stelle selbst Aufgaben und löse sie.
   a) Eine Leiter ist genauso lang, wie eine Mauer hoch ist. Lehnt man diese Leiter 20 cm unter dem oberen Mauerrand an, so steht sie unten 1,20 m von der Mauer entfernt.
   b) Zwischen der Talstation und der Bergstation verläuft ein Skilift.

 Im Blickpunkt

Wie hoch ist eigentlich ... euer Schulgebäude?

Mit etwas handwerklichem Geschick könnt ihr euch selbst einfache Geräte basteln, mit denen ihr Gebäude vermessen könnt. Die Geräte eignen sich auch dazu, im freien Gelände beispielsweise die Breite eines Flusses zur bestimmen. Wie das funktioniert, erfahrt ihr hier.

1. Unten ist die Bauanleitung für ein Peilgerät abgebildet. Seht euch die Skizze an und erläutert das Funktionsprinzip des Gerätes. Baut euch selbst ein Förstedreieck. Worauf müsst ihr achten, wenn ihr das Gerät zur Höhenmessung einsetzt? Besprecht euch untereinander.

Vermessen mit einem Peilgerät

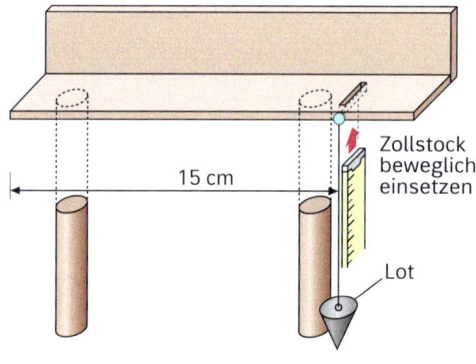

2. Bestimmt mithilfe von Maßband und Peilgerät die Gebäudehöhe eines Flachdachbaus. Schätzt zunächst. Fertigt anschließend eine Planfigur an und messt die notwendigen Größen.

3. Sucht euch im Gelände weitere Objekte (z.B. Bäume, Fahnenstangen usw.) und bestimmt deren Höhe.

Im Blickpunkt

Vermessen mit einem Winkelmesser

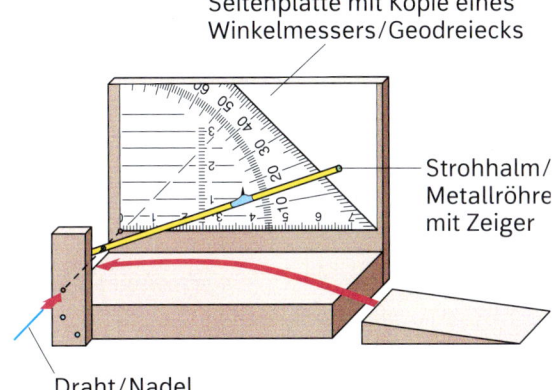
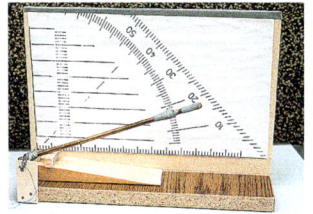

Seitenplatte mit Kopie eines Winkelmessers/Geodreiecks

Strohhalm/Metallröhre mit Zeiger

Draht/Nadel

4. Auf dieser Seite findet ihr oben die Bauanleitung zu einem Winkelmesser. Seht euch die Skizze an und erläutert die Funktionsweise des Gerätes. Baut selbst einen Winkelmesser.

5. Mit dem Winkelmesser könnt ihr nun auch die Höhe eurer Schule bestimmen, wenn das Schulgebäude kein Flachdachbau ist. Peilt dazu die höchste Stelle von zwei Punkten aus an, die auf einer Linie liegen. Fertigt zunächst eine Skizze an. Messt dann die notwendigen Größen und bestimmt hieraus die Gebäudehöhe.

6. In dieser Aufgabe lernt ihr ein Verfahren kennen, um beispielsweise die Breite eines Flusses zu bestimmen.
Stellt euch den Schulhof als Fluss vor. Peilt von zwei Stellen auf der einen Seite des Schulhofes eine Stelle auf der gegenüberliegenden Seite an und bestimmt die Größe der Peilungswinkel. Mithilfe dieser Winkel und der Entfernung der beiden Peilstellen könnt ihr die Breite des Schulhofes (Flusses) berechnen. Fertigt zuerst eine Skizze an. Überprüft am Ende euer berechnetes Ergebnis durch Nachmessen.
Hinweis: Zum Peilen müsst ihr den Winkelmesser auf die Seitenplatte legen.

5.7 Aufgaben zur Vertiefung

1. Der Flächeninhalt A einer Raute hängt außer von der Seitenlänge a nur von der Winkelgröße α ab.

    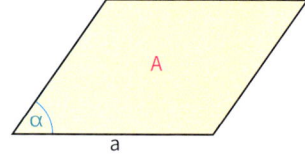

    a) Stelle eine Formel auf, mit der man zu vorgegebener Seitenlänge a und vorgegebener Winkelgröße α den Flächeninhalt berechnen kann.
    b) Eine Raute hat die Seitenlänge a = 3,5 cm.
    Gib die Funktionsgleichung der Funktion *Winkelgröße α → Flächeninhalt A* an.
    In welchem Bereich kann α liegen? Zeichne den Graphen der Funktion.

2. In einem Kreis mit dem Radius 10 cm ist ein regelmäßiges n-Eck einbeschrieben. Berechne mithilfe geeigneter Winkel Umfang und Flächeninhalt des n-Ecks für
    (1) n = 5;   (2) n = 9;   (3) n = 12;   (4) n = 100.

3. Wenn ein Lichtstrahl von einem Medium I (z. B. Luft) in ein Medium II (z. B. Wasser) übergeht, dann gilt für Einfallswinkel α und Ausfallswinkel β das Brechungsgesetz
    $\frac{\sin(\alpha)}{\sin(\beta)} = n$, wobei n eine Konstante ist, die von den beiden Medien abhängt. Sie heißt Brechungsindex.

    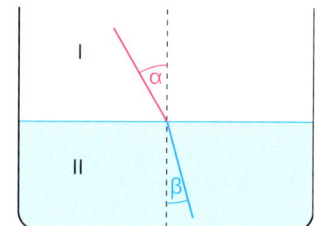

    a) Berechne für den Übergang Luft–Wasser (n = 1,333) den Brechungswinkel β für
    (1) α = 20°;   (2) α = 32°;   (3) α = 50°;   (4) α = 67,5°.
    b) Berechne dieselben Werte für den Übergang Luft–Glas (n = 1,500).
    c) Wie groß ist der Brechungsindex umgekehrt von Wasser in Luft [von Glas in Luft]?
    d) Bestimme für den umgekehrten Übergang Wasser–Luft [Glas–Luft] den Winkel α für β = 90° (Grenzfall der Totalreflexion).

4. a) Für spitze Winkel α gilt: $\tan(\alpha) = \frac{\sin(\alpha)}{\cos(\alpha)}$. Was ergibt sich für α = 0° und α = 90°?
    b) Die Beziehung aus Teilaufgabe a) soll auch für stumpfe Winkel 90° < α < 180° gelten.
    Veranschauliche tan(α) am Einheitskreis und erstelle eine Wertetabelle für α = 100°, 110°, 120°, 170°. Gib die Tangenswerte mit zwei Stellen nach dem Komma an.

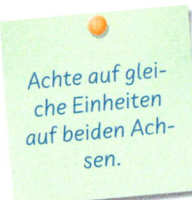

Achte auf gleiche Einheiten auf beiden Achsen.

5. Bei einer linearen Funktion mit der Gleichung y = m x + b gibt der Faktor m die Steigung der zugehörigen Geraden an.

    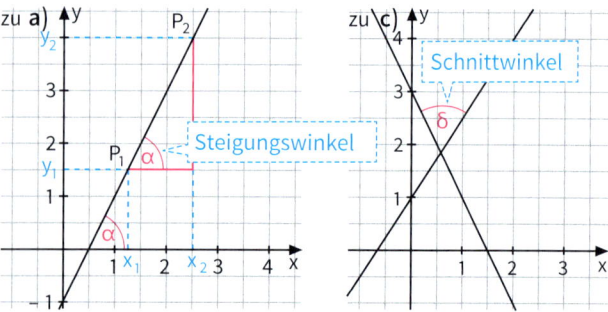

    a) Beweise, dass für den Steigungswinkel α gilt:
    m = tan(α)
    b) Gib den Steigungswinkel der Geraden an. Zeichne auch die Gerade und kontrolliere das Ergebnis durch Messen des Steigungswinkels.
    (1) y = 2·x + 1   (2) y = –3x + 2   (3) $y = -\frac{4}{5}x - 1$ (4) $y = \frac{1}{2}x - 2$
    c) Gegeben sind die beiden Geraden zu y = 1,5 x + 1 und y = –2 x + 3. Berechne den Schnittwinkel δ der beiden Geraden.

Das Wichtigste auf einen Blick

Sinus, Kosinus und Tangens

In rechtwinkligen Dreiecken hängt das Verhältnis der Längen zweier Seiten nicht von der Größe des Dreiecks ab, sondern nur von der Größe der spitzen Winkel. Für jedes rechtwinklige Dreieck mit $\gamma = 90°$ gilt:

Sinus eines Winkels = $\dfrac{\text{Länge der Gegenkathete des Winkels}}{\text{Länge der Hypotenuse}}$

Kosinus eines Winkels = $\dfrac{\text{Länge der Ankathete des Winkels}}{\text{Länge der Hypotenuse}}$

Tangens eines Winkels = $\dfrac{\text{Länge der Gegenkathete des Winkels}}{\text{Länge der Ankathete des Winkels}}$

Beispiel:

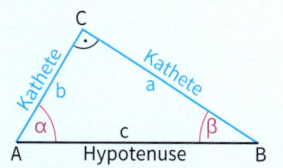

$a = 4\,\text{cm}, \; b = 3\,\text{cm}, \; c = 5\,\text{cm}$

$\sin(\alpha) = \dfrac{a}{c} = \dfrac{4\,\text{cm}}{5\,\text{cm}} = 0{,}8$

$\cos(\alpha) = \dfrac{b}{c} = \dfrac{3\,\text{cm}}{5\,\text{cm}} = 0{,}6$

$\tan(\alpha) = \dfrac{a}{b} = \dfrac{4\,\text{cm}}{3\,\text{cm}} = \dfrac{4}{3} = 1{,}\overline{3}$

Beziehungen zwischen Sinus, Kosinus und Tangens

Für Winkel α mit $0 < \alpha < 90°$ gilt:

$\cos(\alpha) = \sin(90° - \alpha)$ $\quad$ $\tan(\alpha) = \dfrac{\sin(\alpha)}{\cos(\alpha)}$

$\sin(\alpha) = \cos(90° - \alpha)$ $\quad$ $(\sin(\alpha))^2 + (\cos(\alpha))^2 = 1$

Beispiel:

$\cos(60°) = \sin(90° - 60°)$
$ = \sin(30°)$

$\sin(30°) = \cos(90° - 30°)$
$ = \cos(60°)$

Sinussatz

In jedem Dreieck ist das Verhältnis der Längen zweier Dreiecksseiten gleich dem Verhältnis der Sinuswerte der gegenüberliegenden Winkel.

Es gilt: $\dfrac{a}{b} = \dfrac{\sin(\alpha)}{\sin(\beta)}$

bzw. $\dfrac{a}{c} = \dfrac{\sin(\alpha)}{\sin(\gamma)}$

bzw. $\dfrac{b}{c} = \dfrac{\sin(\beta)}{\sin(\gamma)}$

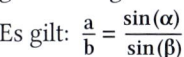

Beispiel:

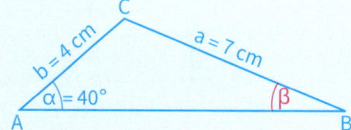

$a = 7\,\text{cm}, \; b = 4\,\text{cm}, \; \alpha = 40°$

$\dfrac{a}{b} = \dfrac{\sin(\alpha)}{\sin(\beta)}$

$\dfrac{7\,\text{cm}}{4\,\text{cm}} = \dfrac{\sin(40°)}{\sin(\beta)}$

$\sin(\beta) = \dfrac{4\,\text{cm} \cdot \sin(40°)}{7\,\text{cm}} \approx 0{,}367,$
also $\beta \approx 22°$

Kosinussatz

In jedem Dreieck ABC gilt:
$a^2 = b^2 + c^2 - 2\,b\,c \cdot \cos(\alpha)$
$b^2 = a^2 + c^2 - 2\,a\,c \cdot \cos(\beta)$
$c^2 = a^2 + b^2 - 2\,a\,b \cdot \cos(\gamma)$
Für den Winkel α gilt dann:

$\cos(\alpha) = \dfrac{b^2 + c^2 - a^2}{2\,b\,c}$

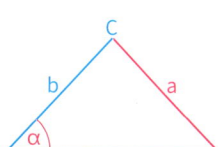

Beispiel:

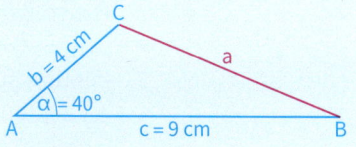

$b = 4\,\text{cm}, \; c = 9\,\text{cm}, \; \alpha = 40°$
$a^2 = b^2 + c^2 - 2\,b\,c \cdot \cos(\alpha)$
$a^2 = (4\,\text{cm})^2 + (9\,\text{cm})^2$
$ - 2 \cdot 4\,\text{cm} \cdot 9\,\text{cm} \cdot \cos(40°)$
$a^2 \approx 41{,}84\,\text{cm}^2$
$a \approx 6{,}5\,\text{cm}$

Bist du fit?

1. Berechne alle übrigen Stücke des rechtwinkligen Dreiecks ABC; berechne auch den Umfang und den Flächeninhalt.
   a) $a = 7$ cm; $\beta = 14°$; $\gamma = 90°$
   b) $a = 4,4$ cm; $\alpha = 44°$; $\beta = 90°$
   c) $\alpha = 90°$; $a = 185$ m; $\gamma = 58°$
   d) $c = 41$ m; $\beta = 34°$; $\gamma = 90°$
   e) $\gamma = 90°$; $b = 84$ cm; $\beta = 43°$
   f) $c = 7,8$ cm; $\gamma = 51°$; $\beta = 90°$

2. Gegeben ist ein gleichschenkliges Dreieck ABC mit $\overline{AB}$ als Basis.
   Bestimme aus den gegebenen Stücken die übrigen Stücke des Dreiecks.
   Berechne auch den Flächeninhalt.
   a) $c = 17$ cm; $a = 14$ cm
   b) $c = 150$ m; $\gamma = 126°$
   c) $c = 23$ m; $\alpha = 77°$
   d) $a = 67$ m; $\gamma = 55°$
   e) $a = 104,7$ cm; $\alpha = 17°$
   f) $h_c = 25$ m; $\alpha = 36°$

3. Für welche Winkelgrößen α im Bereich $0° \leq \alpha \leq 180°$ gilt:
   a) $\sin(\alpha) = 0,4384$
      $\sin(\alpha) = 0,2588$
   b) $\sin(\alpha) = 0,1564$
      $\sin(\alpha) = 0,9848$
   c) $\cos(\alpha) = -0,9848$
      $\cos(\alpha) = 0,6691$
   d) $\cos(\alpha) = 0,8090$
      $\cos(\alpha) = -0,1392$

4. Berechne aus den gegebenen Stücken des Dreiecks ABC die übrigen.
   a) $a = 5$ cm; $b = 4$ cm; $\gamma = 67°$
   b) $c = 9$ cm; $a = 6$ cm; $\gamma = 53,5°$
   c) $b = 8,1$ km; $c = 5,3$ km; $\alpha = 36,4°$
   d) $a = 3,6$ cm; $b = 2,9$ cm; $c = 3,2$ cm

5. a) Berechne den Neigungswinkel α in der nebenstehenden Dachkonstruktion.
   b) Berechne die Höhe des Dachraumes.

6. Steht die Sonne 46° hoch, so wirft eine Säule auf eine waagerechte Ebene einen 8,72 m langen Schatten.
   Fertige eine Skizze an und berechne die Höhe der Säule.

7. Der Querschnitt des Daches rechts soll aus einem rechtwinkligen Dreieck mit den angegebenen Maßen bestehen.
   Berechne die Dachneigungen.

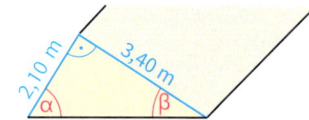

8. Die Neigung einer Garageneinfahrt darf höchstens 16 % betragen.
   Wie groß darf maximal der Höhenunterschied auf einer 5 m langen Einfahrt sein?

9. Der Böschungswinkel eines Deiches ist zur Seeseite kleiner als zur Landseite. Wie lang ist die Deichsohle?

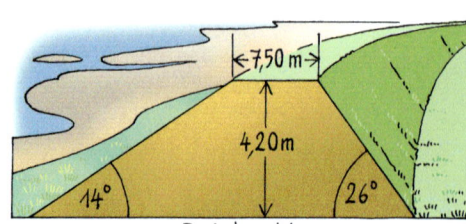

10. Auf einem Berg steht ein 10 m hoher Turm. Von einem Punkt im Tal aus sieht man den Fußpunkt des Turmes unter dem Winkel $\alpha = 44,3°$ und die Spitze des Turmes unter dem Winkel $\beta = 45,5°$. Wie hoch erhebt sich der Berg über die Talsohle?

6. Modellieren periodischer Vorgänge

Im Alltag treten verschiedene Vorgänge auf, die sich nach einer bestimmten Zeit nahezu identisch wiederholen.

Im Hammerfest, der nördlichsten Stadt Europas, scheint die Sonne vom 13. Mai bis zum 29. Juli Tag und Nacht. Selbst bei Mitternacht sehen die Menschen in der Polarregion die so genannte „Mitternachtssonne". Im unteren Fotomosaik wurde der Stand der Sonne über dem Horizont in stündlichen Abständen fotografiert.

→ Welchen Sonnenstand kann man zur jeweils selben Zeit am Tag davor oder danach beobachten?
→ Überlege, ob sich diese Aussagen über den Sonnenstand auch über einen längeren Zeitraum von z. B. einigen Monaten fortsetzen lassen.
→ Fasse den Ort der Sonne auf dem Foto als Punkte eines Graphen auf. Sind hier Zwischenwerte sinnvoll? Beschreibe die Form des Graphen.

In diesem Kapitel ...
lernst du, wie man sich wiederholende Vorgänge geeignet
mit Sinusfunktionen modellieren kann.

Lernfeld: Hin und her – rauf und runter

Schwingen einer Spiralfeder
Betrachtet ein Gewichtsstück, das an einer Spiralfeder hängt, die aus der Ruhelage ausgelenkt wurde.

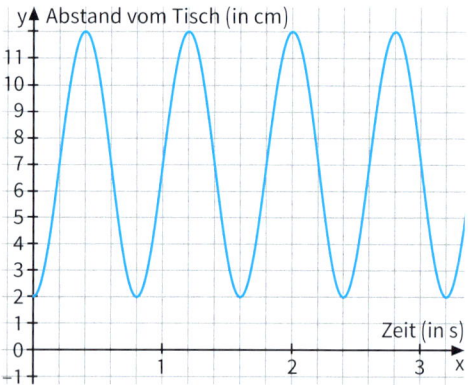

Hier seht ihr den Graphen der Funktion
Zeit ab Beobachtungsbeginn → Abstand des Gewichtsstücks von der Tischoberfläche.

→ Beschreibt und interpretiert den Verlauf des Graphen.

→ Überlegt, wie sich der Graph ändern wird, wenn ihr den Abstand zum Tisch verändert, eine größere Masse anhängt oder eine andere Feder nehmt.
Skizziert Graphen zu euren Vermutungen.

→ Überprüft eure Vermutungen experimentell. Dies ist besonders einfach, wenn ihr ein Gerät zur Messerfassung für GTR, CAS oder Computer verwendet.

→ Was ist das Gemeinsame an allen Graphen, was ist unterschiedlich? Fasst die Ergebnisse der Klasse auf einem Plakat mit Bildern zusammen.

Sinuskurven mit verschiedenen Formen
Bisher hast du den Sinus eines Winkels als Verhältnis von Seitenlängen in einem rechtwinkligen Dreieck kennen gelernt. Der grafikfähige Taschenrechner kann mit der Taste $\boxed{\sin}$ auch Funktionen zeichnen (so genannte Sinuskurven).

→ Zeichne im **MODE DEGREE** den Graphen für $f(x) = \sin(x)$ im Bereich von 0° bis 90°.
Beschreibe den Graphen.

→ Zeichne den Graphen nun im Bereich von 0° bis 180° bzw. von 0° bis 1000°. Beschreibe ihn.

→ Untersuche nun, wie sich ein Summand oder Faktor im Sinusterm auf die Sinuskurve auswirkt.
Betrachte dazu den Einfluss
eines Parameters an folgenden Stellen im Funktionsterm:
(1) $f(x) = a \cdot \sin(x)$
(2) $f(x) = \sin(b \cdot x)$
(3) $f(x) = \sin(x + c)$
(4) $f(x) = \sin(x) + d$
Zeichne Graphen für verschiedene Werte des Parameters.
Denke auch an negative Zahlen. Beschreibe deine Beobachtungen allgemein.

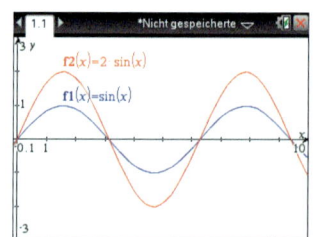

6.1 Periodische Vorgänge

Einstieg

Das Sägeblatt einer Kreissäge wird mithilfe einer Kette angetrieben. Ein Kettenglied und ein Sägezahn sind rot markiert.
Betrachtet die Höhe der roten Markierung über der Starthöhe in Abhängigkeit von der Zeit. Skizziert dazu sowohl für das markierte Kettenglied als auch für den markierten Sägezahn den Graphen der Funktion
Zeit → Höhe über Starthöhe.
Vereinfacht dazu die Sachsituation in geeigneter Weise und gebt an, welche Vereinfachungen ihr vorgenommen habt. Vergleicht beide Graphen.

Aufgabe 1

Im Schweizer Wintersportort Engelberg führt ein Sessellift von Ristis zur Brunnihütte.
In einer 10-minütigen Fahrt überwindet er eine Höhendifferenz von 260 m.

Das Riesenrad London Eye wurde im Jahr 2000 errichtet. Es dreht sich kontinuierlich mit kleinerer Geschwindigkeit als Schritttempo, sodass problemloser Ein- und Ausstieg ohne Halt gewährleistet ist.
Während der gemächlichen 30-minütigen Fahrtrunde erreicht man eine Höhe von 135 m, aus der man eine gute Sicht bis Schloss Windsor hat.

Sowohl für eine Fahrt mit dem Sessellift als auch mit dem Riesenrad soll die Abhängigkeit der erreichten Höhe (über der Starthöhe) von der Fahrzeit untersucht werden.
a) Betrachte einen Sessel des Sessellifts und eine Gondel des Riesenrads. Zeichne jeweils den Graphen der Funktion *Zeit (in min) → erreichte Höhe (über Starthöhe in m)* für den Zeitraum einer Stunde. Vereinfache dazu die Bewegungen und gib an, welche Vereinfachungen du vorgenommen hast.
b) Beschreibe und vergleiche die beiden Graphen.

Lösung

a) Für den Sessellift nehmen wir vereinfachend an:
  - Die Steigung auf der Strecke ist konstant.
  - Die Gondel startet unten und bewegt sich mit konstanter Geschwindigkeit, das bedeutet gleicher Höhenzuwachs pro Zeiteinheit.
  - Wir vernachlässigen den Umlenkvorgang zwischen Berg- und Talfahrt und betrachten die Bewegung als direktes Auf und Ab.

Die Bewegung des Sesselliftes wird also durch folgenden Graphen beschrieben.

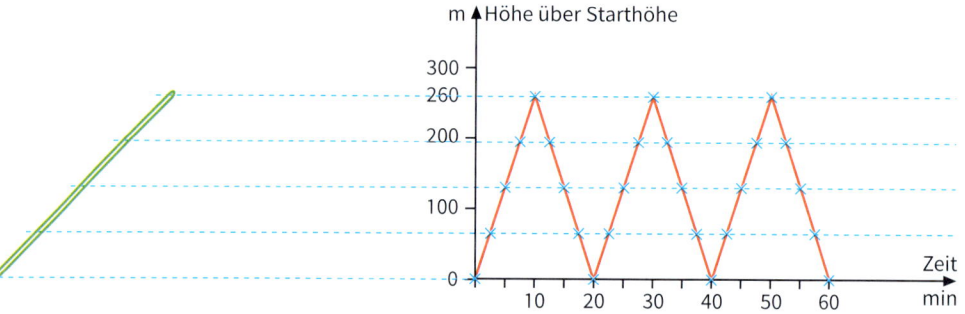

Auch beim Riesenrad betrachten wir eine Gondel, die unten startet. Die kontinuierliche Bewegung führt zu einer Drehung um einen konstanten Winkel pro Zeiteinheit: 360° in 30 Minuten. Wir bestimmen die Höhe in Schritten von 30°, d. h. alle $2\frac{1}{2}$ Minuten.

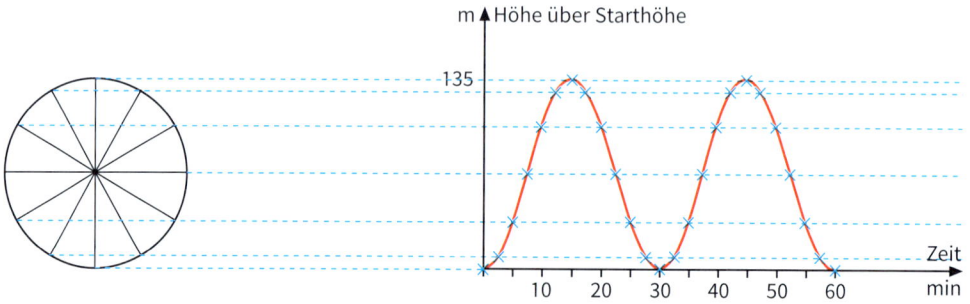

b) Beide Graphen steigen zunächst an und fallen dann wieder. Danach wiederholt sich das Ansteigen und Abfallen in genau gleicher Weise.
Beim Sessellift erfolgt der Höhenzuwachs bis zur maximalen Höhe gleichmäßig und ebenso die Höhenabnahme bis zur Starthöhe zurück: 260 m pro 10 min, also 26 m pro min.
Die Beschreibung kann also abschnittsweise mithilfe linearer Funktionen erfolgen.
Beim Riesenrad dagegen wird z. B. für $\frac{1}{4}$ Runde (Drehung um 90°) je nach Abschnitt ein größerer oder kleinerer Höhenunterschied erreicht. Damit ist hier eine Beschreibung mithilfe linearer Funktionen nicht möglich.

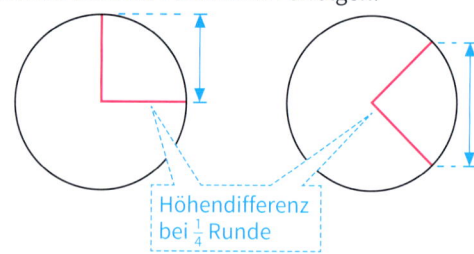

Höhendifferenz bei $\frac{1}{4}$ Runde

Information

Beim Sessellift erreicht ein Sessel alle 20 Minuten dieselbe Position: Die Höhe h(x) zu einem Zeitpunkt x stimmt überein mit der Höhe zu dem 20 Minuten späteren Zeitpunkt x + 20; es gilt also: h(x) = h(x + 20)
Beim Riesenrad erreicht eine Gondel alle 30 Minuten dieselbe Position; hier gilt also: h(x) = h(x + 30)
Beim Sessellift ist die Zeitspanne von 20 Minuten die kleinste, nach der sich jede Position wiederholt. Damit wiederholt sich jede Position aber auch nach 40, 60, ... Minuten. Beim Riesenrad ist entsprechend 30 Minuten die kleinste Zeitspanne, nach der sich jede Position wiederholt. Solche Vorgänge, bei denen sich der Ablauf in festen Zeitabständen wiederholt, nennt man *periodisch*.
Häufig beschreibt man bestimmte Abhängigkeiten bei periodischen Vorgängen mithilfe von Funktionen. Dazu muss man meistens die Situation vereinfachen und ein Koordinatensystem einführen.

periodisch (griech.) regelmäßige auftretend, wiederkehrend

Eine Funktion f heißt **periodisch**, wenn sich ihre Funktionswerte in festen Abständen wiederholen. Ihre **Periode** ist die kleinste positive Zahl p, für die für alle Werte x aus dem Definitionsbereich der Funktion gilt:
f(x) = f(x + p)

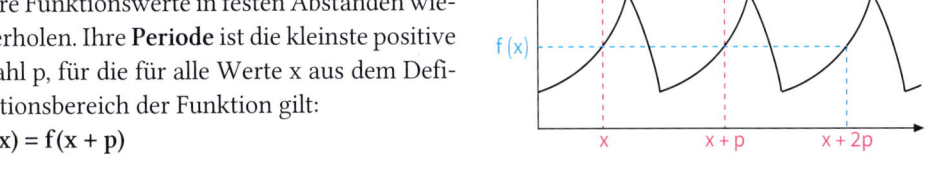

Übungsaufgaben

2. **Nockenwellen**
dienen z. B. zur Steuerung der Ein- und Auslassventile in den Motoren von Karftfahrzeugen. Die Nocken einer Nockenwelle sind auf einem sich drehenden Stab (Welle) moniert. Dabei wird die Drehbewegung der Welle oder Scheibe in eine Hub- oder Hebelbewegung umgesetzt. Je nach Anforderung gibt es Nocken mit einfachen und komplizierten Profilen. Um die jeweils gewünschte Bewegungsfolgen zu erzielen, muss man in vielen Fällen das Nockenprofil nur leicht verändern.

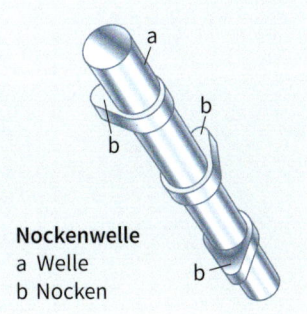

Nockenwelle
a Welle
b Nocken

Rechts siehst du die Hubbewegung einer Nocke in Abhängigkeit von der Zeit.
a) Zeichne die entsprechenden Graphen zu folgenden Nocken:

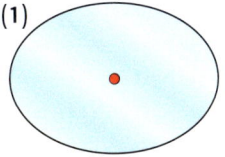 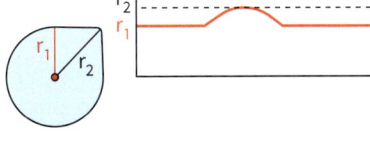

(1) 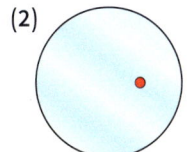 (2) 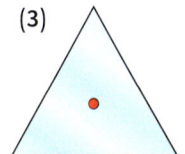 (3) 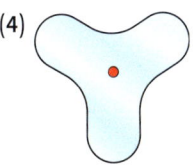 (4)

b) Erfinde selbst weitere Nockenformen und zeichne die zugehörigen Graphen.

3. Die Fahrt mit einer Achterbahn über mehrere Runden hintereinander ist ein periodischer Vorgang.
   a) Zwischen welchen Größen kann hier eine Zuordnung vorgenommen werden?
   b) Beschreibe eine Fahrt in Worten und zeichne dazu einen Graphen.

4. Zeichne den Graphen einer periodischen Funktion. Der Partner erfindet dazu eine Bewegungs- oder Geschwindigkeitssituation. Denkt hierzu beispielsweise an einen Mountainbike-Rundkurs, die Bewegung eines Modellflugzeuges oder ein Jahrmarktkarussell.

5. Unten siehst du das Gelände der Rennstrecke auf dem Sachsenring. Es wird auch als Auto-Teststrecke genutzt. Zeichne für die Rundkurse A und B jeweils ein Diagramm für die Geschwindigkeit eines Testfahrzeugs, das auf dieser Strecke fährt.

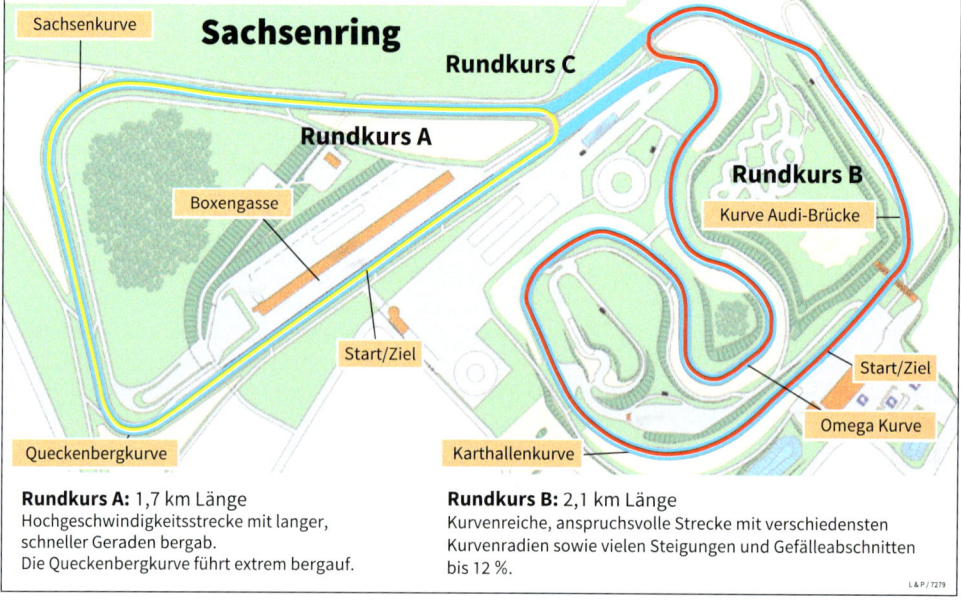

Rundkurs A: 1,7 km Länge
Hochgeschwindigkeitsstrecke mit langer, schneller Geraden bergab.
Die Queckenbergkurve führt extrem bergauf.

Rundkurs B: 2,1 km Länge
Kurvenreiche, anspruchsvolle Strecke mit verschiedensten Kurvenradien sowie vielen Steigungen und Gefälleabschnitten bis 12 %.

6. Die Gezeiten an der Nordsee ändern den Wasserstand in den Seehäfen.
   Große, schwer beladene Schiffe benötigen eine Mindestwassertiefe zum Ein- und Auslaufen in den Hafen.
   Ein Containerschiff wird beladen und soll am 12. Oktober bei Hochwasser auslaufen.
   a) Stelle den Zeitpunkt des Hochwassers an den verschiedenen Tagen im September grafisch dar (siehe Tabelle). Achte auf geeignetes Verbinden der Punkte. Beschreibe das Diagramm.

Tag	Hochwasser		Tag	Hochwasser	
1	07:01	19:25	16	08:57	21:22
2	08:04	20:35	17	10:12	22:40
3	09:21	21:57	18	11:26	23:49
4	10:44	23:17	19	12:30	–
5	12:00	–	20	00:47	13:19
6	00:23	13:00	21	01:30	13:54
7	01:17	13:50	22	02:02	14:19
8	02:05	14:35	23	02:27	14:45
9	02:50	15:17	24	02:57	15:18
10	03:35	15:59	25	03:34	15:56
11	04:22	16:42	26	04:12	16:32
12	05:09	17:25	27	04:48	17:04
13	05:57	18:09	28	05:22	17:36
14	06:48	19:00	29	05:58	18:14
15	07:48	20:05	30	06:43	19:05

   b) Erstelle eine Prognose für den Hochwasserzeitpunkt am 12. Oktober 2014.
   c) Gib Grenzen des Modells an: Welche Besonderheiten wurden nicht beachtet, welche Vereinfachungen wurden vorgenommen?

7. Die Gondel eines Sessellifts bewegt sich in 10 Minuten über eine Höhendifferenz von 150 m. Vereinfache die Bewegung modellmäßig. Zeichne dann den Graphen der Funktion *Zeit → Höhe über Starthöhe* für einen Zeitraum von 30 Minuten.
   Mit welchen Funktionsvorschriften kann man die einzelnen Abschnitte im vereinfachten Modell beschreiben?

8. Findet weitere Beispiele für periodische Vorgänge im Alltag. Stellt sie grafisch dar. Gestaltet eine Ausstellung dazu im Klassenraum.

6.2 Sinus und Kosinus am Einheitskreis

Einstieg

Der Reflektor eines sich gleichmäßig drehenden Fahrradpedals zeigt bei Betrachtung von hinten eine besondere Auf- und Abbewegung. Diese Bewegung soll durch ein mathematisches Modell untersucht werden.

Anstelle des Fahrradpedals betrachten wir einen Zeiger der Länge r. Er dreht sich um einen Mittelpunkt M mit gleich bleibender Geschwindigkeit. Beleuchtet man den Zeiger von der linken Seite (Ansicht des Pedals von hinten), so entsteht an der Wand ein Schatten des Zeigers. Die Länge v des Schattens ist dabei abhängig von der Größe α des Drehwinkels des Zeigers.

a) Zeichnet den Graphen der Funktion, die jeder Größe α des Drehwinkels die Länge v des Schattens an der Wand zuordnet. Zeigt die Pfeilspitze des Schattens nach oben, so wählen wir v positiv, sonst negativ.

b) Beschreibt die Funktion im Bereich $0° \leq \alpha \leq 90°$ durch eine Gleichung.

c) Betrachtet nun eine Beleuchtung von oben (Ansicht des Fahrradpedals von oben). Zeichnet den Graphen der Funktion, die jeder Größe α des Drehwinkels die Schattenlänge u auf dem Boden zuordnet. Zeigt die Pfeilspitze nach rechts, so wählen wir u positiv, sonst negativ. Beschreibt die Funktion im Bereich $0° \leq \alpha \leq 90°$ durch eine Gleichung.

Aufgabe 1

Der Arm eines Industrieroboters ist so gelagert, dass er eine Bewegung auf einem Kreis mit dem Radius 1 (gemessen in m) um einen Mittelpunkt M ausführen kann.
In der Ebene, in der dieser Kreis liegt, wählen wir ein Koordinatensystem so, dass der Mittelpunkt des Kreises im Koordinatenursprung liegt. Dann kann man die Position P des Endpunktes in einfacher Weise mithilfe von Koordinaten beschreiben.

Gesucht ist die Abhängigkeit der Position P vom Drehwinkel α des Armes (zum positiven Teil) der Rechtsachse des Koordinatensystems.

a) Zeichne den Graphen der Funktion, die jedem Drehwinkel α von 0° bis 360° die Höhe der Position P über der Rechtsachse (also die 2. Koordinate v von P) zuordnet.

b) Zeichne den entsprechenden Graphen für die 1. Koordinate u von P.

c) Beschreibe die Funktionen für Winkel von 0° bis 90° jeweils durch eine Formel.

Lösung

a) Die 2. Koordinate eines Punktes P kann direkt in den Graphen übertragen werden.

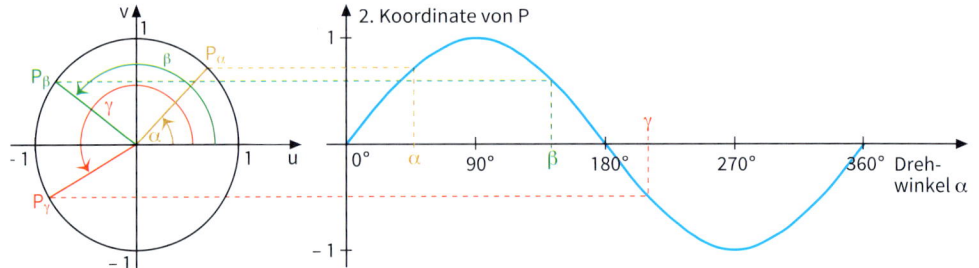

b) Die 1. Koordinate eines Punktes P kann auf der nach rechts gerichteten Achse abgelesen werden. Um sie direkt in den Graphen zu übertragen, müssen wir die 1. Koordinate zunächst auf die nach oben gerichteten Achse übertragen. Dazu zeichnen wir einen Viertelkreis von der 1. Koordinate auf der nach rechts gerichteten Achse bis zur nach oben gerichteten Achse. Der Wert, an dem der Viertelkreis auf die nach oben gerichteten Achse trifft, kann nun direkt in den Graphen als 2. Koordinate übertragen werden.

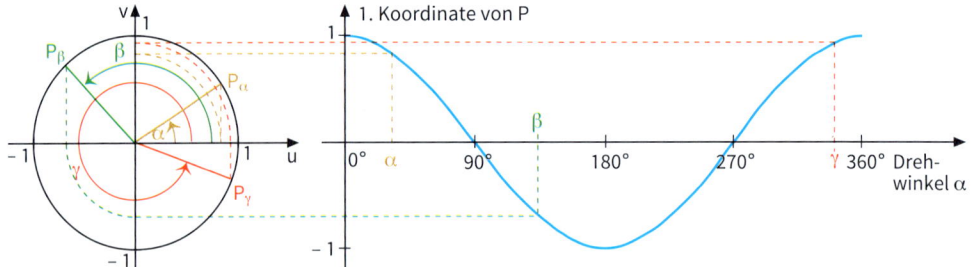

$\sin(\alpha)$
$= \dfrac{\text{Gegenkathete}}{\text{Hypotenuse}}$

$\cos(\alpha)$
$= \dfrac{\text{Ankathete}}{\text{Hypotenuse}}$

c) Wir betrachten einen Punkt P auf dem Teil des Einheitskreises im 1. Quadranten. Die Koordinaten von P können wir mit dem eingezeichneten rechtwinkligen Dreiecks berechnen.
Für die 1. Koordinate u gilt: $\frac{u}{1} = \cos(\alpha)$, also $u = \cos(\alpha)$
Entsprechend erhält man für die 2. Koordinate: $v = \sin(\alpha)$
Für Winkel α von 0° bis 90° gilt also:
Die Funktion *Drehwinkel α → 1. Koordinate von P* wird also durch die Formel $u = \cos(\alpha)$ und die Funktion *Drehwinkel α → 2. Koordinate von P* durch die Formel $v = \sin(\alpha)$ beschrieben.

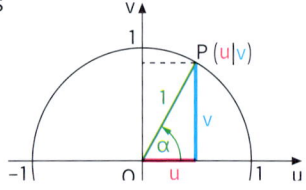

Information

(1) Koordinaten eines Punktes auf dem Einheitskreis für $0° \leq \alpha \leq 360°$
Die in Teilaufgabe 1 c) vorgenommene Deutung des Sinus und des Kosinus am Einheitskreis im 1. Quadranten übertragen wir nun auf den ganzen Einheitskreis: Ist P ein beliebiger Punkt auf dem Einheitskreis, so soll seine 1. Koordinate $\cos(\alpha)$ und seine 2. Koordinate $\sin(\alpha)$ sein, wobei α der Winkel zwischen der Halbgeraden $\overrightarrow{OP}$ und der positiven nach rechts gerichteten Achse ist.

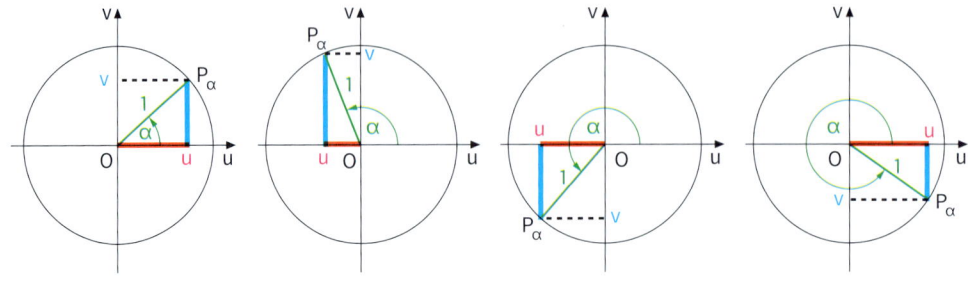

Beispiele für besondere Winkelwerte:

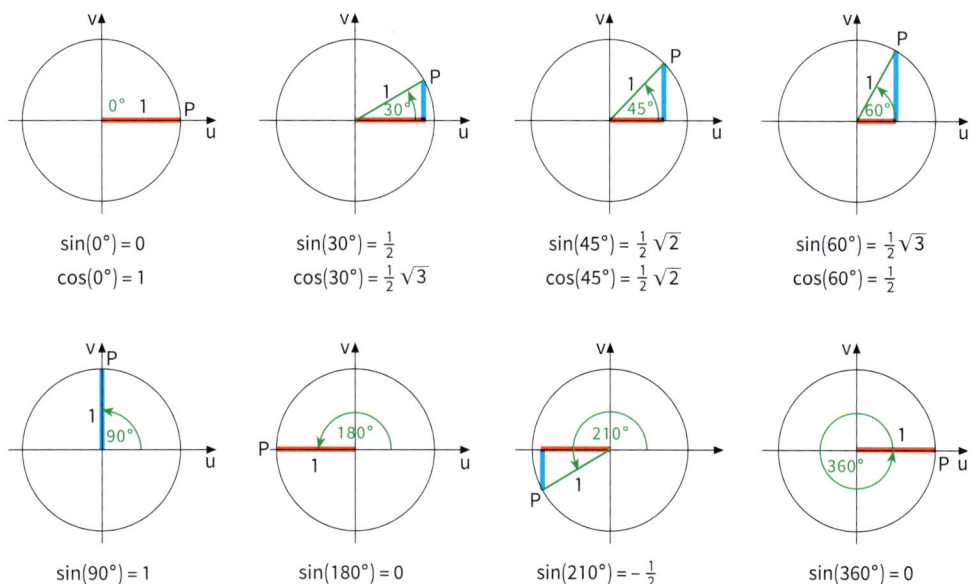

$\sin(0°) = 0$
$\cos(0°) = 1$

$\sin(30°) = \frac{1}{2}$
$\cos(30°) = \frac{1}{2}\sqrt{3}$

$\sin(45°) = \frac{1}{2}\sqrt{2}$
$\cos(45°) = \frac{1}{2}\sqrt{2}$

$\sin(60°) = \frac{1}{2}\sqrt{3}$
$\cos(60°) = \frac{1}{2}$

$\sin(90°) = 1$

$\sin(180°) = 0$

$\sin(210°) = -\frac{1}{2}$

$\sin(360°) = 0$

(2) Winkelgrößen über 360° und negative Winkelgrößen

Den Roboterarm in Aufgabe 1 auf Seite 233 haben wir linksherum (d.h. entgegen dem Uhrzeigersinn, auch mathematisch positiv genannt) bis zu seiner Endposition gedreht. Für den Drehwinkel α gilt dann $0° \leq \alpha \leq 360°$. Wir können den Roboterarm auch über eine Volldrehung (360°) hinaus weiterdrehen. Den Drehwinkel α geben wir dann durch Winkelgrößen über 360° an.

Für eine Drehung rechtsherum (d.h. im Uhrzeigersinn, auch mathematisch negativ genannt) verwenden wir Winkelgrößen mit negativer Maßzahl.

Am Einheitskreis können wir das so veranschaulichen:

In Bild (1) bildet der Zeiger mit (dem positiven Teil) der Rechtsachse einen Winkel von 40°. Der Zeiger hat diese Lage durch eine Volldrehung und zusätzlich eine Drehung um 400°, also insgesamt durch eine Drehung um 400° linksherum erreicht: 360° + 40° = 400°.

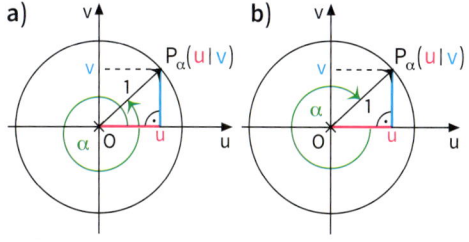

Dreht man den Zeiger rechtsherum, also im Uhrzeigersinn (mathematisch negativ genannt), so gibt man den Drehwinkel durch eine negative Maßzahl an, z.B. −320° in Bild (2).

Damit können wir nun den Sinus und den Kosinus von beliebigen Winkelgrößen definieren.

Definition

Gegeben ist ein beliebiger Winkel α mit dem Scheitelpunkt im Koordinatenursprung und dem 1. Schenkel auf (dem positiven Teil) der nach rechts gerichteten Achse des Koordinatensystems. Der 2. Schenkel schneidet den Einheitskreis in einem Punkt $P_\alpha(u|v)$. Für die Koordinaten von P_α gilt dann für jeden beliebigen Winkel α:

$v = \sin(\alpha); \quad u = \cos(\alpha)$

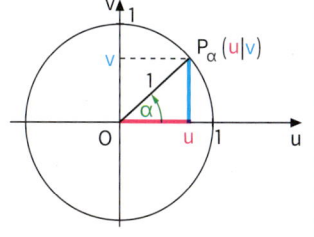

(3) Graphen zu den Funktionen mit $y = \sin(\alpha)$ und $y = \cos(\alpha)$

Definition
Der Graph der Funktion mit der Gleichung $y = \sin(\alpha)$ heißt **Sinuskurve**.

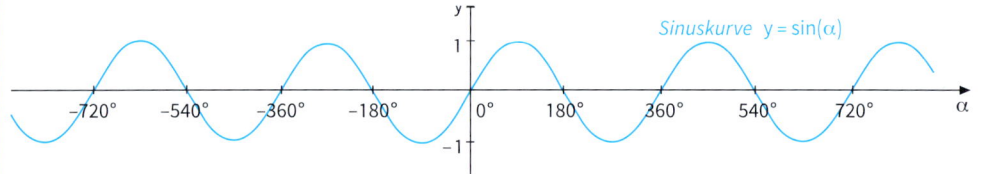

Der Graph der Funktion mit der Gleichung $y = \cos(\alpha)$ heißt **Kosinuskurve**.

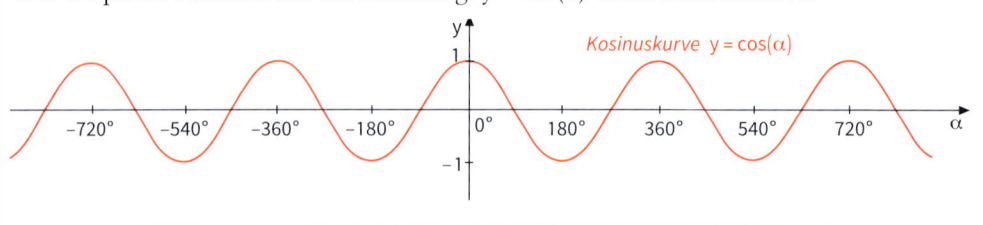

Die Sinuskurve und die Kosinuskurve haben die Periode 360°.

Übungsaufgaben

2. Bestimme zeichnerisch am Einheitskreis ($r = 1\,\text{dm}$) auf Hundertstel.
   a) $\sin(75°)$ b) $\sin(214°)$ c) $\sin(349°)$ d) $\cos(75°)$ e) $\cos(214°)$ f) $\cos(349°)$
   $\sin(156°)$ $\sin(281°)$ $\sin(415°)$ $\cos(156°)$ $\cos(281°)$ $\cos(415°)$

3. Bestimme am Einheitskreis die Winkelgrößen aus dem Bereich $0° \leq \alpha \leq 360°$, für die gilt:
   a) $\sin(\alpha) = 0{,}24$ b) $\sin(\alpha) \geq 0{,}35$ c) $\cos(\alpha) = 0{,}75$ d) $\cos(\alpha) \geq 0{,}65$
   $\sin(\alpha) = -0{,}56$ $\sin(\alpha) \leq -0{,}45$ $\cos(\alpha) = -0{,}32$ $\cos(\alpha) \leq -0{,}45$

4. Bestimme die Winkelgrößen im Bereich $0° \leq \alpha \leq 360°$, für die gilt:
   a) $\sin(\alpha) = 0$ b) $\sin(\alpha) = 1$ c) $\sin(\alpha) = -1$ d) $\cos(\alpha) = -1$ e) $\cos(\alpha) = 1$

5. Bestimme mithilfe des Taschenrechners. Runde sinnvoll.
   a) $\sin(119{,}5°)$ b) $\sin(775{,}4°)$ c) $\cos(254{,}5°)$ d) $\cos(-514{,}6°)$
   $\sin(-202{,}8°)$ $-\sin(-358{,}1°)$ $\cos(-153{,}1°)$ $-\cos(-261{,}5°)$

6. Zu dem Punkt P_α gehört der jeweils angegebene Drehwinkel α. Durch welche Winkelgröße α aus dem Bereich $0° \leq \alpha \leq 360°$ wird dieselbe Lage des Punktes P_α beschrieben?
   a) $\alpha = 768°$ b) $\alpha = 920°$ c) $\alpha = 973°$ d) $\alpha = -82°$ e) $\alpha = -138°$ f) $\alpha = -333°$
   $\alpha = 432°$ $\alpha = 860°$ $\alpha = 1217°$ $\alpha = -64°$ $\alpha = -218°$ $\alpha = -614°$

7. Skizziere die Sinuskurve im Bereich $-360° \leq \alpha \leq 1\,080°$.
   Beschreibe, wie du geschickt vorgehen kannst.

Sinnvolle Einteilung der Achsen überlegen!

8. Für welche Winkelgrößen α mit $0° \leq \alpha \leq 360°$ gilt jeweils:
   a) $\sin(\alpha) > 0$ b) $\cos(\alpha) < 0$ c) $\sin(\alpha) > 0$ und $\cos(\alpha) > 0$ d) $\sin(\alpha) > 0$ und $\cos(\alpha) < 0$?

6.3 Sinus- und Kosinusfunktion mit ℝ als Definitionsbereich

6.3.1 Bogenmaß eines Winkels

Bislang haben wir die Größe von Winkeln im Gradmaß in der Einheit ° gemessen. Jetzt soll die Größe von Winkeln mithilfe reeller Zahlen angegeben werden.

Einstieg

Zur Kontrolle des Winkels einer neu gebauten Diskuswurf-Anlage wird sowohl der Bogen auf dem Wurfkreis gemessen als auch auf der des 50-m-Weitenkreises im Wurfsektor:
0,87 m bzw. 28,50 m.
Überlegt, warum es leichter ist, diese Größen statt der Winkelgröße direkt zu messen. Berechnet dann die Größe des Winkels.

Diskuswerfen
Der Diskus ist eine mit Metall eingefasste Hartholz- oder Metallscheibe, die aus einem Wurfkreis mit 2,50 Metern Durchmesser in das gekennzeichnete Wurffeld geworfen wird. Der Wurfkreis wird durch eine Metallumrandung oder eine weiße Linie markiert.
Vom Mittelpunkt des Kreises führen in einem 40-Grad-Winkel zwei gerade Linien nach vorne und begrenzen somit einen Sektor, in dem alle gültigen Würfe landen müssen. Die Messung der Würfe erfolgt auf einer geraden Linie durch den Kreismittelpunkt von der Auftreffstelle zur Innenkante der Kreisumrandung.

Aufgabe 1

Berechnen der Größe eines Winkels aus der Bogenlänge
Ein Schweißroboter soll für das Herstellen zweier kreisförmiger Schweißnähte programmiert werden. Die Schweißnähte sollen dabei auf Kreisbögen mit den Radien $r_1 = 1\,\text{m}$ und $r_2 = 1{,}5\,\text{m}$ liegen und eine Bogenlänge von $b_1 = 0{,}48\,\text{m}$ bzw. $b_2 = 0{,}72\,\text{m}$ haben.
Welcher Drehwinkel muss für den Roboterarm jeweils programmiert werden?

Lösung

Für die zu einer Kreisbogenlänge b_α gehörende Winkelgröße α gilt:
$$\frac{b_\alpha}{2\pi r} = \frac{\alpha}{360°}, \quad \text{also: } \alpha = \frac{b_\alpha \cdot 360°}{2\pi r} = \frac{b_\alpha \cdot 180°}{\pi r}$$
Damit folgt:
$\alpha_1 = \frac{0{,}48\,\text{m} \cdot 180°}{\pi \cdot 1\,\text{m}} = 27{,}50\ldots° \approx 27{,}5°$ und
$\alpha_2 = \frac{0{,}72\,\text{m} \cdot 180°}{\pi \cdot 1{,}5\,\text{m}} = 27{,}50\ldots° \approx 27{,}5°$

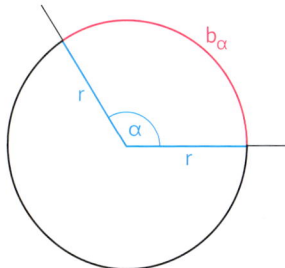

Information

Bogenmaß eines Winkels
In Aufgabe 1 haben wir beide Male als Winkelgröße 27,5° erhalten. Dies liegt daran, dass der Radius r_2 genau 1,5-mal so groß wie der Radius r_1 und auch die Bogenlänge b_2 genau 1,5-mal so groß wie die Bogenlänge b_1 ist. Formt man die Formel $\alpha = \frac{b_\alpha \cdot 180°}{\pi r}$ um in $\frac{b_\alpha}{r} = \alpha \cdot \frac{\pi}{180°}$, so sieht man, dass das Verhältnis $\frac{b_\alpha}{r}$ nur von der Winkelgröße α abhängt, da π und 180° Konstanten sind.

Größen kann man in verschiedenen Einheiten messen.
Länge:
Meter ↔ inch
Temperatur:
Grad Celsius
↔
Grad Fahrenheit
Winkel:
Gradmaß
↔
Bogenmaß

Das Verhältnis $\frac{b_\alpha}{r}$ aus Bogenlänge b_α und Radius r können wir daher auch dazu verwenden, um die Größe eines Winkels anzugeben.

Man nennt es das *Bogenmaß* des Winkels α. Das Bogenmaß eines Winkels ist eine reelle Zahl. Bisher haben wir die Größe eines Winkels in der Einheit Grad angegeben, also im sogenannten Gradmaß. Mit der Formel $\frac{b_\alpha}{r} = \alpha \cdot \frac{\pi}{180°}$ können wir jede Winkelgröße, die im Gradmaß angegeben ist, in das Bogenmaß umrechnen und umgekehrt.

Definition
Das Verhältnis $\frac{b_\alpha}{r}$ aus der Länge b_α des Kreisbogens und dem Radius r heißt das **Bogenmaß** des Winkels α.

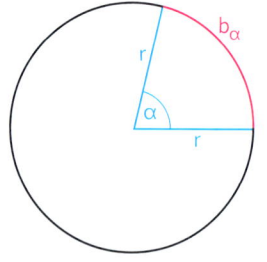

Satz
(1) Zu dem Gradmaß α eines Winkels gehört das Bogenmaß $x = \alpha \cdot \frac{\pi}{180°}$.

(2) Zu dem Bogenmaß x eines Winkels gehört das Gradmaß $\alpha = x \cdot \frac{180°}{\pi}$.

Beispiele: (1) α = 152° (2) x = 5,1

$x = \alpha \cdot \frac{\pi}{180°} = 152° \cdot \frac{\pi}{180°} \approx 2,65$ $\alpha = x \cdot \frac{180°}{\pi} = 5,1 \cdot \frac{180°}{\pi} \approx 292,2°$

Das Bogenmaß ist eine reelle Zahl!

Aufgabe 2

Umrechnen vom Gradmaß in das Bogenmaß
Gib für −90°, 0°, 30°, 45°, 60°, 90°, 180°, 270°, 360° und 720° den Zusammenhang zwischen Gradmaß und Bogenmaß an.

Lösung

Du könntest das Gradmaß für jede einzelne Winkelgröße mithilfe der Formel $x = \alpha \cdot \frac{\pi}{180°}$ berechnen. Einfacher ist jedoch folgendes Vorgehen:
Zu dem Gradmaß α = 360° eines Winkels gehört das Bogenmaß x = 2π, zu dem Gradmaß 180° gehört das Bogenmaß π, …
Die weiteren Werte für das Bogenmaß ergeben sich aus der Tatsache, dass die Zuordnung zwischen Gradmaß und Bogenmaß proportional ist.

Gradmaß	−90°	0°	30°	45°	60°	90°	180°	270°	360°	720°
Bogenmaß	$-\frac{\pi}{2}$	0	$\frac{\pi}{6}$	$\frac{\pi}{4}$	$\frac{\pi}{3}$	$\frac{\pi}{2}$	π	$\frac{3}{2}\pi$	2π	4π

360° entspricht 2π

Information

Verschiedene Winkelmaße beim Taschenrechner
Der Taschenrechner kann neben dem bisher verwendeten Gradmaß auch das Bogenmaß für Berechnungen verwenden. Dazu muss er aber auf das Bogenmaß umgeschaltet werden. Für das Gradmaß wird dabei die Abkürzung DEG (Degree) und für das Bogenmaß die Abkürzung RAD (Radiant) verwandt. Weitere Winkelmaße, die der Taschenrechner verarbeiten kann, sind für uns ohne Bedeutung.
Auch Tabellenkalkulationsprogramme verwenden das Bogenmaß für Winkelgrößen.

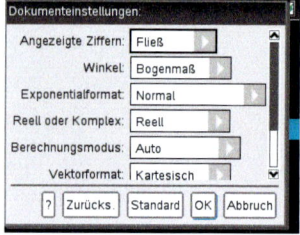

6.3 Sinus- und Kosinusfunktion mit ℝ als Definitionsbereich

Übungsaufgaben

3. Gegeben sind Winkelgrößen im Gradmaß. Berechne jeweils das zugehörige Bogenmaß.
   a) 37°; 109°; 348°; 258°; 17,5°; 339,8°; 127,1°   b) −55°; 456°; −125°; −518°; −256,8°

4. Gegeben sind Winkelgrößen im Bogenmaß. Berechne jeweils das zugehörige Gradmaß.
   a) 2,67; 5,14; 0,5; −3,25; 23,6; −1,3; 20,4   b) $\frac{3}{2}\pi$; $\frac{\pi}{4}$; $\frac{5}{4}\pi$; $-\frac{7}{4}\pi$; $-\frac{3}{8}\pi$; $-\frac{5}{8}\pi$; $\frac{7}{8}\pi$; $-\frac{\pi}{6}$

5. Rechne jeweils in das andere Winkelmaß um, gerundet auf Zehntel.
   a) 17°; 3,4; 2,7; 93°; −93; 1,9°   b) 1°; 1; −1; −1°; π; π°

6. Lasse dir von deinem Partner einen Winkel im Bogenmaß bzw. im Gradmaß sagen. Schätze den Winkel im anderen Maß. Dein Partner berechnet den Wert zur Kontrolle. Tauscht die Rollen nach jeder Aufgabe.

6.3.2 Definition der Sinus- und Kosinusfunktion

Einstieg Beschafft euch einen runden Gegenstand (z. B. eine Cremedose), um den ihr einen Faden wickelt. Zeichnet ein Koordinatensystem mit dem Radius des Gegenstandes als Einheit. Befestigt eine Reißzwecke auf dem negativen Teil der x-Achse, um den sich der Gegenstand dreht. Markiert auf dem Faden den Punkt, an dem er die y-Achse schneidet. Markiert auf dem Rand der Dose den Punkt rechts auf der x-Achse. Zieht ihr parallel zur x-Achse am Faden, so dreht sich die Dose. Zeichnet den Graphen der Funktion *Länge des abgewickelten Fadens* → *Höhe des Punktes P*. Stellt Zusammenhänge zu der euch bekannten Definition des Sinus am Einheitskreises her.

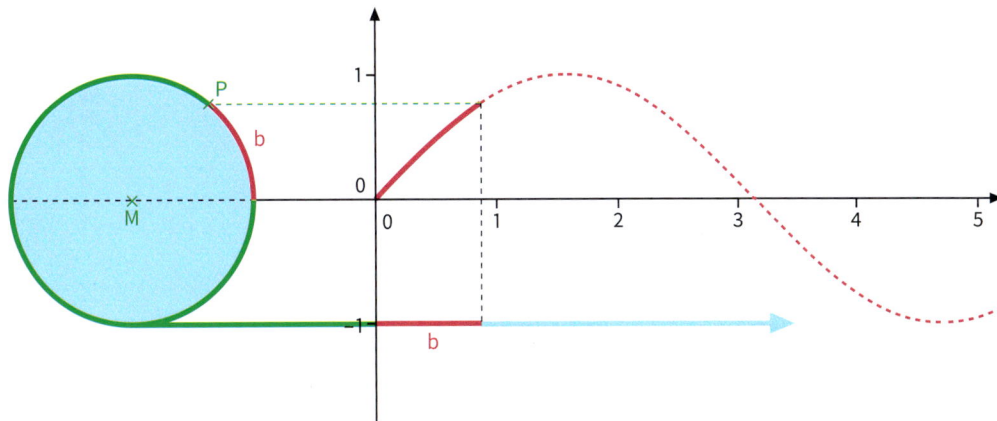

Aufgabe 1

Die Sinusfunktion und die Kosinusfunktion können auch für Winkelgrößen im Bogenmaß definiert werden. In der grafischen Darstellung wird das Gradmaß an der nach rechts gerichteten Achse durch das Bogenmaß ersetzt. Die Werte an der nach rechts gerichteten Achse sind dann reelle Zahlen.

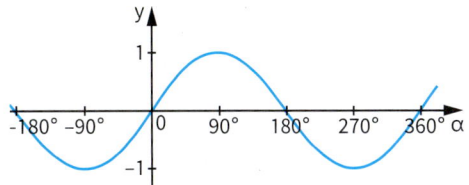

a) Zeichne den Graphen der Sinusfunktion für Winkelgrößen im Bogenmaß und gib an der x-Achse zusätzlich die Werte für das Gradmaß an.
b) Lies am Graphen die Funktionswerte für sin(0,5); sin(1); sin(2,5); $\sin\left(\frac{\pi}{2}\right)$ und sin(π) ab.
c) Zeichne entsprechend zu Teilaufgabe a) auch den Graphen der Kosinusfunktion.

Lösung

a) Mithilfe einer Wertetabelle erhalten wir den Graphen:

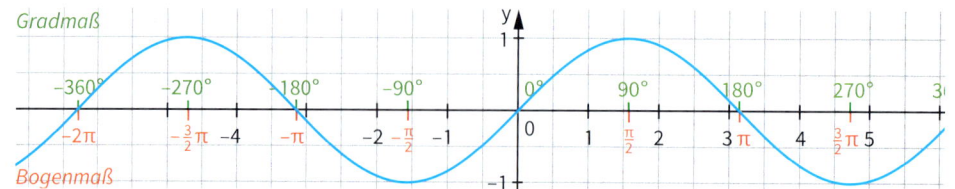

b) Unter Berücksichtigung der Ablesegenauigkeit ergibt sich:
$\sin(0{,}5) \approx 0{,}5$; $\sin(1) \approx 0{,}8$; $\sin(2{,}5) \approx 0{,}6$; $\sin\left(\frac{\pi}{2}\right) = 1$; $\sin(\pi) = 0$

c) Mithilfe einer Wertetabelle erhalten wir den Graphen:

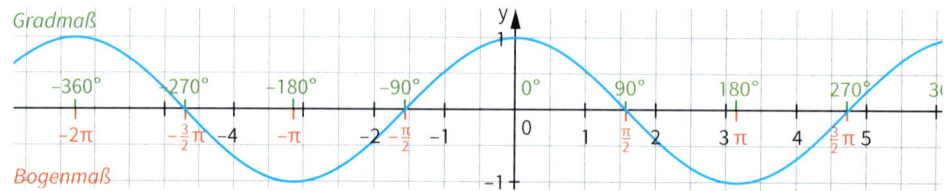

Information

Definition
Die Funktion mit der Gleichung $y = \sin(x)$ und $\mathbb{R}$ als Definitionsmenge heißt **Sinusfunktion**. Ihr Graph heißt auch *Sinuskurve*.
Die Funktion mit der Gleichung $y = \cos(x)$ und $\mathbb{R}$ als Definitionsmenge heißt **Kosinusfunktion**. Ihr Graph heißt auch *Kosinuskurve*.

Graph der Sinusfunktion: *Graph der Kosinusfunktion:*

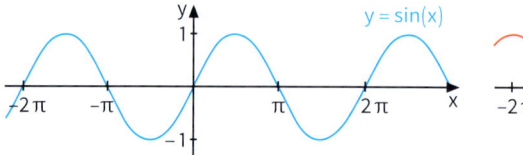   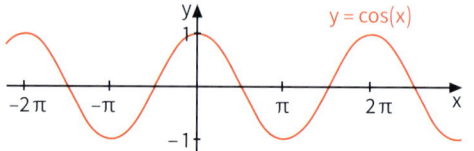

Die Wertemenge ist jeweils die Menge aller reellen Zahlen y, für die gilt: $1 \leq y \leq 1$.

Satz
Die Sinus- und die Kosinusfunktion sind periodische Funktionen mit der Periode 2π:
$\sin(x + 2\pi) = \sin(x)$ $\cos(x + 2\pi) = \cos(x)$

Besondere Werte: $\sin(0) = 0$ $\sin\left(\frac{\pi}{2}\right) = 1$ $\sin(\pi) = 0$ $\sin\left(\frac{3}{2}\pi\right) = -1$ $\sin(2\pi) = 0$

$\cos(0) = 1$ $\cos\left(\frac{\pi}{2}\right) = 0$ $\cos(\pi) = -1$ $\cos\left(\frac{3}{2}\pi\right) = 0$ $\cos(2\pi) = 1$

Übungsaufgaben

2. Gerrit hat versucht, den Graphen der Sinusfunktion mit dem grafikfähigen Taschenrechner zu zeichnen. Nimm Stellung.

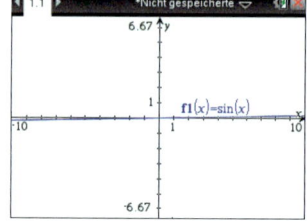

6.3 Sinus- und Kosinusfunktion mit ℝ als Definitionsbereich

Verwende Zoom-Decimal oder Zoom-Square für gleiche Einteilung auf beiden Achsen.

3. Zeichne den Graphen der Sinusfunktion. Verdeutliche daran die folgenden Funktionswerte.
   (1) $\sin(\pi)$ (2) $\sin(\pi°)$ (3) $\sin(15)$ (4) $\sin(15°)$ (5) $\sin(-1)$ (6) $\sin(-1°)$

4. Zeichne den Graphen der Kosinusfunktion mit dem Rechner und untersuche, wie sich die verschiedenen Fenster, die man im Zoom-Menü wählen kann, auf die Darstellung des Graphen auswirken.

5. Zeichne den Graphen der Funktion für $-13 \leq x \leq 13$.
   a) $y = 1 + \sin(x)$ b) $y = \frac{1}{2}x - \cos(x)$ c) $y = \frac{1}{10}x^2 - \cos(x)$

6.3.3 Eigenschaften der Sinus- und Kosinusfunktion

Einstieg

a) Rechts wurde mit einem Rechner der Sinuswert eines Winkels im Bogenmaß bestimmt und anschließend die zu diesem Sinuswert gehörende Winkelgröße berechnet. Nehmt Stellung.

b) Es gilt $\sin(4) = -0{,}7568024953$. Bei welchen Winkelgrößen ergibt sich derselbe Sinuswert? Begründet am Graphen der Sinusfunktion.

Aufgabe 1

a) Zeichne die Graphen der Sinus- und Kosinusfunktion und untersuche sie auf Symmetrie.
b) Gib die Nullstellen der beiden Funktionen an.

Lösung

a) (1) Wir können nur einen kleinen Ausschnitt des Graphen der Sinusfunktion zeichnen.

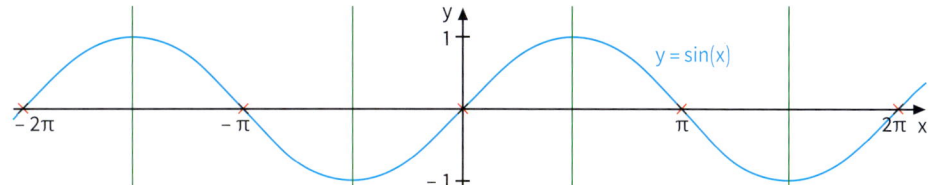

Die rot markierten Punkte sind Symmetriepunkte. Die grünen Geraden sind Symmetrieachsen.

(2) Auch vom Graphen der Kosinusfunktion können wir nur einen kleinen Ausschnitt zeichnen.

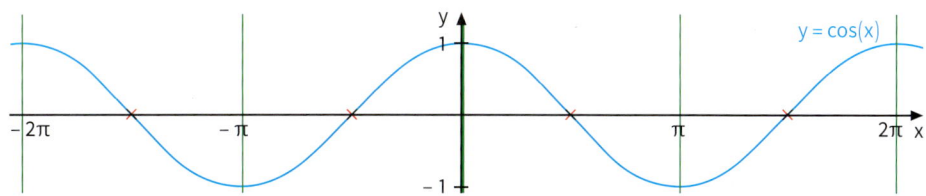

Die rot markierten Punkte sind Symmetriepunkte. Die grünen Geraden sind Symmetrieachsen.

Menge der ganzen Zahlen: $Z = \{..., -2, -1, 0, 1, ...\}$

b) Die Sinusfunktion hat zwischen 0 und 2π die Nullstellen 0; π; 2π. Wegen der Periode 2π hat sie in ℝ unendlich viele Nullstellen, z. B. -3π, -2π, $-\pi$, 0, π, 2π, 3π; allgemein $k \cdot \pi$ mit $k \in \mathbb{Z}$. Auch die Kosinusfunktion hat unendlich viele Nullstellen, z. B. $-\frac{5}{2}\pi$, $-\frac{3}{2}\pi$, $-\frac{1}{2}\pi$, $\frac{1}{2}\pi$, $\frac{3}{2}\pi$, $\frac{5}{2}\pi$; allgemein $\frac{\pi}{2} + k \cdot \pi$ mit $k \in \mathbb{Z}$.

Information

(a) Der Graph der Sinusfunktion ist punktsymmetrisch zu allen Punkten, an denen der Graph die x-Achse schneidet, insbesondere auch zum Koordinatenursprung O.

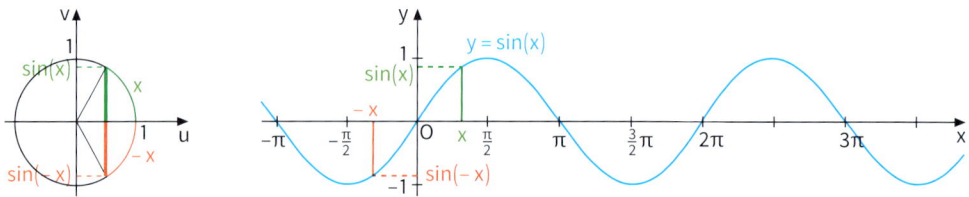

Bezüglich des Koordinatenursprungs O(0|0) gilt also: $\sin(-x) = -\sin(x)$

(b) Der Graph der Sinusfunktion ist achsensymmetrisch zu allen zur y-Achse parallelen Geraden, die durch einen Hoch- oder Tiefpunkt des Graphen verlaufen.

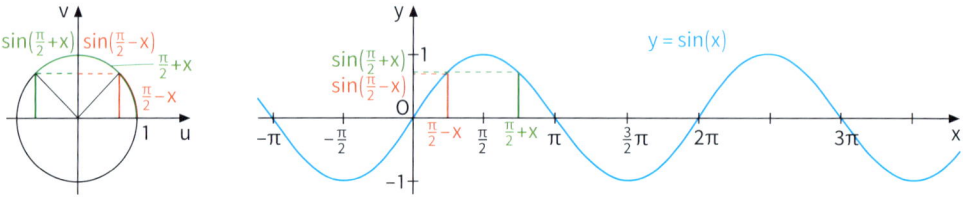

Bezüglich der Geraden durch den Hochpunkt $H\left(\frac{\pi}{2}\big|1\right)$ gilt also: $\sin\left(\frac{\pi}{2} + x\right) = \sin\left(\frac{\pi}{2} - x\right)$

(c) Der Graph der Kosinusfunktion ist punktsymmetrisch zu allen Punkten, an denen der Graph die x-Achse schneidet.

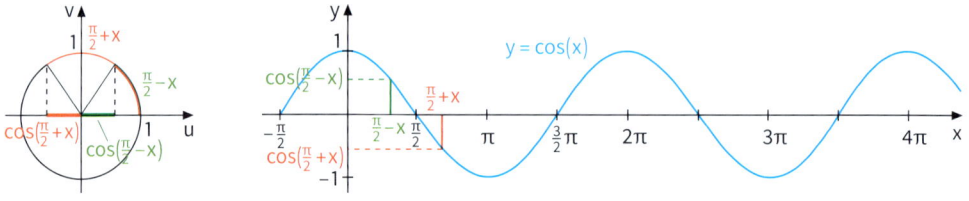

Bezüglich des Punktes $S\left(\frac{\pi}{2}\big|0\right)$ gilt also beispielsweise: $\cos\left(\frac{\pi}{2} + x\right) = -\cos\left(\frac{\pi}{2} - x\right)$

(d) Der Graph der Kosinusfunktion ist achsensymmetrisch zu allen zur y-Achse parallelen Geraden, die durch einen Hoch- oder Tiefpunkt, insbesondere auch zur y-Achse.

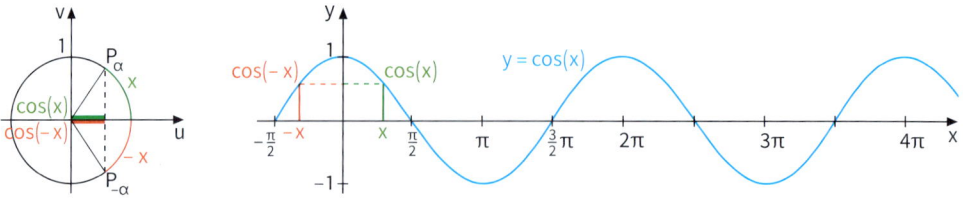

Bezüglich der y-Achse gilt also: $\cos(-x) = \cos(x)$

> **Satz**
> Sinus- und Kosinusfunktion haben punkt- und achsensymmetrische Graphen. Insbesondere gilt:
> (1) Der Graph der Sinusfunktion ist punktsymmetrisch zum Koordinatenursprung.
>   Für alle Winkelgrößen x gilt: $\mathbf{\sin(-x) = -\sin(x)}$
> (2) Der Graph der Kosinusfunktion ist achsensymmetrisch zur y-Achse.
>   Für alle Winkelgrößen x gilt: $\mathbf{\cos(-x) = \cos(x)}$

6.3 Sinus- und Kosinusfunktion mit ℝ als Definitionsbereich

Aufgabe 2 — Bestimmen von Winkelgrößen zu vorgegebenen Sinus- und Kosinuswerten

a) Bestimme mithilfe des Rechners *eine* Winkelgröße x aus dem Bereich $0 \leq x \leq 2\pi$, für die gilt:
  (1) $\sin(x) = 0{,}9$ (2) $\sin(x) = -0{,}8$ (3) $\cos(x) = 0{,}7$ (4) $\cos(x) = -0{,}5$

b) Zeichne die Graphen der Sinus- und Kosinusfunktion. Ermittle alle weiteren Winkelgrößen für $0 \leq x \leq 2\pi$ mit den Sinus- und Kosinuswerten aus Teilaufgabe a).

c) Bestimme alle Winkelgrößen $x \in \mathbb{R}$ mit den Sinus- und Kosinuswerten aus Teilaufgabe a).

Lösung

a) Mithilfe des Rechners erhalten wir Näherungswerte für die gesuchten Winkelgrößen, die wir auf Zehntel runden:
  (1) $x_1 = 1{,}1$
  (2) $-0{,}9$ liegt nicht im Bereich $0 \leq x \leq 2\pi$. Die gesuchte Winkelgröße ist wegen $\sin(x) = \sin(x + 2\pi)$:
  $x_1 = -0{,}9 + 2\pi \approx 5{,}4$
  (3) $x_1 = 0{,}8$
  (4) $x_1 = 2{,}1$

 Die Sinusfunktion hat die Periode 2π

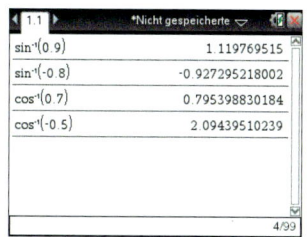

b) Weitere Werte erhalten wir mithilfe der Symmetrieeigenschaften der Graphen.
  (1) Aus $\sin(\pi - x) = \sin(x)$ folgt
  $x_2 = \pi - 1{,}1 \approx 2{,}0$
  (2) Aus $\sin(\pi + x) = \sin(2\pi - x)$ folgt
  $x_2 = \pi + 0{,}9 \approx 4{,}0$
  (3) Aus $\cos(2\pi - x) = \cos(x)$ folgt
  $x_2 = 2\pi - 0{,}8 \approx 5{,}5$
  (4) Aus $\cos(2\pi - x) = \cos(x)$ folgt
  $x_2 = 2\pi - 2{,}1 \approx 4{,}2$

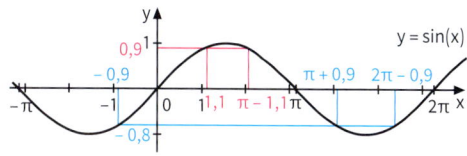

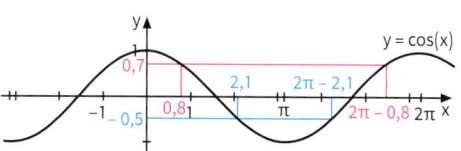

c) Da die Sinus- und Kosinusfunktion periodische Funktionen mit der Periode 2π sind, erhält man alle Lösungen, indem man zu den Lösungen im Bereich $0 \leq x \leq 2\pi$ ganzzahlige (auch negative) Vielfache von 2π addiert ($k \in \mathbb{Z}$).
  (1) $x = 1{,}1 + k \cdot 2\pi$ oder $x = \pi - 1{,}1 + k \cdot 2\pi$ (3) $x = 0{,}8 + k \cdot 2\pi$ oder $x = -0{,}8 + k \cdot 2\pi$
  (2) $x = -0{,}9 + k \cdot 2\pi$ oder $x = \pi + 0{,}9 + k \cdot 2\pi$ (4) $x = 2{,}1 + k \cdot 2\pi$ oder $x = -2{,}1 + k \cdot 2\pi$

Übungsaufgaben

3. Bestimme alle Winkelgrößen aus dem Bereich $0 \leq x \leq 2\pi$ mit:
  a) $\sin(x) = 0$ b) $\sin(x) = 0{,}71$ c) $\cos(x) = 0{,}5$ d) $\cos(x) = -1$ e) $\sin(x) = 2{,}5$

4. Stelle dir die Sinuskurve und den Einheitskreis vor. Lasse dir von deinem Partner einen Winkel bzw. Sinuswert sagen. Schätze jeweils den Sinuswert bzw. schätze Winkel, die den jeweiligen Sinuswert haben. Kontrolliert mit einem Rechner.

5. Bestimme alle $x \in \mathbb{R}$ mit: a) $\sin(x) = -0{,}22$ b) $\sin(x) = 0{,}72$ c) $\cos(x) = -0{,}12$

6. Hier kannst du exakte Werte für x angeben. Begründe.
  a) $\sin(x) = 1$ c) $\cos(x) = 0$ e) $\cos(x) = \frac{1}{2}$ g) $\cos(x) = -\frac{1}{2}\sqrt{2}$
  b) $\sin(x) = 0$ d) $\cos(x) = -\sqrt{1}$ f) $\sin(x) = \frac{1}{2}$ h) $\cos(x) = -\frac{1}{2}\sqrt{3}$

7. Bestimme alle Stellen, an denen der größtmögliche [kleinstmögliche] Funktionswert angenommen wird, für   a) die Sinusfunktion;   b) die Kosinusfunktion.

6.4 Strecken des Graphen der Sinusfunktion

Einstieg

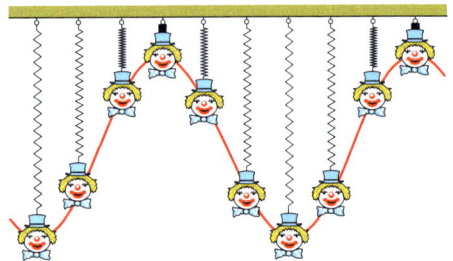 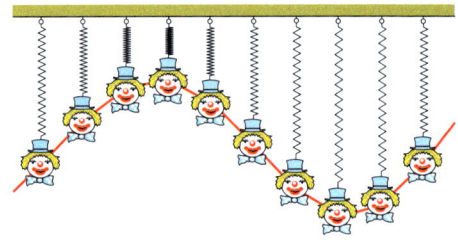

Die Bilder zeigen die Bewegungen verschiedener auf- und abschwingender Federclowns. Es ergeben sich Graphen, die denen der Sinusfunktion sehr ähnlich sind.
a) Beschreibt, wie diese Graphen aus dem der Sinusfunktion hervorgehen können.
b) Stellt Funktionsvorschriften für verschieden starke Auslenkungen des Clowns auf.
c) Wie lauten die Funktionsvorschriften, wenn man die Aufhängevorrichtung nach oben oder nach unten bewegt?
d) Könnt ihr auch Kombinationen von Veränderungen durch eine Funktionsvorschrift beschreiben?

Aufgabe 1

Strecken parallel zur y-Achse
Zeichne den Graphen der Sinusfunktion mit $y = \sin(x)$ im Bereich $-2\pi \leq x \leq 2\pi$.
a) Strecke den Graphen der Sinusfunktion von der x-Achse aus parallel zur y-Achse mit dem Faktor 2. Erstelle auch die Funktionsgleichung der zugehörigen Funktion.
b) Strecke den Graphen der Sinusfunktion von der x-Achse aus parallel zur y-Achse mit dem Faktor $\frac{1}{2}$ und erstelle die Funktionsgleichung.
c) Vergleiche die gestreckten Graphen mit dem Graphen der Sinusfunktion.

Lösung

a) Das Strecken der Sinuskurve parallel zur y-Achse mit dem Faktor 2 bedeutet, dass die y-Koordinate jedes Punktes verdoppelt wird, während die x-Koordinate beibehalten wird.
Graph:

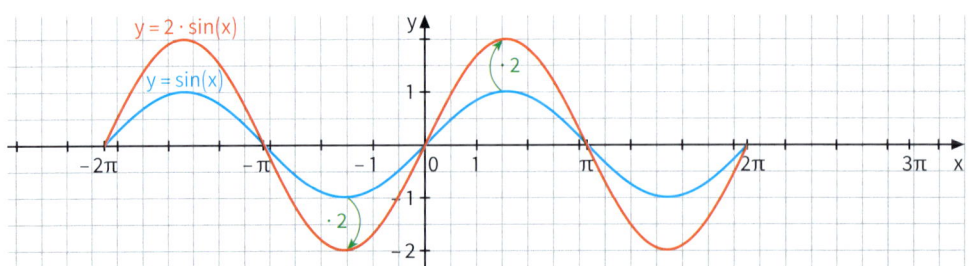

Wertetabelle (mit gerundeten Werten):

x	-2π	$-\frac{7}{4}\pi$	$-\frac{3}{2}\pi$	$-\frac{5}{4}\pi$	$-\pi$	$-\frac{3}{4}\pi$	$-\frac{\pi}{2}$	$-\frac{\pi}{4}$	0	$\frac{\pi}{4}$	$\frac{\pi}{2}$	$\frac{3}{4}\pi$	π	$\frac{5}{4}\pi$	$\frac{3}{2}\pi$	$\frac{7}{4}\pi$	2π
sin(x)	0	0,7	1	0,7	0	-0,7	-1	-0,7	0	0,7	1	0,7	0	-0,7	-1	-0,7	0
2·sin(x)	0	1,4	2	1,4	0	-1,4	-2	-1,4	0	1,4	2	1,4	0	-1,4	-2	-1,4	0

Die Funktionsgleichung zum gestreckten Graphen lautet somit $y = 2 \cdot \sin(x)$.

b) Entsprechend wird beim Strecken des Graphen der Sinusfunktion von der x-Achse aus parallel zur y-Achse mit dem Faktor $\frac{1}{2}$ die y-Koordinate jedes Punktes mit dem Faktor $\frac{1}{2}$ multipliziert.

Graph:

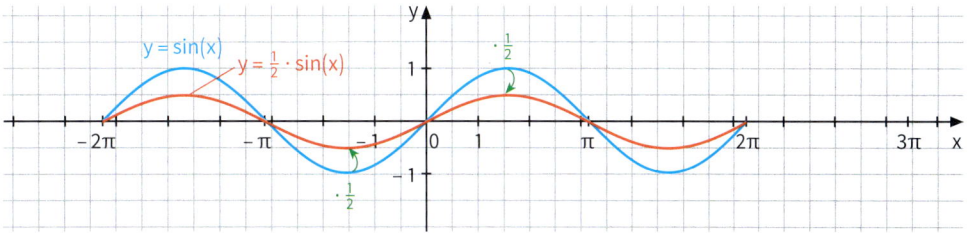

Wertetabelle (mit gerundeten Werten):

x	-2π	$-\frac{7}{4}\pi$	$-\frac{3}{2}\pi$	$-\frac{5}{4}\pi$	$-\pi$	$-\frac{3}{4}\pi$	$-\frac{\pi}{2}$	$-\frac{\pi}{4}$	0	$-\frac{\pi}{4}$	$-\frac{\pi}{2}$	$-\frac{3}{4}\pi$	π	$-\frac{5}{4}\pi$	$-\frac{3}{2}\pi$	$-\frac{7}{4}\pi$	2π
sin(x)	0	0,7	1	0,7	0	−0,7	−1	−0,7	0	0,7	1	0,7	0	−0,7	−1	−0,7	0
$\frac{1}{2}\cdot\sin(x)$	0	0,35	0,5	0,35	0	−0,35	$-\frac{1}{2}$	−0,35	0	0,35	$-\frac{1}{2}$	0,35	0	−0,35	−0,5	−0,35	0

Die Funktionsgleichung zum gestreckten Graphen lautet somit $y = \frac{1}{2} \cdot \sin(x)$.

c) Wir vergleichen die gestreckten Graphen mit dem der Sinusfunktion. Sie besitzen
– dieselben Nullstellen: $-2\pi, \pi, 0, \pi, 2\pi, \ldots$
– dieselben Bereiche, in denen sie steigen bzw. fallen.
– dieselbe Periode 2π.

Beide Funktionen unterscheiden sich bei dem größten und kleinsten Funktionswert und folglich bei den Wertemengen:

Funktion zu	größter Funktionswert	kleinster Funktionswert	Wertebereich
$y = \sin(x)$	1	−1	$-1 \le y \le 1$
$y = 2 \cdot \sin(x)$	2	−2	$-2 \le y \le 2$
$y = \frac{1}{2} \cdot \sin(x)$	$\frac{1}{2}$	$-\frac{1}{2}$	$-\frac{1}{2} \le y \le -12$

Information

Amplitude (lat.)
Physik:
Schwingungswert

Math.:
größter absoluter Funktionswert einer periodischen Funktion

Durch Strecken des Graphen der Sinusfunktion parallel zur y-Achse erhält man Graphen zur Beschreibung der Bewegung von Federclowns, deren maximale Auslenkung verschieden ist.

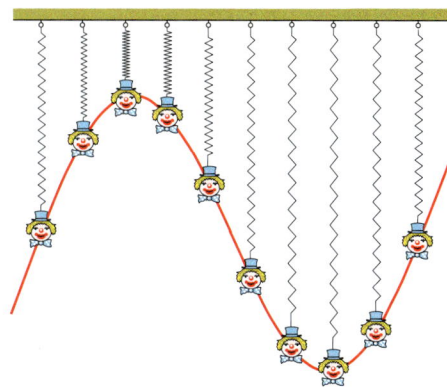

Die maximale Auslenkung aus der Nulllage bezeichnet man auch als *Amplitude*.

> **Eigenschaften der Funktionen mit $y = a \cdot \sin(x)$ mit $a > 0$**
> (1) Der Graph entsteht durch Strecken mit dem Faktor a parallel zur y-Achse aus dem Graphen der Sinusfunktion mit $y = \sin(x)$.
> (2) Die Periode ist 2π.
> (3) Der größte Funktionswert ist a, der kleinste $-a$. Die Wertemenge ist die Menge aller reellen Zahlen y mit $-a \leq y \leq a$.
> (4) Nullstellen sind ..., -4π, -3π, -2π, $-\pi$, 0, π, 2π, 3π, 4π, ...
> allgemein $k \cdot \pi$ mit $k \in \mathbb{Z}$.

Beachte: Man spricht in der Mathematik auch von Streckung, wenn der positive Streckfaktor kleiner als 1 ist, also eine Stauchung vorliegt.

Aufgabe 2

Strecken parallel zur x-Achse
Zeichne den Graphen der Sinusfunktion mit $y = \sin(x)$ im Bereich $0 \leq x \leq 2\pi$.
a) Strecke den Graphen der Sinusfunktion von der y-Achse aus parallel zur x-Achse mit dem Faktor 2.
Erstelle auch die Funktionsgleichung der zugehörigen Funktion.
b) Strecke den Graphen der Sinusfunktion von der y-Achse aus parallel zur x-Achse mit dem Faktor –12 und erstelle die Funktionsgleichung.
c) Vergleiche die gestreckten Graphen mit dem der Sinusfunktion.

Lösung

a) Entsprechend zum Strecken parallel zur y-Achse bedeutet das Strecken parallel zur x-Achse mit dem Faktor 2, dass die x-Koordinate jedes Punktes verdoppelt wird, während die y-Koordinate beibehalten wird.

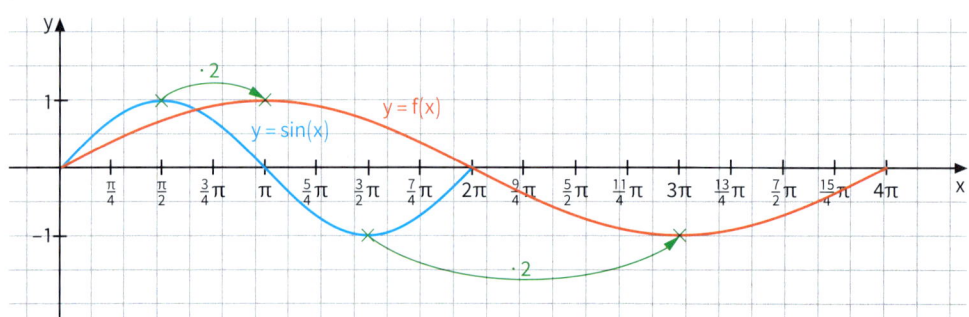

Am Graphen erkennen wir:
Die neue Funktion f hat an der Stelle x denselben Wert wie die Sinusfunktion an der Stelle $\frac{x}{2}$.
Es gilt also: $y = \sin\left(\frac{x}{2}\right)$ mit $0 \leq x \leq 4\pi$
Eine Wertetabelle bestätigt diesen Zusammenhang:

x	0	$\frac{\pi}{2}$	π	$\frac{3}{2}\pi$	2π	$\frac{5}{2}\pi$	3π	$\frac{7}{2}\pi$	4π
$\sin(x)$	0	1	0	–1	0				
$\sin\left(\frac{x}{2}\right)$	0	$\frac{1}{2}\sqrt{2}$	1	$\frac{1}{2}\sqrt{2}$	0	$-\frac{1}{2}\sqrt{2}$	–1	$-\frac{1}{2}\sqrt{2}$	0
$\frac{x}{2}$	0	$\frac{\pi}{4}$	$\frac{\pi}{2}$	$\frac{3}{4}\pi$	π	$\frac{5}{4}\pi$	$\frac{3}{2}\pi$	$\frac{7}{4}\pi$	2π

6.4 Strecken des Graphen der Sinusfunktion

b) Strecken parallel zur x-Achse mit dem Faktor $\frac{1}{2}$ bedeutet, dass die x-Koordinate jedes Punktes halbiert wird.
Am Graphen erkennt man wiederum: Die neue Funktion f hat an der Stelle x denselben Wert wie die Sinusfunktion an der Stelle 2x. Es gilt also: $y = \sin(2x)$ mit $0 \leq x \leq \pi$. Auch das bestätigen wir mit der Wertetabelle:

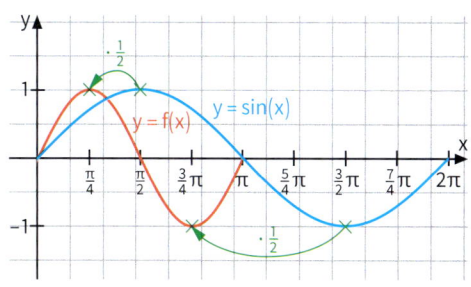

x	0	$\frac{\pi}{4}$	$\frac{\pi}{2}$	$\frac{3}{4}\pi$	π	$\frac{5}{4}\pi$	$\frac{3}{2}\pi$	$\frac{7}{4}\pi$	2π
sin(x)	0	$\frac{1}{2}\sqrt{2}$	1	$\frac{1}{2}\sqrt{2}$	0	$-\frac{1}{2}\sqrt{2}$	-1	$-\frac{1}{2}\sqrt{2}$	0
sin(2x)	0	1	0	-1	0				
2x	0	$\frac{\pi}{2}$	π	$\frac{3}{2}\pi$	2π				

c) Wir vergleichen die gestreckten Graphen mit dem der Sinusfunktion.
Sie besitzen dieselbe Amplitude 1 und somit denselben Wertebereich $-1 \leq y \leq 1$.
Beide Funktionen unterscheiden sich in der Periode und den Nullstellen von der Sinusfunktion.

Funktionen	Periode	Nullstellen		allgemein		
$y = \sin(x)$	2π	$..., 0; \pi; 2\pi; 3\pi;$	$...$	allgemein	$k \cdot \pi$ mit	$k \in \mathbb{Z}$
$y = \sin(2x)$	π	$..., 0; \frac{\pi}{2}; \pi; \frac{3}{2}\pi; 2\pi;$	$...$	allgemein	$k \cdot \frac{\pi}{2}$ mit	$k \in \mathbb{Z}$
$y = \sin\left(\frac{1}{2}x\right)$	4π	$..., 0; 2\pi; 4\pi; 6\pi;$	$...$	allgemein	$k \cdot 2\pi$ mit	$k \in \mathbb{Z}$

Information Durch Strecken des Graphen der Sinusfunktion parallel zur x-Achse erhält man Graphen zur Beschreibung der Bewegung von Federclowns, deren Periode verschieden von 2π ist.

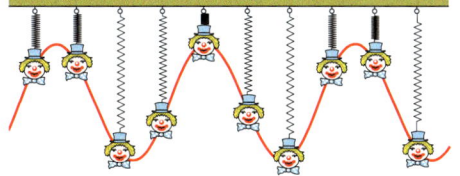
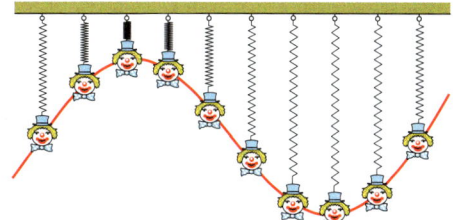

$y = \sin(b \cdot x)$
Faktor b
• größer 1 verkleinert die Periode
• kleiner 1 vergrößert die Periode.

Eigenschaften der Funktionen mit $y = \sin(b \cdot x)$ mit $b > 0$
(1) Der Graph entsteht durch Strecken mit dem Faktor $\frac{1}{b}$ parallel zur x-Achse aus dem Graphen der Sinusfunktion mit $y = \sin(x)$.
(2) Die Periode ist $\frac{2\pi}{b}$.
(3) Der größte Funktionswert ist 1, der kleinste -1.
(4) Die Wertemenge ist die Menge aller reellen Zahlen y mit $-1 \leq y \leq 1$.
(5) Die Nullstellen sind $k \cdot \frac{\pi}{b}$ mit $k \in \mathbb{Z}$.

Weiterführende Aufgaben

Negative Streckfaktoren

3. Untersuche, wie sich der Graph der Sinusfunktion verändert, wenn man mit einem negativen Faktor parallel zur y-Achse [parallel zur x-Achse] streckt. Betrachte insbesondere auch den Spezialfall –1 als Streckfaktor.

> (1) Strecken parallel zur y-Achse mit dem Faktor –1 entspricht einem Spiegeln an der x-Achse.
> (2) Strecken parallel zur x-Achse mit dem Faktor –1 entspricht einem Spiegeln an der y-Achse.

Verketten der Streckungen parallel zur y- und zur x-Achse

4. Strecke den Graphen der Sinusfunktion zunächst mit einem Faktor a parallel zur y-Achse. Strecke dann den gestreckten Graphen mit einem Faktor b parallel zur x-Achse.
Wähle verschiedene Beispiele für a und b.
Gib die Eigenschaften des entstandenen Graphen und seine Funktionsgleichung an.

Übungsaufgaben

5. Gib zu den Graphen die Funktionsgleichung an.

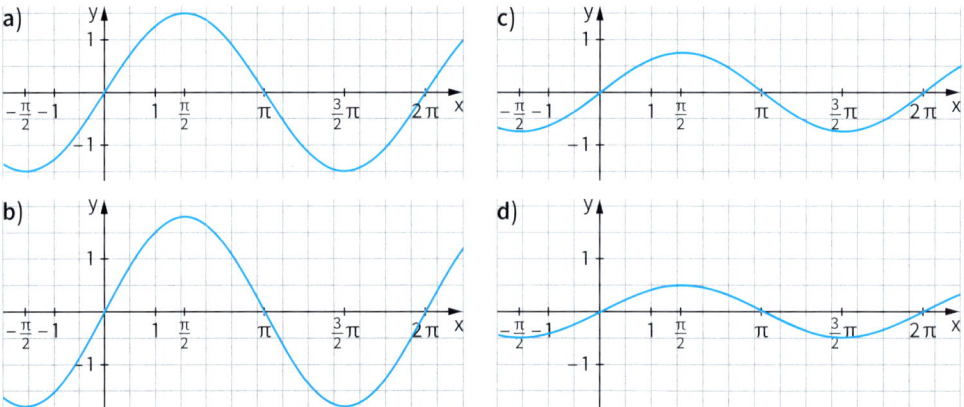

6. Zeichnet mit einem Computerprogramm den Graphen der Funktion $y = a \cdot \sin(x)$ und verwendet für den Faktor a einen Schieberegler, sodass ihr unterschiedliche Funktionsgraphen durch Veränderung erzeugen könnt.
   a) Beschreibt die Veränderungen, die der Graph bei verschiedenen Werten von a zeigt.
   b) Untersucht auch die Veränderungen, die auftreten, wenn ihr das Vorzeichen von a ändert.

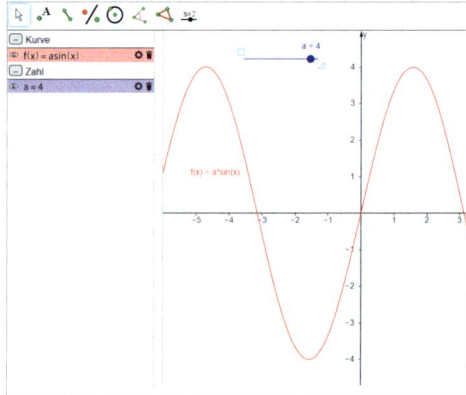

7. Gegeben ist die Funktion f mit $f(x) = 2{,}5 \cdot \sin(x)$ für $-\frac{\pi}{2} \leq x \leq \frac{\pi}{2}$.
   a) Der Punkt $P_1\left(\frac{\pi}{4} \mid y_1\right)$ soll zum Graphen gehören. Bestimme die fehlende Koordinate.
   b) Der Punkt $P_2(x_2 \mid -1{,}25)$ soll zum Graphen gehören. Bestimme die fehlende Koordinate.

8. Bestimme den Faktor a in der Funktionsgleichung $y = a \cdot \sin(x)$, sodass gilt:
   a) Die Wertemenge der Funktion ist die Menge aller reellen Zahlen y mit $-1{,}3 \leq y \leq 1{,}3$.
   b) Der Graph geht durch den Punkt $P\left(\frac{\pi}{6} \mid 3\right)$.

9. Durch die Gleichung $y = a \cdot \sin(x)$ ist eine Funktion gegeben. Der Graph dieser Funktion geht durch den Punkt P. Wie lautet die Funktionsgleichung?
   a) $P\left(\frac{\pi}{3} \mid 1{,}4\right)$
   b) $P\left(-\frac{\pi}{3} \mid -1{,}9\right)$
   c) $P\left(\frac{7}{4}\pi \mid -0{,}4\right)$
   d) $P\left(-\frac{5}{4}\pi \mid 1{,}5\right)$

10. Zeichne für $-2\pi \leq x \leq 2\pi$ den Graphen der Funktion. Gib die Eigenschaften an.
    a) $y = 3 \cdot \sin(0{,}5x)$
    b) $y = 3 \cdot \sin(2x)$
    c) $y = 2 \cdot \sin(3x)$
    d) $y = 2 \cdot \sin\left(\frac{1}{4}x\right)$

11. Kontrolliere Devins Hausaufgaben.

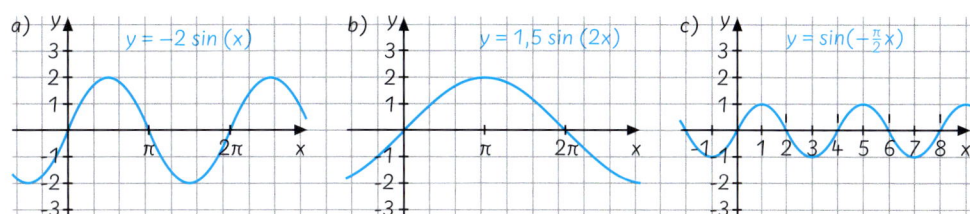

12. Gib die Funktionsgleichung zum Graphen an.

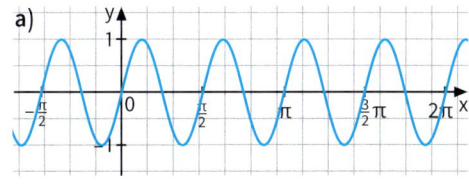
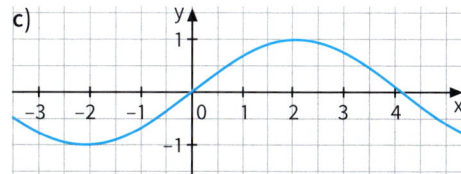
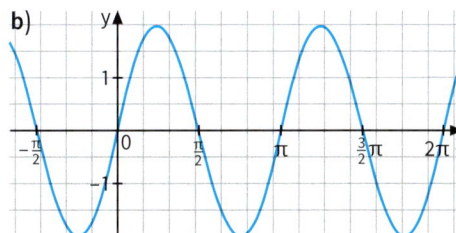
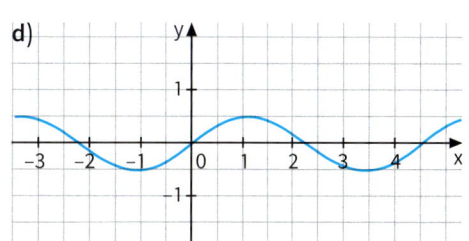

13. Gegeben ist die Funktion mit $y = \sin\left(\frac{1}{3}x\right)$ im Bereich $-3\pi \leq x \leq 3\pi$. Der Punkt soll zum Graphen der Funktion gehören. Bestimme die fehlende Koordinate.
    (1) $P_1\left(\frac{\pi}{2} \mid y_1\right)$
    (2) $P_2\left(x_2 \mid -\frac{1}{2}\right)$
    Beschreibe wie du vorgegangen bist. Welche Unterschiede weisen beide Teilaufgaben auf?

14. Durch $y = \sin(b \cdot x)$ ist eine Funktion gegeben. Bestimme alle Werte für Faktor b, falls gilt:
    a) Die Periode ist $\frac{\pi}{2}$.
    b) Der Graph geht durch den Punkt $P\left(\frac{\pi}{12} \mid \frac{1}{2}\sqrt{2}\right)$.

15. Gegeben ist die Funktion mit der Gleichung $y = 1{,}5 \cdot \sin(2x)$ für $-2\pi \leq x \leq 2\pi$.
    Beschreibe, wie der Graph dieser Funktion aus dem Graphen der Sinusfunktion mit $y = \sin(x)$ entsteht. Zeichne auch den Graphen. Gib die Eigenschaften der Funktion an.

6.5 Verschieben des Graphen der Sinusfunktion

Ziel Du beschreibst die Graphen verschobener Sinusfunktionen durch Funktionsterme.

Zum Erarbeiten

Verschieben des Graphen der Sinusfunktion parallel zur y-Achse

Zeichne den Graphen der Sinusfunktion mit $y = \sin(x)$ für $0 \leq x \leq 2\pi$.
a) Verschiebe den Graphen parallel zur y-Achse um 1 Einheit nach oben und gib den Funktionsterm $f(x)$ des verschobenen Graphen an.
b) Verschiebe den Graphen parallel zur y-Achse um 2 Einheiten nach unten und gib den Funktionsterm $g(x)$ des verschobenen Graphen an.

→ a) An dem Graphen erkennst du:
Beim Verschieben eines Punktes $P(x|y)$ der Sinuskurve um 1 Einheit nach oben wird die x-Koordinate beibehalten und zum y-Wert wird 1 addiert.
Der Funktionsterm lautet also:
$f(x) = \sin(x) + 1$

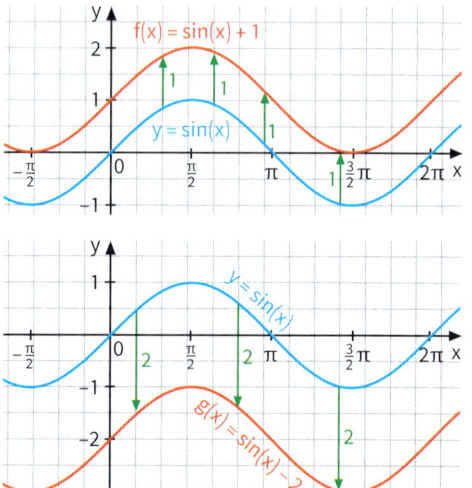

b) An dem Graphen erkennst du:
Beim Verschieben eines Punktes $P(x|y)$ der Sinuskurve um 2 Einheiten nach unten wird die x-Koordinate beibehalten und vom y-Wert wird 2 subtrahiert.
Der Funktionsterm lautet also:
$g(x) = \sin(x) - 2$

Verschieben parallel zur y-Achse

Den Graphen der Funktion f mit $f(x) = \sin(x) + d$ erhält man durch Verschieben des Graphen der Sinusfunktion mit $y = \sin(x)$ parallel zur y-Achse.
Wenn $d > 0$, wird nach oben verschoben; wenn $d < 0$, wird nach unten verschoben.

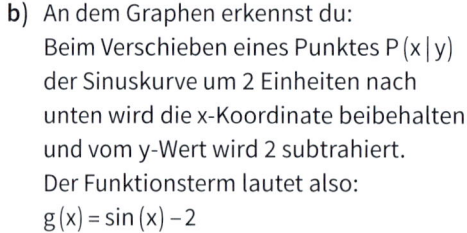 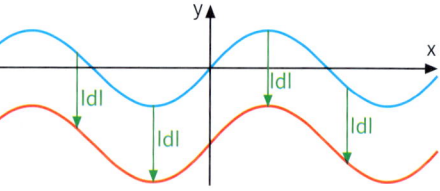

Die Wertemenge ist die Menge aller reellen Zahlen y mit $d - 1 \leq y \leq d + 1$.

Verschieben des Graphen der Sinusfunktion parallel zur x-Achse

Zeichne den Graphen der Sinusfunktion mit $y = \sin(x)$ für $0 \leq x \leq 2\pi$.
a) Verschiebe den Graphen um $\frac{\pi}{4}$ parallel zur x-Achse nach rechts und gib den Funktionsterm $f(x)$ des verschobenen Graphen an.
b) Verschiebe den Graphen um $\frac{\pi}{4}$ parallel zur x-Achse nach links und gib den Funktionsterm $g(x)$ des verschobenen Graphen an.

6.5 Verschieben des Graphen der Sinusfunktion

Das kenne ich schon von der Normalparabel.

→ **a)** Am Graphen erkennen wir: Die neue Funktion f hat an der Stelle x denselben Wert wie die Sinusfunktion an der Stelle $x - \frac{\pi}{4}$.
Es gilt also:
$f(x) = \sin\left(x - \frac{\pi}{4}\right)$
mit $\frac{\pi}{4} \leq x \leq \frac{9}{4}\pi$.

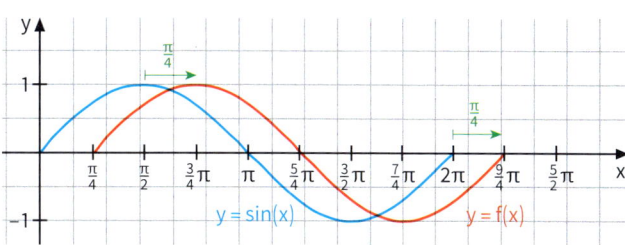

Eine Wertetabelle bestätigt diesen Zusammenhang:

x	0	$\frac{1}{4}\pi$	$\frac{1}{2}\pi$	$\frac{3}{4}\pi$	π	$\frac{5}{4}\pi$	$\frac{3}{2}\pi$	$\frac{7}{4}\pi$	2π	$\frac{9}{4}\pi$
$\sin(x)$	0	$\frac{1}{2}\sqrt{2}$	1	$\frac{1}{2}\sqrt{2}$	0	$-\frac{1}{2}\sqrt{2}$	-1	$-\frac{1}{2}\sqrt{2}$	0	
$\sin\left(x - \frac{\pi}{4}\right)$		0	$\frac{1}{2}\sqrt{2}$	1	$\frac{1}{2}\sqrt{2}$	0	$-\frac{1}{2}\sqrt{2}$	-1	$-\frac{1}{2}\sqrt{2}$	0
$x - \frac{\pi}{4}$		0	$\frac{1}{4}\pi$	$\frac{1}{2}\pi$	$\frac{3}{4}\pi$	π	$\frac{5}{4}\pi$	$\frac{3}{2}\pi$	$\frac{7}{4}\pi$	2π

b) Am Graphen erkennst du: Die neue Funktion g hat an der Stelle x denselben Wert wie die Sinusfunktion an der Stelle $x + \frac{\pi}{4}$.
Es gilt also:
$g(x) = \sin\left(x + \frac{\pi}{4}\right)$
mit $-\frac{\pi}{4} \leq x \leq \frac{7}{4}\pi$.

Eine Wertetabelle bestätigt diesen Zusammenhang:

x	$-\frac{\pi}{4}$	0	$\frac{1}{4}\pi$	$\frac{1}{2}\pi$	$\frac{3}{4}\pi$	π	$\frac{5}{4}\pi$	$\frac{3}{2}\pi$	$\frac{7}{4}\pi$	2π
$\sin(x)$		0	$\frac{1}{2}\sqrt{2}$	1	$\frac{1}{2}\sqrt{2}$	0	$-\frac{1}{2}\sqrt{2}$	-1	$-\frac{1}{2}\sqrt{2}$	0
$\sin\left(x + \frac{\pi}{4}\right)$	0	$\frac{1}{2}\sqrt{2}$	1	$\frac{1}{2}\sqrt{2}$	0	$-\frac{1}{2}\sqrt{2}$	-1	$-\frac{1}{2}\sqrt{2}$	0	
$x + \frac{\pi}{4}$	0	$\frac{1}{4}\pi$	$\frac{1}{2}\pi$	$\frac{3}{4}\pi$	π	$\frac{5}{4}\pi$	$\frac{3}{2}\pi$	$\frac{7}{4}\pi$	2π	

Information

$\sin(x+2)$: Verschiebung nach <u>links</u>
$\sin(x-2)$: Verschiebung nach <u>rechts</u>

Verschieben parallel zur x-Achse
Den Graphen einer Funktion f mit $f(x) = \sin(x + c)$ erhält man durch Verschieben des Graphen der Sinusfunktion mit $y = \sin(x)$ parallel zur x-Achse.
Wenn $c < 0$, wird nach rechts verschoben; wenn $c > 0$, wird nach links verschoben.

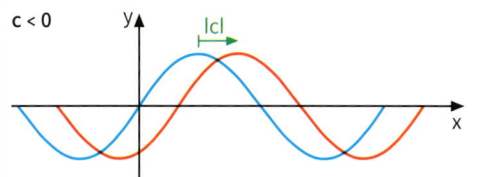
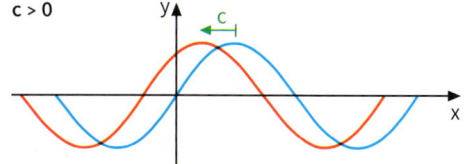

Die Wertemenge ist die Menge aller reellen Zahlen y mit $-1 \leq y \leq 1$.

Beachte: In der Physik nennt man c auch die *Phasenverschiebung* φ (gelesen: Phi).

Zum Selbstlernen Modellieren periodischer Vorgänge

Zusammenhang zwischen Sinus und Kosinus
Vergleiche die Graphen der Sinus- und der Kosinusfunktion miteinander und gib an, wie man aus dem Graphen der Sinusfunktion den Graphen der Kosinusfunktion erzeugen kann.

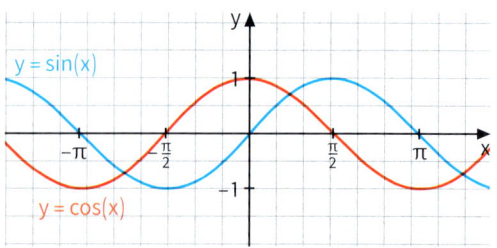

→ Verschiebt man den Graphen der Sinusfunktion um $\frac{\pi}{2}$ nach links, so erhält man den Graphen der Kosinusfunktion. Also gilt: $\cos(x) = \sin\left(x + \frac{\pi}{2}\right)$

> Für die Sinus- und Kosinusfunktion gilt: $\quad \cos(x) = \sin\left(x + \frac{\pi}{2}\right) \quad \sin(x) = \cos\left(x - \frac{\pi}{2}\right)$

Zum Üben

1. Vergleiche den Graphen der Sinusfunktion mit dem zu:
   (1) $y = \sin(x) + 2$ (2) $y = \sin(x) - 3$ (3) $y = \sin(x) - \pi$ (4) $y = \pi + \sin(x)$

2. Ermittle zum Graphen einen Funktionsterm.

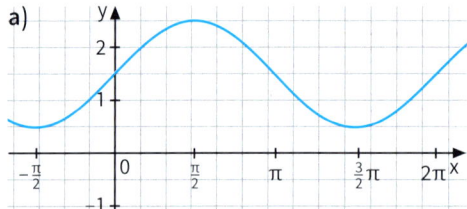
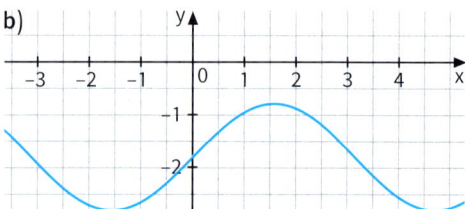

3. Vergleiche den Graphen der Sinusfunktion mit $y = \sin(x)$ mit denen zu:
   (1) $y = \sin\left(x + \frac{\pi}{2}\right)$ (2) $y = \sin\left(x + \frac{\pi}{4}\right)$ (3) $y = \sin\left(x - \frac{\pi}{2}\right)$ (4) $y = \sin\left(x - \frac{\pi}{4}\right)$
   Wie gehen die Graphen der angegebenen Funktionen aus dem der Sinusfunktion hervor?

4. Ermittle zum Graphen einen Funktionsterm.

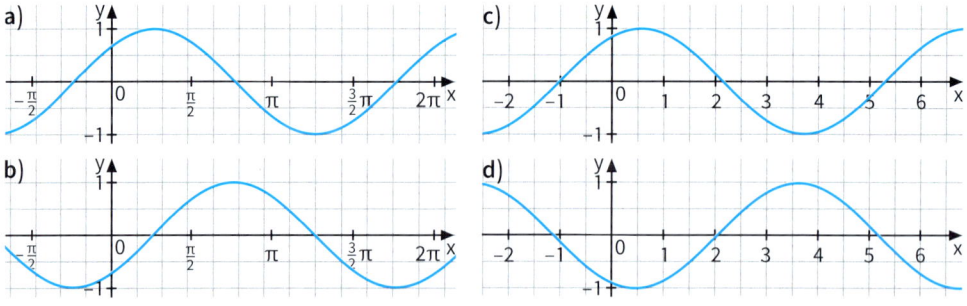

5. Kombiniere die Verschiebungen des Graphen der Sinusfunktion in Richtung der x-Achse und der y-Achse. Wähle dazu verschiedene Werte für die Verschiebungen und zeichne den Graphen der Funktion. Kontrolliere deine Ergebnisse mit dem Rechner.

6. Untersucht, wie der Graph der Funktion $y = \cos(x + c)$ aus dem der Kosinusfunktion hervorgeht. Wählt verschiedene Werte für den Summanden c. Schreibt eine Zusammenfassung.

6.6 Allgemeine Sinusfunktion

Einstieg Verschafft euch einen Überblick über die Funktionen mit einer Funktionsgleichung der Form $y = a \cdot \sin(b(x + c)) + d$ mit reellen Zahlen a, b, c, d.
Fasst die Ergebnisse so übersichtlich zusammen, dass ihr einen Vortrag darüber halten könnt.

Aufgabe 1

Graph der allgemeinen Sinusfunktion
Zeichne den Graphen der Sinusfunktion mit $y = \sin(x)$.
(1) Strecke den Graphen zu $y = \sin(x)$ mit dem Faktor 1,5 parallel zur y-Achse.
(2) Strecke den Graphen aus (1) mit dem Faktor $\frac{1}{2}$ parallel zur x-Achse.
(3) Verschiebe den gestreckten Graphen um $\frac{\pi}{6}$ nach rechts.
(4) Verschiebe nun diesen Graphen um 1 nach oben.
Gib jeweils die Funktionsgleichung der Graphen an.

Lösung

(1) Strecken wir den Graphen der Sinusfunktion mit dem Faktor 1,5 parallel zur y-Achse, so erhalten wir den Graphen zur Funktion mit $y = 1,5 \sin(x)$.

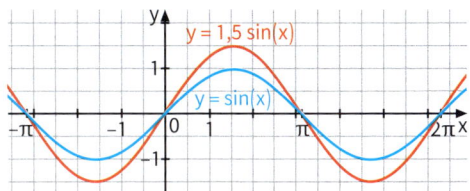

(2) Strecken wir diesen Graphen parallel zur x-Achse mit dem Faktor $\frac{1}{2}$, so erhalten wir den Graphen zur Funktion mit $y = 1,5 \sin(2x)$.

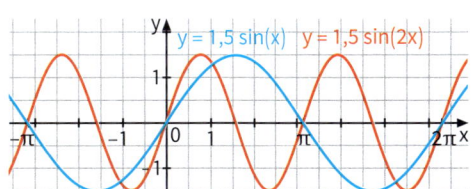

(3) Verschieben wir diesen Graphen um $\frac{\pi}{6}$ nach rechts, so erhalten wir den Graphen zur Funktion mit
$y = 1,5 \sin\left(2\left(x - \frac{\pi}{6}\right)\right)$, also $y = 1,5 \sin\left(2x - \frac{\pi}{3}\right)$.

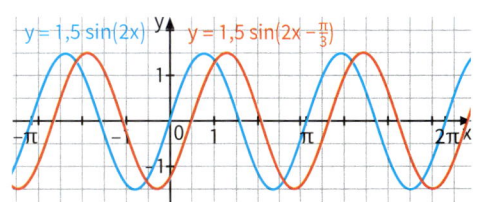

(4) Verschieben wir diesen Graphen um 1 nach oben, so erhalten wir den Graphen zur Funktion mit $y = 1,5 \sin\left(2x - \frac{\pi}{3}\right) + 1$.

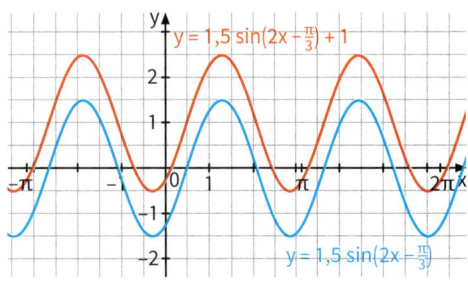

Information

Durch Verallgemeinerung des Ergebnisses von Aufgabe 1 erhalten wir:

> **Graph der allgemeinen Sinusfunktion mit** $y = a \cdot \sin(b(x+c)) + d$
> Aus dem Graphen der Sinusfunktion mit $y = \sin(x)$ erhält man den zur allgemeinen Sinusfunktion mit $y = a \cdot \sin(b(x+c)) + d$ durch
> (1) Strecken mit dem Faktor a parallel zur y-Achse;
> (2) anschließendes Strecken mit dem Faktor $\frac{1}{b}$ parallel zur x-Achse;
> (3) anschließendes Verschieben um |c| parallel zur x-Achse;
>   wenn c < 0, wird nach rechts verschoben;   wenn c > 0, wird nach links verschoben;
> (4) anschließendes Verschieben um |d| parallel zur y-Achse;
>   wenn d > 0, wird nach oben verschoben;   wenn d < 0, wird nach unten verschoben.
> Die Wertemenge ist die Menge aller reellen Zahlen y mit $d - a \le y \le d + a$.

Beachte: Löst man z.B. im Funktionsterm $\sin\left(2\left(x + \frac{\pi}{4}\right)\right)$ die Klammern auf, so erhält man den einfacheren Funktionsterm $\sin\left(2x + \frac{\pi}{2}\right)$. Aus diesem kann man aber die Verschiebung parallel zur x-Achse nicht unmittelbar ablesen.

Aufgabe 2

Reihenfolge von Strecken und Verschieben parallel zur x-Achse
a) Strecke den Graphen der Sinusfunktion parallel zur x-Achse mit dem Faktor $\frac{1}{2}$; verschiebe dann den gestreckten Graphen um $\frac{\pi}{2}$ nach links. Erstelle den Funktionsterm.
b) Verschiebe den Graphen der Sinusfunktion um $\frac{\pi}{2}$ nach links; strecke dann den verschobenen Graphen parallel zur x-Achse mit dem Faktor $\frac{1}{2}$. Erstelle den Funktionsterm.
c) Vergleiche die in den Teilaufgaben a) und b) erhaltenen Graphen.

Lösung

a) (1) Strecken parallel zur x-Achse mit $\frac{1}{2}$ b) (1) Verschieben um $\frac{\pi}{2}$ nach links

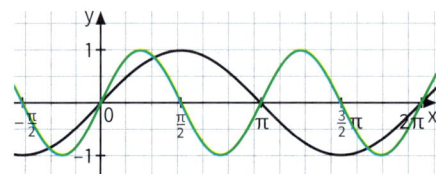 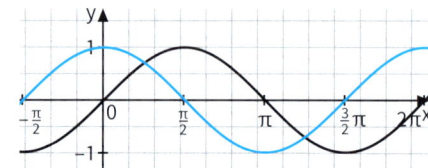

Funktionsterm: $f_1(x) = \sin(2x)$ *Funktionsterm:* $g_1(x) = \sin\left(x + \frac{\pi}{2}\right)$

(2) Verschieben um $\frac{\pi}{2}$ nach links   (2) Strecken parallel zur x-Achse mit $\frac{1}{2}$

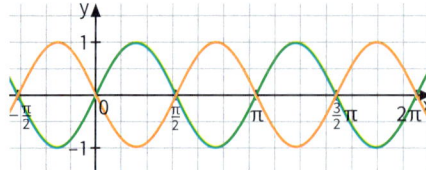 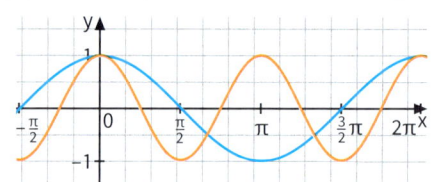

Funktionsterm: $f_2(x) = \sin\left(2\left(x + \frac{\pi}{2}\right)\right)$ *Funktionsterm:* $g_2(x) = \sin\left(2x + \frac{\pi}{2}\right)$

c) Die auf den beiden Wegen erhaltenen Graphen sind verschieden. Wird der Graph der Sinusfunktion zunächst verschoben und dann der verschobene Graph gestreckt, so wird auch der Betrag der Verschiebung mit gestreckt. Er unterscheidet sich von dem bei dem umgekehrten Vorgehen: erst Strecken, dann Verschieben.
Folgerung: Die Reihenfolge von Verschieben und Strecken parallel zur x-Achse kann nicht ohne weiteres vertauscht werden.

6.6 Allgemeine Sinusfunktion

Information

Die Lösung der Aufgabe 2 zeigt, dass es beim Verschieben und Strecken auf die Reihenfolge ankommt. In der Information auf Seite 254 haben wir zuerst gestreckt und dann verschoben.

> Den Graphen der Funktion zu $y = \sin(bx + c)$ erhält man aus den Graphen der Sinusfunktion mit $y = \sin(x)$ durch
> (1) Verschieben um $|c|$ parallel zur x-Achse (nach rechts für $c < 0$ bzw. nach links für $c > 0$);
> (2) Strecken mit dem Faktor $\frac{1}{b}$ parallel zur x-Achse.

Weiterführende Aufgabe

Bestimmen der Funktionsgleichung einer allgemeinen Sinusfunktion aus dem Graphen

3. Bestimme die Funktionsgleichung einer allgemeinen Sinusfunktion zu dem gezeichneten Graphen.
   Anleitung: Verfahre in der umgekehrten Reihenfolge zu der in der Information auf Seite 254:
   (1) Verschiebung parallel zur y-Achse   (3) Streckung parallel zur x-Achse
   (2) Verschiebung parallel zur x-Achse   (4) Streckung parallel zur y-Achse
   Kontrolliere anschließend mit einem grafikfähigen Rechner oder einem Funktionsplotter.

a)
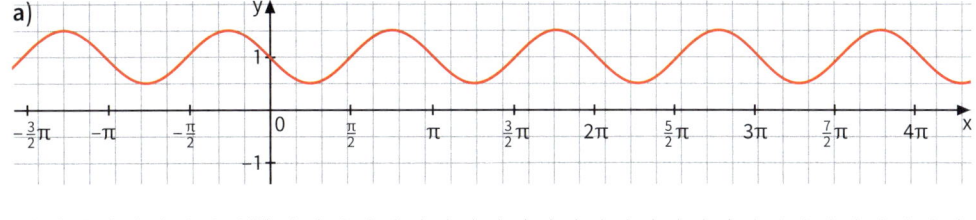

b)
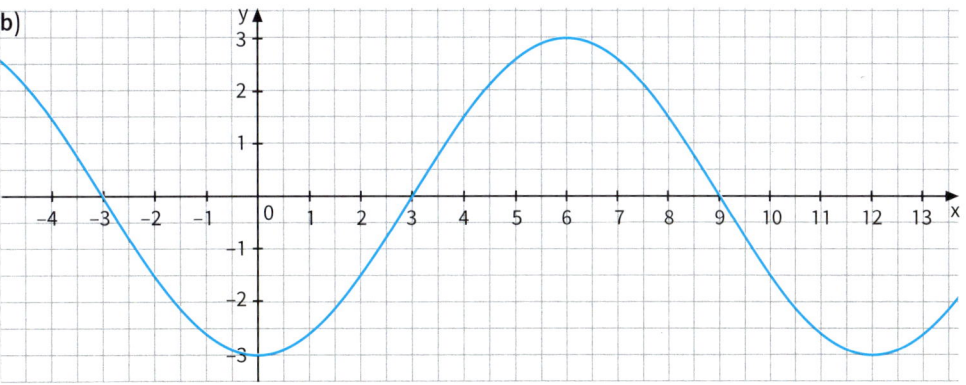

Information

Auf folgende Weise kann man mögliche Werte für die Parameter einer allgemeinen Sinusfunktion mit dem Funktionsterm $f(x) = a \cdot \sin(b(x + c)) + d$ aus dem Graphen ermitteln:

Zunächst bestimmt man den größten Funktionswert (*Maximum*) und den kleinsten Funktionswert (*Minimum*).
Dann gilt für die Parameter:
d: Mittelwert aus Maximum und Minimum
a: halbe Differenz von Maximum und Minimum
c: Gegenzahl der ersten positiven Stelle, an der der Funktionswert d beträgt und der Funktionsgraph ansteigt
b: Quotient aus 2π und der Periodenlänge p

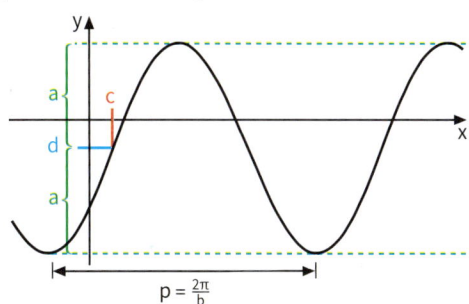

Übungsaufgaben

Du kannst mit dem Rechner kontrolieren.

4. Zeichne den Graphen der Sinusfunktion und führe nacheinander folgende Abbildungen aus. Ermittle auch die Funktionsterme der einzelnen Funktionen.
   a) Strecken mit dem Faktor 3 parallel zur y-Achse, dann Strecken mit dem Faktor 2 parallel zur x-Achse, dann Verschieben parallel zur x-Achse um π nach rechts, dann Verschieben parallel zur y-Achse um 4 nach oben.
   b) Strecken mit dem Faktor −2 parallel zur y-Achse, dann Strecken mit dem Faktor $\frac{1}{3}$ parallel zur x-Achse, dann Verschieben parallel zur x-Achse um $\frac{\pi}{2}$ nach links, dann Verschieben parallel zur y-Achse um 1,5 nach unten.
   c) Strecken mit dem Faktor −2 parallel zur y-Achse, dann Strecken mit dem Faktor −1 parallel zur x-Achse, dann Verschieben parallel zur x-Achse um 2 nach rechts, dann Verschieben parallel zur y-Achse um 1 nach oben.
   d) Strecken mit dem Faktor $-\frac{1}{2}$ parallel zur y-Achse, dann Strecken mit dem Faktor π parallel zur x-Achse, dann Verschieben parallel zur x-Achse um 1 nach links, dann Verschieben parallel zur y-Achse um 3 nach unten.

5. Beschreibe, wie der Graph der angegebenen Funktion aus dem der Sinusfunktion mit $y = \sin(x)$ hervorgeht.
   a) $y = 2\sin\left(2\left(x + \frac{\pi}{4}\right)\right)$
   b) $y = 3\sin\left(\frac{1}{2}(x - \pi)\right) + 1$
   c) $y = \frac{1}{2}\sin(3(x - 1))$
   d) $y = -2\sin\left(\frac{\pi}{2}(x + 2)\right) - 2$

6. Mache an einem selbst gewählten Beispiel deutlich, dass es beim Verschieben und Strecken eines Funktionsgraphen auf die Reihenfolge ankommt.

7. Untersuche die Graphen der Funktionen f und g mit $f(x) = \sin\left(2x + \frac{\pi}{4}\right)$ und $g(x) = \sin\left(2\left(x + \frac{\pi}{8}\right)\right)$.
   Wie gehen die Graphen der Funktionen f und g aus denen der Sinusfunktion mit $y = \sin(x)$ hervor?

8. Marc hat die Graphen allgemeiner Sinusfunktionen von Hand skizziert. Kontrolliere seine Lösungen.

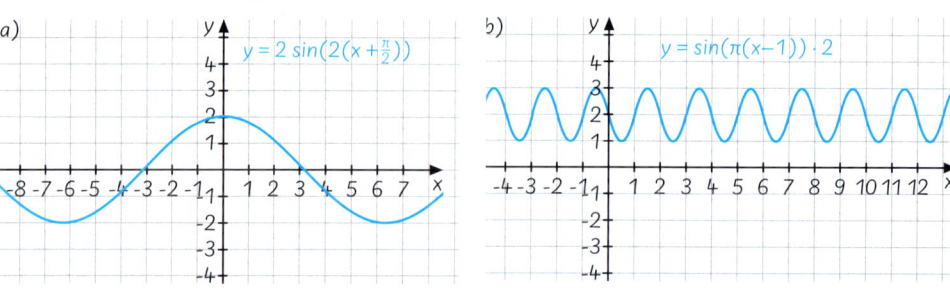

9. Zeichne den Graphen einer allgemeinen Sinusfunktion f mit $f(x) = a \cdot \sin(b(x + c)) + d$. Dein Partner zeichnet einen identischen Graphen, aber mit mindestens einem anderen Wert für a, b, c oder d. Vergleicht, welcher Zusammenhang zwischen euren Werten für a, b, c und d besteht. Tauscht dreimal die Rollen.
   Formuliert anschließend mögliche Regeln, nach denen man vorgehen kann, um die Aufgabe zu lösen.

10. Zeichne den Graphen einer allgemeinen Sinusfunktion, die die folgenden Eigenschaften hat, und ermittle den Funktionsterm der Funktion.
  a) Die Funktion hat die Amplitude 4 und zwei benachbarte kleinste Funktionswerte liegen auf der x-Achse bei π und 6π.
  b) Die Funktion ist achsensymmetrisch zur y-Achse, besitzt die kleinste positive Nullstelle bei 2π und der Punkt $P(0|3)$ liegt auf dem Graphen der Funktion.

11. Gib zu dem dargestellten Graphen den Funktionsterm einer allgemeinen Sinusfunktion an.

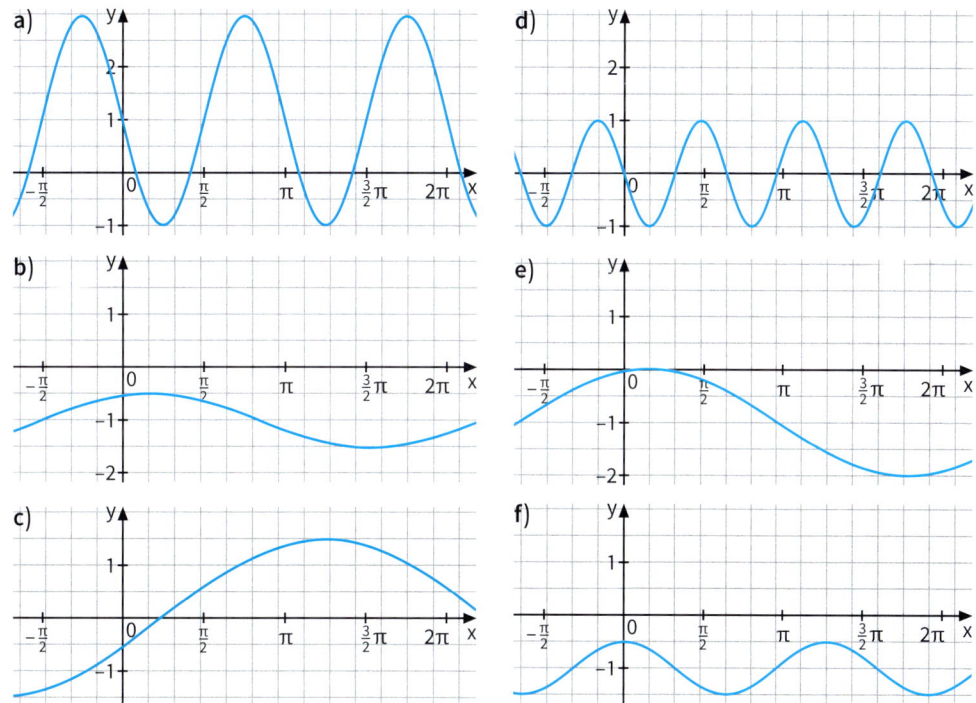

12. a) Gib zu den Graphen mögliche Funktionsgleichungen an.

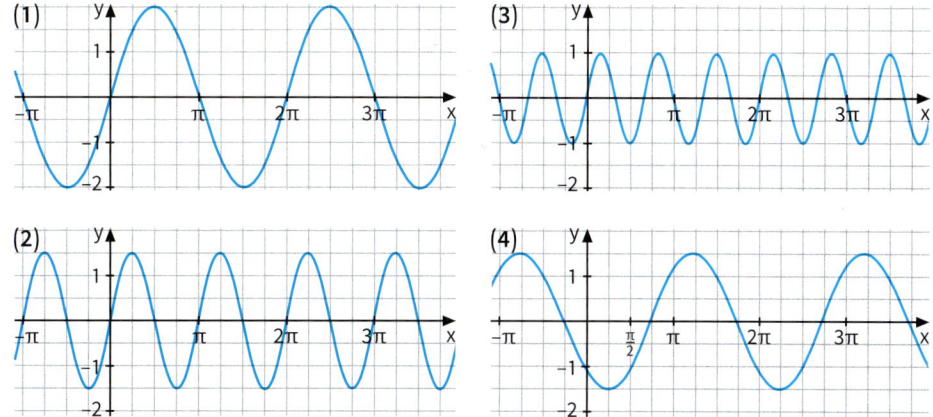

  b) Nimm an, die Graphen beschreiben die Bewegung einer Riesenradgondel. Welche Unterschiede gibt es in den Bewegungen?

6.7 Modellieren mit allgemeinen Sinusfunktionen

Einstieg

Unter der astronomischen Sonnenscheindauer versteht man die Zeitspanne zwischen Sonnenaufgang und Sonnenuntergang. Der 50. Breitengrad verläuft mitten durch die Bundesrepublik, z.B. ungefähr durch Bitburg. Für Orte auf ihm beträgt die astronomische Sonnenscheindauer ungefähr:

Datum	22.6.	22.7.	22.8.	22.9.	22.10.	22.11.	22.12.	22.1.	22.2.	22.3.	22.4.	22.5.
Dauer (in h)	16,2	15,4	13,8	12,0	10,2	8,6	7,8	8,7	10,3	12,2	13,9	15,4

a) Bestimmt eine allgemeine Sinusfunktion, welche die astronomische Sonnenscheindauer für Orte auf dem 50. Breitengrad gut annähert.

b) Bestimmt mithilfe von Teilaufgabe a) die astronomische Sonnenscheindauer am 10. Juli.

Aufgabe 1

Das Amt für Strom- und Hafenbau in Hamburg veröffentlicht im Internet regelmäßig die aktuellen Daten zum Pegelstand der Elbe bei St. Pauli.
Stelle die gegebenen Daten grafisch dar und bestimme eine allgemeine Sinusfunktion, die die Tidenkurve im gegebenen Zeitraum möglichst beschreibt.

Pegel, der, Wasserstandmesser

Tide, die, (norddeutsch) regelmäßig wiederkehrende Bewegung der See, Flut

NN Abkürzung für Normalnull

Uhrzeit	Wasserstand über NN (in cm)	Uhrzeit	Wasserstand über NN (in cm)	Uhrzeit	Wasserstand über NN (in cm)
0.00	143	3.30	48	7.00	–124
0.30	161	4.00	17	7.30	–142
1.00	175	4.30	–7	8.00	–160
1.30	168	5.00	–32	8.30	–171
2.00	148	5.30	–58	9.00	–154
2.30	118	6.00	–80		
3.00	84	6.30	–100		

Lösung

Da der Pegelstand sich periodisch um Normalnull verändert, modellieren wir ihn mithilfe einer allgemeinen Sinusfunktion, die nicht parallel zur y-Achse verschoben ist: $y = a \sin(b(x + c))$.

Die Darstellung zeigt, dass die Amplitude a mit 175 cm gut angenähert ist. Der höchste Wasserstand liegt um 1.00 Uhr, der darauf folgende niedrigste um 8.30 Uhr vor. Die halbe Periodenlänge beträgt somit etwa 7,5 Stunden, die Periode beträgt also 15 Stunden. Damit ist der Graph dieser Funktion gegenüber dem der Sinusfunktion mit $y = \sin(x)$ um den Faktor $\frac{1}{b} = \frac{15}{2\pi}$ parallel zur x-Achse gestreckt, also $b = \frac{2\pi}{15} \approx 0{,}42$.
Weiterhin liegt die erste positive Nullstelle beim Zeitpunkt ≈ 4,3 Stunden, die der Funktion mit $y = \sin\left(\frac{2\pi}{15}x\right)$ liegt bei 7,5 Stunden.
Also muss der Graph um 3,2 nach links verschoben werden.

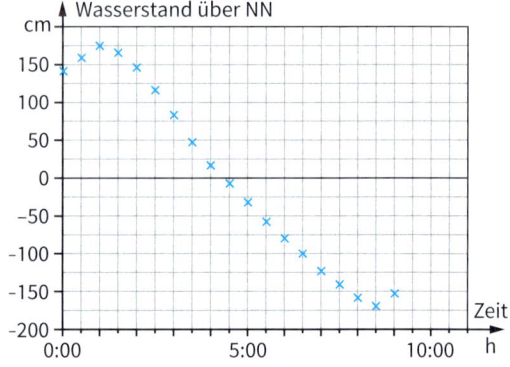

6.7 Modellieren mit allgemeinen Sinusfunktionen

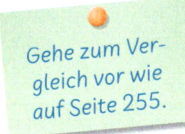
Gehe zum Vergleich vor wie auf Seite 255.

Somit erhalten wir die Funktionsgleichung
$y = 175 \cdot \sin\left(\frac{2\pi}{15}(x + 3{,}2)\right)$ oder ausgerechnet näherungsweise $y \approx 1{,}75 \cdot \sin(0{,}42\,x + 1{,}34)$.
Der Vergleich zwischen den Messwerten und der gefundenen Sinusfunktion zeigt, dass die Rechnungen die Messwerte gut annähern. Im Bereich um die Hoch- und Niedrigwasserpunkte ist die Sinusfunktion aber „breiter" als es die Messwerte vorgeben.

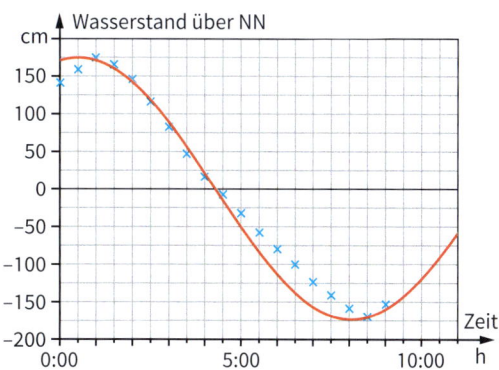

Information

(1) Modellieren mithilfe von Sinusfunktionen
Periodische Vorgänge in Natur und Technik kann man häufig mit Sinusfunktionen modellieren. Man kann sich dabei auf die allgemeinen Sinusfunktionen beschränken und allgemeine Kosinusfunktionen vermeiden, da man die Graphen von Kosinusfunktionen durch Verschieben von Graphen von Sinusfunktionen erhalten kann. Die Bestimmung der Periodenlänge und der Amplitude sind die zentrale Aufgabe beim Erstellen der Funktionsgleichung. Verschiebungen kann man häufig durch eine geeignete Wahl des Koordinatensystems vermeiden.

GTR

(2) Anpassen einer Sinusfunktion mithilfe des grafikfähigen Taschenrechners
Auch mit dem grafikfähigen Taschenrechner kann man ähnlich wie bei den Regressionsgeraden für lineare Funktionen möglichst gut passende allgemeine Sinusfunktionen bestimmen:

Füge zunächst Listen mithilfe des Menüpunktes **Lists & Spreadsheets Hinzufügen** in dein Dokument ein. Gib dann die Koordinaten der Messpunkte in zwei Listen, z. B. A und B ein, benenne diese und markiere sie.

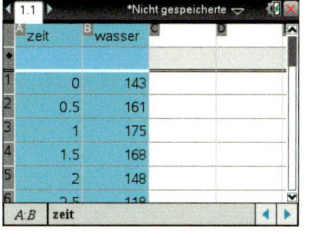
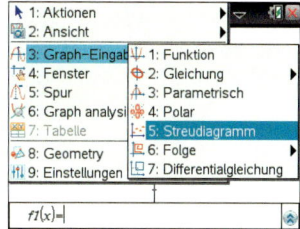

Den Graphen der Messpunkte zeichnest du als Streudiagramm. Denke an die Festlegung eines geeigneten Fensters für den Zeichenbereich.

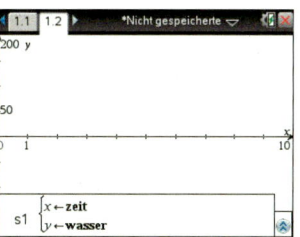
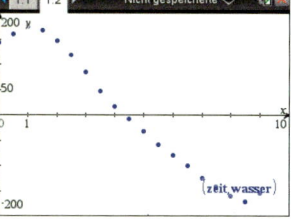

Zum Bestimmen des Funktionsterms verwendest du in der Tabellenansicht das Menü **Statistik**, dort das Untermenü **Statistische Berechnung** und dort den Befehl **Sinusförmige Regression**. Bei diesem musst du angeben, welche Liste die x-Werte und welche die y-Werte enthält, und unter welchen Funktionsnamen der Funktionsterm gespeichert werden soll.

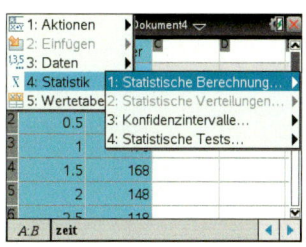
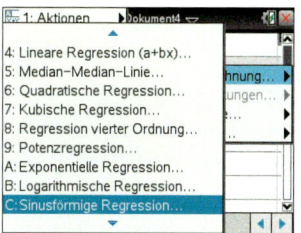

Auf dem Bildschirm erscheinen dann die Koeffizienten des Funktionsterms. Zur Kontrolle kannst du den Graph der gefundenen allgemeinen Sinusfunktion durch die Punktwolke zeichnen lassen, um einen Eindruck von der Güte der Anpassung zu gewinnen.

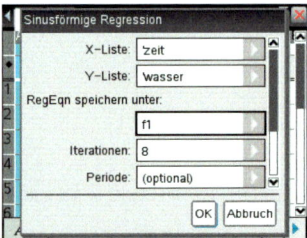 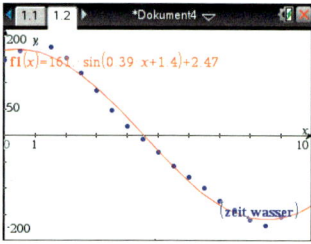

Übungsaufgaben

2. Welche allgemeine Sinusfunktion beschreibt die mittlere Sonnenscheindauer in Stuttgart möglichst gut?

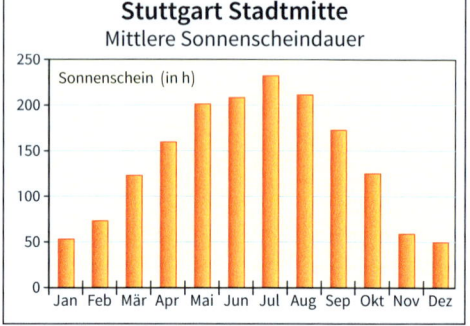

3. Meteorologen erfassen Temperaturdaten über lange Zeiträume, um Veränderungen im Klima untersuchen zu können. Für die Messstation auf Helgoland wurden die unten stehenden Tagesmittelwerte gemessen.
   a) Stelle die Messwerte grafisch dar.
   b) Bestimme den Term einer allgemeinen Sinusfunktion, die die Messwerte möglichst gut annähert.

> JJJJMM bedeutetm dass die ersten 4 Ziffern die Jahreszahl und die übrigen 2 den Monat angeben

Monatswerte					
JJJJMM	Tagesmittel (in C°)	JJJJMM	Tagesmittel (in C°)	JJJJMM	Tagesmittel (in C°)
200307	18.3	200206	15.3	200105	10.9
200306	15.8	200205	11.8	200104	6.2
200305	11.1	200204	7.9	200103	2.9
200304	7.6	200203	5.7	200102	3.0
200303	4.8	200202	5.8	200101	3.7
200302	0.8	200201	4.7	200012	5.9
200301	2.5	200112	4.6	200011	8.8
200212	2.3	200111	9.0	200010	12.9
200211	7.0	200110	14.3	200009	15.4
200210	10.3	200109	14.4	200008	16.8
200209	16.7	200108	18.0	200007	15.1
200208	19.8	200107	17.4	200006	14.1
200207	17.0	200106	13.3		

6.7 Modellieren mit allgemeinen Sinusfunktionen

4. Soffie hat zu den Daten eines periodischen Prozesses mit ihrem grafikfähigen Taschenrechner den Term einer allgemeinen Sinusfunktion ermittelt.

x	0	1	2
f(x)	−6	−5,7	−4,9

x	3	5	7	10
f(x)	−3,6	−2	4	6

Da ihr das Ergebnis nicht zusagt, hat sie es noch einmal auf andere Weise versucht. Finde den Fehler bei ihrem ersten Vorgehen und gib ihr einen Tipp.

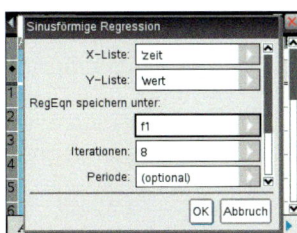
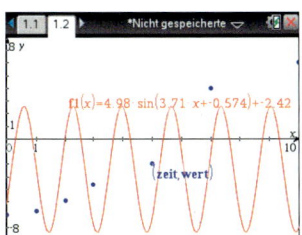
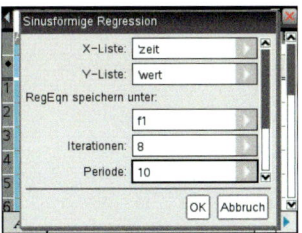
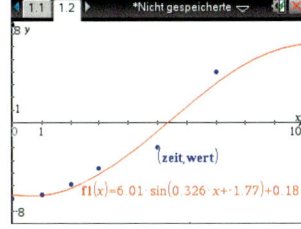

5. Beschreibe die mittleren Tagestemperaturen durch allgemeine Sinusfunktionen.

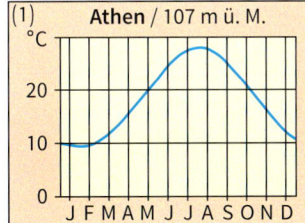
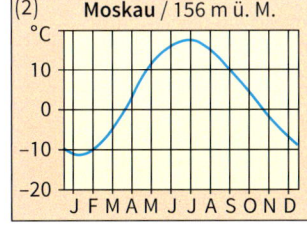
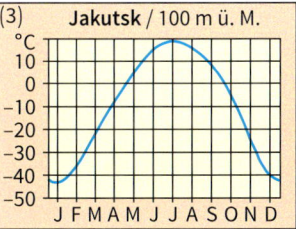

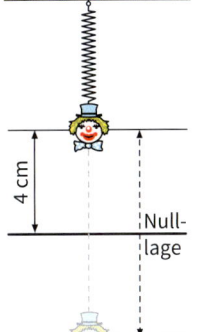

6. Ein Federpendel ist aus der Nulllage um 4 cm nach oben ausgelenkt worden. 2 Sekunden nach dem Loslassen ist es das erste Mal wieder ganz oben angelangt. Beschreibe die Auslenkung in Abhängigkeit von der Zeit durch eine geeignete Sinus- oder Kosinusfunktion.

7. Taschenkalender enthalten oftmals auch die Auf- und Untergangszeiten des Mondes. Bestimme ein geeignetes Modell für die Mondscheindauer.

Mondscheindauer in Mainz			Mondscheindauer in Mainz			Mondscheindauer in Mainz		
Datum	Aufgang	Untergang	Datum	Aufgang	Untergang	Datum	Aufgang	Untergang
01.04.16	03.28	12.50	11.04.16	09.40	00.08	21.04.16	19.47	06.19
02.04.16	04.11	13.54	12.04.16	10.32	01.14	22.04.16	20.48	06.44
03.04.16	04.50	15.04	13.04.16	11.30	02.10	23.04.16	21.48	07.12
04.04.16	05.25	16.18	14.04.16	12.31	02.58	24.04.16	22.47	07.43
05.04.16	05.58	17.37	15.04.16	13.34	03.38	25.04.16	23.44	08.18
06.04.16	06.29	18.57	16.04.16	14.37	04.11	26.04.16	–	09.00
07.04.16	07.01	20.17	17.04.16	15.41	04.40	27.04.16	00.37	09.47
08.04.16	07.35	21.38	18.04.16	16.42	05.07	28.04.16	01.26	10.41
09.04.16	08.11	22.56	19.04.16	17.44	05.31	29.04.16	02.09	11.41
10.04.16	08.53	–	20.04.16	18.46	05.55	30.04.16	02.48	12.47

8. In Zeitschriften findet man neben Horoskopen gelegentlich auch Informationen zum Biorhythmus. Danach sollen die körperliche, die emotionelle und die intellektuelle Leistungsfähigkeit Höhen und Tiefen wie eine Sinuskurve haben. Man gibt dabei 23 Tage (körperlich), 28 Tage (emotional) und 33 Tage (intellektuell) für die jeweilige Periode ab dem eigenen Geburtsdatum an. Stelle geeignete Fragen und beantworte sie mithilfe eines Rechners.

Parametervariation – Abbilden von Funktionsgraphen

1. Rechts siehst du eine Parabel.
   a) Ermittle eine Gleichung dafür.
   b) Gib Abbildungen an, mit denen man diese Parabel schrittweise aus der Normalparabel erzeugen kann.

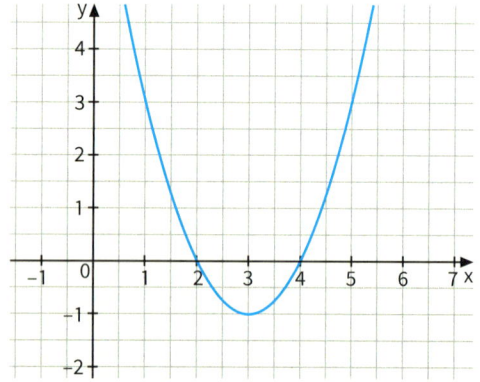

GTR 2. Verändere den Funktionsterm der Funktion zu $y = x^3$ durch Multiplizieren bzw. Addieren. Skizziere die Graphen mit dem grafikfähigen Taschenrechner und schreibe eine Zusammenfassung deiner Ergebnisse, wie sich die Veränderungen am Funktionsterm auf den Graphen auswirken.

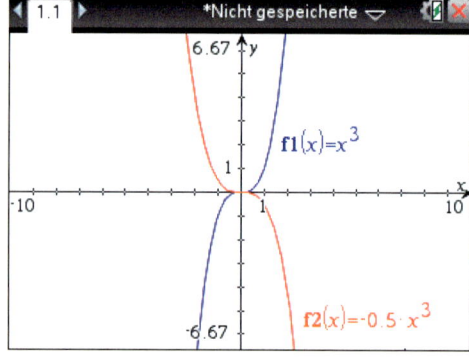

3. Die Tageslichtdauer ist die Differenz zwischen Sonnenaufgangs- und Sonnenuntergangszeit. Am Äquator beträgt sie 12 Stunden. An den anderen Orten ist sie von der Jahreszeit abhängig. Die im Jahresverlauf sich ändernde Tageslichtdauer hat vielfältige Auswirkungen auf Lebewesen, und zwar sowohl Tier als auch Pflanzen. Bei Hühnern in Käfighaltung wird daher ihre Legeleistung durch künstliche Beleuchtung beeinflusst. Bei Samen hängt das Keimverhalten von der Tageslichtdauer ab.

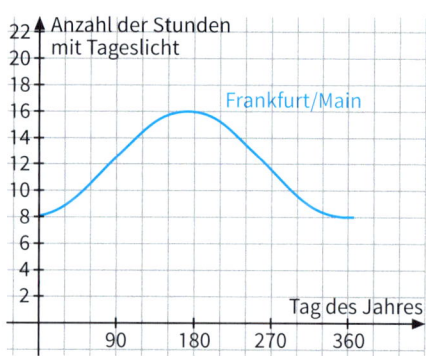

   a) Erstelle eine Funktionsgleichung für die Tageslichtdauer in Frankfurt/Main. Argumentiere dabei durch Vergleich mit dem Graphen der Sinusfunktion.
   b) Für die Tageslichtdauer in Madrid gilt: $h(t) = 12 + 2{,}4 \sin(0{,}0172(t - 80))$
   Zeichne den Graphen und vergleiche mit dem Verlauf für Frankfurt/Main.

Auf den Punkt gebracht

Änderung am Term	Funktionsgleichung	Abbildung des Graphen	Graph
e addieren	$y = f(x) + e$	Verschieben um $|e|$ Einheiten parallel zur y-Achse, und zwar nach oben, falls $e > 0$ und nach unten falls $e < 0$	
x durch $x + d$ ersetzen	$y = f(x + d)$	Verschieben um $|d|$ Einheiten parallel zur x-Achse, und zwar nach links, falls $d > 0$ und nach rechts falls $d < 0$	
mit $a > 0$ multiplizieren	$y = a \cdot f(x)$ mit $a > 0$	Strecken parallel zur y-Achse mit dem Faktor a, und zwar Vergrößern, falls $a > 1$ Stauchen, falls $a < 1$	
mit $a < 0$ multiplizieren	$y = a \cdot f(x)$ mit $a < 0$	Strecken mit dem Faktor $|a|$ parallel zur y-Achse und Spiegeln an der x-Achse („Streckspiegelung")	
x durch $b \cdot x$ ersetzen, wobei $b > 0$	$y = f(b \cdot x)$ mit $b > 0$	Strecken mit dem Faktor $\frac{1}{b}$ parallel zur x-Achse und zwar Vergrößern, falls $b < 1$ Stauchen, falls $b > 1$	
x durch $b \cdot x$ ersetzen, wobei $b < 0$	$y = f(b \cdot x)$ mit $b < 0$	Strecken mit dem Faktor $\frac{1}{|b|}$ parallel zur x-Achse, und Spiegeln an der y-Achse	

Verkettungen von Abbildungen des Funktionsgraphen:

$y = a \cdot f(x) + e$ Der Graph von f wird parallel zur y-Achse zunächst mit dem Faktor a gestreckt und dann um e Einheiten verschoben.

$y = f(b x + d)$ Der Graph von f wird parallel zur x-Achse zunächst um d Einheiten verschoben und dann mit dem Faktor $\frac{1}{b}$ gestreckt.

$y = f(b(x + d))$ Der Graph von f wird parallel zur x-Achse zunächst mit dem Faktor $\frac{1}{b}$ gestreckt und dann um d Einheiten verschoben.

6.8 Aufgaben zur Vertiefung

1. In den Abbildungen sind die Graphen von periodischen Funktionen gezeigt. Sie sind aus Stücken der Sinuskurve zusammengesetzt. Untersuche die Graphen der Funktionen auf Punkt- und Achsensymmetrie. Gib gegebenenfalls die Symmetriepunkte bzw. die Symmetrieachsen an. Bestimme auch die Periodenlänge.

   a)
   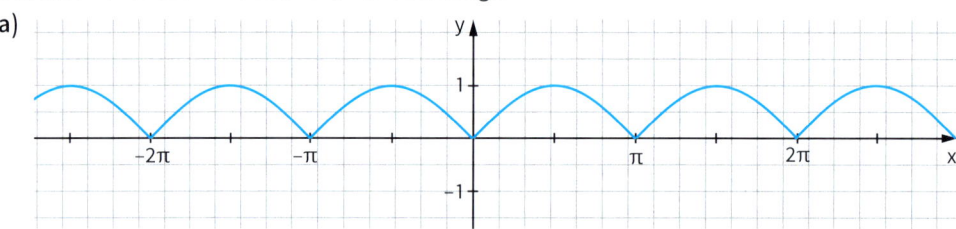

   • gehört zum Graphen
   ○ gehört nicht zum Graphen

   b)
   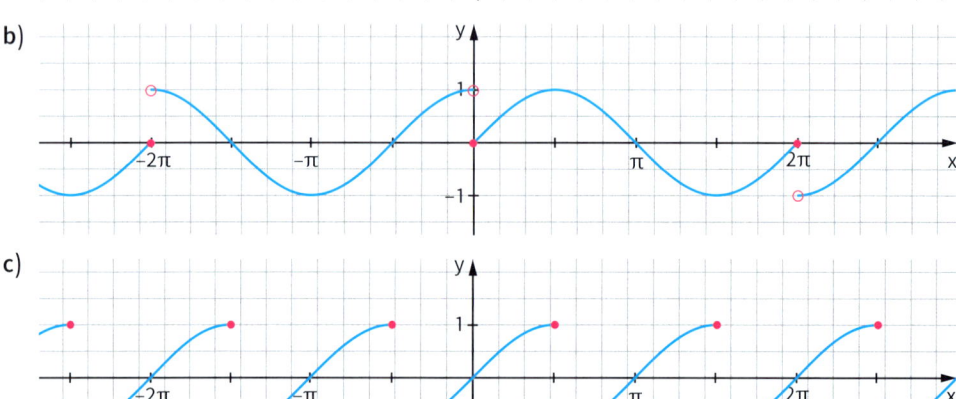

   c)

   d)
   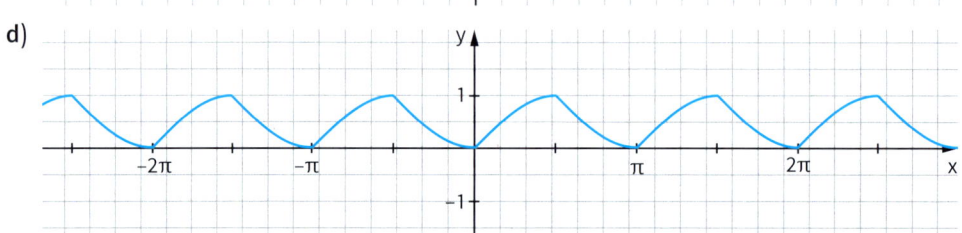

2. Erstelle selbst Bilder wie in Aufgabe 1. Dokumentiere die Lösungen.

3. Zeichne mit einem Rechner den Graphen der Sinusfunktion mit $y = \sin(x)$ und geeignete Parabelbögen (Streckungen und Verschiebungen der Normalparabel), die die Sinusfunktion abschnittsweise annähern.
   Beurteile die Güte, mit der die Sinusfunktion selbst modelliert wird. Verwende dazu auch die Wertetabellen des Rechners.

   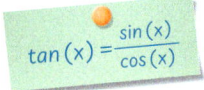
   $\tan(x) = \dfrac{\sin(x)}{\cos(x)}$

4. Rechner verfügen neben den trigonometrischen Funktionen „Sinus" und „Kosinus" noch über eine dritte trigonometrische Funktion: „Tangens".
   Zeichne den Graphen der Tangensfunktion und untersuche die Funktion auf Definitionslücken, Nullstellen und Symmetrieeigenschaften.
   Vergleiche mit der Sinus- und Kosinusfunktion.

Im Blickpunkt

Spiralen

Friedensreich Hundertwasser (738) GRASS FOR THOSE WHO CRY, 1975

In der Natur kommen oft Spiralen vor. Seit Jahrtausenden sind sie auch zur künstlerischen Gestaltung verwendet worden.

1. Zeichne eine Spirale in ein Koordinatensystem.
   Erläutere an deiner Zeichnung, warum eine Spirale kein Graph einer Funktion ist.

2. Auch Kreise sind keine Funktionsgraphen. An einem Kreis soll eine Beschreibung von Kurven erarbeitet werden, die nicht Graph einer Funktion sind.
   Der Arm eines Bohrautomaten ist in der Ebene frei beweglich. Mit dem Bohrer sollen in eine Scheibe mit dem Durchmesser 2,40 m 12 Löcher in rotationssymmetrischer Anordnung, jeweils 20 cm vom Rand entfernt, gebohrt werden. Wähle ein geeignetes Koordinatensystem und gib dann die Koordinaten der Bohrlöchermittelpunkte an.

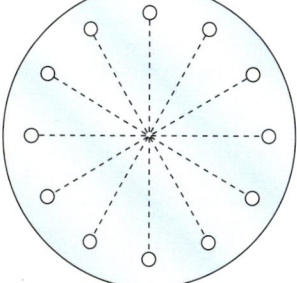

3. Erläutere die folgende Möglichkeit zur Beschreibung eines Kreises.

> Die Beschreibung aller Punkte P(x|y) durch die Gleichungen
> $x = r \cdot \cos\alpha$ und $y = r \cdot \sin\alpha$ heißt **Parameterdarstellung des Kreises** mit Radius r um den Ursprung.

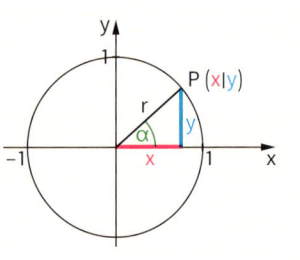

GTR **4.** Der grafikfähige Taschenrechner kann nicht nur Funktionsgraphen zeichnen, sondern auch mit Parameterdarstellungen arbeiten.
Zur Parameterdarstellung eines Kreises mit dem grafikfähigen Taschenrechner muss dieser in den Parametermodus für grafische Darstellungen umgeschaltet werden.
Bei der Funktionseingabe werden dann für die x-Koordinate und für die y-Koordinate die Werte eingegeben; im Beispiel für einen Kreis mit r = 2,5.

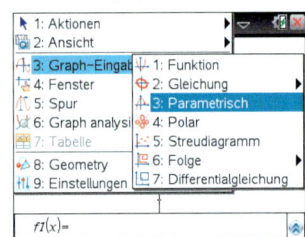 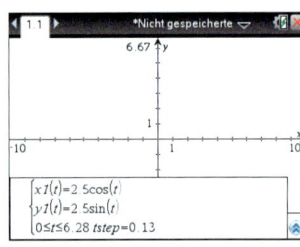 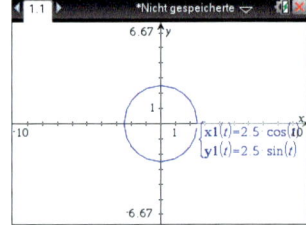

GTR **5.** Zeichne mit deinem grafikfähigen Taschenrechner einen Kreis mit dem Radius 3.

GTR **6.** Eine besonders einfache Spirale ist die **archimedische Spirale**:
Ein im Ursprung beginnender Strahl g bewegt sich mit konstanter Geschwindigkeit ω_0 (Winkelgeschwindigkeit). Gleichzeitig bewegt sich ein Punkt auf dem Strahl mit konstanter Geschwindigkeit v_0 nach außen.

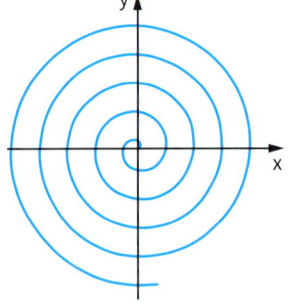 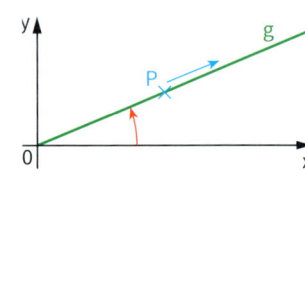

Der Punkt P beschreibt dadurch in der Ebene eine Kurve, welche archimedische Spirale genannt wird (Bild rechts).
a) Zeige, dass mit der Zeit t als Parameter die archimedische Spirale die Parameterdarstellung $x = v_0 \cdot t \cos(\omega_0 \cdot t)$ und $y = v_0 \cdot t \sin(\omega_0 \cdot t)$ hat.
b) Zeichne mit dem grafikfähigen Taschenrechner für verschiedene Werte von v_0 und ω_0 Spiralen. Beschreibe, welchen Einfluss v_0 und ω_0 auf die Spiralenform haben.

Das Wichtigste auf einen Blick

Periodische Funktion, Periode

Eine Funktion heißt *periodisch*, wenn sich ihre Funktionswerte in festen Abständen wiederholen. Ihre *Periode* ist die kleinste positive Zahl p, für die für alle Werte x aus der Definitionsmenge der Funktion gilt:
f(x) = f(x + p).

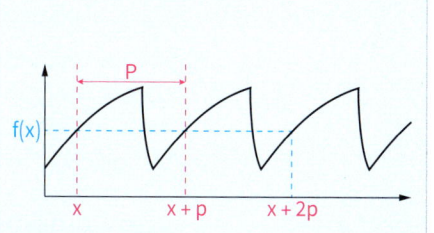

Bogenmaß

Das Verhältnis $\frac{b_\alpha}{r}$ aus der Länge b_α des Kreisbogens und dem Radius r heißt das Bogenmaß des Winkels α. Zum *Gradmaß* eines Winkels α gehört das *Bogenmaß* $x = \alpha \cdot \frac{\pi}{180°}$.

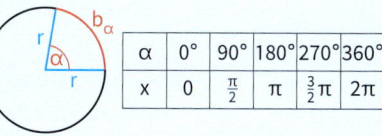

α	0°	90°	180°	270°	360°
x	0	$\frac{\pi}{2}$	π	$\frac{3}{2}\pi$	2π

Sinusfunktion

Die Funktion f mit $f(x) = \sin(x)$ und $\mathbb{R}$ als Definitionsmenge heißt *Sinusfunktion*. Ihr Graph heißt *Sinuskurve*.
- Periode: $p = 2\pi$, es gilt also: $\sin(x) = \sin(x + 2\pi)$
- Wertemenge: $-1 \leq y \leq 1$; $y \in \mathbb{R}$
- Symmetrie: Punktsymmetrie zum Koordinatenursprung, also $\sin(-x) = -\sin(x)$
- Nullstellen: $x_k = k \cdot \pi$; $k \in \mathbb{Z}$

Beispiel:

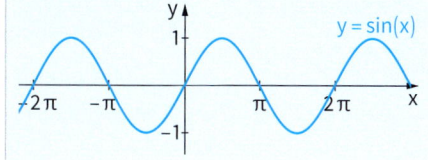

Kosinusfunktion

Die Funktion f mit $f(x) = \cos(x)$ und $\mathbb{R}$ als Definitionsmenge heißt **Kosinusfunktion**. Ihr Graph heißt *Kosinuskurve*.
- Periode: $p = 2\pi$, es gilt also: $\cos(x) = \cos(x + 2\pi)$
- Wertemenge: $-1 \leq y \leq 1$; $y \in \mathbb{R}$
- Symmetrie: Achsensymmetrie zur y-Achse, also: $\cos(-x) = \cos(x)$
- Nullstellen: $x_k = \left(k + \frac{1}{2}\right) \cdot \pi$; $k \in \mathbb{Z}$

Beispiel:

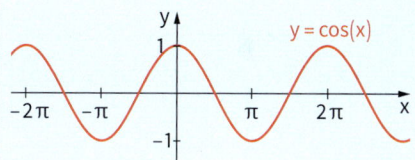

Zusammenhang: Sinus und Kosinus

Für die Sinus- und Kosinusfunktion gilt:
- $\cos(x) = \sin\left(x + \frac{\pi}{2}\right)$; $\sin(x) = \cos\left(x - \frac{\pi}{2}\right)$

Beispiel:

$\cos\frac{\pi}{2} = \sin(\pi) = 0$

Allgemeine Sinusfunktion

Der Graph zu $y = \sin(b(x + c)) + d$ entsteht aus dem Graphen der Funktion f mit $f(x) = \sin(x)$ durch:
(1) Strecken mit dem Faktor a parallel zur y-Achse;
(2) anschließendem Strecken mit dem Faktor $\frac{1}{b}$ parallel zur x-Achse;
(3) anschließendem Verschieben parallel zur x-Achse:
   - um |c| Einheiten nach rechts, falls c < 0
   - um |c| Einheiten nach links, falls c > 0
(4) anschließendem Verschieben parallel zur y-Achse:
   - um |d| Einheiten nach oben falls d > 0
   - um |d| Einheiten nach unten, falls d < 0.

Periode: $p = \frac{2\pi}{b}$

Wertemenge: $d - a \leq y \leq d + a$; $y \in \mathbb{R}$

Beispiel:

$y = 2{,}5 \cdot \sin\left(2\left(x - \frac{\pi}{2}\right)\right) + 1$

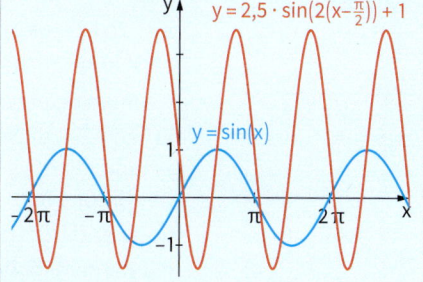

$p = \pi$

Wertemenge: $-1{,}5 \leq y \leq 3{,}5$; $y \in \mathbb{R}$

Bist du fit?

1. Rechne die Winkelangaben in das jeweils andere Winkelmaß um. Runde im Gradmaß auf zehntel Grad, im Bogenmaß auf Hundertstel.
   a) 20°; 48°; 217°; 90°; 68°
   b) 1,4; 0,6; 4,2; 2,1; 1,7
   c) π°; π; 1; 1°; 100°
   d) 3,8°; −2,9; 171°; 1,4; −126°

2. Bestimme alle Winkelgrößen (im Bogenmaß), die die Gleichung lösen. Runde auf Zehntel.
   a) sin(x) = 1
   b) cos(x) = 0,42
   c) sin(x) = 0,84
   d) cos(x) = −0,72

3. Skizziere die Kosinuskurve. Gib dann Symmetrieeigenschaften der Kosinusfunktion an und begründe diese am Einheitskreis.

4. Zeichne den Graphen der Funktion und prüfe, ob die gegebenen Punkte auf dem Graphen liegen.
   a) Funktionsgleichung y = 1,5 · cos(x) $P\left(\frac{\pi}{9}\mid 2\right)$; $Q\left(\frac{\pi}{3}\mid\frac{3}{4}\right)$; $R\left(\frac{5\pi}{2}\mid -1\right)$
   b) Funktionsgleichung $y = 2 \cdot \sin\left(\frac{1}{2}x\right) + 1$ $S(2\pi\mid 0)$; $T\left(\frac{\pi}{3}\mid 2\right)$; $U(6\pi\mid 0)$

5. Gib an, wie der Graph der Funktion aus dem der Sinusfunktion mit y = sin(x) hervorgeht.
   a) y = 0,5 · sin(2x)
   b) $y = 2 \cdot \sin\left(x - \frac{\pi}{2}\right)$
   c) y = sin(x + π) − π
   d) $y = -\sin\left(\frac{1}{2}(x + \pi)\right)$
   e) y = sin(πx − 2π)
   f) y = cos(x)

6. Gib eine Funktionsvorschrift der abgebildeten Funktionsgraphen an.

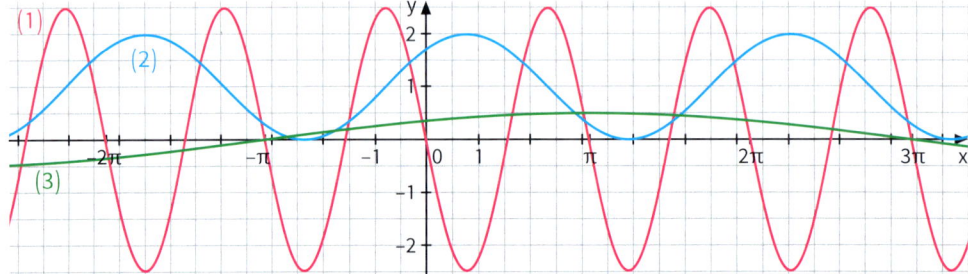

7. Zu Beobachtungsbeginn befindet sich das Pendel in unterer Maximalauslenkung. In Bezug zur Ruhelage werden folgende Messwerte für die Auslenkung aufgenommen:

Zeit (in s)	0	2	4	6	10	15	20
Auslenkung (in cm)	−3	−2,86	−2,45	−1,81	−0,97	2,02	3

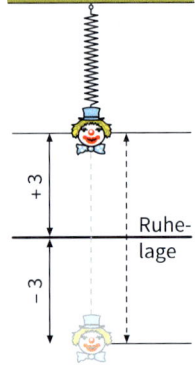

a) Gib eine Funktion an, die die Bewegung gut modelliert.
b) Wie lange braucht das Pendel, um den Ausgangspunkt wieder zu erreichen? Welche Auslenkung hat das Pendel nach 1 Minute?
c) Welche Annahmen zur Vereinfachung hast du gemacht?

8. Der Graph einer allgemeinen Sinusfunktion mit dem Term f(x) = a sin(b(x + c)) + d ist unter anderem durch Verschiebung um 1 nach rechts aus dem Graphen der Sinusfunktion entstanden. Er hat die Periode 5 und verläuft durch P(2,25 | 7) und Q(4,75 | 1). Ermittle den Funktionsterm.

Lösungen zu Bist du fit?

Seite 70

1. Der Zerfall des Iods kann durch die Gleichung $y = 10 \cdot \left(\frac{1}{2}\right)^x$ beschrieben werden. Damit sind

   (1) $10 \cdot \left(\frac{1}{2}\right)^{\frac{1}{3}} = 8$ nach 20 Minuten noch 8 mg   (2) $10 \cdot \left(\frac{1}{2}\right)^{\frac{1}{2}} = 7{,}1$ nach 30 Minuten noch 7,1 mg vohanden.

2. DNA: 10 Mikrometer   Lymphozyt: 100 Mikrometer   Milchstraße: 109 Terameter

3. Anzahl der Brückenteile: $120\,m : 5\,m = 24$ Temperaturdifferenz: 60 Grad
   Längenunterschied der Brücke: $6 \cdot 10^{-5}\,m \cdot (45 - (-15)) \cdot 24 = 0{,}0864\,m = 8{,}64\,cm$

Seite 71

4. a) $(\sqrt{2})^2 = 2$
   b) $(\sqrt{2})^8 = 2^4 = 16$
   c) $(\sqrt{2})^{12} = 2^6 = 64$
   d) $\sqrt{36^3} = (\sqrt{36})^3 = 6^3 = 216$
   e) $(\sqrt{36})^{-3} = 6^{-3} = \frac{1}{6^3} = \frac{1}{216}$
   f) $\sqrt{1} \cdot 1 = 1 \cdot 1 = 1$
   g) $5^{\frac{1}{2} - \frac{1}{3}} = 5^{\frac{1}{3}}$
   h) $6^{\frac{4}{2}} = 6^2 = 36$
   i) $8^{\frac{1}{3}} = \sqrt[3]{8} = 2$
   j) $64^{\frac{1}{6}} = \sqrt[6]{64} = 2$
   k) $a^{-2+1} = a^{-1} = -\frac{1}{a}$ (für $a \neq 0$)
   l) $b^{-2} \cdot b^3 = b$ (für $b \neq 0$)
   m) $(xy)^{-4} = \frac{1}{(xy)^4} = \left(\frac{1}{xy}\right)^4$ (für $x \neq 0, y \neq 0$)
   n) $x^{-3+2+1+5} = x^5$ (für $x \neq 0$)
   o) $a^{2-1} \cdot b^{1-3+2} = a^1 \cdot b^0 = a$ (für $a \neq 0, b \neq 0$)
   p) $b^{(-3) \cdot (-2)} = b^6$ (für $b \neq 0$)
   q) $7y - 6x$
   r) $12a^{-4} + 8a$
   s) $2a^{-12} - 2a^{-12} = 0$
   t) $(\sqrt{t})^4 - (\sqrt{t})^2 = t^2 - t = t(t-1)$

5. a) $(3^7 - 589)^0 = 1$
   b) $2x \cdot x^{-\frac{3}{4}} = 2 \cdot x^{1-\frac{3}{4}} = 2x^{\frac{1}{4}} = 2\sqrt[4]{x}$ (für $x > 0$)
   c) $x^{0,4} y^{3,5}$ (für $x > 0, y > 0$)
   d) $4x^3 + 8x^2 = 4x^2(x+2)$ (x beliebig)
   e) $r^{-\frac{3}{10}} \cdot y^{\frac{9}{8}}$ (für $r > 0, y > 0$)
   f) $\frac{r^{-4} s^{-4}}{r^{-2} s^{-2}} = r^{-2} s^{-2} = \frac{1}{r^2 s^2}$ (für $r \neq 0, s \neq 0$)
   g) $a^6 + a^6 - a^6 = a^6$
   h) $2x^3 - x^2 + 3x + 2$ (für $x \neq 0$)
   i) $16a^{-2}c^{-6} + 10$ (für $a \neq 0, c \neq 0$)
   j) $2^n(3 \cdot 2^4 - 24 \cdot 2^1) = 0$
   k) $a^{\frac{1}{2}} b^{-1} = \frac{\sqrt{a}}{b}$ (für $a > 0, b > 0$)
   l) $x^{\frac{9}{2}} + 2x^{\frac{7}{2}} + 2x^{\frac{5}{2}} + x^{\frac{3}{2}}$
   m) $\left((a^2)^{\frac{1}{3}}\right)^6 = a^4$
   n) $a^{\frac{2}{3}} \cdot b^{\frac{2}{3}} \cdot a^{\frac{1}{2}} \cdot b^{-\frac{1}{3}} = a^{\frac{1}{6}} b^{\frac{1}{3}}$
   o) $12r \cdot 6s^{\frac{1}{4}} \cdot 3s^{-\frac{1}{2}} \cdot r^{-\frac{1}{2}} = 12r^{\frac{1}{2}} \cdot 18s^{-\frac{1}{4}}$
   p) $\sqrt[3]{80\,000\,a^3 b^9} = 20ab^3$
   q) $a^{\frac{4}{n}} : a^{\frac{16}{2n}} = a^{\frac{4}{n} - \frac{8}{n}} = a^{-\frac{4}{n}}$
   r) $a^5 - 2\sqrt{a^6} + a + 2a^3 = a^5 - 2a^3 + a + 2a^3 = a^5 + a$

6. $13\,000\,€ \cdot x^4 = 15\,062{,}50\,€$, also $x = \sqrt[4]{\frac{15\,062{,}50\,€}{13\,000\,€}} \approx 1{,}0375$. Der Zinssatz beträgt 3,75 %.

7. $a^{\frac{m}{n}}$ ist nur für $a > 0$ definiert.
   Also ist z. B. die Gleichung $(-1)^3 = (-1)^{6:2}$ falsch, da $(-1)^{\frac{6}{2}}$ nicht definiert ist.

8. Der Potenzbegriff wurde erweitert von den natürlichen Exponenten über die ganzzahligen Exponenten zu den gebrochenrationalen Exponenten, wobei zunächst die Exponenten mit Stammbrüchen als Exponenten (n-te Wurzeln) als Sonderfall der gebrochenrationalen Exponenten behandelt wurden.

Seite 71

9. Graphen siehe Bild rechts.

10. Zum Beispiel:
   a) $y = 4(x-2{,}5)^{-2} + 2$
   b) $y = -\frac{1}{4}x^3$
   c) $y = -x^2 - 3$
   d) $y = \frac{1}{x} + 3$

11. a) $L = \{4\}$
   b) $L = \{5\}$
   c) $L = \{-2; 2\}$
   d) $L = \{\ \}$
   e) $L = \{2^{\frac{3}{5}}\} = \{\sqrt[5]{8}\}$
   f) $L = \{5\}$
   g) $L = \{-7; -3\}$
   h) $L = \{133\}$
   i) $L = \{81\}$
   j) $L = \{\ \}$
   k) $L = \{-1\,724\}$
   l) $L = \{\ \}$

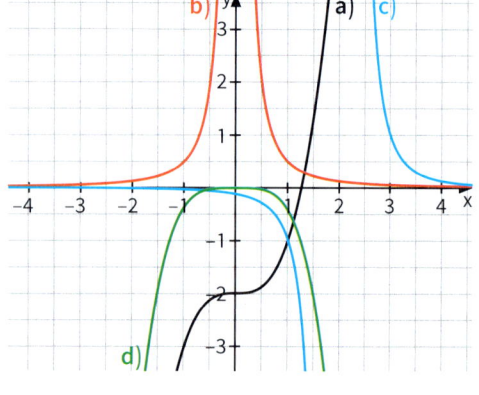

Seite 110

1. a) $V = \frac{1}{3} a^2 \cdot h$, also $h = \frac{3V}{a^2} = \frac{0{,}3\,dm^3}{(2{,}1\,cm)^2} = \frac{300\,cm^3}{4{,}41\,cm^2} \approx 68{,}0\,cm \approx 6{,}8\,dm$

   b) $V = \frac{1}{3} a^2 \cdot h$, also $a = \sqrt{\frac{3V}{h}} = \sqrt{\frac{2100\,cm^3}{5\,cm}} = \sqrt{420\,cm^2} \approx 20{,}5\,cm$

   c) $V = \frac{1}{3}\pi r^2 \cdot h$, also $r = \sqrt{\frac{3V}{\pi h}} = \sqrt{\frac{3\,m^3}{\pi\,m}} \approx 0{,}977\,m \approx 97{,}7\,cm$

   d) $O = 4\pi r^2$, also $r = \sqrt{\frac{O}{4\pi}} = \sqrt{\frac{9\,cm^2}{4\pi}} \approx 0{,}85\,cm$
   $V = \frac{4}{3}\pi r^3 \approx 2{,}54\,cm^3$

2. a) Größe der Dachfläche: $A = 2 \cdot \left(\frac{1}{2} \cdot 8\,m \cdot \sqrt{(5\,m)^2 + (6\,m)^2}\right) + 2 \cdot \left(\frac{1}{2} \cdot 12\,m \cdot \sqrt{(5\,m)^2 + (4\,m)^2}\right) \approx 139{,}32\,m^2$
   Größe des Dachraumes: $V = \frac{1}{3} \cdot 12\,m \cdot 8\,m \cdot 5\,m = 160\,m^3$

   b) Größe der Dachfläche: $A = 2 \cdot 12\,m \cdot \sqrt{(4\,m)^2 + (5\,m)^2} \approx 153{,}67\,m^2$
   Größe des Dachraumes: $V = \frac{1}{2} \cdot 8\,m \cdot 5\,m \cdot 12\,m = 240\,m^3$

   c) Größe der Dachfläche: $A = 2 \cdot \frac{12\,m + 8\,m}{2} \cdot \sqrt{(4\,m)^2 + (5\,m)^2} + 2 \cdot \frac{1}{2} \cdot 8\,m \cdot \sqrt{(5\,m)^2 + (2\,m)^2} \approx 171{,}14\,m^2$
   Größe des Dachraumes: $V = \frac{1}{2} \cdot 8\,m \cdot 5\,m \cdot 8\,m + \frac{1}{3} \cdot 4\,m \cdot 8\,m \cdot 5\,m = 213\frac{1}{3}\,m^3 \approx 213{,}3\,m^3$

3. a) Es gilt: $r = \frac{u}{2\pi}$.
   Volumen des Sandhaufens: $V = \frac{1}{3}\pi \cdot \left(\frac{u}{2\pi}\right)^2 \cdot h = \frac{1}{12\pi} \cdot u^2 \cdot h \approx 34{,}473\,m^3$
   Masse des Sandhaufens: $m = 34{,}473 \cdot 1{,}6\,t \approx 55{,}157\,t$
   Anzahl der Fahrten: $55{,}157 : 3{,}5 \approx 15{,}8$
   Es sind 16 Fahrten nötig.

   b) $M = \pi \cdot \frac{u}{2\pi} \cdot s = \frac{u}{2} \cdot \sqrt{\left(\frac{u}{2\pi}\right)^2 + h^2} \approx 50{,}23\,m^2$

4. (1) a) Prisma mit einem rechwinkligen Dreieck als Grundfläche mit den Längen der Katheten $a = 6{,}4\,cm$, $b = 4{,}8\,cm$ und der Hypotenuse $c = \sqrt{a^2 + b^2} = 8{,}0\,cm$
   (Schrägbilder siehe rechts.)
   b) $V = \frac{1}{2} a \cdot b \cdot h = 67{,}584\,cm^3$
   $O = 2 \cdot \frac{1}{2} a \cdot b + (a + b + c) \cdot h = 115{,}2\,cm^2$

   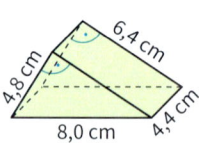 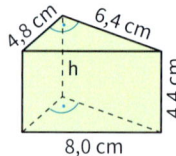

   (2) a) Pyramide mit quadratischer Grundfläche und der Höhe
   $h = \sqrt{(6{,}4\,cm)^2 - (2{,}1\,cm)^2} \approx 6{,}05\,cm$
   (Schrägbild siehe rechts.)
   b) $V = \frac{1}{3} a^2 h \approx 35{,}548\,cm^3$
   $O = a^2 + 4 \cdot \frac{1}{2} \cdot a \cdot h_s = 71{,}4\,cm^2$

   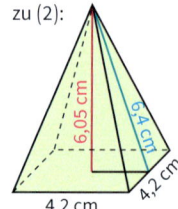 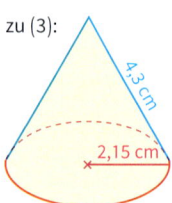

Lösungen zu Bist du fit?

Seite 110

4. (3) a) Kegel mit dem Grundkreisradius $r = \frac{1}{2} \cdot \pi \cdot 8{,}6\,\text{cm} : 2\pi = 2{,}15\,\text{cm}$, der Mantellinie $s = 8{,}6\,\text{cm} : 2 = 4{,}3\,\text{cm}$ und der Höhe $h = \sqrt{s^2 - r^2} \approx 3{,}72\,\text{cm}$ (Schrägbild siehe rechts.)

b) $V = \frac{1}{3}\pi r^2 h = 18{,}026\,\text{cm}^3$; $O = \pi r^2 + \pi r s \approx 43{,}57\,\text{cm}^2$

5. $V = 17{,}5\,\text{g} : 8{,}9\,\frac{\text{g}}{\text{cm}^3} \approx 1{,}966\,\text{cm}^3 = 1966\,\text{mm}^3$

Länge des Drahtes: $V : G = V : \left(\frac{\pi \cdot d^2}{4}\right) = \frac{4V}{\pi d^2} \approx 343\,\text{mm} = 34{,}3\,\text{cm}$

6. Der untere Teil wird als Kegel aufgefasst.

a) $V = V_Z + V_K = \pi \cdot (3\,\text{m})^2 \cdot 9\,\text{m} + \frac{1}{3} \pi \cdot (3\,\text{m})^2 \cdot 3\,\text{m} \approx 282{,}743\,\text{m}^3$
Das Fassungsvermögen des Silos beträgt gut 280 m³.

b) $V_K : V = \frac{1}{3}\pi r^2 \cdot h_K : \pi r^2 \left(h_Z + \frac{1}{3} h_K\right) = \frac{1}{3} \cdot 3\,\text{m} : \left(9\,\text{m} + \frac{1}{3} \cdot 3\,\text{m}\right) = 1\,\text{m} : 10\,\text{m} = 0{,}1 = 10\,\%$

c) $O = A_{Kreis} + M_{Zylinder} + M_{Kegel} = \pi r^2 + 2\pi r h_Z + \pi r \sqrt{r^2 + h_K^2} \approx 237{,}91\,\text{m}^2 \approx 238\,\text{m}^2$
$238\,\text{m}^2 : 8\,\text{m}^2 \approx 29{,}7\ldots \approx 30$ Es werden ungefähr 30 kg Farbe benötigt.

Seite 155

1. a) $f(x) = 20 \cdot \left(\sqrt[7]{3}\right)^x$; $f(5) = 20 \cdot \left(\sqrt[7]{3}\right)^5 \approx 43{,}836$
Der Bestand nach 5 Tagen beträgt ungefähr 43,836.

b) $f(x) = 30 \cdot 0{,}9^x$; $f(14) = 30 \cdot 0{,}9^{14} \approx 6{,}863$
Nach 2 Wochen, also nach 14 Tagen, sind noch ungefähr 6,99 vorhanden.

Seite 156

2. a) $f(x) = 10 \cdot \left(\frac{1}{2}\right)^x$
Der Graph nähert sich immer weiter der x-Achse an, erreicht sie aber nicht.
Wenn man eine Einheit nach rechts geht, halbiert sich der Funktionswert.

b) $f(x) = 10 \cdot \left(\frac{1}{2}\right)^x$
Das Einsetzen von negativen Werten beschreibt den (fiktiven) Fall, wie viel Chlor vorhanden war, bevor die Messung gestartet wurde.

c) $f\left(\frac{1}{3}\right) = 7{,}94$
Es sind noch ca. 8 mg Chlor vorhanden.

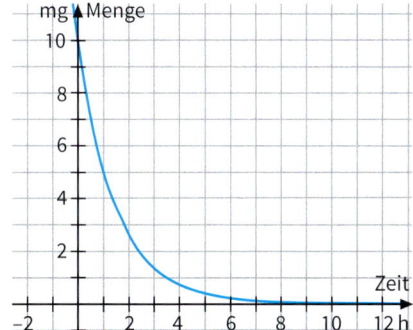

3. a) $f(x) = 5 \cdot 1{,}1^x$
Der Graph steigt immer schneller an.
Geht man eine Einheit nach rechts, wird der Funktionswert mit dem Faktor 1,1 multipliziert.

b) $f(x) = 5 \cdot 1{,}1^x$; also:
$f(30) = 87{,}25$

c) $5 \cdot 1{,}1^x = 10$
Aus dem Graphen liest man ab:
≈ 7 Tage.
Rechnerisch erhält man:
$x = \frac{\log(2)}{\log(1{,}1)}$
$x \approx 7{,}3$
Die Anfangshöhe hat sich nach gut 7 Tagen verdoppelt.

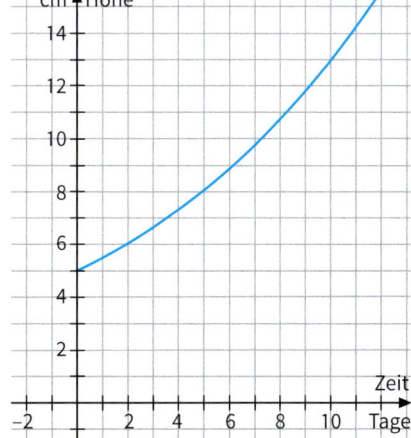

Seite 156

4. (1): $y = 2 \cdot 1{,}4^x$
   (2): $y = x^2 + 2$
   (3): $y = 2 \cdot 0{,}3^x$

5. $y = a \cdot b^x$ mit $a > 0$, $b > 0$
   Nach 3 Tagen ist 1 cm² bedeckt: $1 = a \cdot b^3$
   Nach 5 Tagen sind 4 cm² bedeckt: $4 = a \cdot b^5$
   Aus beiden Gleichungen folgt $4 a b^3 = a b^5$, also $b^2 = 4$, und damit $b = 2$ und $a = \frac{1}{8} = 0{,}125$
   Die Funktionsgleichung ist $y = \frac{1}{8} \cdot 2^x$.
   $f(8) = \frac{1}{8} \cdot 2^8 = 2^5 = 32$
   Nach 8 Tagen sind 32 cm² bedeckt.
   $6 = \frac{1}{8} \cdot 2^x$, also $x = \log_2 48 = 5{,}585$
   Nach gut $5\frac{1}{2}$ Tagen sind 6 cm² bedeckt.

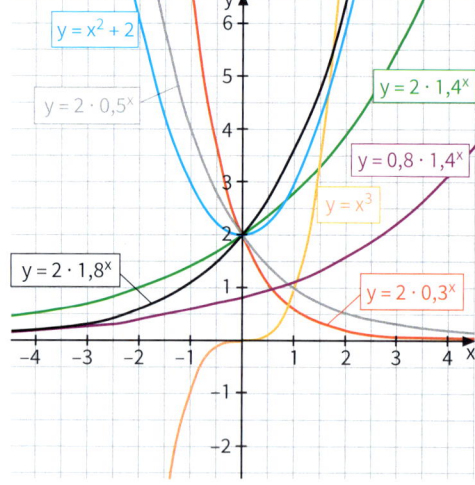

6. a) Mit dem Faktor 3 parallel zur y-Achse strecken.
   b) Mit dem Faktor 2 parallel zur y-Achse strecken; an der x-Achse spiegeln.
   c) Den Graphen um 3 Einheiten nach links verschieben.
   d) Den Graphen um 2 Einheiten nach rechts verschieben.
   e) Den Graphen um 3 Einheiten nach oben verschieben.
   f) Den Graphen um 2 Einheiten nach unten verschieben.
   g) Den Graphen mit dem Faktor $\frac{1}{5}$ parallel zur y-Achse stauchen und um 1 Einheit nach oben verschieben.
   h) Den Graphen mit dem Faktor 3 parallel zur y-Achse strecken und um 4 Einheiten nach unten verschieben.
   i) Den Graphen um 1 Einheit nach rechts und um 3 nach unten verschieben.

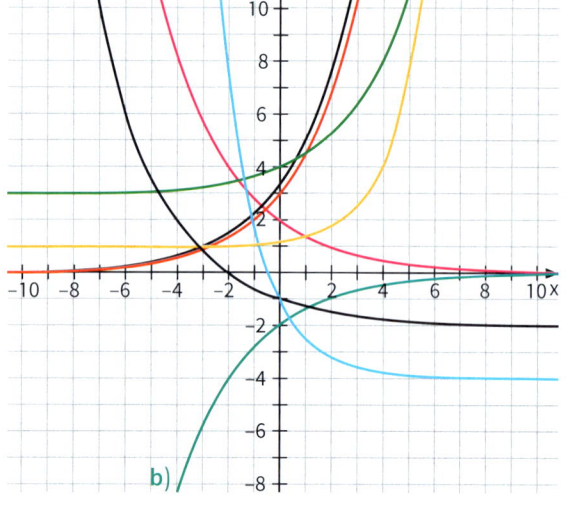

7. $3 \cdot 0{,}4^x = 2 \cdot 1{,}3^x$
   $\frac{3}{2} = \left(\frac{1{,}3}{0{,}4}\right)^x$
   $x = \frac{\lg(1{,}5)}{\lg(3{,}25)} \approx 0{,}344$
   $y \approx 2{,}189$
   Der Schnittpunkt liegt bei $S(0{,}34 \mid 2{,}19)$.

8. *Lineare Funktion mit* $y = mx + c$
   Mit $P(2\mid 3)$ und $Q(3\mid 2)$ erhält man $m = \frac{2-3}{3-2} = -1$ und $c = 5$.
   Die Funktionsgleichung lautet $y = -x + 5$.
   $f(2{,}5) = -2{,}5 + 5 = 2{,}5$
   Exponentialfunktion mit $y = a \cdot b^x$ mit $a \neq 0$, $b > 0$
   Mit $P(2\mid 3)$ und $Q(3\mid 2)$ erhält man $3 = a \cdot b^2$ und $2 = a \cdot b^3$, und damit $2 \cdot a b^2 = 3 \cdot a b^3$, also $b = \frac{2}{3}$ und $a = \frac{27}{4} = 6{,}75$.
   Die Funktionsgleichung lautet $y = 6{,}75 \cdot \left(\frac{2}{3}\right)^x$.
   $f(2{,}5) = 6{,}75 \cdot \left(\frac{2}{3}\right)^{2,5} \approx 2{,}45$

Seite 156

8. Fortsetzung
Potenzfunktion mit $y = a \cdot x^b$
Mit P(2|3) und Q(3|2) erhält man $3 = a \cdot 2^b$ und $2 = a \cdot 3^b$, also $2^a \cdot 2^b = 3^a \cdot 3^b$, also $\left(\frac{3}{2}\right)^b = \frac{2}{3}$, also $b = -1$ und $a = 6$.
Die Funktionsgleichung lautet $y = 6 \cdot x^{-1}$.
$f(2,5) = 6 \cdot 2,5^{-1} = 2,4$

9. a) 6 c) $\frac{1}{2}$ e) 0 (für $b > 0$)
b) -2 d) n (für $b > 0$) f) -4 (für $c > 0$)

10. a) $x = \frac{\log(6)}{\log(3)} \approx 1,63$ b) $x = \frac{-\log(1,4)}{\log(1,25)} \approx -1,51$

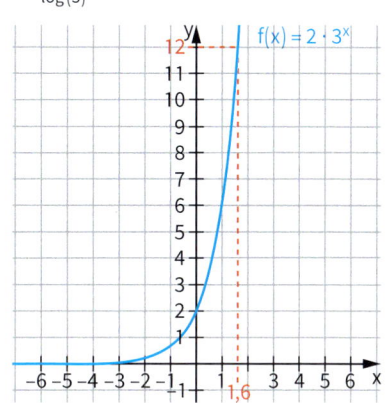
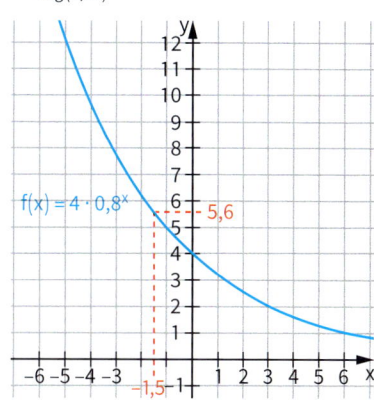

11. 2,5 %

Seite 194

1. a) $P(E_1) = \left(\frac{5}{12}\right)^2 + \left(\frac{4}{12}\right)^2 + \left(\frac{2}{12}\right)^2 + \left(\frac{1}{12}\right)^2 = \frac{46}{144} = \frac{23}{72} \approx 0,3194$

$P(E_2) = 1 - P(E_1) = \frac{49}{72} \approx 0,6806$

b) $P(E_1) = \frac{5}{12} \cdot \frac{4}{11} + \frac{4}{12} \cdot \frac{3}{11} + \frac{2}{12} \cdot \frac{1}{11} + \frac{1}{12} \cdot \frac{0}{11} = \frac{17}{66} \approx 0,2576$

$P(E_2) = 1 - \frac{17}{66} = \frac{49}{66} \approx 0,7424$

2. Mögliche Glückszahlen sind 1, 2, 3, 4 und 6.
$P(1) = \frac{1}{16} = 0,0625$
$P(2) = \frac{1}{16} + \frac{1}{4} = \frac{5}{16} = 0,3125$
$P(3) = \frac{3}{16} = 0,1875$
$P(4) = \frac{1}{4} = 0,25$
$P(6) = \frac{3}{16} = 0,1875$

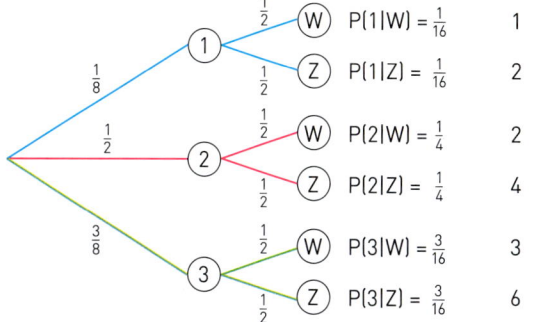

3. a) P(beide Systeme funktionieren) $= 99,5\% \cdot 98,5\% = 0,995 \cdot 0,985 = 0,980075 = 98,0075\% \approx 98\%$
b) P(beide Systeme versagen) $= 0,5\% \cdot 1,5\% = 0,005 \cdot 0,015 = 5 = 0,0075\%$
c) P(Türsicherung funktioniert nicht) $\cdot$ P(Bewegungsmelder funktioniert nicht) $= \frac{1}{100\,000} = 0,00001$
P(Bewegungsmelder funktioniert nicht) $= 0,00001 : 0,005 = 0,01 : 5 = 0,002 = 0,2\%$
Der Bewegungsmelder müsste in (ungefähr) 99,8 % aller Fälle funktionieren.

Seite 194

4. a)

	besitzt Smart phone	besitzt kein Smartphone	Gesamt
Mädchen	60	503	563
Junge	68	369	437
Gesamt	128	872	1 000

b) (1) P(Jugendlicher besitzt ein Smartphone) = $\frac{128}{1\,000} \approx 0{,}128 \approx 12{,}8\,\%$

(2) P(Mädchen besitzt kein Smartphone) = $\frac{503}{563} \approx 0{,}893 \approx 89{,}3\,\%$

(3) P(Smartphonebesitzer ist ein Mädchen) = $\frac{60}{128} \approx 0{,}479 \approx 47{,}9\,\%$

(4) P(Kein Smartphonebesitzer ist ein Junge) = $\frac{369}{872} \approx 0{,}423 \approx 42{,}3\,\%$

5. Heimmannschaft: H   Gastmannschaft: G

Baumdiagramm:

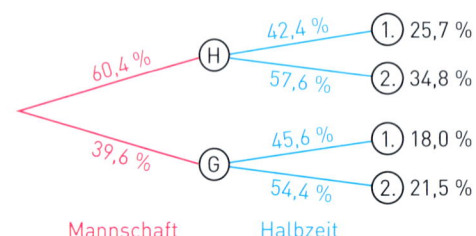

Umgekehrtes Baumdiagramm:

Vierfeldertafel:

		Halbzeit		gesamt
		1.	2.	
Mannschaft	Heim	25,7 %	34,8 %	60,4 %
	Gast	18,0 %	21,5 %	39,6 %
	gesamt	43,7 %	56,3 %	100 %

Zeitungsartikel, zum Beispiel:
Fußballstatistiker haben festgestellt:
In der Fußball-Bundesliga werden etwa 60 % aller Tore durch die Heimmannschaft erzielt. Während die Heimmannschaft gut 42 % ihrer Tore in der 1. Halbzeit schießt, sind es bei der Gastmannschaft in der 1. Halbzeit sogar fast 46 % ihrer Tore.

Seite 226

1. a) $\alpha = 90° - \beta = 76°$
   $b = a \cdot \tan(\beta) \approx 1{,}7\,\text{cm}$
   $c = \frac{a}{\cos(\beta)} \approx 7{,}2\,\text{cm}$
   $u \approx 15{,}9\,\text{cm} \approx 16\,\text{cm}$
   $A = \frac{1}{2}ab \approx 5{,}95\,\text{cm}^2 \approx 6\,\text{cm}^2$

   b) $\gamma = 90° - \alpha = 46°$
   $b = \frac{a}{\sin(\alpha)} \approx 6{,}3\,\text{cm}$
   $c = \frac{a}{\tan(\alpha)} \approx 4{,}6\,\text{cm}$
   $u \approx 15{,}3\,\text{cm}$
   $A = \frac{1}{2}ac \approx 10{,}12\,\text{cm}^2 \approx 10\,\text{cm}^2$

   c) $\beta = 90° - \gamma = 32°$
   $b = a \cdot \cos(\gamma) \approx 98{,}04\,\text{m} \approx 98\,\text{m}$
   $c = a \cdot \sin(\gamma) \approx 156{,}89\,\text{m} \approx 157\,\text{m}$
   $u \approx 439{,}92\,\text{m} \approx 440\,\text{m}$
   $A = \frac{1}{2}bc \approx 7690{,}31\,\text{m}^2 \approx 7690\,\text{m}^2$

   d) $\alpha = 90° - \beta = 56°$
   $a = c \cdot \cos(\beta) \approx 33{,}99\,\text{m} \approx 34\,\text{m}$
   $b = c \cdot \sin(\beta) \approx 22{,}93\,\text{m} \approx 23\,\text{m}$
   $u \approx 97{,}92\,\text{m} \approx 98\,\text{m}$
   $A = \frac{1}{2}ab \approx 389{,}65\,\text{m}^2 \approx 390\,\text{m}^2$

   e) $\alpha = 90° - \beta = 47°$
   $a = \frac{b}{\tan(\beta)} \approx 90{,}1\,\text{cm} \approx 90\,\text{cm}$
   $c = \frac{b}{\sin(\beta)} \approx 123{,}2\,\text{cm}$
   $u \approx 297{,}2\,\text{cm} \approx 297\,\text{cm}$
   $A = \frac{1}{2}ab \approx 3783{,}32\,\text{cm}^2 \approx 3783\,\text{cm}^2$

   f) $\alpha = 90° - \gamma = 39°$
   $a = \frac{c}{\tan(\gamma)} \approx 6{,}3\,\text{cm}$
   $b = \frac{c}{\sin(\gamma)} \approx 10{,}0\,\text{cm}$
   $u \approx 24{,}2\,\text{cm}$
   $A = \frac{1}{2}ac \approx 24{,}63\,\text{cm}^2 \approx 25\,\text{cm}^2$

2. a) $b = a = 14\,\text{cm}$
   $h_c = \sqrt{a^2 - \left(\frac{c}{2}\right)^2} \approx 11{,}1\,\text{cm}$
   $\sin(\alpha) = \frac{h_c}{a} \approx 0{,}7946$, also $\alpha = \beta \approx 52{,}6°$

   $\gamma = 180° - \alpha - \beta \approx 74{,}8°$
   $A = \frac{1}{2}c \cdot h_c \approx 94{,}56\,\text{cm}^2 \approx 95\,\text{cm}^2$

   b) $\alpha = \beta = (180° - \gamma) : 2 = 27°$
   $a = b = \frac{\frac{c}{2}}{\cos(\alpha)} \approx 84{,}17\,\text{m}$

   $h_c = \frac{c}{2} \cdot \tan(\alpha) \approx 38{,}21\,\text{m}$
   $A = \frac{1}{2}c \cdot h_c \approx 2866{,}08\,\text{m}^2 \approx 2866\,\text{m}^2$

Lösungen zu Bist du fit?

Seite 226

2.
c) $\beta = \alpha = 77°$
$\gamma = 180° - \alpha - \beta = 26°$
$a = b = \dfrac{\frac{c}{2}}{\cos(\alpha)} \approx 51{,}12\,\text{m}$

$h_c = \dfrac{c}{2} \cdot \tan(\alpha) \approx 49{,}81\,\text{m}$
$A = \dfrac{1}{2} c \cdot h_c \approx 572{,}84\,\text{m}^2 \approx 573\,\text{m}^2$

d) $b = a = 67\,\text{m}$
$\alpha = \beta = (180° - \gamma):2 = 62{,}5°$
$c = 2 \cdot a \cdot \cos(\alpha) \approx 61{,}87\,\text{m}$

$h_c = a \cdot \sin(\alpha) \approx 59{,}43\,\text{m}$
$A = \dfrac{1}{2} c \cdot h_c \approx 1838{,}59\,\text{m}^2 \approx 1839\,\text{m}^2$

e) $b = a = 104{,}7\,\text{cm}$
$\beta = \alpha = 17°$
$\gamma = 180° - \alpha - \beta = 146°$
$c = 2 \cdot a \cdot \cos(\alpha) \approx 200{,}25\,\text{cm}$

$h_c = a \cdot \sin(\alpha) \approx 30{,}6\,\text{cm}$
$A = \dfrac{1}{2} c \cdot h_c \approx 3064{,}96\,\text{cm}^2 \approx 3065\,\text{cm}^2$

f) $\beta = \alpha = 36°$
$\gamma = 180° - \alpha - \beta = 108°$
$c = 2 \cdot \dfrac{h_c}{\tan(\alpha)} \approx 68{,}82\,\text{m}$

$a = b = \dfrac{h_c}{\sin(\alpha)} \approx 42{,}53\,\text{m}$
$A = \dfrac{1}{2} c \cdot h_c \approx 860{,}24\,\text{m}^2 \approx 860\,\text{m}^2$

3.
a) $\alpha \approx 26°$ oder $\alpha \approx 154°$
$\alpha \approx 15°$ oder $\alpha \approx 165°$
b) $\alpha \approx 9°$ oder $\alpha \approx 171°$
$\alpha \approx 80°$ oder $\alpha \approx 100°$
c) $\alpha \approx 170°$
$\alpha \approx 48°$
d) $\alpha \approx 36°$
$\alpha \approx 98°$

4.
a) $c = \sqrt{a^2 + b^2 - 2ab \cdot \cos(\gamma)} \approx 5{,}0\,\text{cm}$
$\sin(\alpha) = \dfrac{a \cdot \sin(\gamma)}{c} \approx 0{,}9138$, also $\alpha = 66{,}0°$
($\alpha = 114°$ entfällt; Winkelsummensatz)
$\beta = 180° - \alpha - \gamma \approx 47{,}0°$

b) $\sin(\alpha) = \dfrac{a \cdot \sin(\gamma)}{c} \approx 0{,}5359$, also $\alpha = 32{,}4°$
($\alpha = 147{,}6°$ entfällt; Winkelsummensatz)
$\beta = 180° - \alpha - \gamma \approx 94{,}1°$
$b = \dfrac{c \cdot \sin(\beta)}{\sin(\gamma)} \approx 11{,}2\,\text{cm}$

c) $a = \sqrt{b^2 + c^2 - 2bc \cdot \cos(\alpha)} \approx 4{,}959\,\text{km} \approx 5{,}0\,\text{km}$
$\cos(\beta) = \dfrac{a^2 + c^2 - b^2}{2 \cdot a \cdot c} \approx -0{,}2459$, also $\beta = 104{,}2°$
$\gamma = 180° - \alpha - \beta \approx 39{,}4°$

d) $\cos(\alpha) = \dfrac{b^2 + c^2 - a^2}{2 \cdot b \cdot c} \approx 0{,}3066$, also $\alpha \approx 72{,}1°$
$\cos(\beta) = \dfrac{a^2 + c^2 - b^2}{2 \cdot a \cdot c} \approx 0{,}6419$, also $\beta \approx 50{,}1°$
$\gamma = 180° - \alpha - \beta \approx 57{,}8°$

5.
a) $\cos(\alpha) = \dfrac{6\,\text{m}}{7\,\text{m}} = \dfrac{6}{7}$, also $\alpha \approx 31°$
b) $h = \sqrt{(7\,\text{m})^2 - (6\,\text{m})^2} \approx 3{,}61\,\text{m} \approx 3{,}6\,\text{m}$

6. $h = 8{,}72\,\text{m} \cdot \tan(46°) \approx 9{,}03\,\text{m} \approx 9\,\text{m}$

7. $\tan(\alpha) = \dfrac{3{,}40\,\text{m}}{2{,}10\,\text{m}} = \dfrac{34}{21} \approx 1{,}6190$, also $\alpha \approx 58{,}3°$
$\beta = 90° - \alpha \approx 31{,}7°$

8. $\tan(\alpha) = \dfrac{16}{100} = 0{,}16$, also $\alpha \approx 9{,}1°$
$h = 5\,\text{m} \cdot \sin(\alpha) \approx 0{,}79\,\text{m} \approx 0{,}8\,\text{m}$

9. $x_1 = \dfrac{4{,}20\,\text{m}}{\tan(\alpha)} \approx 16{,}85\,\text{m}$
$x_2 = \dfrac{4{,}20\,\text{m}}{\tan(\beta)} \approx 8{,}61\,\text{m}$
Länge l der Deichsohle:
$l = 7{,}50\,\text{m} + x_1 + x_2 \approx 32{,}96\,\text{m} \approx 33\,\text{m}$

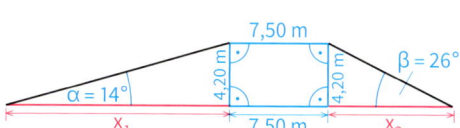

10. $\gamma = 90° - \beta = 44{,}5°$
$x = 10\,\text{m} \cdot \dfrac{\sin(\gamma)}{\sin(\delta)} \approx 334{,}68\,\text{m}$
$\delta = \beta - \alpha = 1{,}2°$
$h = x \cdot \sin(\alpha) \approx 233{,}75\,\text{m} \approx 234\,\text{m}$
Der Berg erhebt sich ungefähr 234 m über die Talsohle.

Planskizze

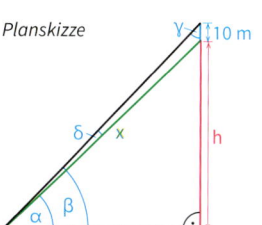

Seite 268

1. a) Gegeben ist das Gradmaß $\alpha_1 = 20°$: Das zugehörige Bogenmaß ist $x_1 = 20° \cdot \frac{\pi}{180°} \approx 0{,}349$.
Entsprechend berechnet man:
$\alpha_2 = 48°$: $x_2 \approx 0{,}838$; $\alpha_3 = 217°$: $x_3 \approx 3{,}79$; $\alpha_4 = 90°$: $x_4 = \frac{\pi}{2} \approx 1{,}57$; $\alpha_5 = 68°$: $x_5 \approx 1{,}19$.

   b) Gegeben ist das Bogenmaß $x_1 = 1{,}4$: Das zugehörige Gradmaß ist $\alpha_1 = 1{,}4 \cdot \frac{180°}{\pi} \approx 80{,}2°$.
Entsprechend berechnet man:
$x_2 = 0{,}6$: $\alpha_2 \approx 34{,}4°$; $x_3 = 4{,}2$: $\alpha_3 \approx 241°$; $x_4 = 2{,}1$: $\alpha_4 \approx 120°$; $x_5 = 1{,}7$: $\alpha_5 \approx 97{,}4°$.

   c) Wie in a) und b) berechnet man:
$\alpha_1 = \pi°$: $x_1 \approx 0{,}0548$; $x_2 = \pi$: $\alpha_2 \approx 180°$; $x_3 = 1$: $\alpha_3 \approx 57{,}3°$; $\alpha_4 = 1°$: $x_4 \approx 0{,}0175$; $\alpha_5 = 100°$: $x_4 \approx 1{,}75$.

   d) Wie in a) und b) berechnet man:
$\alpha_1 = 3{,}8°$: $x_1 \approx 0{,}0663$; $x_2 = -2{,}9$: $\alpha_2 \approx -166°$; $\alpha_3 = 171°$: $x_3 \approx 2{,}98$; $x_4 = 1{,}4$: $\alpha_4 \approx 80{,}2°$;
$\alpha_5 = -126°$: $x_5 \approx -2{,}20$.

2. a) Die Lösungen der Gleichung $\sin(x) = 1$ erkennt man am Graphen der Sinusfunktion:
Alle Zahlen $x = \frac{\pi}{2} + 2k\pi$ mit $k \in \mathbb{Z}$ lösen die Gleichung.

   b) Gegeben ist die Gleichung $\cos(x) = 0{,}42$. Eine erste Lösung liefert der GTR: $x_1 \approx 1{,}14$. Eine Symmetrie der Kosinuskurve liefert eine weitere Lösung $x_2 \approx 2\pi - 1{,}14 \approx 5{,}14$. Die Periode 2π liefert alle Lösungen:
Alle Zahlen $x \approx 1{,}14 + 2k\pi$ mit $k \in \mathbb{Z}$ und alle Zahlen $x \approx 5{,}14 + 2k\pi$ mit $k \in \mathbb{Z}$ lösen die Gleichung.

   c) Gegeben ist $\sin(x) = 0{,}84$.
Der Rechner und eine Symmetrie liefern die Lösungen $x_1 \approx 0{,}997$; $x_2 \approx \pi - 0{,}997 \approx 2{,}14$.
Die Periode 2π der Sinuskurve liefert alle Lösungen:
x löst die Gleichung genau dann, wenn $x \approx 0{,}997 + 2k\pi$ mit $k \in \mathbb{Z}$ oder $x \approx 2{,}14 + 2k\pi$ mit $k \in \mathbb{Z}$.

   d) $\cos(x) = -0{,}72$: Entsprechend zu c) erhält man: $x_1 \approx 2{,}37$; $x_2 \approx 2\pi - 2{,}374\ldots \approx 3{,}91$.
Die Periode 2π liefert alle Lösungen:
x löst die Gleichung genau dann, wenn $x \approx 2{,}37 + 2k\pi$ mit $k \in \mathbb{Z}$ oder $x \approx 3{,}91 + 2k\pi$ mit $k \in \mathbb{Z}$.

3. Der Graph der Kosinusfunktion ist achsensymmetrisch zu allen Achsen, die parallel zur y-Achse sind und die x-Achse an den Stellen $x = k \cdot \pi$ mit $k \in \mathbb{Z}$ schneiden. Sie ist punktsymmetrisch zu den Punkten $S_k\left(\frac{\pi}{2} + k \cdot \pi \mid 0\right)$ mit $k \in \mathbb{Z}$ (siehe Bild).

Am Einheitskreis erkennt man z.B.:
$\cos(2\pi - x) = \cos(x)$ und $\cos(\pi - x) = -\cos(x)$

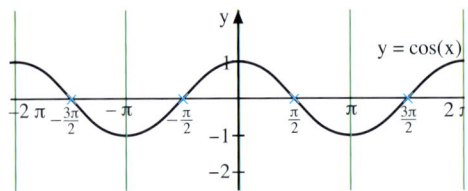
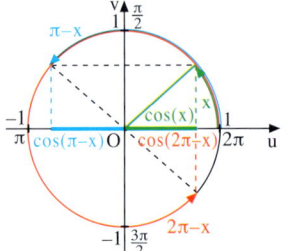

4.

a) $Q\left(\frac{\pi}{3} \mid \frac{3}{4}\right)$ liegt auf dem Graphen von $y = 1{,}5 \cdot \cos(x)$, denn $1{,}5 \cdot \cos\left(\frac{\pi}{3}\right) = 1{,}5 \cdot \frac{1}{2} = \frac{3}{4}$.
$P\left(\frac{\pi}{9} \mid 2\right)$ und $R\left(\frac{5\pi}{2} \mid -1\right)$ liegen nicht auf dem Graphen.

Lösungen zu Bist du fit?

Seite 268

4. b) $T\left(\frac{\pi}{3}\mid 2\right)$ liegt auf dem Graphen von $y = 2 \cdot \sin\left(\frac{1}{2}x\right) + 1$, denn $2 \cdot \sin\left(\frac{1}{2} \cdot \frac{\pi}{3}\right) + 1 = 2 \cdot \sin\frac{\pi}{6} + 1 = 2 \cdot \frac{1}{2} + 1 = 2$.
$S(2\pi\mid 0)$ und $U(6\pi\mid 0)$ liegen nicht auf dem Graphen.

5. a) $y = 0{,}5 \cdot \sin(2x)$: Man erhält den Graph aus dem Graph der Sinusfunktion durch Strecken mit dem Faktor 0,5 parallel zur y-Achse, dann Strecken mit dem Faktor $\frac{1}{2}$ parallel zur x-Achse.

   b) $y = 2 \cdot \sin\left(x - \frac{\pi}{2}\right)$: Strecken mit dem Faktor 2 parallel zur y-Achse, dann Verschieben parallel zur x-Achse um $\frac{\pi}{2}$ nach rechts.

   c) $y = \sin(x + \pi) - \pi$: Verschieben um π parallel zur x-Achse nach links, dann Verschieben um π parallel zur y-Achse nach unten.

   d) $y = -\sin\left(\frac{1}{2}(x + \pi)\right)$: Strecken mit dem Faktor -1 parallel zur y-Achse (Spiegeln), dann Strecken mit dem Faktor 2 parallel zur x-Achse, dann Verschieben parallel zur x-Achse um π nach links.

   e) $y = \sin(\pi x - 2\pi) = \sin(\pi(x - 2))$: Strecken mit dem Faktor $\frac{1}{\pi}$ parallel zur x-Achse, dann Verschieben parallel zur x-Achse um 2 nach rechts.

   f) $y = \cos(x) = \sin\left(x + \frac{\pi}{2}\right)$: Verschieben parallel zur x-Achse um $\frac{\pi}{2}$ nach links.

6. Die Funktionsterme lauten: (1) $f(x) = 2{,}5 \cdot \sin(2x + \pi)$; (2) $g(x) = \sin\left(x + \frac{\pi}{4}\right) + 1$; (3) $h(x) = 0{,}5 \sin\left(\frac{1}{4}x + \frac{\pi}{4}\right)$

7. a) Der periodische Ausschlag eines Federpendels kann normalerweise durch eine allgemeine Sinusfunktion mit $f(x) = a \cdot \sin(b(x - c)) + d$ gut modelliert werden.
   Positive Auslenkungen gehen hier nach oben.
   Da nur die Auslenkung in Bezug zur Ruhelage anzugeben ist, kann man $d = 0$ setzen.
   Die Auslenkung am Anfang nach unten ergibt die Amplitude 3 cm, also ist $a = 3$. Nach 20 s ist der maximale Wert der Auslenkung nach oben erreicht.
   Eine halbe Periode dauert also 20 s, die Periode ist somit 40 s. Daher ist $b = \frac{2\pi}{40}$. Nach 10 s müsste die Ruhelage mit der zunehmenden Auslenkung 0 cm erreicht werden, auch wenn dort $-0{,}97$ cm gemessen wurden. Damit kann man eine Verschiebung der Sinuskurve parallel zur Zeit-Achse nach rechts um 10 s annehmen. Das bedeutet $c = 10$.
   Eine Funktionsvorschrift lautet also angenähert:
   $f(x) = 3 \cdot \sin\left(\frac{2\pi}{40}(x - 10)\right)$ bzw. $f(t) = 3 \cdot \sin\left(\frac{2\pi}{40}(t - 10)\right)$

   b) Nach einer Periode von 40 s ist das Pendel wieder im Ausgangspunkt.
   $f(60) = 3 \cdot \sin\left(\frac{2\pi}{40}(60 - 10)\right) = 3$
   Die Auslenkung nach 1 min = 60 s beträgt nach der Formel 3 cm.

   c) Die entscheidende Annahme ist, dass die maximale Auslenkung nach oben nach 20 s erreicht wird. Daraus ergeben sich die Periode und der Durchgang durch die Ruhelagen. Dem widerspricht etwas der gemessene Wert nach 10 s. Weiterhin wurde angenommen, dass sich die Auslenkungen periodisch in gleicher Art ohne eine Verringerung der Werte wiederholen.

8. f hat einen Funktionsterm der Form $f(x) = a \cdot \sin(b(x + c)) + d$.
   Wegen der Verschiebung um 1 nach rechts ist $c = -1$, wegen der Periode 5 ist $b = \frac{2\pi}{5}$.
   Damit ist $f(x) = a \cdot \sin\left(\frac{2\pi}{5}(x - 1)\right) + d$.
   Der Graph von f geht durch $P(2{,}25\mid 7)$ und $Q(4{,}75\mid 1)$. Das ergibt:
   $a \cdot \sin\left(\frac{2\pi}{5}(2{,}25 - 1)\right) + d = a \cdot \sin\left(\frac{\pi}{2}\right) + d = a + d = 7$ und $a \cdot \sin\left(\frac{2\pi}{5}(4{,}75 - 1)\right) + d = a \cdot \sin\left(\frac{3\pi}{2}\right) + d = -a + d = 1$,
   also $a + d = 7$ und $-a + d = 1$.
   Subtrahiert man die zweite Gleichungen von der ersten, hat man $2a = 6$ bzw. $a = 3$.
   f hat also die Amplitude $a = 3$.
   Addiert man beide Gleichungen, folgt $2d = 8$, also $d = 4$. Damit ist $f(x) = 3 \cdot \sin\left(\frac{2\pi}{5}(x - 1)\right) + 4$.

Verzeichnis mathematischer Symbole

$a = b$	a gleich b
$a \neq b$	a ungleich b
$a < b$	a kleiner b
$a > b$	a größer b
$a \approx b$	a ungefähr gleich b
$a + b$	a plus b; Summe aus a und b
$a - b$	a minus b; Differenz aus a und b
$a \cdot b$	a mal b; Produkt aus a und b
$a : b$	a durch b; Quotient aus a und b
$|a|$	Betrag von a
a^n	a hoch n; Potenz aus Basis a und Exponent n
$\sqrt{a}$	Quadratwurzel aus a $(a \geq 0)$
$\sqrt[n]{a}$	n-te Wurzel aus a $(a \geq 0)$
$\sin(\alpha)$	Sinus von α
$\cos(\alpha)$	Koninus von α
$\tan(\alpha)$	Tangens von α
$f(x)$	Funktionsterm der Funktion f, Funktionswert der Funktion f an der Stelle x
$\{1; 5; 8\}$	Menge mit den Elementen 1, 5, 8
$\{\ \}$	leere Menge
$\mathbb{N}\ [\mathbb{N}^*]$	Menge der natürlichen Zahlen [ohne null]
$\mathbb{Z}$	Menge der ganzen Zahlen
$\mathbb{Z}_+\ [\mathbb{Z}_+^*]$	Menge der nichtnegativen ganzen Zahlen [ohne null]
$\mathbb{Q}$	Menge der rationalen Zahlen
$\mathbb{Q}_+\ [\mathbb{Q}_+^*]$	Menge der nichtnegativen rationalen Zahlen [ohne null]
$\mathbb{R}$	Menge der reellen Zahlen
$\mathbb{R}_+\ [\mathbb{R}_+^*]$	Menge der nichtnegativen reellen Zahlen [ohne Null]
AB	Verbindungsgerade durch die Punkte A und B; Gerade durch A und B
$\overline{AB}$	Verbindungsstrecke der Punkte A und B; Strecke mit den Endpunkten A und B
$\overrightarrow{AB}$	Halbgerade mit dem Anfangspunkt A durch den Punkt B
$|AB|$	Länge der Strecke $\overline{AB}$
$g \parallel h$	g ist parallel zu h
$g \nparallel h$	g ist nicht parallel zu h
$g \perp h$	g ist orthogonal zu h
$g \not\perp h$	g ist nicht orthogonal zu h
ABC	Dreieck mit den Eckpunkten A, B und C
$ABCD$	Viereck mit den Eckpunkten A, B, C und D
$A(a|b)$	Punkt mit dem Rechtswert a und dem Hochwert b. a ist die 1. Koordinate, b die 2. Koordinate von A.
$h_a\ [h_b; h_c]$	Höhe eines Dreiecks zur Seite a [Seite b; Seite c]
$w_\alpha\ [w_\beta; w_\gamma]$	Länge der Abschnitte der Winkelhalbierenden im Dreieck
$s_a\ [s_b; s_c]$	Länge der Seitenhalbierenden eines Dreiecks

Stichwortverzeichnis

A
Abnahme,
    exponentielle 121
Abnahmefaktor 122
Abnahmerate 122
Arithmetisches Mittel 124

B
Basis 16
Baumdiagramm 162, 167
– en, Umkehrung von 189
Bogenmaß 223 f.

C
Cavalieri, Satz des 83

D
Dreitafelprojektion 107

E
Einheitskreis 203, 234
Exponent 16
Exponentialfunktion 126, 123
Exponential-
    gleichungen 147

F
Flächeninhalt
– eines Dreiecks 72
– eines
    Kreisausschnitts 73
– eines Kreises 72
– eines Kreisrings 73
– eines
    Parallelogramms 72
– eines Rechtecks 72
– eines Trapezes 72

G
Geometrisches Mittel 124
Gradmaß 238

H
Halbwertszeit 121, 147
Harmonisches Mittel 124

K
Kegel
– -s, Grundfläche eines 82
– -s, Höhe eines 82
– -s, Mantelfläche
    eines 82
– -s, Mantelflächeninhalt
    eines 82
– -s, Mittelpunktswinkel
    eines 83
– -s, Oberflächeninhalt
    eine 82
– -s, Volumen eines 92
Komplementärregel 168
Kosinus 198, 203, 205, 235
– funktion 240, 242
– kurve 236
– satz 218
Kreisbogen 73
Kubikwurzel 26
Kugel
– , Oberflächeninhalt
    einer 100
– , Volumen einer 97

L
Laplace-Experiment 157
Laplace-Regel 158
Logarithmengesetze 149
Logarithmus 143 f.
Logarithmus-
    funktion 151 f.

N
n-te Wurzel 26
Numerus 143

O
Oberflächeninhalt
– eines Kegels 82
– einer Kugel 100
– eines Prismas 73
– einer Pyramide 78
– eines Zylinders 73

P
Periode 231
periodisch 231
Pfadregeln 167
Potenz 16, 21, 27, 30, 130
Potenzfunktion 49 f., 54 f., 58 f.
Potenzgesetz 35, 37, 44, 131
Potenzgleichung 63 f.
Pyramide
– , Grundfläche einer 78
– , Höhe einer 78
– , Oberflächeninhalt
    einer 78
– , Mantelfläche einer 78
– , Mantelflächeninhalt
    einer 78
– , Schrägbild einer 79
– , Seitenfläche einer 78
– , Volumen einer 87

Q
Quadratfunktion 9
Quadratische Funktion 9
Quadratwurzel 26
Quadratwurzel-
    funktion 11 f.

R
Radikand 26
Radizieren 144

S
Scheitelpunktsform 9 f.
Simulation 176 f.
Sinus 198, 203, 205, 235
– funktion 240, 242
– kurve 236
– satz 214
Summenprobe 163

T
Tangens 198, 203, 205
Tetraeder 80

U
Umfang eines Kreises 72
Umkehrfunktion 11

V
Vierfeldertafel 181
Volumen
– einer Hohlkugel 97
– eines Kegels 92
– eines Kegelstumpfes 93
– einer Kugel 97
– eines Prismas 73
– einer Pyramide 87
– eines
    Pyramidenstumpfes 89
– eines Zylinders 73
Vorsilbe 16, 22

W
Wachstum
– exponentielles 116, 121
– kubisches 51
– lineares 116
– potenzielles 51
– Proportionales 116
– prozentuales 118
– quadratisches 51
Wachstumseigenschaft 51, 55
Wachstumsfaktor 118
Wachstumsrate 118
Wahrscheinlichkeit 158
– , bedingte 189
Wurzel 26
Wurzelexponent 26
Wurzelfunktion 56
Wurzelgesetze 45

Z
Zehnerlogarithmus 151
Zehnerpotenz 16, 21
– , abgetrennte 17, 22
Zufallsexperiment 157, 162
Zufallszahlen 176 f.